China's Science and Technology

# DEVELOPMENT AND STRATEGY

# 中国科技发展与战略

梁昊光  张 钦  薛海丽  ◎著

北京大学出版社
PEKING UNIVERSITY PRESS

**图书在版编目(CIP)数据**

中国科技发展与战略/梁昊光，张钦，薛海丽著. —北京：北京大学出版社，2023.9
ISBN 978-7-301-34390-6

Ⅰ.①中⋯　Ⅱ.①梁⋯ ②张⋯ ③薛⋯　Ⅲ.①科学技术－技术发展－研究－中国
Ⅳ.①N12

中国国家版本馆 CIP 数据核字（2023）第 170193 号

| | |
|---|---|
| 书　　　名 | 中国科技发展与战略 |
| | ZHONGGUO KEJI FAZHAN YU ZHANLÜE |
| 著作责任者 | 梁昊光　张　钦　薛海丽　著 |
| 责 任 编 辑 | 黄　炜　刘　洋 |
| 标 准 书 号 | ISBN 978-7-301-34390-6 |
| 出 版 发 行 | 北京大学出版社 |
| 地　　　址 | 北京市海淀区成府路 205 号　100871 |
| 网　　　址 | http://www.pup.cn　　新浪微博:@北京大学出版社 |
| 电 子 邮 箱 | zpup@ pup.cn |
| 电　　　话 | 邮购部 010-62752015　发行部 010-62750672　编辑部 010-62764976 |
| 印 刷 者 | 涿州市星河印刷有限公司 |
| 经 销 者 | 新华书店 |
| | 720 毫米×1020 毫米　16 开本　27 印张　479 千字 |
| | 2023 年 9 月第 1 版　2023 年 9 月第 1 次印刷 |
| 定　　　价 | 94.00 元 |

# 前　言

　　科技是人类社会发展最具革命性的关键力量,深刻影响和改变着一个国家的兴衰和命运。在当代世界政治经济格局深度调整的新形势下,科技创新成为百年未有之大变局中的一个关键变量和大国战略博弈的重要战场。党的十八大以来,以习近平同志为核心的党中央把创新作为引领发展的第一动力,把科技自立自强作为国家发展的战略支撑,坚定不移走中国特色自主创新道路,我国经济实力、科技实力、综合国力跃上新的大台阶。中共二十大标志着我国迈向全面建设社会主义现代化国家、向第二个百年奋斗目标进军的新征程。在新征程上,推进与中国式现代化相适应的科技创新,把科技自立自强作为我国现代化建设的基础性、战略性支撑,必须科学谋划各项战略目标任务,开辟发展新领域、新赛道,不断塑造发展新动能、新优势。习近平总书记指出,能不能实现中华民族伟大复兴的中国梦,要看我们能不能有效实施创新驱动发展战略。

　　坚持和完善党对科技创新的领导。举国体制作为党领导科技创新治理的重要手段,是我国集中力量办大事制度优势在科技创新领域的具体体现。习近平总书记指出,要坚持党对科技事业的全面领导,观大势、谋全局、抓根本,形成高效的组织动员体系和统筹协调的科技资源配置模式。坚持和完善党对科技创新的领导可以进一步聚焦国家重大战略需求,有助于破除影响科技核心竞争力提升的体制机制障碍,有效激活中央政府、企业、地方政府、高校、科研院所、金融机构等各方力量,推动科技创新力量布局、要素配置,人才队伍体系化、建制化、协同化,提升国家创新体系整体效能。

　　加强基础研究战略布局。实现高水平科技自立自强的迫切要求,是建设世界科技强国的必由之路。习近平总书记指出,世界已经进入大科学时代,基础研究组织化程度越来越高,制度保障和政策引导对基础研究产出的影响越来越大。由于基础研究难度大、周期长、风险高,更需长期、稳定、持续的人力物力投入。尤其是人工智能、量子信息、集成电路、生命健康等一批前沿性、关键性新兴战略科技和新兴产业,正越发显示出强大的发展潜力。因此,必须制定科学有效地反映国家战略意志的基础研究政策体系,加强建设系统的基础研究优秀科学人才培养和配置体系,完善基础研究稳定经费支持与政策激励体系,综合运用环境面、供给面和需求面"三位一体"的科技创新政策工具,超前部署非对称赶超的国家战略科技力量。

强化现代化建设人才支撑。人才是创新的根本,是推动经济社会发展的战略性资源。党的二十大报告提出培养造就大批德才兼备的高素质人才,是国家和民族长远发展大计。必须充分认识强化现代化建设人才支撑的极端重要性。目前,我国已经发展成为全球规模最宏大、门类最齐全的人才资源大国。据统计,我国2021年研发人员的总量是2012年的1.7倍,居世界首位。因此,必须把人才资源开发放在最优先位置,深刻把握我国经济社会高质量发展需要和国际人才竞争新态势,深入实施新时代人才强国战略,在创新实践中发现人才、在创新活动中培养人才、在创新事业中凝聚人才。同时,要弘扬爱国、创新、求实、奉献、协同、育人的新时代科学家精神,为广大人才建功新时代注入强大精神动力,激励各类人才面向世界科技前沿、面向经济主战场、面向国家重大需求、面向人民生命健康,投身建设社会主义现代化国家的伟大事业中。

融合科技、教育、产业、金融创新体系,提升体系化能力和重点突破能力,增强创新体系整体效能。习近平总书记指出,金融是现代经济的核心,科技创新是现代经济增长的持续动力,要打造科技、教育、产业、金融紧密融合的创新体系,不断提升产业链水平,为中国经济长远发展提供有力支撑,为促进科技与金融深度融合发展提供根本遵循。企业作为创新系统中最活跃的主体,联结技术开发和市场需求,是科研成果转化为现实生产力的载体。高校和科研院所是知识生产、技术创造的核心载体。产学研合作机制构建的核心,是努力构筑企业与高校、科研院所等主体间的高效沟通桥梁,其合作的强度和效率直接决定创新系统升级的速度。同时,要构建多方参与的科技金融服务平台,通过使用金融工具和税收工具,最大限度地激起产学研协同创新的积极性,促进科技、金融和实体经济之间的高水平循环。

统筹科技发展与国家安全。科技安全是国家安全的重要组成部分,也是国家安全的重要保障。随着科技创新的速度越来越快、领域越来越广,科技发展面临的内外部风险有所上升,美国等西方科技武器化进程明显加速,科技全球化与国家安全主权化之间的矛盾日益凸显。因此,科技发展与国家安全已成为相互的依托与保障,亟须将科技发展纳入国家总体安全战略中进行考量,提升科技发展对我国国家安全的贡献,集中力量突破重点安全领域,建立并完善科技预警制度,改善科技体系内部环境。

构建面向人类命运共同体的国际科技合作战略,引领全球科技治理。科技创新的全球化使得单一国家或地区很难在所有高科技领域均保持绝对优势,科技的进一步发展需要全球范围内的"强强联合"与互补融合。同时,科技强国的领导地位也并非仅来自先进的科学技术,还取决于能否在行业标准、科研模式、监管内容等科技发展战略和治理体系上形成与社会价值需求相呼应以及长期良性的"科技—社会"互动模式。因此,实施创新驱动发展战略要求全面研判世界科技创新和产业变革大势,坚持构建开放性创新生态,用好国际国内两种科技资源,在更高起点上推进自主创新。提高我国在全球问题的科技治理、科技发展的风险治理和科技创新中的规则治理能力,并同国际科技界携手努力,共同应对人类面临的各种挑战和全球性问题,进而构建人类命运共同体。

梁昊光

2023 年 5 月

# 目 录

# 第一章　科技创新的国际发展趋势

## 1.1　科技创新的国际现状

### 1.1.1　科技领域创新深化,加速推动产业深度创新融合

21世纪以来,新一轮科技革命和产业变革加速推进,全球科技创新呈现出新的发展态势和特征。新一代信息技术向网络化、智能化、泛在化方向发展,与生物、新能源、新材料等技术相融合,推动产业结构向高级化演进,成为提升产业竞争力的技术基点。移动互联、云计算、智能终端快速发展,大数据呈指数级增长,催生大量新型服务与应用。以机器人、三维打印等为代表的先进制造技术推动制造业向智能化、网络化、服务化方向演进。碳纤维、纳米材料等新型材料的广泛应用将极大降低产品制造成本,提升产品质量。海洋、空间技术不断拓展人类活动疆域和发展空间,成为大国必争的技术高地和战略前沿。

产业渗透与融合加快。一方面,传统工业转向智能制造。2008年金融危机后,发达国家纷纷把经济发展的重心转移到以工业为主的实体经济领域,依托工业部门开展创新逐渐成为世界创新竞争的主战场。美国致力于中高端、高附加价值的产品生产;德国提出"工业4.0"战略,智能制造开始风靡全球;法国着力打造"工业新法国",掀起新一轮工业革命;中国的"中国制造"和"互联网＋"战略瞄准创新驱动、智能转型、绿色制造等领域,力争实现制造强国目标。另一方面,新兴产业与

传统产业融合加快。当前,新兴产业与传统产业不断融合,在新兴产业的技术发展方向与本地传统优势产业的新兴需求之间建立联系,带动产业智能化、绿色化发展。大数据、人工智能、物联网、虚拟现实等一批前沿科技成果正逐渐被用于生产领域,加快推进新兴产业进程,产业成为世界创新竞争最现实的表现。以伦敦为例,2008—2018 年,伦敦 48% 左右的创业企业和创投资金都进入数字技术创新和传统金融产业优势融合的领域,使得新创企业在金融科技领域的表现最为突出。

### 1.1.2    第四次工业革命背景下,大国在科技领域积极展开战略部署

21 世纪进入第二个十年以来,全球主要经济体先后发布了各自的第四次工业革命战略蓝图与路径规划,如 2008 年英国提出的"高价值制造",2013 年德国提出的"工业 4.0",2014 年美国提出的"美国先进制造伙伴计划"(AMP 2.0),2015 年中国提出的"中国制造 2025"以及 2016 年日本提出的"超智能社会——社会 5.0"等。在 2016 年,人工智能阿尔法狗(AlphaGo)在围棋比赛中战胜了人类选手李世石(Lee Sedol)。以这一年为历史节点,新技术革命以人工智能、大数据、云计算、物联网等主要领域为代表,在取得实质性突破的同时,对生产、物流、交通、健康、医疗、金融、公共服务等诸多领域发展带来巨大变革,已经成为大国在新的历史周期中推动经济社会发展与国际地位改善的关键着力点。尤其是随着特朗普就任美国总统并发起与中国的战略竞争以来,美国数字经济进入以新技术变革与国际战略博弈为双驱动,并与政治干预相叠加的特殊时期。

美国加大科技规划,提升科技投入。自拜登就任美国总统以来,中美科技竞争呈现出新的形势。新一届美国政府更加重视科技创新发展,不仅在定位上将中国视为"战略竞争对手",而且在高技术领域升级竞争策略,采用"选择性脱钩"等新举措,试图对中国进行防范和遏制。2020 年 10 月,美国发布《关键与新兴技术国家战略》,强调发展 20 项对经济增长和安全至关重要的关键技术,通过加强技术管控和全球联盟确保美国在人工智能、能源技术、量子信息科学、通信和网络技术、半导体以及空间技术等尖端科技领域的领先地位。2021 年 4 月,美国财政部还公布了《美国制造税收计划》,该计划的目的是取消对美国公司海外投资的税费激励,减少利润转移,促使制造业回流。2021 年 5 月,美国参议院通过《无尽边疆法案》,旨在加强基础和先进技术研发以协助美国抗衡与中国在有关领域的竞争,应对中国信息战与日俱增的影响力。主要内容包括:《无尽边疆法案》将授权拨款 1 000 亿美

元,在 5 年内投资于包括人工智能、半导体、量子计算、先进通信、生物技术和先进能源在内的关键技术领域的基础和先进研究、商业化、教育和培训项目;授权拨款 100 亿美元,指定至少 10 个区域技术中心,并建立一个供应链危机应对计划,以解决半导体芯片短缺影响汽车生产等问题;着重人工智能、机器学习、量子计算、生物技术、网络安全和先进能源等领域的研发。2021 年 6 月,美国国会参议院又通过《2021 年美国创新与竞争法案》,授权美国政府在未来 5 年内投入千亿美元级规模的资金用于科技创新。

中国提出"中国制造 2025"战略。2015 年,"中国制造 2025"战略出台,明确要求制造业由生产型制造转变为服务型制造,将制造业服务化作为未来制造业的发展方向。"中国制造 2025"的提出是为了进一步加大研发创新,逐步掌握关键核心技术,补足高技术领域发展短板,避免在国际竞争中受制于人。随后,2016 年,工业和信息化部等三部门发布《发展服务型制造专项行动指南》,提出制造企业应该是"制造＋服务"的企业。2019 年,国家发改委等部门联合印发《关于推动先进制造业和现代服务业深度融合发展的实施意见》,提出制造企业要加大生产性服务投入,通过两业融合推动制造业高质量发展。2021 年 11 月,工业和信息化部等四部门对外发布《智能制造试点示范行动实施方案》,提出到 2025 年,建设一批技术水平高、示范作用显著的智能制造示范工厂。

德国提出"工业 4.0"。2013 年 4 月,德国机械及制造商协会等机构设立"工业 4.0 平台"并向德国政府提交了平台工作组的最终报告《保障德国制造业的未来——关于实施工业 4.0 战略的建议》。该报告最终被德国政府采纳。2013 年以来,德国陆续出台了一系列指导性规划框架,如 2014 年 8 月德国政府通过的《数字化行动议程(2014—2017)》,2016 年德国经济与能源部发布的"数字战略 2025"等。2018 年 9 月,德国政府发布了"高技术战略 2025"(HTS 2025),该战略明确了德国未来 7 年研究和创新政策的跨部门任务、标志性目标和微电子、材料研究、生物技术、人工智能等领域的技术发展方向、培训和继续教育紧密衔接重点领域。此外,该战略还提出要创建创新机构(跨越创新署),并通过税收优惠支持研发。

日本提出超智能社会规划。日本政府在 2016 年 1 月发布的《第五期科学技术基本计划》中第一次提出"超智能社会——社会 5.0"概念。该计划指出,"社会 5.0"具备以下三个核心要素:① 虚拟空间和物理空间高度融合的社会系统。② 超越年龄、性别、地区、语言等差异,为多样化和潜在的社会需求提供必要的物质和服务。

③ 让所有人都能享受到舒适且充满活力的高质量生活,构建一个以人为本、适应经济发展并有效解决社会问题的新型社会。2018 年 6 月,日本政府公布了《未来投资战略 2018：迈向"社会 5.0"和"数据驱动型社会"的变革》报告。这一报告指出,未来日本将对生活和生产、能源和经济、行政和基础设施、社区和中小企业等 4 大领域的 12 个方面重点展开智能化建设。其中,针对日本社会所面临的发展困境,在科技发展、医疗卫生、物流运输、农业水产以及防灾减灾等方面给出了较为清晰的未来发展蓝图。2020 年 6 月,日本经产省发布《半导体和数字产业发展战略》,要求要像对待能源和粮食供给一样重视数字化发展,培育扎根于日本的数字产业,发展优质云产业。日本提出的"社会 5.0"更关注从消费侧来推动社会的转型升级,根据社会发展的实际需求,进一步带动产业的转型升级,有效解决因社会结构、社会生活和社会需求的改变而产生的一系列社会问题,如高龄少子化所导致的医疗压力问题、劳动力不足问题以及交通、服务等社会资源分配不均等问题。

### 1.1.3　全球创新存在鸿沟,竞争与合作并存

科技创新的全球性鸿沟依然存在。依据《2018 年全球创新指数》(The Global Innovation Index,GII)报告发布的全球 126 个经济体的创新指数排名,可以看出高收入经济体在世界创新格局中长期占据鳌头。由于经济体创新水平在很大程度上由经济水平所决定,因此在全球范围内,发达经济体与欠发达经济体之间的创新鸿沟仍然十分显著。在全球创新格局中,高收入经济体是当仁不让的全球创新引领者,然而在此之中,中国凭借相对于经济发展水平而言更为突出的创新表现,成为唯一跨越创新鸿沟,进入创新引领者行列的中高收入水平经济体。总体而言,经济发展水平在很大程度上决定着经济体的创新能力,加之发达国家的跨国公司仍然主导全球生产体系,占据着全球价值链中高端,高端要素向发达国家相对集中的趋势依然难以改变,因此在较长时期内,发达国家将仍是全球科学技术的主要源头、人才高地和全球创新的核心地带。[①]

中美在科技领域逐步走向竞争,且这种竞争将长期存在。2017 年特朗普执政,特朗普政府奉行贸易保护主义,采取提高关税的方式使中美之间陷入贸易摩擦的漩涡,并逐步扩大到科技、人才、教育等领域。美国政府的一系列限制措施从根

---

① 叶玉瑶,王景诗,吴康敏,等.粤港澳大湾区建设国际科技创新中心的战略思考[J].热带地理,2020,40(1)：27-39.

本上改变了中美科技关系的逻辑,终止了中美科技合作的态势。美国对中国科技全面转向遏制型战略喻示着中美进入科技竞争阶段,中美人文交流处于"半脱钩"状态。2020 年 11 月,拜登当选美国总统,强调美国必须在科技发展上保持前沿地位,因此中美在科技领域将继续维持竞争态势。在科技遏制战略的大环境下,拜登政府采取"小院高墙"战术对中国科技实施精准打击,在关键领域与中国"脱钩"。所谓"小院高墙",是指美国政府需要确定与国家安全直接相关的研究领域和特定技术(即"小院"),并划定适当的战略边界(即"高墙")。对"小院"内的核心技术,政府将更严密、更大力度地进行封锁;对"小院"之外的其他高科技领域,则可以重新对华开放。"小院高墙"一方面追求在核心技术上的精准打击,另一方面又延续了特朗普政府时期的科技遏制态势,既希望得到中国市场和相关利益,又希望达到打击中国高科技的目的。

"一带一路"倡议下中国积极与沿线国家开展科技合作与交流。科技合作是为了整合科技资源、提高双方技术水平而创建的协作关系。国际科技合作则是站在更高的起点上推动自主创新,对提升一个国家或地区的科技竞争力和经济发展质量发挥着难以替代的作用。自 2013 年"一带一路"倡议提出以来,我国致力于与沿线国家开展国际科技合作与交流,并取得了一系列丰富成果。一方面,组织实施"一带一路"科技创新合作计划。2016 年,科技部、发展改革委、外交部、商务部联合印发《推进"一带一路"建设科技创新合作专项规划》,提出结合沿线国家科技创新合作需求,密切科技人文交流合作,加强合作平台建设,促进基础设施互联互通,强化合作研究,明确了农业、能源、交通、信息通信等 12 个领域的合作重点。截至2020 年年底,我国与沿线国家共签署了 46 个科技合作协定,与沿线国家间的科技人文交流规模和质量大幅提升。另一方面,布局建设海外科技创新合作平台。中国与"一带一路"沿线国家围绕当地的重大需求,共建了一批科研合作、技术转移与资源共享平台。例如,中国科学院倡议成立了"一带一路"国际科学组织联盟(ANSO),与沿线国家和地区开展科技合作,携手应对共同挑战。

此外,我国还在"一带一路"沿线国家和地区布局建设了 10 个海外科教合作基地,这些合作基地的研究领域和工作范围涵盖全球气候变化、生物多样性保护、生态环境保护、天文、自然灾害防治、饮用水安全、传染病防控、公共健康、农业及传统医药以及技术转让和商业化等。以中国科学院中-非联合研究中心为例,该中心致力于解决非洲国家经济社会发展面临的粮食短缺、环境污染和传染病流行等重大问题,以提升非洲国家在相关领域的科技水平和人才培养能力。根据非洲国家实际需求,在水资源保护和利用、农作物栽培示范等方面与非洲相关国家开展积极合作,受到非洲国家的高度评价。未来,中国将在共建"一带一路"科技创新之路的过程中发挥出更多潜力。

## 1.2　科技创新的国际趋势

当前,世界百年未有之大变局加速演进,全球受新冠疫情的影响广泛深远,世界经济全面收缩,但这也使得各国对生命健康、环境污染、粮食安全、气候变化等全球性问题有了新的认识。世界各国相互联系、相互依存,全球命运与共、休戚相关,人类社会进步面临的问题需要世界各国携手合作,才能够实现共赢共享。世界发展受益于科技进步,人类命运因科技合作而更加紧密。进入 21 世纪以来,新一轮科技革命和产业变革方兴未艾,全球科技创新进入了空前密集的活跃期,科学技术以前所未有的力量驱动着经济社会的发展。世界各国的交流合作也逐渐在科学技术上全方位展开,国际科技合作逐步成为国家总体外交的组成部分,也日益成为科技创新的重要任务和有机组成部分,为经济建设、社会发展、科技进步提供重要支撑。

### 1.2.1　国际创新格局正在重塑,世界科技创新中心逐步向东转移

1. 大国地缘政治问题突出,竞争面显著上升

大国关系进入新一轮深度调整的突出表现包括:① 美国大力推进所谓"印太战略",针对中国的意图明显。② 美俄陷入持续对抗,关系转圜困难重重。③ 美欧关系裂隙加大,大西洋联盟面临挑战。④ 俄乌冲突爆发,全球政治格局面临深刻调整。地缘政治关系带动了科技创新的竞争。近年来,科技自身的发展和创新的政治导向越来越明显,科技受政治牵制而违背自身发展规律的事件时有发生。例如,特朗普政府取消奥巴马政府时期的清洁能源计划,放松对化石能源的发展管制,退出《巴黎协定》,大幅度削减美国环保局预算,停止绿色气候基金的资金投入等,改变了原有的科技发展方向,而拜登执政后重新加入《巴黎协定》,恢复原有政策,再次表明科技发展方向受政治影响。伴随着全球化和知识化的深入发展,全球创新资源转移的速度与规模与日俱增,创新格局也随之不断变化。

2. 世界科技创新中心形成多元化中心格局

国际秩序已经从美国超级大国主导的单极世界,开始向美国、欧盟各国、日本、俄罗斯、中国等多个国家扮演重要角色的多极世界转换。与此同时,世界科技创新中心也开始呈现出多元化中心格局。从世界科技创新中心的转移规律看,从 16 世纪到 20 世纪初,全球科技创新中心分别以意大利、英国、法国、德国和美国单一主体存在。然而,第二次世界大战后日本经济快速增长,20 世纪 60 年代"亚洲四小龙"经济发展腾飞,以及 21 世纪中国经济的崛起,为科技创新中心从美国、欧洲向东亚转移奠定了基础,逐步形成美国、德国、日本等多元化主体的世界科技创新中心格局。例如,美国形成了硅谷、纽约和波士顿等全球科创中心,占据着计算机、电子和互联网行业技术创新的制高点,苹果、微软、英特尔和谷歌等公司在全球软件和互联网行业中占据半壁江山。德国拥有慕尼黑、巴登-符腾堡州等全球科创中心,在高端制造方面有着独特的优势,主要集中于汽车、机床和电力装备行业,大众、戴姆勒汽车公司进入全球创新企业前 20 强。日本在全球大学排行榜和对世界科技贡献度上仅次于美英,拥有东京和筑波等全球科创中心,在材料科学、尖端机器人、精密仪器生产等领域都拥有强大的科研实力。中国近年来随着新一轮技术革命的加速,在应用技术创新领域也开始追赶发达国家,在高铁、5G、电子商务、移动支付等领域领跑世界。

3. 世界科技创新中心的分布重心向亚太地区转移

日本科学史家汤浅光朝发现了世界科技创新中心转移规律,纵观近代历史,世界科技和经济中心曾发生过四次转移:意大利→英国→法国→德国→美国。现阶段,全球高端生产要素和创新要素正加速向亚太地区转移,世界科技创新中心正呈现由西向东的演替趋势。随着全球经济重心由欧美发达国家向新兴经济体转移,以欧美发达国家为主角的全球创新版图也相应发生变化。尽管发达国家的创新优势依然明显,但全球技术创新体系正由大西洋格局向太平洋格局演进,亚太地区成为全球技术创新的增长极。亚洲成为全球高端生产要素和创新要素转移的重要目的地,特别是东亚,将成为全球研发和创新密集区,未来很可能产生若干具有世界影响力的创新中心。

整个 20 世纪,全球技术创新活动高度集聚在以美国为首的北美地区和以德国、英国、法国为代表的西欧地区。20 世纪中期之后,从开始的仿造到后来的技术创新,日本的崛起成为亚洲的一个神话。进入 21 世纪后,亚洲新兴工业化国家和经济体的研发投入不断增加,在全球研发投入排名中不断上升,创新资金不断向亚洲转移。中国、韩国等国家的技术创新能力得到极大增强,技术创新领域也在不断拓宽,欧美占全球研发投入总量的比例由61%降至52%,亚洲经济体的比例从33%升至40%。2014年亚洲研发支出已超越美洲,在世界研发支出中占比排第一。2017年我国研发支出达到1.76万亿元,全社会研发支出占GDP比重为2.15%,超过欧盟15国2.1%的平均水平,国家创新能力排名从2012年的第20位升至第17位。从国际研发投资来看,美国跨国公司海外研发投资已逐渐从欧洲转向亚太地区新兴市场。以日本、中国和韩国为代表的亚太地区已经超越西欧地区,成为全球技术创新体系新的增长极。

### 1.2.2 新兴科技发展赋能国家转型,科技因素推动国际格局的演变

1. 新型基础设施建设将赋能经济社会转型升级,新兴科技领域的垄断将加剧国际力量的深刻调整

当前人类社会已进入数字经济时代,数据成为关键性生产要素,新一代信息技术构成主导技术群落,新型基础设施建设将赋能经济社会转型升级,经济发展的"游戏规则"将由此发生不可逆转的改变。由于人工智能等数字技术的创新发展在全球范围内都尚不成熟,加之数字经济对新一轮工业革命的驱动作用还未充分显现,数字经济下的技术-经济范式尚未完全形成。在技术-经济范式的新旧交替之际,发达国家往往尚未在诸多科技领域形成绝对竞争优势或布局技术垄断壁垒,发展中国家将迎来技术赶超的"窗口期"。就目前而言,世界各国都尚处在数字经济创新发展的探索阶段,还未有国家在涉及数字经济的技术、管理、制度和国际规则上占据明显的主导地位,国际力量对比或将深刻调整。

2. 科技因素在大国实力的对比中将推动国际经济、政治格局的演变

历史上,大国的崛起都与当时科技与产业革命的兴起密不可分。未来一段时期,由于科技转化为生产力以及对社会生活产生影响的速度加快,新一轮科技革命的深化将使能抓住科技革命机遇的国家,在科技创新、经济发展、军力增强及相对实力提升等方面获得更大优势,并使错失这一机遇的国家实力地位相对下降,从而深刻影响世界各国特别是大国之间的实力对比变化,并由此导致整个国际关系逐渐发生根本性变化。未来全球产业格局、商业模式等将受到影响而不断呈现出新面貌。新兴科技领域有望取得密集的技术突破,并将给经济与商业运行模式以及

社会发展带来新的机遇与挑战。科技因素对国家间实力对比、战争形态演变以及国家外交资源构成的影响将进一步上升,进而推动国际格局的演变。

3. 新兴科技领域的竞争或封锁与反封锁更加激烈,新技术催生的行业标准之争下的科技博弈日趋激烈

为谋求在新一轮国际科技竞争中的主导权,世界主要大国在新兴科技领域的竞争或封锁与反封锁更加激烈,这些领域包括:以 5G 为代表的新一代信息通信技术;以高速运算能力为特征的量子计算及其与其他技术的融合;人工智能及其与其他技术的融合;以基因工程为代表的现代生物技术;以外空探测为代表的航天科技。与此同时,科技强国与弱国之间的科技鸿沟将继续加宽加深,新技术催生的行业标准之争下的科技博弈日趋激烈。相较于以往科技革命发生之后的时期,由于当前科技革命所涉及的技术门类存在较高的学习成本与复制门槛,此轮科技革命的先发国家因技术领先地位而带来的衍生优势将更为明显与稳固,这一状况对大国间的实力对比与国际格局的演进将产生深刻的影响。

### 1.2.3 新冠疫情加速科技前沿布局,技术民族主义进一步抬头

1. 新冠疫情加速科技前沿布局,各国竞相抢占科技经济制高点

新冠疫情暴发后,科技在各国疫情防控和疾病救治中发挥了重要的作用,世界主要发达国家对科技的重视度明显提高,纷纷在科技前沿领域加快战略布局,试图抢占科技经济制高点。据不完全统计,自 2021 年 2 月以来,美国白宫、国会、国防部、国立卫生研究院等多个部门累计发布了 28 份科技经济战略部署文件或报告,其中包括生物医药等方向。欧盟自 2021 年 2 月以来发布了 12 份科技经济战略,试图在国防中保护成员国安全,以及在推动美欧共性技术合作上做出努力。韩国主要关注生物健康、清洁能源、"无接触"经济等。

2. 大国科技竞争加剧,技术民族主义进一步抬头

随着疫情的持续发酵,全球经济明显陷入衰退,部分国家因为疫情而导致社会矛盾加剧,世界科技竞争环境愈发紧张,美欧日等主要发达国家和地区纷纷以国家安全名义,针对科技创新重点领域出台更多封锁措施。美国加大科研项目审查力度,"逮捕"多名涉嫌违规华人研究人员,形成"寒蝉效应"。新冠疫情发生后,美国继续扩大"实体清单",持续断供芯片和工业软件等关键技术产品,试图切断中国关键技术来源,阻断中国高技术企业发展。欧盟则试图实现"技术独立",利用多边机

制就关键技术出口中国进行管控,并出台方案审查和限制对中国香港出口"特定的敏感设备和技术"。部分欧盟成员国采取抵制政策,对华为、中兴和字节跳动等中国高技术企业进行封锁和打压。日本拟通过制定安全保障战略,防止尖端技术人才和信息外泄;加强对可转为军事用途的出口商品的管制,限制外国企业投资高端技术领域;试图立法限制引进中国高技术产品,排除中国高技术企业参与本国市场等。

从国际关系来看,由于新冠疫情对经济冲击的影响,民族利益优先、本国利益至上的情绪波动蔓延,对外关闭或有条件地开放国内市场成为新的常态。各国加快调整产业链布局,试图重新掌控事关国计民生尤其是公共卫生安全领域的"话语权",甚至试图强行改变全球化所形成的国际供应链格局,创新区域化成为新的趋势。

### 1.2.4 数字技术革命推动下,国际科技创新立法进入密集期

1. 数字技术革命处于导入期后半段,或将推动全球在 2030 年前后进入新一轮繁荣周期

大数据、物联网、人工智能、区块链等数字技术仍处于技术爆发阶段,距离大规模扩散应用还需一段时间。这些新兴数字技术展现出的良好发展前景,吸引了大量投资,多元化的技术路线和商业模式探索陆续开展,一批掌握前沿技术并创造了新商业模式的企业快速涌现。但总体上看,新技术发展尚未完全成熟。目前,数字技术革命处于向大规模应用过渡的导入期后半段,此阶段将持续十年左右,之后进入展开期,技术将向经济社会广泛扩散并释放其对经济增长的推动作用,预计在2030 年前后才有可能拉开进入新一轮繁荣周期的序幕。

2. 数字技术革命发展持续进行,当前第三次科技立法的密集期正处于起步阶段

进入 21 世纪以来,尤其近十年,国际社会进入科技立法的第三个密集期,对科技创新更多地从系统论和生态论角度进行认知,立法对象从科技向创新扩展,既要系统推动科学技术和创新发展,又要加强对科技活动和科技应用的规制。这一时期,伴随新一轮科技革命和产业变革的推进,科技加速开始新一轮立法进程。在立法基础上,在新技术革命推动下,创新成为引领发展的第一动力。科学技术作为经济社会发展核心要素的作用凸显,新技术、新产业、新业态、新模式加快发展,信息

技术与各领域技术交叉融合,实现群体性突破。科技创新的发展既要求对生产关系进行调整,为新技术、新产业发展破除体制机制障碍,同时也要求对科技创新带来的风险进行规制。科技体制机制优势逐步成为国家竞争力的重要方面,科技立法在国家战略竞争中的地位更加突出。科技立法内容主要体现在以下四个方面:① 在强化科学技术基础的同时,加快向创新延伸。② 促进新技术、新产业发展,推动数据等新创新要素纳入法制轨道。③ 防范科技风险,保障科技安全。④ 完善促进科技创新的管理体制机制。只有完善科技创新体制机制、深化科技治理,才能为新时代科技发展提供有力的制度保障。

新时期科技立法,既是应对现实挑战与科技革命的需要,更是面向未来发展进行前瞻性立法的要求。在复杂多变的国际形势面前,各国将加快科技发展的战略调整,进一步完善科技创新管理体制机制,进一步加快围绕数据、信息、生物等创新领域的立法,推动新技术、新产业立法,为未来的科技发展和繁荣奠定基础。

### 1.2.5　开放创新与自主创新融合发展,全球科技治理体系影响凸显

1. 开放创新深入发展,创新生态的重要性日益凸显

数字技术进步推动了世界更大范围、更深程度的"连接",提升了创新资源的流动性和可用性,使得创新要素和资源更易于被获取,创新创业门槛降低,产业组织和社会分工持续深化。以用户为中心、多元主体参与、在更大范围内合作的开放式创新蓬勃发展,众包众创、协同创新、参与式创新等新模式不断涌现。自下而上的创新机制逐步凸显,研发活动的合作也将不断加强。同时,能否构建良好的创新生态,成为集聚整合创新资源、提高创新效率的关键。

2. 科技全球化面临技术竞争加剧等挑战,但国际科技合作仍有巨大潜力

知识的全球传播、扩散和国际科研合作是科学全球化最主要的表现形式,这一趋势难以逆转。特别是新一轮技术革命方兴未艾,国际科技交流与合作的需求更加紧迫,创新全球化的趋势不会发生根本性改变,但前沿领域的技术竞争将更加激烈。同时我们也要看到,国际科技合作始终是应对人类共同挑战,把握新技术革命和产业变革红利的重要途径。在新兴经济体对科技合作需求持续上升的背景下,国际科技合作的新空间将不断拓展,更加多元化的开放局面正在形成。

3. 全球科技治理体系影响凸显,新兴经济体将面对更高的国际规则要求

全球性规则与议事制度对创新活动的影响日益加深,公平竞争、协同发展成为

全球创新治理的演变趋势。在技术贸易领域,世界贸易组织(WTO)相关规则,特别是《与贸易有关的知识产权协定》(TRIPs)对知识的全球流动起着重要的规制作用。国际标准对新兴技术创新方向与产业竞争的影响日趋重要。同时,新技术引发了包括公平竞争、税收制度、社会伦理、网络安全等在内的一系列新问题,迫切需要各国制定各领域协同发展、应对挑战的相关规则。

4. 部分关键领域或将形成多元化技术和标准体系

主要经济体之间的科技竞争趋于长期化,出于战略和安全考虑,主要经济体已经开始在关键的数字技术领域谋划自己的技术标准体系。未来,全球在数字技术部分关键领域的技术和标准体系或将呈现出多元分化态势。

# 1.3　国际格局演变下中国科技创新的机遇创造

习近平总书记曾多次提到"要善于从眼前的危机和挑战中抢抓和创造机遇"。危机与挑战中的新机遇可体现在多方面,在全球新冠致使世界经济陷入深度衰退以及逆全球化思潮兴起的背景之下,科学技术成为推动经济社会发展的第一动力,同时也是各个国家间相互竞争的关键力量,对推动国际格局演变起着至关重要的作用。在新形势下,中国与世界各国间的互动日益频繁,受到的关注越来越紧密。为应对复杂多变的国际形势变化,我国需要进行正确、准确的自我定位,积极对待转型交汇时期的重要挑战,把握机遇推动与各国间的科技合作以及加快实现自身的科技突破。因此,中国要牢牢把握科技创新发展的新机遇,大力提升对科技创新的支持力度,为实现中华民族伟大复兴注入新动力。

## 1.3.1　国际创新格局重塑,世界科技创新重心东移的科研崛起机遇期

1. 俄乌冲突背景下我国科技领域信息安全发展的新机遇

俄乌冲突对于全球经济、世界能源价格及科技领域都造成了巨大的影响,同时也使世界各国不得不意识到科技领域信息安全是国家安全的重要组成部分。当前俄乌冲突不仅是国际热点,在当今的互联网时代同时也成了全程直播、信息传播的网络社交事件。在这场信息战中,舆论传播的巨大杀伤力被充分展现。人工智能、大数据等一方面便利了人们的生活,另一方面也滋生出科技隐患,比如合成技术、深度伪造、媒体话语权争夺所导致的虚假信息传播问题等。以俄乌冲突为例,西方

国家利用媒介话语权引导舆论,制造信息传播偏向。以美国为首的西方国家甚至全面封锁俄罗斯媒体,企图制造话语陷阱构陷中国,误导受众情绪。这些虚假的视频会侵蚀人们对于真正媒体的信任,引起社交网络传播伦理失范,同时也给我国以启示:① 重视新媒体的信息安全,加强技术改善规范。俄乌冲突中所体现的配音及视频剪辑技术、背景合成技术以及基于人工智能等更加先进的深度伪造技术,严重损坏了公众对于信息公信力的价值认知,助长了信息欺诈风气。我国应当积极开发追踪技术,以技术手段反制信息造假技术;重视相关技术法律法规的制定,根据新媒体技术的发展趋势,与时俱进地制定调整相关法律,提高虚假信息传播成本。② 完善互联网科技生态,深度关注和参与国际话语权体系构建。俄乌冲突也让我们深刻见识到西方政客的目的。以美国为首的西方国家在很长一段时间内,在一定程度上垄断了国际话语体系。在互联网技术驱动的网络媒体时代,在日趋激烈的网络国际话语权争夺中,美国政府与本国的互联网公司、媒体娱乐公司、社交平台公司进一步勾连,企图全面主导媒介话语权。各种行为无不表露出国际话语体系的不平等,因此,建立起包容开放的国际话语体系是世界各国未来努力的重点。中国持续提升的国际影响力至关重要,我们应把握时机进一步完善网络生态,为各方提供更加开放、灵活的选择。

2. 科技革命"版图东移"下科研崛起的机遇期

随着新一轮科技革命的发展,世界科技创新重心也在发生变化。面对世界科技创新中心东移的历史机遇,中国应当牢牢把握,成为全球科技创新的领跑者。在新一轮科技革命"版图东移"进程中,错过历次科技革命的中国,迎来了科研崛起的战略机遇期。目前来看,中国是世界上唯一拥有联合国产业分类中所列的所有工业门类的国家;中国的一批制造业技术已跻身世界一流市场,总体上正朝着第二梯队迈进;中国拥有全球最高的发明专利授权和创新能力指标,中国已经进入创新型国家的行列。中国特色社会主义经济法制是我国科技自主创新的重要制度保障。我国作为人口大国,拥有全球最大的国内市场以及庞大的高校毕业生队伍,为科技自主创新提供了市场以及人力保障。中国在全球化、信息化、网络化、数字化和智能化融合发展的今天,在经历了一代代人的不懈努力之后,与世界先进国家在技术创新方面已处于同一水平。目前,要抓住科技崛起机遇期,充分发挥现有的技术基础和条件,从追赶、并行到领跑,成为世界科技中心,科技水平真正实现自主创新,逐步改变核心技术、关键零部件受制于人的不利局面,并引领世界科技发展潮流。

13

基于此,如何借助硬件优势,填补自身短板,成为能否顺利承接世界科技中心的关键问题。

### 1.3.2 国际规则与数字权力重新制定,科技因素助推大国实力调整

1. 数字经济下国际规则与数字权力的重新制定

新冠疫情不仅加速了全球经济的数字化转型,更彰显了数字经济的强大韧性,数字经济正在深刻地改变着全球贸易的交易模式。数据是创新的基础,将在未来决定国家生产力提升的速度,远期来看,能否获得和使用数据将决定国家的经济实力。作为对创新日益必要的投入、国际贸易中迅速扩张的要素、企业成功的重要因素和国家安全的重要内容,数据对所有占有它的主体来说都具有难以估量的价值。数据化带来的巨大变化不仅影响了贸易,也彻底改变了国际政治。即使与全球经济的其他要素相比,数据与权力的关系也更为紧密。塑造数字权力规则是地缘政治竞争的关键组成部分,世界各主要经济体都在推广自己的技术规则模式。现阶段,大数据、人工智能、区块链等数字技术正处于爆发阶段,展现出良好的发展前景,吸引了大量投资。一批掌握前沿技术的企业不断涌现,数据也成为重要的生产要素与资源,科技创新对数据的依赖性增高,但现阶段数字技术还未完全成熟。我国应利用在数字经济方面拥有的自身优势,尤其是通过"数字丝绸之路"和更广泛的"一带一路"国际合作推广数据治理模式,为我国把握数字技术革命的发展,争取更多的国际规则与标准制定话语权提供新机遇。

2. 碳中和愿景下的绿色低碳科技创新成为关键驱动力

实现碳中和的关键是科技创新,这将推动社会经济发展从资源依赖型走向技术依赖型。习近平总书记在第七十五届联合国大会上提出:中国将提高国家自主贡献力度,采取更加有力的政策和措施,二氧化碳排放力争于 2030 年前达到峰值,努力争取 2060 年前实现碳中和。从应用领域来看,低碳科技的发展趋势将围绕"能源低碳化、生产去碳化和产业低碳化"三个方向创新发展。在此基础上,中国应对清洁能源科技创新进行深度分析,努力实现低碳转型,积极推广各种零碳、负碳技术,努力实现碳中和愿景。"双碳"目标的实现有赖于重大技术创新突破。绿色低碳科技创新作为实现"双碳"目标的关键驱动力,不仅从技术层面为实现低碳、零碳、负碳提供实践方法,还对绿色低碳产业发展发挥着重要的推动作用。而绿色低碳产业是将绿色低碳技术研发转化为现实科技成果的重要载体,成为引领绿色经

济发展的重要方向。绿色低碳科技创新是碳排放总量控制与经济社会发展现实困境的破解之道,也是新发展理念下低碳循环经济体系构建的关键抓手,以及促进生态文明建设和积极应对全球气候变化的必由之路。绿色低碳科技创新能够助推传统产业绿色低碳转型和壮大新兴产业,培育高质量发展新动能,对内增强产业链、供应链韧性,对外促进数字化、绿色化和产业化的深度融合,为实现"双碳"目标提供全方位支撑。因此,碳中和愿景下绿色低碳科技创新发展为我国科技创新提供了新的发展机遇。

3. 基础科学和创新体系助力科技创新发展

当前,新一轮科技革命和产业变革正在重塑全球经济结构,科技和经济互融互促成为必然趋势。科技创新既是中国经济社会高质量发展的强大引擎,也是中国深度参与世界合作交流,推动构建人类命运共同体的重要载体。

第一,核心技术是保持国家经济持续健康发展的关键所在。李克强总理曾经指出,制造业是我国"卡脖子"的重灾区。近些年来,中兴等中国企业先后遭遇美国的制裁更让我国意识到加强基础研究、夯实工业发展基础的重要性。长期以来,我国在知识创新及各个领域中均存在明显特征:借助西方已有概念、理论方法来研究本国情况,在短期内加速我国经济社会的发展;创新驱动发展机制有待进一步完善与健全,并进一步形成激励市场的环境与氛围。

第二,基础研究成为突破全球竞争力瓶颈的关键。"四基"(即先进基础工艺、相应产业技术基础、关进基础零部件元器件、关键基础材料)已经成为制约我国工业由大变强的关键,也是制约我国提高技术创新能力和全球竞争力的瓶颈所在。新冠疫情明确了加强基础研究对我国科技创新发展的重要性。我国也成功分离出病毒毒种信息,为后续开展临床监测等相关工作奠定了重要基础。国家应重点加强基础研究,强化企业创新主体地位,加强政策激励与扶持,向对国民经济发展有重要影响、支柱性作用的尖端企业提出技术需求,加强研发力度,以起到示范作用。

第三,新型科技创新体系的构建助力科技创新发展。良好的科技创新生态体系可以促进新产业、新业态、新模式、新经济的协同发展,精准化、专业化、系统化、生态化的科技创新体系保障则尤为重要。当前,我国的创新生态体系建设亟须尽快补齐,提高制度供给能力。科技创新政策环境的营造需要连续性和系统性的规范举措。鼓励创新、包容创新的生态环境有待完善,政策长效机制建设有待进一步落实。加强科技创新机构建设协同性,加快以信息流和数据中心为枢纽的科技创新要素集聚、有效整合和协同创新,建设国际一流水平的开放式国际交流平台,为科技创新协同机制带来新发展机遇。

### 1.3.3 新冠疫情催生对医疗、公共卫生领域科技创新的需求

新冠疫情发生以来,全球经济衰退、供应链萎缩等现象已经引起国际社会的广泛关注。后疫情时代,美国对于中国科技创新的打压会持续加码。据美国商务部统计,美国2021年贸易逆差扩大至8 591亿美元。同时,2021年中国对美贸易顺差高达3 966亿美元,占美国贸易逆差的46%,占中国贸易顺差的58.6%,两者互为贸易顺逆差的最大持有国。在此基础之上,美国将我国越来越多的企业列入"实体清单",企图通过制裁中国的高科技企业,限制人才交流及限制出口前沿技术来遏制中国科技创新事业的发展。我国产业门类齐全,新冠疫情的发展是加快中国科技创新进程的契机。我国应在短期突发契机的推动之下,倒逼高技术产业发展,重构我国科技创新的内外部环境。

科技的支撑作用在抗击新冠疫情的斗争中得到充分彰显。后疫情时代,新技术、新业态将会出现,国家间的科技竞争将更加激烈,疫情态势的发展对相关医疗科技产品产生巨大需求,各国间疫苗研制、医疗器械生产、试剂研发等相关领域竞争趋于白热化。根据我国相关科研情况判断,我国在医疗卫生领域的科技创新能力同发达国家间存在较大差距。从医药创新领域来看,近年来对于全球新药创造的贡献率我国仅占4%左右,为日本贡献度的1/3,美国贡献度的1/12。从医疗器械领域来看,美国占据全球十大医疗器械公司中的一半,其中,龙头企业的投入研发费用超20亿美元,相较之下我国医疗器械企业多为中小型企业,体量小,研发投入差距大。新冠疫情不断发展与变化必将进一步提升对医疗科技的需求,我国若想在国际竞争中胜出,就必须做出前瞻性安排,预判全球健康科技领域的发展趋势,深度参与国际科技合作,优化医疗卫生流程,健全医疗保障体系,加强对环境污染等问题的治理,提升防范生物安全风险的能力。

### 1.3.4 "创新丝绸之路"注入科技合作动能,区域全面经济伙伴关系协会 (RCEP)重塑国际创新机制

1. "创新丝绸之路"为国际科技合作注入新动能

"一带一路"符合经济全球化发展大方向,随着各国参与"一带一路"国际合作

的深度加强,为我国开展国际科技合作提供了新的发展路径(见表 1.1)。自 2017 年共建"一带一路"科技创新行动计划启动以来,中国与共建"一带一路"国家在科技人文交流、共建联合实验室、科技园区合作、技术转移等方面开展合作,共同迎接新一轮科技革命和产业变革,推动创新之路建设。专项规划在基本原则中提出,充分尊重沿线国家发展需求,积极对接沿线国家的发展战略,共同参与"一带一路"科技创新合作,共享科技成果和科技发展经验,打造利益共同体和命运共同体,促进可持续发展和共同繁荣。突出科技人才在支撑"一带一路"建设中的关键核心作用,以人才交流深化科技创新合作,激发科技人才的积极性和创造性,为深化合作奠定坚实的人才基础。聚焦战略重点,有序推进,制定和实施有针对性的科技创新合作政策,集中力量取得突破,形成示范带动效应。截至 2021 年年底,中国已和 84 个共建国家建立了科技合作关系,支持联合研究项目 1 118 项,在农业、新能源、卫生健康等领域启动建设了 53 家联合实验室。"创新丝绸之路"建设朝气蓬勃,为我国国际科技创新合作注入了新动能。伴随着我国科技实力的不断增强,我国与东亚、西亚等国家的技术合作也逐渐增多,但国内高校的参与率较低,覆盖不够广,暂时未形成合理科学的体系,"一带一路"为国内高校与沿线国家间进行科技创新合作带来了新的机遇。

表 1.1　我国国际科技合作的五个阶段(1949 年至今)

| 阶　　段 | 国内形势 | 国际形势 | 合作宗旨与策略 |
|---|---|---|---|
| 1949—1958 年<br>初始起步 | 科技事业百废待兴,几近"一穷二白",亟待建立现代化科技体系 | 西方资本主义阵营对华采取敌视政策,企图封锁和遏制新中国 | 在"一边倒"的外交方针下,接受苏联的技术援助,派遣留学人员学习苏联和东欧国家的科技成就与发展经验;号召海外人才归国 |
| 1959—1977 年<br>曲折前进 | 科技事业逐步发展,在全面推进的同时遭受"左"倾思潮破坏("大跃进"和"文化大革命") | 中苏交恶;中国恢复在联合国的合法席位;中西方关系趋缓,中美关系正常化 | 以"独立自主、自力更生"为基本立足点;以联合国为平台参与国际科技活动;援助亚非拉;与部分西方国家开展科技交流 |
| 1978—2000 年<br>恢复提升 | 科技事业再迎春天,改革开放政策亟须也助推着科技进步与科技体制改革 | 中美建交;苏联解体;和平与发展成为世界两大主题;经济全球化进程加快 | 在"独立自主不是闭关自守"的思想指导下,全面恢复提升国际科技合作;开启利用国外资金和先进技术,承接国际产业转移新征程 |

| 阶　段 | 国内形势 | 国际形势 | 合作宗旨与策略 |
|---|---|---|---|
| 2000—2011年快速推进 | 科技发展任务艰巨，"提高自主创新能力，建设创新型国家"上升至国家战略 | 中国入世，世界经贸格局更加多元；世界金融危机爆发，反全球化浪潮兴起 | 遵守入世承诺，在科技体制上与国际接轨；启动国际科技合作计划；以提升自主创新能力为宗旨，坚持"走出去"与"引进来"并举 |
| 2012至今创新发展 | 科技发展道路明晰，即要坚持走中国特色自主创新道路，实施创新驱动战略 | 后危机时代，单边主义和孤立主义不断抬头；"一带一路"倡议提出并落地 | 在"一带一路"倡议框架内开展互利共赢的双边和多边科技合作；以国际科技合作筑基"人类命运共同体"；突破他国的技术封锁 |

资料来源：温军，张森，王思钦."双循环"新发展格局下我国国际科技合作：新形势与提升策略[J].国际贸易，2021（6）：14-21.

2. RCEP全面合作重塑国际合作科技创新机制

RCEP使得相关区域成为全球规模最大的自贸区。在逆全球化风潮高涨的大背景下，RCEP对于全球化的深入发展具有重要意义。从产业链构建及竞争的角度看，RCEP成员国之间具有良好的产业互补性，这是深化RCEP内部经贸合作空间的基础，也是在区域内形成产业链的基石。但我们也要看到，亚太地区仍然处于形成高水平、高标准、统一大市场的起步阶段，RCEP以及亚太经贸合作未来有非常大的发展空间，我国应当抓住机遇，通过与相关国家的科技国际合作来提升自己的科技创新能力。

（1）RCEP是对亚太机制、全球化机制的突破创新

亚太各个经济体长期以来都是全球化的积极参与者与倡议者。近年来，欧美发达国家所主导的利益分配的不合理日益显现，相当一部分发展中国家未能获得预期收益，加之部分欧美政客出于政治目的出台了一系列阻碍商品服务要素跨境自由流动的措施，导致逆全球化风潮持续高涨，美国退出跨太平洋伙伴关系协定（TPP）就是典型事件之一。这种风潮对于RCEP的成员也有显著影响，例如中、日、韩等经济体之间的贸易投资自由化、便利化进程相对变缓，印度甚至退出RCEP谈判等。在此背景之下，中国、东盟、日本、韩国、澳大利亚等15个经济体作为东亚生产网络的主要成员，共同签署了包含货物贸易、服务贸易、投资、知识产权保护、电子商务、中小企业等重要经贸议题的自由贸易协定，特别是中、日、韩、澳四大经济体首次就经贸规则达成一致，实际上将东盟为轴心的放射性自由贸易协定

转化成为真正意义上的东亚自由贸易区网络,也标志着东亚各经济体统一市场的形成。虽然这个统一市场的标准相对一些高标准自由贸易协定来说偏低,但这个市场的形成意味着亚太经济和科技合作一体化向前迈出了一大步,为未来构建高水平亚太自贸区网络奠定了非常重要的基础。

(2)RCEP为不同发展水平的国家共建新型科技合作体系树立典范

一直以来都是由发达国家进行全球化的主导,然而随着全球化程度的加深,经贸规则谈判的焦点也由制成品关税减让转向利益分配较为复杂的农产品关税减让、服务业开放乃至知识产权保护、国有企业、数字贸易等"边境后"领域。在这些领域,发展中经济体和发达经济体之间,甚至不同发展中经济体和不同发达经济体之间的利益诉求差异很大,加之相关规则涉及国家安全、文化传统等非经济因素,因此很难达成共识。而RCEP能够更加兼顾发展中国家及发达国家的不同利益诉求,其具体规则设计具有创造性,如设置了大量的非强制性约束条款,鼓励发展中经济体尽可能达到相关标准等。这些具体规则的设计充分考虑了发展中国家当前的客观实际,对其他发达经济体和新兴经济体之间开展科技合作具有显著的示范作用,RCEP符合提升自贸区规则标准的大方向。

(3)RCEP有助于推动产业链和科技创新"双协同"

RCEP作为一个世界上最大的区域贸易组织,要做到交易量提升的基础就是产业链的协同。要做到产业链的协同,关键是在科技创新方面要协同。RCEP的一大特点是在科技发展水平上和新兴产业的发展水平上存在梯级落差。RCEP的有效落实取决于区域内各个国家在产业链协同方面的共同努力。产业链的协同是循环的,而这方面恰恰也是RCEP相对于北美或者欧盟经济圈的一大特点。RCEP是一个覆盖人口多、覆盖国家多,但同时各国发展程度落差比较大、各国科技水平落差比较大的一个区域,这一特点恰恰也可是各国推动产业链协同的一个重大优势。RCEP的突破点是要实现最广大中低收入群体的收入提高,这当然需要产业突破。而要想突破中等收入陷阱就必须依靠科技创新、产业升级和新兴产业的发展。没有科技创新就没有产业升级,也没有新兴产业的发展。

### 1.3.5 "双循环"打造科技创新新局面,科创型中小微企业赋能产业科技创新发展

世界各国科技发展经验表明国际科技合作是提高科技水平的重要方式。随着

第四次工业革命的到来,我国要牢牢抓住机遇,在构建以国内大循环为主体,国内国际双循环相互促进的新发展格局下,妥善处理复杂的国内国际问题,从而提升我国科技国际合作的质量与效益。应从重构我国科技创新内外部环境、加强对核心技术的研发、加强基础研究、构建合理的科技创新体系四个方面抓住"双循环"格局下的科技创新机遇。

中小微企业是产业创新活力的重要源头。从近几年的经济数据来看,中小微企业的发展十分迅速,贡献了50%以上的税收、60%以上的GDP、约70%的专利发明和80%的就业机会,占市场主体的90%以上。其中,科创型中小微企业对产业创新引领更具重要性。国际市场不断复苏为中小微企业的科技创新提供了新的发展空间。随着世界经济环境的改善,经济活跃程度显著提高,尤其是新一轮的产业结构调整,为中小微企业的科技创新提供了新的发展空间,创造了良好的外部环境。尤其是"一带一路"倡议实施以来,已有140多个国家与中国签署了"一带一路"合作框架协议,这对促进中小微企业国际化发展、加速中小微企业国际化进程具有重要意义。新一轮科技革命和产业变革也为中小微企业走创新式发展道路提供了宝贵机遇。不同于传统大工业时代,新一代技术条件更依赖个体或小团队的技术水平,对固定资产等依赖不高,人力资本主导下的创新模式有利于创新型中小微企业的产生和发展。中小微企业正在逐步成长为我国技术创新的中坚力量和关键引擎。2020年,我国科技型中小微企业、高新技术企业的数量突破20万家,全年高技术制造业增加值增长7.1%,高于全部规模以上工业4.3个百分点。中小微企业研发与创新表现突出,创新力度不断增强。

## 1.4  国际形势变革下中国科技创新的发展挑战

### 1.4.1  中美间的博弈竞争将更趋激烈

改革开放以来,中国经济和科技取得了跨越式发展。在特朗普执政时期,美国政府担心中国科技创新快速发展可能会威胁美国竞争力的核心,即美国的世界科技创新中心地位,所以美国重点打压中国战略新兴及高技术产业。这一时期的中美摩擦实质上已上升为技术战,将影响我国企业出口和产业升级,乃至威胁我国的制造业发展和国家安全。从中长期看,美国为保持其全球领导者地位,将会遏制中国替代美国成为世界科技创新中心的趋势。

1. 美国已出台多项政策阻碍中国科技的创新发展

美国通过贸易摩擦打压我国科技企业的技术活动。2018 年 4 月,美国商务部工业与安全局以中兴通讯对涉及历史出口管制违规行为的某些员工未及时扣减奖金和发出惩戒信为借口,下令拒绝中国电信设备制造商中兴通讯的出口特权,禁止美国公司向中兴通讯出口电信零部件产品,期限为 7 年。该禁令导致中兴通讯的主要经营活动立即陷入停滞状态,其间公司股价最大跌幅超过 60%。2019 年 5 月,美国商务部以国家安全为由,将华为公司及其 70 家附属公司列入管制"实体清单",禁止美企向华为出售相关技术和产品。此外,美国的高关税削弱了中国高科技企业的出口竞争力。一些对美出口的中小制造企业和依赖进口美国原材料或中间投入品的企业也遭受到沉重打击。对美出口企业利润微薄,无法承受 25% 的关税重压,从而陷入绝境或关门倒闭;依赖进口的企业成本大增,无法及时寻到他国进口替代品,亦会陷入经营困境。美国政府还启动"国家安全"程序针对中国企业,将中国公司和科研机构列入"实体清单"。

美国还通过金融手段限制我国科技创新投资,中国科技企业赴美的投资活动受到限制和监视。美国的《外国公司问责法案》通过要求在美国上市的公司公开企业业务、数据等隐私信息等,企图掌握我国在美上市的高科技企业信息,对我国的科技崛起进行打压。此外,受《外国投资风险评估现代化法案》《2019 财年国防授权法案》的影响,我国科技企业从美国机构获得风险投资或收购美国企业将要接受更多的投资审查。可以预见,随着这些措施或法案的实施,我国科技企业要想通过收购美国技术公司来获取技术将非常困难,未来通过海外离岸公司推动这些投资活动的风险也会很高。此外,美国金融监管部门可能收紧外资监管政策,加大对各类可疑外资,特别是来自中国投资者的资金进行跟踪审查,随时有可能冻结这类资金,从而加大我国企业对美投资的安全担忧。美国还通过人才政策限制中国科研发展和交流。加强对华裔科学家科研项目的审查,防止中国从美国联邦政府资助的研究成果中受益。美国国立卫生研究院、美国国家自然基金会等美国政府机构开始陆续对在美国境内得到资助的机构和科学家开展一系列调查行动,并导致数名华裔美籍学者被突然免职,不得不离开核心研究岗位或实验室。限制中国留学生签证和中国学者赴美参加学术交流,提高中国留学生和交换访问学者的签证费用;对于计划学习航空、机器人和先进制造业的中国学生,将其签证期限从 5 年缩短到 1 年。这一系列政策都试图从人才方面压制中国科技崛起。

2. 未来美国政府将会加大力度与中国竞争世界科技中心地位

全球政治与经济发展格局对我国建设世界科技中心带来了一系列不稳定和不确定性因素。拜登将会推翻特朗普时期的一些政策，重返奥巴马时期试图建立一个广泛的制约中国的国家联盟，这一趋势从召开的所谓"民主峰会"的诸多提议中可见一斑。2019 年 8 月，美国向其贸易伙伴国施压，致使澳大利亚、新西兰、英国、日本等国纷纷将华为、中兴等企业排除出政府采购清单和 5G 网络建设与服务招标名单。由此可见，美国将会加大力度限制中国科技发展，并与中国进行世界科技中心地位的激烈竞争。

虽然新一届美国政府对中国使用的战术方法有所不同，但中国在未来仍被美国视为"战略竞争对手"。自 2017 年美国总统特朗普发布上任后的首份《美国国家安全战略报告》，明确将中国定位为"战略上的竞争对手"之后，中国成为美国两党共识的"战略竞争对手"。新一届美国政府更是把中国作为美国的最大战略竞争对手，认为中国正在试图利用"体制模式输出"在具有长期影响的领域挑战美国的全球领导地位。拜登的国家安全顾问杰克·沙利文直言，美中关系是"全面战略竞争"关系，两国关系的状态会是对抗、竞争、合作。因而可以预判的是，中美关系的基本结构仍以竞争为主。此外，美国政府在战术手段上可能会部分放弃极限施压和"系统性脱钩"的举措，中美关系会在短期内进入一个相对特朗普政府的"缓和期"。但是，在当今世界格局总体态势加速演变的权力过渡时期，美国政府对华战略轮廓相当明确，会进一步综合运用各种软硬实力限制和压制双边经济和技术交流。新一届政府势必还将进一步加大对战略性技术的资源投入，在至关重要的尖端技术领域，中美竞争将更趋激烈。不断变化的全球实力格局也使得美国各界日益认识到，随着新一轮科技革命与产业革命的加速演进，应对未来安全、卫生、经济等多方面挑战，必须在人工智能和量子信息系统等关键领域以及各类基础研究领域进行大规模和长期的研究投资。新美国安全中心 2020 年 11 月发布的《国防技术战略》报告更是明确提到，应该在一些处于发展初期但具有重大发展前景的技术领域，如量子技术（量子计算、通信和传感）、脑机接口、人工智能和纳米技术等技术领域保留一部分研发投资。新美国安全中心还在 2021 年 1 月的《掌舵：迎接中国挑战的国家技术战略》报告中建议，美国政府应再次提供足够的投资，以确保美国在未来几十年中的技术领先地位。

### 1.4.2 新冠疫情将重构科技创新的全球环境

**1. 新冠疫情对国际科技创新合作造成冲击**

发达国家对疫情的意识形态化导致科技创新合作受到冲击。疫情下的国际社会合作机制变得更加脆弱,欧美一些国家刻意将疫情意识形态化,有意强化科技的垄断性与国界性,使之成为一些国家国内选举、党派竞争、政治斗争的手段,对国际科技合作交流产生负面影响。例如,境外一些媒体刻意放大或者歪曲疫情对"一带一路"建设的不利影响,漠视甚至贬低中国与沿线国家合作抗疫的积极努力,误导沿线国家民众及媒体对中国疫情及中国防疫成效的认知,损害对"一带一路"建设合作的信任感和信心。科技问题政治化、科技民族主义等思潮严重。

隔离防疫措施影响合作项目正常运行。跨国合作项目由于其本身涉及的范围广泛,需要频繁沟通和高频率的人员交流与物流保障,而这与各国的防疫措施形成了冲突。面对不断变异的新冠病毒大规模传播和日益严峻的防疫形势,疫情防控难度大,在防疫早期必须采取严格的隔离防疫措施,实施边境入境控制,取消或减少国际航班,相互限制和禁止人员入境,延缓国际运输清关等,才能有效抗击疫情。然而,隔离措施产生的连锁反应使得人员流动、供应链等持续受到抑制,进而影响跨境合作项目的正常运行,甚至可能导致合作的中断和倒退。

**2. 新冠疫情将加剧国际竞争**

全球新冠疫情形势发展对科技创新形成强烈需求,国际竞争加剧。应对重大传染病危机最有效的武器就是科学技术。全球新冠疫情形势的发展,已经对疫情防控相关科技产品产生强烈需求,而且在全球疫情未得到有效管控的前提下,需求仍会进一步迅速增长,世界各国在检测试剂、疫苗研发、新药研发、医疗仪器设备研制、防护产品生产等与疫情相关的领域和行业的竞争日趋白热化。

后疫情时代,国际社会对健康科技的关注与需求将进一步提升。中国要参与国际竞争,就必须战略性、前瞻性地做出安排,预判全球生命科学研究和健康科技领域的发展趋势,针对流行性疾病、气候变化、生命健康、环境保护、能源危机等全人类面临的共同挑战,深度参与国际科技合作,找准切入点,开展前瞻性研究,为未来的长期发展奠定基础。

### 1.4.3 俄乌冲突使得国际科技产业发展受挫

**1. 在乌克兰的临床试验项目推进受限**

得益于苏联时期的积累,乌克兰拥有约 2 500 家公共医疗机构,以及众多受过药品临床试验管理规范(GCP)标准培训的经验丰富的临床专业人员。同时,由于经济发展缓慢,在乌克兰有大量未接受过治疗的患者群体,在这里开展临床试验可以更容易地招募临床患者,临床试验成本也更低。因此,近几年乌克兰成为跨国药企和研究机构选择的热门临床试验基地所在地,每年约有 500 项临床试验在乌克兰开展。根据 Global Data 公司的统计,乌克兰目前至少有 680 项正在进行或者计划进行的临床试验,其中大部分是全球多中心药物临床试验,但至少有 14 项研究是仅在乌克兰展开的临床招募。此外,根据医药魔方 Pharma Go 全球临床数据库,有 227 项由中国企业或研究者发起的多中心临床试验都选择纳入乌克兰作为试验基地。其中,有 103 项多中心临床试验的状态处于进行中(尚未招募)、进行中(正在招募)或试验状态(指定招募),2 项临床试验处于 I 期,16 项临床试验处于 II 期,4 项临床试验处于 II/III 期,81 项临床试验处于 III 期。涉及的企业包括恒瑞医药、百济神州、复宏汉霖、君实生物、开拓药业等。在战争影响下,乌克兰全国戒严,多中心临床试验势必无法正常推行。

**2. 俄乌冲突成为半导体行业新的"黑天鹅"事件**

乌克兰是重要的半导体气体供应国,其氖气的供应链占据全球市场的 70%,而氖气等稀有气体正是半导体制程中激光混合气体的主要原料,主要使用在深紫外(DUV)曝光环节,虽然在电子特气中用量占比小,但是影响的工艺和产品范围广泛。统计数据显示,2020 年年底氖气大约是 300 元/立方米;2022 年 2 月 24 日俄乌开战后,中国氖气价格最高达到 1.8 万~2 万元/立方米,而随着更多特种气体供应商捂气惜售,涨价的链条终将传导至半导体制造、封装厂商及汽车等应用终端的产业链下游企业。若未来很长一段时期内俄乌局势得不到缓解,氖气的供应将加重芯片短缺的困境。

### 1.4.4 "一带一路"国际科技合作面临的挑战

**1. 合作机制不完善制约科技创新合作体系的构建**

完善的科技合作体制机制支撑着科技创新共同体有效且良性地运转。由于受到多种错综复杂因素的影响,我国与"一带一路"部分沿线国家科技合作机制尚不健全,联委会并不能定期召开。如中国与巴基斯坦在 2003 年召开第 16 次科技合作联委会后,于 2011 年才召开第 17 次科技合作联委会,时隔 8 年;后于 2017 年召开第 18 次会议,又中断 7 年。在中国-印尼、中国-越南、中国-埃及等国家间都存在类似情况。科技合作联委会不能如期召开,可能使两国无法进一步商讨规划未来科技创新合作的发展方向,从而制约科技创新共同体的构建。

2. 科技创新合作的意向性缺乏微观层面的保障措施

自“一带一路”倡议提出以来,无论是国际方面还是国内方面,中国与沿线国家都签署了诸多文件,如 2018 年中国与以色列签署的《中以创新合作行动计划(2018—2021)》、与非洲伙伴国启动的《中非科技伙伴计划 2.0》、与东盟发表的《中国-东盟科技创新合作联合声明》等。但纵观科技创新合作文件,更多的是关于“一带一路”科技创新合作的意向问题,在微观层面上还缺乏强有力的保障措施。随着“一带一路”科技创新合作的不断深化,如何才能避免在合作上出现恶性竞争和利益冲突,亟需政策的扶持与指导。

3. 现有利益协调机制难以保障科技创新共同体的发展

共同利益是维系共同体的根本纽带,科技创新合作也需遵循此逻辑。一些国家在发现自身的利益不能平等合理得到保障或无法获取预期效益时,会导致本国科技创新资源向其他国家进行转移的意愿降低,进而影响科技创新合作进度,制约科技创新共同体的构建。在科技创新合作中如何协调多方利益以及建立利益共享、风险共担、责任共承的利益协调机制,值得广泛而深入地探讨。而利益协调机制的达成又有赖于完善的、与时俱进的规则法治,但仅靠现有的国际法则难以解决所有问题,难以保障科技创新共同体的良性发展。这些给科技创新合作体系的构建带来挑战。

4. 国家创新能力差异影响科技创新体系建设愿景统一性的达成

由世界知识产权组织、康奈尔大学、欧洲工商管理学院联合发布的《全球创新指数报告》中针对国家创新能力的评价方法和评价结论备受推崇。据 2019 年《全球创新指数报告》显示:“一带一路”沿线国家大多创新指数处于中等偏下的水平。在“一带一路”沿线国家中,仅新加坡、以色列两个国家的创新指数排名进入世界前10,其余大多数国家的创新指数位于全球中等偏下的水准。《全球创新指数报告》说明:“一带一路”沿线国家创新能力差异较大,面临的发展任务和发展目标处于不同层次,增加了科技创新合作方案的对接难度,在一定程度上影响了“一带一路”

科技创新体系建设愿景统一性的达成。

**5. 沿线国家政局不稳影响科技合作的稳步推进**

"一带一路"沿线国家发展态势不均衡,部分沿线国家政局不稳。其中,阿富汗军事冲突事件占比 75.4%,是沿线区域中最不稳定的国家;也门、叙利亚陷入内战泥潭,恐怖主义势力较大;吉尔吉斯斯坦政治活动占比达到 32.7%,国内政局较不稳定;印度尼西亚治安事件占比 17.9%,国内治安环境较差;科威特恐怖袭击事件占比 23.5%,给社会和谐稳定带来不利影响……宗教极端势力、恐怖主义以及发达国家强权势力干涉等多种因素的影响,使"一带一路"部分沿线国家国内政局动荡不安,社会矛盾日益凸显,领土争端问题依然存在,加之部分沿线国家治理能力的不足,恶化了沿线区域的安全形势,影响了科技合作共同体的稳步推进。

**6. "中国威胁论"迟滞科技创新体系的发展进程**

中国科技的迅速发展使一些西方国家深感不安。一些西方国家为攫取自身利益制造"中国威胁论",将"一带一路"比作"马歇尔计划",并对"一带一路"科技创新合作进行诋毁和抹黑,企图混淆视听,颠倒黑白,阻碍国际合作。尽管中国多次辟谣,但舆论依然影响了沿线国家与中国进行合作的信心与决心,迟滞了科技创新体系的构建。

### 1.4.5 科技创新的不确定性、不稳定性持续增加

"十四五"期间,全球科技创新活动将继续保持密集活跃态势,交叉融合和多点群发趋势明显,跃变式创新助推新一轮科技革命和产业变革效用明显。但新时期的科技创新方向、强度、速度、节奏等均存在较高的不确定性和不稳定性,对制度供给的质量与效率提出了较高考验。

科技创新风险凸显,挑战现有治理体系。科技创新不确定性风险在产业、社会、安全、治理等领域逐渐显现:① 信息产业变革存在失衡风险。如 5G 工业应用场景匮乏、半导体相关核心技术缺失等已成为掣肘信息产业可持续发展的核心因素。② 技术进步带来社会风险。如强大的数据搜集、信息生成能力及多样性的信息发布源,导致隐私泄漏问题社会化。③ 科技升级加剧安全风险。如网络攻击呈现规模化、智能化,针对关键基础设施的网络攻击增加,网络安全风险升级。

### 1.4.6　国内改革发展任务繁重,科技支撑能力尚有不足

**1. 国际科技合作的整体质量有待提升**

现阶段我国的科技合作大都为基础合作,涉及关键核心技术的很少,合作质量有待提升。此外,我国大科学装置的数量、体量、成果产出与科技强国存在差距,国际领军科学家、杰出青年学者数量与科技强国相比差距很大。我国在不少科技领域尚处于追赶阶段,科技实力的薄弱自然会导致我国难以在国际科技合作中掌握主动。我国在国际科技合作上的经费投入相对不足,这在一定程度上限制了我国国际科技合作的广度与深度。我国国际科技合作的涉及面广但重点不突出,缺乏围绕国家发展战略展开以攻坚克难为主题的国际合作研究长效机制。

**2. 原始科学和技术创新滞后于美国等发达国家**

与欧美等发达地区和国家相比,我国缺乏原创性的理论发现以及具有引领性的科技成果,基础科学和关键技术受制于人。我国国际科技合作的管理体制还需完善,在项目管理方面,我国仍存在"重立项、轻管理和弱成果转化"的问题。现阶段,部分现行的国际规则是在发达国家的主导下制定的,其中确有对以我国为代表的发展中国家的不公之处。我国把握和运用国际规则的能力有待加强,在主导国际规则与标准的制定中,话语权有待提高。

**3. 企业在科技创新中的主体地位有待提升**

第一,中国作为世界第二大经济体,经济发展模式面临转型,我国企业在科技创新中的主体地位有待提升。技术创新国际化是跨国企业在竞争中的重要手段,有利于企业在科技创新与国际合作中具有更多主动权,然而我国企业采取科技创新国际化战略,进行海外研发投资等活动的起步较晚。

第二,产业化合作项目相对较少,直接转化为生产力的能力不强。由于高科技的核心技术还掌握在跨国公司手中,具有技术垄断性,我国企业尤其是民营企业融入全球创新网络、整合全球创新资源的意识与能力都尚有不足,且部分企业有通过国际科技合作来获取国外核心技术和国内政府补贴的策略性意图。

第三,中国基础研究投入主要来源于政府和高校,企业基础研究占比非常低。国际合作项目大多由科研机构或高校承担,企业参与度低,并且存在一系列不利于企业参与的因素,如缺乏足够资金、合作信息不对称、缺乏主动意识等。

**4. 区域科技创新能力分布不平衡**

区域创新是区域经济发展的基础。一个地区区域创新能力的强弱,直接决定

该区域的产业和经济发展水平和潜力。长期以来,我国区域创新能力分布不平衡,东西部地区区域创新能力差距远大于区域经济差距并呈逐年拉大趋势。这种情况之所以长期存在,主要是由于科技创新资源的资本趋利本性的特质要求和作为创新微观主体企业的创新动力不足及政府宏观创新环境较差。东部地区发达的市场经济、优良的创新环境、完善的创新机制、旺盛的企业创新动力和活力,使得西部地区更难得到高级的稀缺科技创新资源,并出现东西部之间的"马太效应"。这种效应严重制约西部区域创新的发展,并进一步使得东西部区域创新能力差距拉大。这种差距即使在国家科技创新政策向西部加大倾斜支持力度的情况下也难以阻止。此外,不同地区高校的管理体制不同,不少西部高校的科研工作存在重复工作、事务烦琐等问题,缺乏创新精神。这也严重制约着西部地区科技创新水平的提高。

# 1.5 科技创新发展与中国新格局

## 1.5.1 加强国际科技合作布局,提升国际规则与标准制定软实力

1. 推动自主创新和开放创新双轮驱动,善用国际平台和国际规则

第一,要处理好自主创新与开放创新的关系。一方面,自主创新能力的缺失或不足将造成核心技术受制于人的局面,其后果是不可估量的。我国在这方面有着深刻的教训:前有苏联终止对华援助,迫使中国原子弹技术"从头摸起",后有美国禁止对华出口芯片,致使中国通信企业备受打击。另一方面,我国改革开放的实践和成就表明,要顺应经济科技全球化的历史趋势,脱离全球创新网络的封闭式创新终将导致科技落后的恶果。

第二,要尊重国际科技合作的客观规律。国际科技合作在本质上是一种突破国别界限的逐利活动,唯有以互利共赢为依归的合作才是长久有效的。我国的相关实践还表明,国际科技合作的策略与进路会随着国家大政方针、国际形势走向和科技发展趋势的转变而改变。

第三,要善用国际平台与国际规则。国际组织是国际社会的重要成员,参与或参建国际组织并以此为平台开展对外科技交流活动是国际科技合作的重要途径。国际规则是世界各国共同遵守的一般性规范,参与甚至主导国际规则的制定可提

升一国在国际科技合作上的制度性话语权。

第四,要妥善处理同各大国的关系。大国关系是国际体系与国际秩序的"压舱石",一国同各大国的关系则关乎其发展面临的国际形势主基调,这主要是因为大国通常对国际事务具有举足轻重的影响力,并对其他国家具有强烈的示范效应。

2. 加强"四位一体"国际科技水平提升策略,提高国际科技合作意识

加强"思维意识转变-合作模式转变-重点任务转变-评价体系转变"四位一体的国际科技水平提升策略(见图1.1)。思维意识转变是提升我国国际科技合作质量与韧性的首要策略。

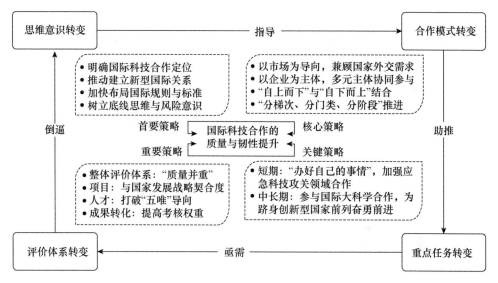

图1.1 "四位一体"理念下我国国际科技水平的提升策略

第一,要正确地看待国际科技合作在我国科技创新发展中的角色定位。既不能忽视其在资源重组、优势集成、技术进步等诸多方面的助益,也要防止其产生对自主创新的"挤出效应"。要将国际科技合作视为我国自主创新与科技自立自强的重要推手,而非从国外获取关键核心技术的手段。

第二,应在新型国际关系框架下探索平等互信、互利共赢的国际科技合作路径和利益分配机制,努力减少和消除"信任赤字"。摒弃任何不对等的、不符合各方合理利益诉求的、有违国际规则与秩序的国际科技合作意识与行为。这既是国际科技合作应遵循的一般性原则,也是我国作为负责任大国的内在要求。

第三,要有意识地加强知识产权与标准化国际合作,着力提升我国参与和主导国际规则与标准制定的能力。在国际秩序与技术-经济范式皆面临深刻变革的背

景下,国际规则与标准将成为今后一个时期内国际科技合作的重点内容。

第四,要在国际科技合作中坚持底线思维、提高风险防范意识。不断地在既有合作的基础上拓展合作新空间、新渠道与新模式,这是应对纷繁复杂的国际关系与国际形势变化以提升我国国际科技合作长效性的必然要求。例如,在国际科技合作中遭遇摩擦乃至被制裁时,扩展与第三方的已有合作或谋求与其他第三方的新合作就是缓冲合作风险的一种有益思路。

3. 强化国际规则与标准制定的软实力,加速谋划"中国方案"

第一,强化国际规则与标准价值的制定。我国在数字经济创新尤其是原始创新上仍有很大的进步空间,在数字经济国际规则与标准制定上的软实力还相对薄弱。由于数字经济创新的涉及面之广、复杂性之高和迭代速度之快都是前所未有的,任何国家都无法独自推进这一事业,围绕相关的技术、产品与模式创新开展国际合作就成为一项必要且迫切的工作。国内外实践也证明,游离于世界核心创新网络之外的经济体终将落后于世界整体科技水平,甚至陷入技术代差的恶性循环中。

第二,加速谋划数字经济国际规则下的"中国方案"。世界各国针对包括数字贸易和数据治理在内的数字经济国际规则与标准制定正在展开角逐,这在本质上是各国对数字经济产业链和价值链制高点的抢占,也从侧面反映了国际合作的紧迫性与必要性。还应强调的是,数字经济情景下的"锁定效应"会强化国际规则与标准的价值,即国际规则与标准使用者的转移成本会因此提升。据此,我国要加紧谋划数字经济国际规则与标准布局,主动在国际规则与标准体系尚不健全的领域提出"中国方案"。

4. 优化鼓励原始创新的制度环境,推进世界科技创新中心建设

第一,国家科技战略应把世界主要科技创新中心建设作为重要定位。大国崛起最重要的一个规律是世界科技创新中心地位的转移。① 应有针对性地提升基础研究在科学研究中的地位,提高基础研究国际化水平,优化基础研究的科研环境。② 要学习世界顶尖高校办学规律,结合中国自身优势,打造世界学术的另一个中心。着力吸引外籍领军科学家和杰出外籍青年学术人才,打造一流基础性学科,吸引世界优秀生源来中国留学,防止美国在某些基础性学科限制中国留学生。③ 营造宽松的科研环境,将大学和科研机构打造成为科学原始创新的主体。充分尊重教师和科研工作者,形成活跃的思想和学术氛围,营造良好的学术环境,鼓励

创新创造,培养有利于原始创新的土壤、环境和生态。

第二,着手制定和实施中长期鼓励原始创新的战略规划。中国的核心技术受制于人是最大隐患,核心技术必须自力更生。中美贸易摩擦再次让我们认识到原始创新对于大国博弈的重要性。为此,中国在坚持改革开放的同时,也要突出强调自力更生,坚定地走出一条鼓励原始创新的新路。在应对贸易摩擦的同时,制定和实施中长期鼓励原始创新的战略规划,加强重大基础性前沿学科布局。

第三,鼓励企业研发原创性的核心技术。① 鼓励企业进行核心技术的攻关和自主研发,使企业真正成为原创性技术研发的主体。在高端芯片、高精尖材料、半导体加工设备、工业机器人等高端技术领域鼓励企业尽早投入、持续积累,增强国家科技实力和底蕴。② 鼓励企业从模仿创新、微调创新、本地化创新和集成创新中摆脱出来,提前布局原始性创新,攻克重点核心技术。③ 鼓励企业改变短视的企业文化,立足长远和可持续发展。

第四,加大企业和政府基础研究投入力度。一方面,提高企业基础研究投入力度和比重。企业应该成为基础研究投入的主体,通过基础研究提升企业的原始创新能力,并掌握核心技术。政府在发挥引导作用的同时,应鼓励银行、风险投资、机构投资者等参与,提高企业基础研究的投入,减少研发型中小企业的税负。政府应鼓励高校和科研机构的教授和科研人员创业,形成产学研合作的长期激励机制。另一方面,政府研发投入结构应该向基础研究集中。由于基础研究本身具有长期性、高风险性和正外部性等特征,政府应提高基础研究投入的比重,确保基础研究经费投入增幅高于其他类型研发支出增幅,加大对高校和科研机构基础研究经费的投入力度,尤其要降低基础研究经费中的竞争性比重。

第五,率先加大原始创新类知识产权的保护力度,优化鼓励原始创新的制度环境。重点加大原始创新类知识产权保护,要先重点保障原始创新者对成果的一定独占权,排除仿制者对原始创新知识产权的侵犯,让从事原始创新的研发人员最终受益,终身受益,从而调动和激发原始创新者的创新创造活力、潜力和持续动力。

第六,以重大科技基础设施建设为抓手,创建国际科技创新中心。当前,国际科学发展正处于科技创新与转型发展时期,重大的科学发现越来越依赖于大型的科学设施、跨学科领域的科研团队。国际上形成了许多依托大科学装置群的大规模国家实验室,并围绕大规模国家实验室发展出了以科学设施和高端人才集聚为特点的国家创新中心。目前,我国已经布局了 4 个国家级科技创新中心,即北京、上海、合肥和粤港澳大湾区。大科学装置建设是重要抓手,是这几个地区的创新地标,发挥着重要的集聚和支撑作用。这些重大科技基础设施必须在科学与技术水平上引领国际,才能支撑具有全球影响力的科技创新中心,提升我国整体科技发展水平,并最终实现建设世界科技强国的目标。

### 1.5.2 完善国内软、硬环境支撑体系,提升科技创新能力与韧性

**1. 发挥集中决策制度优势,加强在战略必争领域的前瞻性布局**

当前,我们科技发展多处面临着"卡脖子"的被动局面,要集中力量,保证重点,集中资源,实现快速突破,走出受制于人的困境。集中决策的制度优势有利于重大科技基础设施规划建设的高效发展,有利于在国家战略层面实现设施建设的统筹布局。

第一,在重点的选择上,应该充分考虑国际科技发展态势,跟踪追赶和前瞻布局并重,识别并确保战略必争领域,充分考虑国家战略需求。① 要最大限度满足公益基础设施的现实需要。② 要考虑国内用户水平和现实需求,适当前瞻部署公共实验平台。③ 要选择少数真正具有国际竞争力的专用研究设施,以我为主并吸引国际力量共同参与建设和运行,同时积极鼓励中国科学家参与国外大型专用研究设施的设计、建设、运行与使用。

第二,发挥我国政治体制机制、科学决策机制,调动各方面积极性,集中力量协同攻关,对国家重大科技基础设施的规划建设保持独特优势。重大科技基础设施规划是国家意志的体现,需要国家层面的集中决策。在这一过程中,我们也要清醒地认识到,仅依靠设施数量的简单扩张,无法实现从"并跑"到"领跑"的跨越。只有抓住机遇,瞄准国际前沿,才能在国际引领中赢得主动,打好长久发展的基础。

**2. 完善科技创新立法体系,为科技进步和创新发展提供有效支撑**

第一,科技创新法律法规要充分落实国家战略。党的十九大提出,到 2035 年要基本实现社会主义现代化,跻身创新型国家前列。实现这一奋斗目标,必须充分发挥好创新引领发展的第一动力作用,推动科技创新全面融入经济社会发展,为社会主义现代化建设提供更强大、更关键的支撑。要从法律制度层面为加强国家创新体系建设提供保障,使法律的修改真正体现新时期、新阶段的新要求。

第二,科技法律法规要及时呼应科技创新规律的新变化。当前,新一轮科技革命和产业变革加速演进,颠覆性创新持续涌现,给经济社会发展带来重大机遇,新

技术应用的两面性、不确定性愈加突出。同时,国际科技竞争日趋激烈,正在重塑全球创新版图和世界格局。应对这些挑战和问题,需要通过修改法律,构建符合科技创新特点的科技行为规范和科技治理措施。

第三,科技创新发展和改革的成功经验需要以法律形式加以固化。改革开放以来,特别是党的十八大以来,我国科技体制改革成效显著,在企业创新、人才激励、成果转化、创新治理、区域创新、开放创新等方面采取了一系列重大改革举措,地方围绕创新驱动发展探索和积累了很多好做法、好经验,需要及时总结提炼,上升为国家法律制度。

3. 加强重大科技基础设施支撑创新驱动发展,提升国家创新体系支撑能力

第一,全面推进建设高效、有序、富有活力的国家创新体系。国家科技创新体系由创新主体、创新基础设施、创新资源、创新环境等要素组成。大科学装置作为重要的创新基础设施,是国家创新体系的重要组成部分,能够为国家重大原始创新和重大科技成果产出、创新资源集聚、关键核心技术突破、高技术产业和战略性新兴产业发展提供创新的基础条件。近代以来,以美国为典型代表的世界科技强国纷纷建立了以专业研究机构、大学、企业为创新主体的国家创新体系,并依托大型科学设施建立了具有全球影响力的创新高地。在此背景下,我国要加速建立高效、有序、富有活力的国家创新体系。

第二,促进国家重大科技基础设施同各个科技创新参与主体形成良性互动的协同创新格局。国家重大科技基础设施是国家战略科技力量的重要载体,是知识创新、技术创新、知识传播和知识运用的基础平台,可以同其他各类科研机构、大学、企业研发机构形成功能上互补、良性互动的协同创新格局。这对于建设一流大学、国家实验室,培养和吸引高层次人才,支撑综合性国家科学中心、科技创新中心有不可替代的意义。国家重大科技基础设施是实施创新驱动发展战略的重要抓手,是综合性国家科学中心建设的"硬指标"。依托科学设施群形成功能完备、相互衔接的科技创新中心,整体提升创新全链条的支撑能力,加强各类创新主体间的合作,使设施成为创新链和产业链的重要衔接,促进产学研用的紧密结合,加快创新驱动发展。

第三,实施创新驱动发展战略支撑基础研究,提高自主创新能力。实施创新驱动发展战略的关键是增强科技创新能力,只有拥有强大的自主创新能力,才能在激烈的国际竞争中把握先机、赢得主动。"基础研究是整个科技创新体系的源头,是

所有技术问题的总机关",在国家竞争力比拼的过程中,具有战略意义的基础研究和应用技术研究非常关键。从中美贸易战来看,"卡脖子"问题都与基础研究薄弱导致的技术创新后劲不足有关,是我国创新驱动发展战略中的短板。我国需要发挥重大科技基础设施强大的支撑能力,尤其是发挥专用研究设施在基础研究取得重大科学突破过程中独一无二的作用,增强自主创新能力,为创新型国家建设提供不可替代的原始创新支撑条件。

4. 转变科技创新能力的评价体系,提升科技创新能力与韧性

评价体系转变是提升我国科技创新能力与韧性的重要策略。为改善国际科技合作项目管理中的"重立项、轻管理、弱成果转化"问题,我国至少应从如下四方面出发来提升项目评价的全面性与全程性:① 整体评价体系要由"重量轻质"向"质量并重"转变。这要求相关管理部门修正"以量取胜"的绩效考核标准,大力提升质量更高的合作研究类项目的比重,助力我国在国际科技创新网络中提升位势并在重大前沿科技领域实现更多"从 0 到 1"的突破。② 要将科技创新与国家发展战略的契合度纳入评价体系。这将有效改变科技创新研究与国家发展战略的实际需要相脱节的状况,切实提升科技创新对我国经济科技发展的支撑能力。③ 对项目负责人的遴选与评价标准要打破"五唯"导向。此举有助于激发人才创新活力和培育国际科技创新人才,也是提升我国国际科技创新质量的必要选择。④ 要加大对科技创新成果承接转化的考核权重。这要求我国增强将科技创新成果转化为现实生产力的能力,各类参与主体要重视知识产权的获取与保护,更要注重将其转化为我国在经济科技发展上的硬实力和在国际规则与标准制定上的软实力。

# 第二章　科技创新支撑新发展格局

　　构建新发展格局是我国应对复杂多变的国际经济政治环境的战略选择,是在风云变幻的世界格局下,提升经济自我循环能力的主动作为,是"十四五"规划的最大亮点,是以习近平同志为核心的党中央根据国内外发展大势与我国发展阶段变化、战略定位和战略谋划,以及对全面建设社会主义现代化国家的战略部署。

　　我国正处在开启全面建设社会主义现代化国家的开局起步期,科技创新是构建新发展格局的着力点和突破口。提高我国科技尤其是关键核心技术的创新能力,实现科技自立自足,以科技创新缔造新发展动能,既是针对当前日益复杂的国际形势突破外部科技封锁,有效保障国家科技安全、经济安全、社会安全和信息安全的现实回应,也是应推动中国经济转型发展、以高质量科技创新助力构建新发展格局的内在要求。

　　党的十八大以来,以习近平同志为核心的党中央,把创新作为引领发展的第一动力,摆在党和国家发展全局的核心位置,立足中国特色,着眼全球发展大势,把握阶段性特征,对新时代科技创新谋篇布局。在目标上,建设创新型国家和科技强国;在摆位上,把科技自立自强作为国家发展的战略支撑;在战略上,持续深入实施创新驱动发展战略;在路径上,坚定不移走中国特色自主创新道路。我国科技事业的蓝图已经画就,我们的科技创新事业在不断向前发展。从国内循环的角度看,科技创新与时俱进,为我国"十四五"时期经济社会高质量发展增添新动力;从国际循环的角度看,科技创新乘势而上,可以为我国参与国际合作竞争创造新优势。科技创新正成为我国经济社会发展的新动能,抓住这个"牛鼻子",就能够充分发挥国内市场优势,打通国内国际双循环之间的"转化链",从而大力提升自主创新能力,以支撑我国新发展格局。

# 2.1 国际科技强国科技创新经验

在新发展格局的战略部署下,习近平总书记指出:"推动国内大循环,必须坚持供给侧结构性改革这一主线,提高供给体系质量和水平,以新供给创造新需求,科技创新是关键。畅通国内国际双循环,也需要科技实力,保障产业链供应链安全稳定。"①这就告诉我们,无论是推动国内大循环,还是畅通国内国际双循环,都离不开科技自立自强。当前,中国已初步建成中国特色国家创新体系,但还存在整体效能不高、解决重大科技问题的"硬实力"不强、科技创新资源配置不够合理等诸多问题。我国在基础研究与原始创新、关键核心技术等方面与世界先进水平仍存在较大差距,探究国际科技强国的创新发展格局,并在此基础上结合中国自身国情提出可借鉴的经验,可为我国科技创新支撑新发展格局路径提供有益探索。

### 2.1.1 国际科技强国的科技创新格局

1. 瑞士——全球科技创新引领者

根据世界知识产权组织(WIPO)发布的 2021 年全球创新指数报告,瑞士的全球创新指数(GII)在全球 132 个经济体中排名第一,属于全球创新领导者,这也是瑞士连续第 11 年成为排名第一的创新国家。具体而言,瑞士科技创新发展格局具有以下四个方面的特征和优势。

(1)丰富的科技创新资源

瑞士具有丰富的科技创新资源。自 2000 年开始,瑞士的国内研发总支出占国内生产总值的百分比不断提高,由 2000 年的 2.26% 提升至 2019 年的 3.15%,始终高于经济合作与发展组织(OECD)的平均水平,处于世界前列。而在研发人员方面,根据经济合作与发展组织的数据库数据,2019 年瑞士每 1 000 名雇员中就有 9.37 名研发人员,高于经济合作与发展组织 2019 年的平均水平,即每 1 000 名雇

---

① 习近平.在科学家座谈会上的讲话[N].人民日报,2020-09-12(2).

员中有 9.07 个研发人员。[1]

（2）完善的科技创新组织

瑞士形成了包括经济部门、教育和科研部门、公共促进部门和区域创新联盟在内的较为完善的科技创新组织（见图 2.1）。各部门定位明确，共同支撑瑞士的科技创新发展。在此背景下，瑞士在科技创新成果上表现不俗。2019 年瑞士在欧洲专利局（EPO）、日本专利局（JPO）和美国专利商标局（USPTO）提交注册的三方同族专利数达到 1 225 个。瑞士的科研人员论文产出效率也在全球表现十分突出，2016 年每万名科研人员论文产出数超过了 7 200 篇，这一数据超过了美国、德国等科技创新强国。

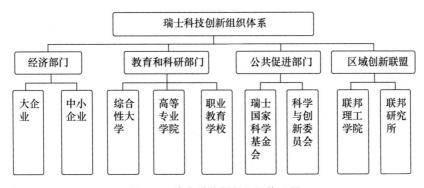

图 2.1　瑞士科技创新组织体系图

（3）优越的科技创新制度环境

从历史来看，"中立国"带来的稳定的社会环境使瑞士积累了宝贵的人才和资金，1815 年后，瑞士从未卷入过任何局部战争和国际战争，包括两次世界大战都宣告中立。这不仅帮助瑞士免遭战争破坏，而且为瑞士集聚了大批躲避战争灾难的人才和资金，为日后瑞士的创新发展奠定了坚实的基础。从企业看，大企业和中小企业"双引擎"推动瑞士产业创新。瑞士创新体系的另一个重要特征是私营企业的规模多样性，其中包括作为全球领导者运营的大型高新技术企业，以及数量众多的创新型中小企业。在开放创新的范式下，大中小企业协作是取得持续竞争力的关键。而大企业是瑞士国家创新体系的支柱和建构者，维系着高

---

[1]　OECD. Gross domestic spending on R&D [EB/OL]. [2022-05-14]. https://data. oecd. org/rd/gross-domestic-spending-on-r-d. htm ＃：～：text ＝ Gross％20domestic％20spending％20on％20R％26D％20is％20defined％20as，funds％20for％20R％26D％20performed％20outside％20the％20domestic％20economy.

校、中小企业和服务商等多边网络。大企业研发投入比重高,创新能力强,创造了大量高质量就业岗位,并通过与高校和本地企业合作,带动了国际技术转移,强化了本地创新网络。从教育看,职业技能教育成为瑞士创新链条上的重要一环。在人才培育上,瑞士发展出了独具特色的"三元制"职业教育模式。这种职业教育模式既具有德国"双元制"、学徒制等职业教育特色,又具有法国、意大利的职业教育特色。瑞士职业教育的蓬勃发展为瑞士产业发展,尤其是制造业发展提供了源动力,这也让瑞士在医疗设备、信息通信、纳米技术等新兴产业领域形成技术积累,保持快速发展。从大学看,以应用为导向的科技成果为瑞士产业创新提供了动力。瑞士拥有一批世界知名的高等学校,包括苏黎世大学、日内瓦大学、巴塞尔大学等,这些高等学校专注基础研究,具有强大的原始创新能力。从政府看,"松绑"为瑞士科技创新营造了良好环境。瑞士联邦政府在瑞士本国创新生态中发挥了重要作用。瑞士联邦政府在尊重市场力量的基础上,将自身定位于创新环境的营造者,坚持"由下而上"的原则和高度的自治,将支持创新的重点放在服务上,这为创新主体营造了优越的制度环境。[①]

(4)促进全方位协同发展的科技创新政策

为促进瑞士科技创新全方位协同发展,瑞士出台了系列科技研发、人才供给、支持计划等多方面政策措施,有力保障了科技创新活动的开展,有效提高了全社会创新活力和水平。

第一,出台《研究与创新促进法》以确保用于研究与创新的政府资金能够有效地被运用,并监测各研究机构间的合作情况,必要时得以介入协调。2011年《研究与创新促进法》通过修正,明确政府责任已从单纯的"促进科技研发"推动角色,扩展至"科学和创新政策与科学创新过程融合"的管理角色,对"科学研究和以科学为基础的创新"提供支持并减少职能重叠。

第二,制定人才供给政策,主要包括高等教育制度、现代学徒制度及职业教育制度等方面。各类人才供给制度相辅相成,共同构成多元化、层次化的完善人才输送体系。在高等教育人才供给方面,瑞士出台了一系列政策进行规范,《高校促进和协调法》规定,由联邦和州合作保障高校质量和竞争力。该法还对高校资金来源、成本密集领域的分工和联邦基础资金保障作了规定。《联邦理工大学法》对联

---

① 郭曼.瑞士创新生态系统的核心特征及对我国创新体系建设的启示[J].全球科技经济瞭望,2019,34(8):28-33.

邦理工大学和专门研究机构的任务和组织进行了规定。在学徒培训方面,瑞士现代学徒制度最具特色。瑞士现代学徒制的管理机制十分明确,分别由联邦政府、各州政府和各相关组织共同监管。其中,联邦政府对现代学徒制的主要管理职责包括:保证学徒培训质量、完善学徒培训体系、保障学徒培训课程公开性、管理学徒培训经费分配、制定学徒培训相关法律等方面。在职业教育人才供给方面,瑞士为发展职业教育,对《联邦职业教育法》进行了修订,主要涉及:提供新的有区别的职业教育途径、提高职业教育体系和其他教育体系通融性、引入绩效导向的包干经费机制、给予职业教育更多投入、赋予地方办学者更多责任等方面。

第三,出台系列支持计划,包括产学合作计划、创业家计划、新创事业计划、种子资金投资竞赛等(见表2.1)。[①] 如在产学合作计划方面,给予符合创新性、市场性等条件的研发计划总经费50%的补助,以激励科技创新;在创业家计划方面,提供系统的创新资源与训练课程;在种子资金投资竞赛方面,出台竞赛机制,以缩短新创公司走向市场的时间,增加衍生公司数量。

表 2.1　瑞士政府出台的系列支持计划任务及成效

| 支持计划 | 任　务 | 成　效 |
|---|---|---|
| 产学合作计划 | 促进产学合作,填补创新研发供给与需求缺口 | 符合创新性、市场性等条件的研发计划可获得总经费50%的补助 |
| 创业家计划 | 提供系统的创新资源与训练课程 | 2014年,瑞士前一百大新创公司中有72家来自创业实验室 |
| 新创事业计划 | 创业导师提供创业指导服务 | 已有296家新创公司取得标章,超过86%的公司仍在营运 |
| 新创事业筹资平台 | 协助新创事业初期筹资 | 会员约有80个,共计投资4亿瑞士法郎 |
| 种子资金投资竞赛 | 缩短新创公司走向市场的时间,增加衍生公司数量 | 至2013年,已有251个团队取得种子资金投资,创建了194家新创公司 |

### 2. 瑞典——北欧科技之星

根据世界知识产权组织发布的2021年全球创新指数报告,瑞典的全球创新指数在全球132个经济体中排名第二,其在创新投入与创新产出方面也排名第二,属于全球创新型国家的领军者,被誉为“北欧科技之星”。瑞典的科技创新表现为研发投入强度高、企业投入占比大、政府关注度高和自治理念强等典型特征。

---

① 邱丹逸,袁永,廖晓东.瑞士主要科技创新战略与政策研究[J].特区经济,2018(1):39-42.

（1）研发投入强度高且企业投入占比大

瑞典创新投入具有强度高以及来自企业的研发投入占比大两方面的特点。瑞典的研发投入强度长期高居发达国家前列，一直稳定在 3% 以上。根据经济合作与发展组织的数据库数据，瑞典 2020 年的研发投入强度达到 3.53%，这一强度要高于美国、英国等发达国家，而且显著高于经济合作与发展组织和欧盟的平均水平（见图 2.2）。[①] 从 20 世纪 80 年代中期开始，瑞典总研发经费中，来自国内企业的占比就已经超过 60%，2000 年前后更是超过 70%，之后虽有所降低，但也一直维持在 60% 以上。而政府研发经费占比自 20 世纪 90 年代中期以来一直低于 30%。在创新产出方面，根据经济合作与发展组织的数据库数据，2019 年瑞典持有的同时在欧洲专利局、日本专利局和美国专利商标局注册的三方同族专利数达 852 个。除此之外，从人造心脏、伽马刀、心电图等的发明，到沃尔沃、爱立信、ABB、阿斯利康等全球知名创新企业，瑞典科技创新展现出强大的生命力。

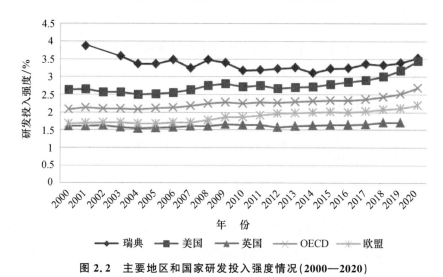

图 2.2　主要地区和国家研发投入强度情况（2000—2020）

（2）六层的完整科技创新体系

瑞典形成了可分为六层的完整科技创新体系。第一层为政策制定，由议会以及财政部、教育与研究部、能源与交通部等政府内阁组成；第二层为技术与创新规

---

① OECD. Gross domestic spending on R&D [EB/OL]. [2022-05-14]. https://data. oecd. org/rd/gross-domestic-spending-on-r-d. htm#：～：text＝Gross% 20domestic% 20spending% 20on% 20R% 26D% 20is% 20defined% 20as, funds% 20for% 20R% 26D% 20performed% 20outside% 20the% 20domestic% 20economy.

划实施层,主要由负责基础研究的研究理事会、专职事业署和专门的基金会组成;第三层为研发操作层,主要由公立研究机构(主要是大学、政府民用研究所)、半公立机构(工业研究所)、国际科技合作者和私人研发机构(公司的研究部门和私有的非营利性机构)组成;第四层是技术扩散层,主要包括大学和产业界合作建立的能力中心、卓越中心、科学技术园区、技术转化机构、技术服务机构,还包括地区商会、技术扩散项目等;第五层是针对公司的研发资助层,主要是各种公共资助机构(各种协会、基金会、省级和地方政府研究资助机构)、半公立和私有的金融公司(风险投资公司、创新中心)等;第六层为法规与信息层,主要是瑞典专利局。[①]

（3）完善的创新治理体系

在科技创新领域,瑞典模式在很长一段时期都被视作一种经验,被很多国家学习和效仿。瑞典模式也经历了起源、起步、兴盛、没落以及复兴几个阶段。自 2000 年至今,瑞典模式处于复兴阶段。从 2000 年开始,瑞典在科技创新治理方面开始进行改革。2001 年瑞典创新署成立,专门负责国家创新体系建设,除了支持大学的优势研发和促进大学与业界的互动外,瑞典创新署也支持中小企业的研发活动。与此同时,自 2008 年开始,瑞典会定期颁布新的《研究与创新法案》,伴随法案的颁布,目标性较强的战略研究领域、战略创新领域和挑战驱动的创新项目相继设立。此外,瑞典开始加大对知识资本的投入,目前知识资本占 GDP 的比重已达 10%,而知识资本被经济合作与发展组织认为是经济增长新动力的源泉。瑞典设立战略研究领域、战略创新领域和社会挑战项目,加大对这些领域的资助力度,引导大学和企业在这些项目上开展合作等一系列举措,实际上代表了以产业聚焦和政府引导为特征的瑞典模式的回归。

自 1982 年起,瑞典国会每 4 年制定 1 个法案,决定未来 4 年公共研究和创新支出的资金分配,并设定优先发展领域。在创新人才培养层面,北欧国家公立学校实行从小学到大学的免费教育制度,鼓励终身学习。瑞典鼓励成人上大学,大龄学生在享受学费全免的同时,还可获得低息贷款、生活补贴和育儿补贴等补助,雇主被要求为上大学的员工保留职位。瑞典还设有各类成人培训机构,培养了大批推动科技发展的中坚力量。北欧国家重视创新能力的培养,通过各种方式培养创新型人才。瑞典政府建立创新教育体系培养青少年的创新意识,由政府拨款支持"灵

---

① 程家怡.瑞典科技与创新体系的现状与演进过程[J].全球科技经济瞭望,2016,31(7):1-8.

感教育"和新发明竞赛是其中的重要组成部分。

瑞典还注重企业科技创新并促进产学研协同创新。政府通过研发经费免税优惠、知识产权保护、鼓励企业创新竞争、扶持中小型企业创新等举措促进企业科技创新,创新精神已经成为企业文化必不可少的部分。瑞典的研发投入以大型企业为主,瑞典企业研发投入约占全社会研发投入总额的 2/3,许多大企业都设有研发中心。瑞典政府为促进产学研合作,要求大学在做好学术研究的同时要向外界传播学术研究信息,使公众可获取相关科研成果。瑞典高校大部分专业都和当地的优势产业紧密联系,与大学有过合作的生物技术企业达 93%,爱立信公司通过委托高校或与高校合作完成的科研项目占全部科研项目的七成以上。①

(4) 科技进步与产业发展的紧密结合

瑞典一直以来都致力于科技进步与产业发展的紧密结合,把可持续城市发展理念融入科学城的建设中,西斯塔科学城就是典型的代表。西斯塔科学城创立于 20 世纪 70 年代,刚开始只是单一的产业园,生产制造并进行电子批发贸易。随着企业的发展,西斯塔渐渐形成了 ICT 产业集群,完善了城市的配套服务设施,增强了与机场轨道交通的联系。在有了良好的区位优势后,爱立信等产业逐步进驻,更有出色的科技创新体系,这使得西斯塔逐渐蜕变为具有影响力的科学城,实现了从产业园到"欧洲硅谷"的转变。此外,西斯塔科学城还通过改善科研创新环境来提升创新能力。最初的西斯塔一度生产功能单一,办公住宅面积巨大,且采用了鲜明的职住空间区分,随着转型的进行,西斯塔逐步加入了绿色步行场所和适合人们娱乐的场所,改善了整体环境,并在交通站点设置了大型的商业中心(Kista Galleria),里面涵盖了购物、娱乐、停车等综合性服务,环境的转型为学生、员工以及科研人员提供了更好的服务。②

3. 美国——建立全球领先的科技创新体系

据世界知识产权组织发布的 2021 年全球创新指数报告,美国的全球创新指数在全球 132 个经济体中排名第三。美国综合科技创新能力居世界首位,其活力迸发的创新创业环境和持续有力的科学发现能力,不仅使美国科技驱动型经济增长势头强劲,同时引领了产学研企科技创新的全球浪潮。在研发投入方面,自 2009 年以来,美

① 王子丹,袁永.北欧主要国家创新战略与政策研究[J].科技管理研究,2018,38(11):26-30.
② 金吉利.瑞典的科技创新体系科普[EB/OL].[2022-05-14].https://www.jjl.cn/article/1018905.html.

国的研发投入总额不断上升,2020 年达到 7 080 亿美元,居世界前列。在研发产出方面,2020 年美国持有的国际专利族专利数量为 95 347 个,处于全球领先水平。2005—2015 年间美国 ESI 论文数量为 368.74 万篇,论文引用率达 17.12%,论文数量与论文引用率均列世界第一位。[1]

(1) 完善的国家科技创新管理体系

美国形成了完善的国家科技创新管理体系,包括行政体系和非行政实体两大部分。行政体系包括美国多个行政部门和独立科学机构与委员会,它们共同承担和资助科学技术研究,指导科学技术政策。[2] 美国产学研企具备全球领先的科研竞争力,2018 年美国占据 QS 世界大学综合排名榜的 32 个,在《福布斯》杂志发布的 2018 年全球最具创新力企业百强榜单中,美国有 51 家科技企业入围。《2018 年欧盟工业研发投资排名》对全球企业研发投入前 2 500 家企业进行调查,美国登榜778 家企业。

(2) 高效的创新生态系统

美国国家创新生态系统具有完备的法律法规体系、高效的创新资源要素投入、创新主体间产学研协同创新等主要特征。

完备的法律法规体系为国家创新生态系统构建提供制度环境。美国拥有全球最完善、最广泛的科技创新法律体系,涉及知识产权保护、技术创新、技术成果商业化等诸多领域,为美国的创新发展营造了优越的制度环境。

高效的创新资源要素投入为国家创新生态系统构建提供关键支撑,具体包括资金、人才、创新基础设施、基础研究以及科技投融资体系五个方面。美国持续、有效地提供大量资金推动科技创新发展,每年投入约占 GDP 总额 3% 的资金作为研发经费,支持基础研究、重要产业关键共性及前沿性共性技术的开发。美国特别注重高层次创新人才的引进和培养工作。在人才引进方面,高级技术型人才移民是美国创新人才队伍的主要构成,美国通过政策调整不断放宽高级技术型人才获得永久居留证的条件。在人才培养方面,美国高度重视基础教育,运用多元化、创新启发式教学开发学生的科学探索与创新精神,打造世界一流的启蒙教育体系。在创新基础设施方面,美国致力于建造 21 世纪最系统全面的物理基础设施和信息化

① National Science Board, National Science Foundation. Invention, knowledge transfer and innovation [EB/OL]. [2022-05-14]. https://ncses.nsf.gov/pubs/nsb20224/.

② 董洁,李群. 美国科技创新体系对中国创新发展的启示[J]. 技术经济与管理研究,2019(8):26-31.

服务设施。而在基础研究方面,美国非常注重基础研究,对基础研究的支持为美国科技原始创新提供了科学知识和成果储备。大学作为基础研究的主要根据地,立足自身基础研究优势,在科研上夯实基础、精益求精,为创新生态系统的构建提供了亟需的知识、技术支撑。此外,美国发达的科技投融资体系为国家创新生态系统的构建提供了强大的财力支持。美国成立了专门的联邦政府部门(如小企业管理局)为中小企业提供融资服务和资本支持,并且还大力发展风险投资市场,包括鼓励开设风险投资公司和风险投资基金等。

深化创新主体间产学研协同创新是国家创新生态系统构建的重要条件。无论是政府主导还是民间自发,美国产学研协同创新始终注重发挥企业的主导作用,瞄准市场需求,迅速整合大学、科研机构和企业自身的创新资源,最大化地实现产学研协同创新的效果。在协同创新模式上,美国建立起企业主导的多元主体参与型协同创新模式。目前,美国已经形成多种产学研协同创新模式,包括科学园区、合作研究中心、产业合作中心、高新技术咨询中心等模式。美国政府在产学研协同创新中也发挥着积极作用,以创新主体各方需求为主要着力点,扮演引导者、管理者与服务者的角色。①

(3) 科技与金融环环相扣的创新机制

当今的科技创新已经进入高度市场化和与金融机制相结合的时代。美国现代高科技创新的成功关键在于高效利用全球(包括自己)的资源建立了一整套支持创新的天使投资、风险投资、股票市场、垃圾债券市场、收购市场、知识产权法律、狙击型知识产权诉讼等环环相扣的机制。正是美国多层次的金融市场,为不同的投资者提供了多样化的退出路径,为美国经济注入了新的活力,使美国在国际分工中牢牢掌握了主动权,取得了国际竞争的比较优势。

美国的科技创新金融市场机制包括:最早开始成立风险投资;向科技企业提供融资政府对创业企业的大量优惠政策;科技创新资金来源多元化;不断完善相关法律法规,保证投资者利益;创业企业资金投入与退出保证。以上科技与金融环环相扣的科技创新金融市场机制,是美国成为世界科技大国的关键。

(4) 重视科技创新政策的前瞻性、战略性

美国非常重视科技创新政策的前瞻性、战略性。为继续主导世界科技创新,强

① 费艳颖,凌莉.美国国家创新生态系统构建特征及对我国的启示[J].科学管理研究,2019,37(2):161-165.

化科技优势地位,早在 2016 年 6 月,美国就公布了一份长达 35 页的《2016—2045 年新兴科技趋势报告》。该报告不仅有助于美国相关部门对未来 30 年可能影响国家力量的核心科技有一个总体上的把握,而且为国家及社会资本指明科技投资方向。除此之外,美国还注重及时制定并动态调整科技政策,近年来先后发布了《21 世纪美国国家安全科技与创新战略》《开放政府数据法案》《核能创新与现代化法案》等一系列与科技创新相关的战略性政策及法案。为应对快速发展的科学技术,美国还针对发布的科技政策进行补充和调整,及时破除阻碍科技发展的制度因素。

4. 德国——全球领先的创新型国家之一

德国是世界公认的、全球领先的创新型国家之一,其科技创新以及制造业实力不容小觑,"德国制造"更拥有巨大的影响力和带动力。在美国彭博社公布的"2020 彭博创新指数"排行榜中,德国获得了综合排名第一位,其工业制造附加值、科技专利、制造业竞争力、高科技公司密集度等各项指标均排名领先。具体而言,德国科技创新具有重视高科技开发、基础科学与应用研究发达等特征和优势。

(1) 重视高科技开发,制造业发达

德国十分重视高科技开发,其高科技产业主要集中在激光、纳米、电子、信息通信、现代制造、新材料等领域。近年来,德国稳固在世界汽车和机器制造领域技术的中心地位,并在 2019 年发布的《国家工业战略 2030》中提出将激光技术和机器人技术、微电子技术等相关领域作为进一步发展的重点,在完善法律框架的条件下,进一步促进生物技术领域的投资。在环保技术方面,德国 2020 年以 18.9% 的市场份额取代了美国的霸主地位。在世界贸易中,德国高科技附加值以 19.5% 的市场份额居于世界之首,日本以 19.3% 位于第二位,美国则为 13.1%,排名第三。德国在传统技术和高新技术领域均拥有雄厚实力,有"欧洲创新企业密度最高国家"的称号。

自 20 世纪中叶以来,德国的制造业在国际上一直处于领先地位,尤其是德国的机械制造业出口,长期占据世界第一的位置,"德国制造"已成为世界市场上"质量和信誉"的代名词。"德国制造"根植于科研机构,科研沃土源源不断地为其输送养分。300 多所高等学校、数以百计的研究机构,"制造科技"都是其研究的重点。纳米、电子技术被定位为德国的创新发动机,对芯片行业、汽车和机械制造行业都有显著的推动作用。德国为进一步提高国际竞争力,将发展重点转向高科技产业,采取措施鼓励创新型企业的发展。自 20 世纪 80 年代起建立的高科技中心成为促进地区经济和发展高新技术产业的有效手段,最典型的两个高科技中心是慕尼黑高科技工业园区和海德堡科技园区。

(2)结构完整、分工明确的科研体系

19世纪末20世纪初,德国创造了近代西方国家的近代大学模式,教学与研究职能的结合,使得很多西方国家纷纷效仿,被誉为"帝国王冠上的一颗宝石"。德国从此走向了发展教育和科技的强国之路。20世纪80年代,德国重新调整科技政策,使得科技政策与本国实际相结合,政府通过大量增加科研经费来刺激本国科技的研究能力。21世纪初,德国将科技创新作为国家科技发展的突破口,于2003年3月提出了"2010年议程"一揽子方案,实行全面改革。同时,德国政府已将2004年定为"创新年",借此推动德国的科技创新和全面改革。

为了实现教育和科技的融合,德国建立了一套结构完整、分工明确的科研体系,实现了产学研相结合。高等学校、独立研究机构、企业科研机构是德国科研体系的三大支柱。德国共有300余所大学和专科学院,它们既是一支很强的基础理论、应用研究队伍,也是培养科研后备力量、保证科研力量不断更新的重要基地。为了刺激市场竞争,全部研究与开发经费原则上由企业自行承担,这也促使德国的非营利科研机构的研究方向集中面向市场,顺利将研究成果落实到实际应用当中。

(3)基础科学与应用研究发达

德国在基础科学与应用研究方面十分发达,以理学、工程技术而闻名的科研机构和发达的职业教育支撑了德国的科学技术和经济发展。以汽车和精密机床为代表的高端制造业是德国的重要象征。在国家创新体系中,德国科技服务体制最大的特点在于集中与分散相结合。联邦与各州的议会及政府负责制定执行与教育、技术和创新相关的政策及实施细则,并负责创新外部环境的建设。德国弗劳恩霍夫研究协会采取以合同研发为核心的市场化运作模式,下设75个研究所,负责中小企业的研发委托合同。作为国家创新体系组成部分的科研机构、高校与企业拥有相应的独立决策权,这造成了德国国家创新体系的半自治状态。德国的行业协会,主要包括雇主协会、专业协会和工商协会,负责信息咨询和职业教育,如德国工程师协会,主要负责技术开发、监督、标准化和专利方面的工作。德国有很多技术转移中心或平台①,一部分是企业化运作的私人机构;另一部分是政府运作的科技服务机构,主要负责技术交易服务、咨询服务、专利及信息服务,如德国史太白经济促进基金会,是完全市场化的运作模式。此外,德国在各大学和研究机构都有技术转让办公室,负责科研成果的商业化,如德国柏林工业大学高有技术转让处。同时,德国通常会在大学附近建立科技园,便于转化大学高科技成果、孵化高科技企业。

（4）搭建基础性研究和公共服务平台

德国不断出台法律政策,搭建基础性研究和公共服务平台,以营造创新环境。在法律法规方面,德国政府出台了《科学技术法》《关于中小企业研究与技术政策总方案》《中小企业结构政策的专项条例》《德国专利法》《德国专利商标局条例》等,德国各州均出台了《中小企业促进法》,因地制宜制定政策推动中小企业发展与创新。

在科技创新战略方面,德国既注重不同背景下战略的差异性又重视政策的连续性。德国平均每五年发布一次高科技发展战略。2006 年,德国首次提出《德国高科技战略》,确定了德国提升科技创新能力的明确路线。2010 年,德国政府在前者的基础上提出了《德国 2020 高科技战略》,在能源、航空、生物技术、健康等领域进一步推动技术发展。再到如今的《德国高科技战略 2025》,德国政府持续制定系列政策推动创新。

在公共服务方面,德国政府还资助了众多研究机构、公共服务平台。德国弗劳恩霍夫研究协会、马普学会、亥姆霍兹联合会等重点研究机构的运营和科研活动,均以联邦政府和各州政府支持为主。德国政府还支持国家技术创新与创业中心联盟（ADT）、工业应用研究所（AIF）、工业界联合会（IGF）等专业研究机构,致力于搭建包括德国集群信息平台在内的各类公共服务平台。此外,德国政府还对中小企业税收提供优惠,如新建企业可在所得税项前扣除动产投资额的 50%,中小企业盈利中再投资的部分可免交财产税等。

5. 英国——高效的国家创新体系

英国曾引领了世界第一次和第二次科技革命,在世界科技史上做出过重大的贡献,有着悠久的科学文化传统和良好的根基,具有国际领先的科技创新能力。在世界知识产权组织发布的 2021 年全球创新指数报告中,英国的全球创新指数在全

---

① 赵成伟.科技创新支撑引领"双循环"新发展格局的路径选择[J].科技中国,2021(7)：21-24.

球 132 个经济体中排名第四。作为国家创新体系的策源地,英国经过不断探索与实践形成了高效的国家创新体系,与其卓有成效的科技创新政策共同推动了英国科技创新的发展。目前,英国的高新技术主要集中在能源、电子科技、空间技术、环境、生物和新材料等领域。其科技创新格局的具体特征有完善的科技治理体系、高效的国家创新体系等。

(1)完善的科技治理体系

在英国科技治理体系中,科学技术办公室主要负责国家层面的科技政策与科技创新活动的战略规划,主要职责是宏观指导和调控。英国科学技术委员会相当于英国首相的顾问班子,负责向首相提供战略政策和框架的咨询,甄选和确定英国一定时期内的重点科技领域。英国技术战略委员会(TSB)归属于创新、大学与技术部,属于咨询机构,是非营利性公共服务机构。科技评价办公室主要负责促进合作研究开发及知识转移,建立和运营知识转移网、合作研发网等。贸工部和就业部建立了 14 个地区技术中心,为企业提供技术转让、培训和专家咨询服务。此外,英国还有一些私人营利性中介机构,负责将政府的科研成果转入市场,提供专利申请、技术转让与评估、专利授权等业务,如英国技术集团。同时,英国的各大高校也有校办专职企业,负责将高校的研发成果商业化,如剑桥大学的剑桥企业,牛津大学的艾赛斯创新公司等。英国的政治体制决定了其科技治理体制也必然是分散与集中相结合型,介于多元分散型和高度集中型之间。

(2)多举措支持新兴技术研发

自 2016 年以来,脱欧焦虑始终笼罩着英国的科技和产业界,因此英国政府在2018 年以来陆续发布的《现代产业战略》中非常注重支持本国新兴技术研发的措施。一是增加量子技术研发投入。2019 年,英国首相已经宣布为量子技术领域新增 1.5 亿英镑投资,这意味着英国国家量子技术计划的总投资将超过 10 亿英镑。英国的量子计划已经建立了 3 个量子研究卓越创新中心,受到全世界的瞩目。二是进一步鼓励企业对早期研发的参与。英国政府将采取措施确保行业、企业了解这些新技术的影响,积极帮助企业研发正处于商业化边缘的新技术,使其进入市场时能够满足企业的要求。英国政府在对新技术进行投资时,特别注意给不同规模的企业都带来新技术的收益,例如通过高性能新通信技术改变不同规模新旧企业的业务模式。三是增加对新兴技术的投资。投资新技术本身是有风险的,但英国为未来保持自己的研发优势,不仅以政府的投资充当种子基金,而且还支持国家银行在企业不敢投资的地方进行投资。英国政府为未来新技术投资制定了明确战略,承诺将把研发投入的 GDP 占比提高到 2.4%,并且要确定未来投资方向和目标。四是改善对新兴技术的法律规章和监管体系。对新规则的设计可以消除或减少新兴技术发展的障碍。新技术总是会产生新的监管问题,英国政府组织制定适合的规章制度,以保护新技术能够蓬勃发展。

（3）创新人才培养模式成熟

英国历来重视人的创新能力培养,其创新人才培养模式已较为成熟。世界知识产权组织等联合发布的 2020 年全球创新指数排行榜显示,英国排名第四,其创新人才培养模式发挥的作用不可忽视。英国高校历史悠久、积淀深厚,形成了独具特色的人才培养模式,是创新人才培养的主战场。一方面,英国高等教育以创新能力培养为核心,提供自由和多元的学习环境,充分发挥学生的自主能动性。英国很多高校都设置"三明治课程",采取"学习-工作(实习)-学习"的方式进行人才培养。另一方面,英国政府大力支持创新人才培育。2017 年英国商业、能源与工业战略部发布的《英国工业战略》将人才作为英国工业战略的六大要素之一,希望通过重点打造世界一流的技术教育培训体系,加强科学、技术、教育、数学(STEM)技能基础,建立国家新型再培训计划这三项举措,进一步丰富其创新型人才储备,提高劳动力市场的竞争力。此外,英国还很重视国际交流合作。英国科学研究以开放的姿态拥抱世界,吸引着来自全世界的顶尖科研人员。[1]

（4）高效的国家创新体系

英国作为近代科学和工业革命发祥地,长期以来一直保持着世界一流的科技创新能力,这离不开其高效的国家创新体系。近 30 年来,英国政府对科技创新的重视程度持续加大。为适应新一轮科技变革,英国政府不断调整完善英国的国家创新体系。英国国家创新体系十分复杂,英国智库国家科学、技术和艺术基金会(NESTA)以企业创新为中心,从知识和创新维度、上游创造赋能和下游开发服务维度将创新体系划分为 4 个象限,即知识创造体系、知识开发体系、创新赋能体系、创新服务体系。[2] 当前,英国政府科技创新管理体系的架构见图 2.3。

① 王胜华.英国国家创新体系建设：经验与启示[J].财政科学,2021(6)：142-148.

② NESTA. Innovation in the UK[EB/OL]. [2022-05-08]. https://media. nesta. org. uk/documents/ukinnovation_innovationpolicytoolkit.pdf.

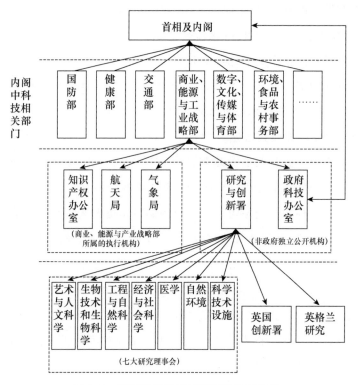

图 2.3 英国政府科技创新管理体系架构

（5）金融支持创新企业发展

英国创新署在 2017 年实行了创新贷款资助计划试点,该计划通过向符合计划
贷款要求的企业提供贷款的方式支持创新企业发展。创新贷款根据创新企业的成
长特点将使用和还款安排划分为使用期、延长期和还款期,并且在担保方面不要求
企业提供不动产抵押。针对创新型中小企业创立初期生存难的问题,创新署还协
调各方资源,为创新型中小企业早期发展提供金融支持。一是推出企业融资担保
计划,由政府为中小企业提供贷款担保,撬动 1 000 英镑到 100 万英镑规模的商业
贷款,为较难获得普通商业贷款的中小型企业融资提供帮助。二是设立国有政策
性银行——英国商业银行,提供 1.25 亿英镑,扩大创业投资催化基金,为高增长企
业增加后期创业投资。三是设立绿色投资银行(GIB),围绕节能和政府碳减排目
标,向海上风电、垃圾回收、非家庭用能效、绿色方案等领域进行投资。四是为初创
企业提供多元化融资渠道。英国《产业振兴战略》提出建立长期资本投资审查制

度,帮助发展中的创新型公司寻求扩大规模的长期资金。[①]

## 6. 日本——自主研究和创造型科技战略强国

20 世纪 80 年代以来,日本高科技产业发展迅猛,其规模和水平超过了西欧。日本推行自主研究和创造型科技战略,发展独创性科学技术,力图获取简短的高新技术,推动高科技产业的发展,将生命科学、信息通信、环境、纳米技术与材料等领域作为重点方向进行研发。在电子科技产业方面,日本在总体规模和水平上超过德国,成为仅次于美国的第二大电子信息产业研发、生产、制造强国,处于全球电子信息产业的行列前端,在许多特色产品上处于领先地位,对全球电子信息产业发展具有举足轻重的影响。在纳米研究方面,日本政府给予了高度的重视,研究开发活动基本处于基础研究和应用研究阶段。具体而言,日本科技创新具有以下四个方面的特点及优势。

(1) 在国外成果的基础上开展研究

日本许多高科技产业是在引入国外成果的基础上发展起来的,典型例子是半导体元件产业。在从美国引入有关技术后,日本通过消化吸收,对其进行改善。许多数字化产品,如录像机、数控机床、机器人等所需的高新技术均是由欧美国家首先发明的,但日本通过技术引进,在产业规模、销售利润上却超过欧美。2020 年 5月,《国家战略特区法》修正案在日本参议院表决通过。该法案规定以"超级城市"为试点,建设数据基础、开展集中投资、实行制度改革;开展国际拓展,通过 G20 倡导设立的全球智慧城市联盟,促进关于智慧城市全球通行的政策及规范;构筑和推行安全可信的共享经济。

(2) 完备的技术创新政策体系

日本作为 20 世纪后期世界第二大经济体,仅用不到半个世纪的时间就实现从战后的一片废墟到经济的腾飞升级,跻身发达国家的行列,在这一过程中日本经济的发展多次遭遇低谷,产业转型迫在眉睫。而每次产业结构转型与优势产业的崛起背后都少不了日本政府技术创新政策的支持,可以说正是日本的科技创新力造就了日本经济的崛起。日本的国家创新体系是在政府的有效支持和干预下,对国立大学、科研机构、大型企业研发部门等进行整合与规划,建立起的有市场针对性的创新研发体系。这个国家创新体系的独特之处在于,它是典型的民间主导型创

---

① 党海丽,郭安东,朱星驰.英国支持科技创新的战略和财税金融政策研究[J].西部金融,2020(11):38-42.

新模式,但政府影响又显而易见。日本企业研发投入的总量逐年上升,占全国研发投入的比重也逐年上升。为促进企业的科技创新,日本制定并实施了各种优惠政策。一是税务政策。实施研发费税额扣除制度,从法人税中免除研发费的 8%~10%,但不超过法人税的 20%;中小企业从法人税中免除研发费的 12%,但不超过法人税的 20%;对新增研发费的部分免税;对于购置研究用设备的企业,按价格的一半免税;对企业将研究设施建于国立大学或公共研究单位,提供公用的,可减免大半固定资产税。二是专利扶持政策。大力支持本国企业在海外申请专利,积极与欧洲和美国联合构建专利申请和检索系统;从财政上提供资助,如经济产业省为在国外获得专利的生物技术提供一半的维持费等。三是政府的信贷"税收"财政补贴等经济手段。高新技术可获低息贷款,若开发成功,按低息还本付息;若开发失败,则免付利息。同时,政府还规定对电子信息新材料、生物工程等高科技产业实行优惠税制与折旧制,对企业的高技术研究开发给予补助。此外,日本建立国际合作的方式主要有:一是引进国外先进技术并实现产业化。二是在国外建立研究开发机构。三是积极参与国际科技合作项目。四是兼并收购国外的高科技企业。五是赞助外国大学的实验室。日本通过购买或赞助的方式,占有或部分占有美国名牌大学的实验室,以利用国外智力资源,掌握先进科学技术的进展情况。[①]

(3)注重竞争式项目

近年来,日本科技投入有所下降,科研资助的分配更注重竞争式项目。针对科技领域迟滞不前的问题,日本政府采取了一系列的政策改进措施:一是强化对国立研发法人机构的改革。国立研发法人的职能与使命要满足国家战略需求,实现公共研发成果的最大效益;同时,这些法人机构要达到世界级的研究和管理水平,起到国家创新体系的核心作用。二是以国立大学使命为基础,制定发展愿景、目标、战略,构建自主、自律的发展改革体制。三是尝试转向社会需求度较高的研究领域,加强大学的学科重组与建设;加强与创新型企业的合作。四是每隔五年对未来的科技发展方向进行科技预测调查。[②] 2019 年,日本最近的一次《科学技术预测调查综合报告》面向 2050 年,为未来的科技战略、创新政策以及《第 6 期科学技术基本计划》提供了基调。日本科技和产业界的专家们选择健康、医疗、生命科学、农

① 中国科学技术发展战略研究院课题组,孙福全.国内外科技治理比较研究[J].科学发展,2017,(6):34-44.

② 陈劲,叶伟巍.新时代中国式创新型国家理论的核心机理和关键特征[J].创新科技,2022,22(1):1-10.

林、水产、食品、生物工程七个领域作为未来研发焦点,并进一步细化为 58 个主题和 702 个关键技术,如健康、环境、资源、能源、ICT 等方面。

（4）权威专业的决策机制

日本的科技发展决策机制历经三个发展阶段,逐渐形成了权威专业的决策支持。1959 年日本设立科学技术会议（Council for Science and Technology,CST）,2001 年调整为综合科学技术会议（Council for Science and Technology Policy,CSTP）,2014 年进一步调整为综合科学技术创新会议（Council for Science and Technology Innovation,CSTI）。在历次调整中,该会议的职能不断强化,地位不断提升,形成了内阁主导的自上而下的综合决策、权威评估和协同发展机制。根据日本《内阁府设置法》,CSTI 在内阁总理大臣（即首相）的直接领导下,总揽全国科技创新大局,综合策划科技政策,统筹协调各部门行动。其主要职责包括审议重大科技战略和政策方针;分配政府科学技术预算,调配人才等科技资源;推进国家重点研发项目并组织评价;推动形成有利于研发成果实用化的技术创新环境。[1]

### 2.1.2　国际科技强国发展对我国科技创新的经验启示

1. 优化研发投入的数量与结构,助力创新能力增强

基于对瑞士、瑞典、美国、德国、英国以及日本的科技创新格局特征的梳理,不难发现,上述科技创新强国均具有研发投入强度高的特点,并且瑞典还具有企业投入占比大的特点。研发投入作为重要的创新资源,是创新能力增强的关键动力,而中国虽然基础研究投入持续增大,但研发投入强度仍与发达国家有一定的差距。此外,我国还存在资金来源集中于中央财政的特点。对此,提出以下两方面建议:一是继续增加科技研发投入总量,并且引导资金流向关键技术以及前沿科学重点领域;二是优化研发投入的结构,通过对企业基础研究投入实行税收优惠,鼓励社会捐赠、设立基金等方式实现多渠道投入,以形成持续稳定的投入机制。

2. 重视创新人才培养与引进,为科技创新持续注入动能

人才是科技创新持续发展的关键动力。由高等教育制度、现代学徒制度和职业教育制度共同构成的完善人才输送体系促进了瑞士科技创新的不断发展。而瑞典则通过建立创新教育体系培养青少年创新意识和鼓励终身学习等措施进行创新

---

① 李瑾. 日本科技创新决策机制和政策体系及启示[J]. 中国机构改革与管理,2021(4)：44-46.

人才培养。相比较而言,英国则形成了以高校为主战场的成熟人才培养模式,同时通过增强国际科技交流合作,吸引全球高层次科技人才。未来,我国也应重视创新人才培养与引进,以提升我国科技人才数量和水平,为科技创新持续注入动能。具体而言,在培养层面,在关注高等教育发展的同时,推进产教融合改革和职业教育发展,推动多元人才供给体系的形成;在人才引进方面,实施海外高层次人才引进计划、国家高层次人才特殊支持计划等人才专项,并推动重点实验室和科技研发平台建设以增强对科技人才的吸引力。

3. 着力关键共性技术突破,掌握竞争主动权

美国投入大量研发经费支持重要产业关键共性及前沿性共性技术的开发。英国多举措支持新兴技术研发。瑞典和日本则通过定期发布法案,确定战略研究领域,为科技战略和政策创新奠定基调。这都体现了突出有限目标,瞄准事关发展全局和国家安全的基础核心领域,将更有利于创新资源高效配置和掌握竞争主动权。对此,在新发展阶段,我国应通过加大联合攻关力度、制定明确的路线图等方式加快推进"卡脖子"技术清零[1],疏通经济循环堵点。同时,应注重科技创新战略政策的前瞻性,紧跟国际科技创新局势并根据自身实际,阶段性调整和明确科技核心领域,抓住新一轮科技革命机遇,掌握国际竞争的主动权。

4. 加强产学研协同创新,推动科技成果转化

西方科技强国十分注重产学研协同合作,以实现多个创新主体的资源优势互补,推进科技创新成果的转化,其中最典型的为瑞士、美国和德国。瑞士设有公共促进部门专门促进高校与企业间的合作,美国形成了多种产学研协同创新模式,德国则通过结构完整、分工明确的科研体系,实现了产学研相结合,并且在各大学都设有技术转让办公室负责科研成果商业化。未来,建议中国一方面通过普惠性政策和加强知识产权保护等举措提升企业在创新体系的地位,增强企业对科技创新的参与度,另一方面通过促进公有以及私有科技中介机构的建立,推动科技成果转化。

5. 改善科技治理体系,吸引创新要素投入

打造良好的科技治理体系对释放创新潜力、吸引创新要素投入和实现科技创新持续发展至关重要。为此,建议我国不断完善科技创新相关法律政策体系,如知

---

[1] 陈曦,韩祺.新发展格局下的科技自立自强:理论内涵、主要标志与实现路径[J].宏观经济研究,2021(12):95-104.

识产权和反垄断政策等,为科技创新创造制度环境。同时,加强相关技术应用和产业发展的政策解读,营造创新氛围,不断吸引创新要素投入。

6. 完善科技金融体系,推动科技创新发展

无论是美国形成的科技与金融环环相扣的创新机制还是英国采取的创新贷款试点和支持中小创新型企业的一系列举措都体现了金融服务对科技创新发展的重要意义。对此,建议我国完善科技金融体系,培育壮大创业投资和资本市场。在间接融资方面,推动商业银行数字化背景下创新企业全生命周期金融服务的研发;在直接融资方面,继续完善科创板、创业板相关制度与机制,促进多种金融工具共同助力科技创新发展。

# 2.2　我国科技创新支撑新发展格局的内涵

面对当今世界百年未有之大变局,以习近平同志为核心的党中央,顺应国内国际发展形势,提出构建以国内大循环为主体、国内国际双循环相互促进的新发展格局战略决策。但是,从国际大循环为主的发展模式转变到双循环新发展格局不可能一蹴而就。习近平总书记指出,加快科技创新是推动高质量发展的需要,是实现人民高品质生活的需要,是构建新发展格局的需要,是顺利开启全面建设社会主义现代化国家新征程的需要。科技创新正成为我国经济社会发展的新动能,抓住这个"牛鼻子",就能够充分发挥国内市场优势,打通国内国际双循环之间的转化链,从而推动新发展格局构建。

## 2.2.1　新发展格局的时代背景

1. 国际背景

逆全球化风潮兴起,推动科技创新支撑我国新发展格局。近年来,随着全球化不断向纵深发展,各种反全球化的声音此起彼伏;随着反全球化不断升级,逆全球化也随之而来。[1] 2008 年金融危机之后,国家间贫富差距增大、失业率不断上升等一系列问题出现,英美等国家因无法克服资本主义的根本矛盾所导致的自身经济增长减缓,经济实力与中国等后发国家差距逐渐缩小等问题,为保护其本身的霸权

---

[1]　宋德孝.逆全球化的根源、本质与出路:基于唯物史观的视角[N].中国社会科学报,2022-03-01(2).

主义地位,纷纷采取一系列逆全球化的措施,如英国脱欧,美国单方面挑起中美贸易争端、退出各种协定等。其中,中美两国之间的贸易摩擦成为中美双边关系中的最重大事件,导致我国发展面临多重风险叠加。

中美贸易摩擦对我国科技创新提出新要求。自 2018 年以来,美国以巨大的货物贸易逆差为借口挑起中美双边贸易摩擦,并以此为由在贸易和投资等领域出台系列措施压制中国。而后,货物战逐渐演变为科技战争。美国通过出口限制、出口封锁、实体清单、技术转移清单等手段,对我国高科技企业进行制裁,对产业政策进行施压,对科研人才和学术交流进行限制,目的在于阻断中国高科技,尤其是前沿科技的研发根基、成长空间以及国际交流与合作渠道。具体政策表现为:发布涉及人工智能和机器学习技术等 14 项新兴和前沿技术的对华出口管制框架;以国家安全风险为由,限制中国企业对美方"敏感领域"尤其是人工智能、半导体等"重大工业技术"领域的投资并购活动;不定期将中国高科技企业或科研机构加入出口管制实体清单,切断中国高科技企业供应链;切断我国科研机构从国际上获得正常科研资源的渠道等。而我国科技发展由于起步晚,自主创新能力相对薄弱。根据WTO 的数据,近年中国自美国的知识产权进口额一直维持在 50 亿美元以上,其在中国知识产权整体进口中所占份额则在 20% 以上。根据国家外汇管理局部分年份的数据推断,其中有较大比例集中在通信与汽车制造领域的专利许可。这反映了中国对美国较高的技术依赖。

由于新冠疫情席卷全球,国际环境进一步恶化,科技创新成为构建新发展格局的突破口。新冠疫情之后,中国面临的国际环境进一步恶化。逆全球化的力量与推进全球化的力量开始进入新的博弈期,中国面临的系统性风险正在显著上升。疫情危机有可能导致全球政治、经济、外交、文化格局发生重大变化,世界秩序加速重构,使得百年未有之大变局加速变化。世界可能将进入一个"新战国时代",国家间竞争、防范、警惕的战线将会持续加宽和拉长。国际经济、科技合作和竞争局面将会发生更加深刻的变化,我国在更高水平上开展国际合作可能会面临更大的挑战。[①] 在国际复杂形势之下,加快我国自主科技创新,以科技创新双循环为动力破解困局是应有之义。只有把我国科技发展建立在自立自强的牢固根基之上,才能增强应对外部重大风险挑战的抗压能力、应变能力、对冲能力和反制能力,以科技

① 丁明磊,王革.大变局下我国科技发展面临的重大风险及防范对策[J].国家治理,2020(46):28-32.

创新的主动赢得国家发展的主动,以自立自强的能力铸牢民族复兴的基石。

2. 国内背景

出口导向型经济存在隐患,会制约经济高质量发展。改革开放以来,受国内经济基础和现实条件的影响,中国依托自身劳动密集型产品的比较优势,推行瞄准海外市场的出口导向战略并取得了巨大成功。然而,这种出口导向型经济是以国际市场为依托的外循环发展,发展到一定阶段会带来系列隐患:一是注重利用国外市场和资源,长期忽视对国内市场需求的培育和开发,在一定程度上影响了大国经济优势的发挥;二是总体发展格局上处于受牵引状态,难以培育出核心技术和自主品牌;三是过度依赖于外部条件(如国际环境)和内部条件(如要素成本),当这些条件发生变化(如政治干预、要素成本上升等)时,风险陡增,容易受制于人、遭遇“卡脖子”。[①] 然而,这些隐患已经逐渐显露,中国在国际上面临较为严重的收支失衡和外部压力,国内也面临收入分配地区差距扩大、产业升级面临瓶颈制约、生态环境出现恶化等问题。

经济“供需梗阻”催生新发展格局。目前,我国人均 GDP 超过 1 万美元,恩格尔系数低于 30%,尤其是超过 4 亿人口的中等收入人群形成并不断壮大,人民美好生活需要的内涵不断丰富。人民不仅对物质文化生活提出更高要求,而且期盼有更好的教育、更稳定的工作、更满意的收入、更可靠的社会保障、更高水平的医疗卫生服务、更舒适的居住条件、更优美的环境等。与人民美好生活需要汇集而成的超强国内需求和超大国内市场相比,中国经济存在的结构性“供需梗阻”,严重影响着中国经济的循环畅通,进而损害中国经济效率,衰竭经济发展动力。在这种形势下,我国提出了要形成以国内大循环为主体、国内国际双循环相互促进的新发展格局。而要扩大国内需求,实现国内市场的畅通循环,必须进一步发挥科技创新的内生动力作用,以科技创新支撑新发展格局的构建。正如习近平总书记强调的那样,加快科技创新是构建新发展格局的需要,推动国内大循环,科技创新是关键。基于此,我国所要构建的国内国际双循环相互促进的新发展格局,必然是以满足人民日益增长的美好生活需要为出发点和落脚点,以科技创新为驱动力,以传统产业和优势产业的数字化、智能化升级为主要形式的高层次、高质量的双循环新发展格局。

以科技创新为着力点,率先摆脱疫情的困局,抢先实现经济社会运行的常态

---

① 蒲清平,杨聪林.构建“双循环”新发展格局的现实逻辑、实施路径与时代价值[J].重庆大学学报(社会科学版),2020,26(6):24-34.

化。新冠疫情带来的冲击不是一个小插曲,而是一个百年未遇的结构性冲击。各国经济、社会如果没有进行大救助和大调整,则难以走上新的复苏轨道和常态化运转。各国当下的核心战略任务就是要在目前的局面下率先复苏,摆脱疫情带来的影响。对于中美之间的超级博弈而言,谁能在实现经济社会常态化方面拔得头筹,未来五年也一定能够拔得竞争博弈的先机。

就目前而言,我国基本具有发展科技创新新发展格局的条件。从"科学技术是第一生产力"的提出,到实施科教兴国战略和人才强国战略,到党的十八大确立国家创新驱动发展战略,再到"十四五"规划将创新驱动置于规划要位,我国科技创新体系不断优化,并取得了一系列重大的原创性科技创新成果,尤其是在部分关键技术上取得了突破,涌现出一大批颠覆性的技术创新成果。根据世界知识产权组织发布的《2021年全球创新指数报告》,中国全球创新指数排名在十年间上升了22位,是世界各国中唯一持续快速上升的国家。但是,随着中美在全球科技竞争中新战略格局的急剧变化,美国以遏制中国全面转型升级为目标,对中国重要战略性新兴产业发展过程中的产业链、供应链乃至创新链进行了全面封锁与遏制,在部分关键核心技术上列出负面清单,导致我国近年来关键核心技术的"卡脖子"问题凸显,反映出我国创新质量大而不强。① 这就要求我国加快科技自立自强,强化国家战略科技力量,重视原始创新,尽快实现以科技创新双循环支撑新发展格局。

### 2.2.2 新发展格局的内涵

#### 1. 新发展格局的战略意义

面对错综复杂的国际形势、艰巨繁重的国内改革发展稳定任务,党的十九届五中全会强调,加快建设现代化经济体系,加快构建以国内大循环为主体、国内国际双循环相互促进的新发展格局。构建新发展格局,是以习近平同志为核心的党中央根据我国发展阶段、环境、条件变化作出的重大决策部署,为推动高质量发展、实现"十四五"规划和2035年远景目标指明了方向。

第一,构建新发展格局是对我国未来经济的战略定位。我国早就是世界第二大经济体,人均GDP超过1万美元,构建新发展格局是大国经济发展到一定阶段后的必然选择。

---

① 陈劲,阳镇,尹西明.双循环新发展格局下的中国科技创新战略[J].当代经济科学,2021,43(1):1-9.

第二,构建新发展格局是对我国经济发展的战略谋划。当前,面对世界百年未有之大变局而出现的新情况,特别是美国对我国战略遏制的不断升级,以及国内经济循环面临不少堵点的实际情况,我国必须通过构建新发展格局,保持经济持续稳定发展。

第三,构建新发展格局是关系社会主义现代化建设全局的战略抉择。如果说实行沿海开放战略、加入世界贸易组织、积极参与国际大循环对实现第一个百年奋斗目标发挥了重要作用,那么构建新发展格局将对实现第二个百年奋斗目标发挥决定性作用。

### 2. 新发展格局的目标

构建新发展格局是以习近平同志为核心的党中央根据国内外发展大势和我国发展阶段变化,对我国未来经济的战略定位,对我国经济发展的战略谋划,以及对全面建设社会主义现代化国家的战略部署。其以深入推进供给侧结构性改革为战略方向,以扩大内需为战略基点,以供需平衡为战略实质,以高水平自立自强为本质特征,以塑造新型对外开放格局为基本内容。

构建新发展格局,实行高水平对外开放,必须具备强大的国内经济循环体系和稳固的基本盘,并以此形成对全球要素资源的强大吸引力、在激烈国际竞争中的强大竞争力、在全球资源配置中的强大推动力,要重视以国际循环提升国内大循环效率和水平,改善我国生产要素质量和配置水平。构建以国内大循环为主体、国内国际双循环相互促进的新发展格局,其目标就是要打破市场和资源“两头在外”的旧模式,形成“以内为主、内外兼修”且具有发展主动权的新格局。

### 3. 新发展格局的科学内涵

新发展格局理论具有丰富的科学内涵,是习近平新时代中国特色社会主义思想的重要组成部分,是马克思主义政治经济学的最新理论成果。格局、循环、大循环,是理解和把握新发展格局基本内涵的三个关键词。格局是对我国经济规模、结构、质量、形态、方式等方面的总体概括;循环是打通堵点、畅通生产、分配、需求以及国内国际的循环,既包括生产与生产、生产与分配、分配与需求的循环,也包括进口与出口、进口与生产、进口与消费的循环;大循环是对国家经济整体格局而言的,是国民经济的整体循环。

构建新发展格局是更坚定地扩大开放。新发展格局以国内大循环为主体,不是不开放,而是更坚定地扩大开放,不断扩大开放的领域、范围、深度;也不是减少出口的总量,而是相对减少出口在最终使用中的比重,相对增加进口在总供给中的比重。以国内大循环为主体,是不仅要当好"世界工厂",还要成为"世界市场",做大国内市场,增强我国经济的磁性,使内循环与国际循环相互促进。

构建新发展格局是加大供给侧结构性改革。2015年,习近平总书记在中央财经领导小组第十一次会议上首次提出供给侧结构性改革,"十三五"规划建议要加大结构性改革力度,后来逐步升华到供给侧结构性改革。构建新发展格局是深化供给侧结构性改革的结果,同推动高质量发展、转变发展方式、优化经济结构、转换增长动力、供给侧结构性改革之间呈递进关系。构建新发展格局,必须深化供给侧结构性改革,矫正要素配置中存在的扭曲,使生产结构、供给结构的质量和数量符合需求结构、消费结构的质量和数量。

构建新发展格局与扩大内需紧密相连。构建新发展格局,要求供给与需求紧密连接起来。比如,消费需求的份额太低与生产结构有关,因为即使有消费需求,但国内供给不足也会导致消费需求的份额太低,这就需要通过供给侧结构性改革,使供给结构与消费结构相适应。同时,消费需求份额低也是国民收入分配的结果,居民收入占国民收入的比重如果持续降低,就意味着居民收入的增长慢于经济增长,这就很难提高消费的比重。居民消费率低,也是供给侧结构性改革要解决的问题,如房贷和房价对消费有挤出效应。如果要从根本上解决收入比重低和消费率低的问题,就要通过供给侧结构性改革,推动金融、房地产同实体经济均衡发展,推动房价上涨和房贷增加与居民收入的增长相协调。

### 2.2.3 科技创新支撑新发展格局的基本内容

**1. 科技创新增加高质量供给**

以科技创新增加高质量有效供给。目前,我国经济增长正在向消费拉动为主转变,消费对经济增长的贡献率已接近60%。进入新发展阶段,随着城乡居民收入不断提高,人民美好生活需要日益广泛,对环境、食品、信息、安全等提出更高要求,对公共服务的需求不断增加。这就需要适应需求变化,在科技创新中把实施扩大内需战略同深化供给侧结构性改革有机结合起来,增加高质量供给,提升传统消费,培育新型消费,促进公共服务均等化,更好地满足人民群众的美好生活需要。

**2. 科技创新促进体制改革**

科技创新可有效发挥社会主义集中力量办大事的制度优势,以提升我国体制改革。新中国成立以来,特别是改革开放以来,我们党集成全国各方资源和科研力量,举全国之力开展科技攻坚,取得了一批重大科技创新成果。进入新的发展阶段,我们党不断发展完善社会主义市场经济条件下的新型举国体制,坚持政府引导和市场机制相结合,建立高效的组织动员体系和科学严密的规划政策体系,打造中国特色国家创新体系,不断增强科技创新的体系化能力,这也是我国科技创新的重要法宝。

### 3. 科技创新赋能产业链

实现科技创新新发展格局,一方面,要充分发挥科技创新在建设和强化国内国际双循环中的重要作用,以科技创新来驱动国内国际产业发展双循环;另一方面,科技创新本身也要形成国内国际两个循环,即国际国内科技创新双循环,实现科技创新要素的国内循环畅通和国际创新要素的流动聚集。[①]

在国内大循环层面,要以高水平的科技自立自强为主要目标,在基础研究上形成独特优势,在关键核心技术上不被"卡脖子",在区域创新布局上实现协同发展,锻造自主可控的产业链、创新链,掌握科技发展的主动权。

在做好基础研究的基础上,尽快弥补关键核心技术短板,修补疏通国内大循环的断点和堵点,形成具有自主知识产权的关键核心技术。继续实施重点领域研发计划,实施启动应急专项和国产替代专项。针对重要瓶颈问题,发挥新型举国体制作用,整合国内多个单位和团队优势集体攻关。围绕产业链的各个环节,积极锻造以自主可控关键核心技术为引领的创新链,组织协调上下游企业开展产学研合作,推动研发、设计、建造、配套等资源整合。在产业链和创新链的融合发展中,切实提升产业基础高级化、产业链现代化水平,切实巩固传统产业优势地位和优势产业的领先地位。掌握产业发展主导权,实现本土化的知识生产、流动、扩散、应用、再生产。

### 4. 科技创新提升自主创新力

要通过多种形式广泛引进国外创新资源与高端人才,对国际先进技术进行消化、吸收与创新,以提升本国自主创新能力,增强中国在国际科技领域的竞争力。

学习和利用全球范围内优秀先进的科研成果,通过研发合作、技术许可、企业

---

① 谢科范.加快建设科技创新国内国际双循环体系[J].中国发展观察,2020(Z7):42-43+62.

并购等形式将外部知识资源与高端创新要素引入国内大循环。① 主动对接海外知名高校、科研机构、优势企业、国际科技组织,建立跨国创新机构、企业研发中心,推动国际优质科技成果转化。注重对国外技术的消化、吸收与创新,通过本土化知识和外部知识的融会贯通、汇聚交叉,提高科技自主创新的能力,更好地适应全球化市场的需求。进一步借鉴世界科技强国的科技创新战略,深入学习其科技评价体系与人才激励机制等管理体制,建立更先进的科技创新机制。

5. 科技创新提升本国国际竞争力

在国际大循环层面,要以积极融入全球创新网络为主要目标,通过更加开放包容、互惠互利的国际科技合作战略,做出中国贡献,展现负责任的大国形象。

作为负责任的发展中大国,我国也应通过科技成果的产出和推广应用,发挥科技在构建人类命运共同体中的作用。在应对人类共同面临的生命健康、环境保护、粮食和能源供应安全等问题上加强国际科技合作,做出中国贡献。适当地向发展中国家科技合作专项提供政策倾斜,加强科技政策的引导和鼓励作用,缩小发展中国家和发达国家的科技实力差距,扩大中国在国际科技领域的影响力,提高中国在国际科技合作中的主导地位。

### 2.2.4　科技创新支撑新发展格局的作用机制

科技创新是引领发展的第一动力,对加快构建新发展格局有多方面的作用机制。在产业、企业、区域、重大工程、人才队伍建设和对外开放等方面着力发挥科技的渗透性、扩散性、颠覆性作用,为高质量发展提供更多的源头供给、科技支撑和新的成长空间。

1. 科技创新加快发展现代化产业体系

我国拥有全球最大规模的制造业、完善的产业配套体系和超大规模市场,同时也存在制造业大而不强、一些关键核心技术面临"卡脖子"问题等挑战,迫切需要发挥科技创新的作用,以信息技术、绿色技术、智能技术等推动传统产业改造升级,提升竞争力。同时,积极培育战略性新兴产业,促进产业链、价值链向中高端攀升,形成新的经济增长点。紧紧围绕制造强国、质量强国、网络强国、数字中国建设,推进产业基础高级化、产业链现代化,提高经济质量效益和核心竞争力。

---

① 杨中楷,高继平,梁永霞.构建科技创新"双循环"新发展格局[J].中国科学院院刊,2021,36(5):544-551.

　　大力发展科技创新有助于攻克关键技术,提升产业链、供应链的韧性与核心竞争力,进一步稳固国内大市场,有力支撑新发展格局的构建。新冠疫情加深世界多极化趋势,我国面对更趋复杂严峻的外部环境和经济恢复发展面临的困难与风险,强化产业链、供应链韧性的紧迫性凸显。加快关键技术的研发,解决"卡脖子"难题,构建自主可控、安全可靠的国产替代技术供给体系,有助于确保在极端情况下产业链、供应链能够正常运行,打破内循环中的阻滞,助力形成强大的国内市场。强大的国内大市场形成的稳固基本盘,也会对全球要素产生强烈的吸引力,增强我国在全球产业链、供应链、创新链中的影响力,推动国内市场与国际市场更好联通,塑造中国参与国际竞争合作新优势。在复杂多变的国际环境中为我国经济社会发展提供定力,在全球资源配置中发挥更强的推动力。因此,科技创新是构建新发展格局的有力支撑。

　　科技引领新兴产业发展。人工智能、大数据、区块链、量子通信等新兴技术加快应用,培育了智能终端、远程医疗、在线教育等新产品、新业态。我国数字经济规模居世界第二,技术突破打通了我国新兴产业的一些堵点,太阳能光伏、风电、新型显示、半导体照明、先进储能等产业规模也居世界前列。

　　2. 科技创新拉动国内经济循环

　　大力发展科技创新能加快新业态、新产业的出现,创造新的经济增长点、新的就业岗位和新的经济社会发展模式,是支撑新发展格局的突破口。随着新一轮科技革命和产业变革的深入发展,以新一代信息技术为代表的数字产业等新兴产业正在成为实现创新驱动的重要力量。新技术、新经济可以推动各类资源要素快捷流动,各类市场主体加速融合,帮助市场主体重构组织模式,实现跨界发展,打破时空限制,延伸产业链条,畅通国内外经济循环。2021年1—11月,我国实物商品网上零售额达9.8万亿元,同比增长12%,占社会消费品零售总额的比重为24.5%。以社交、直播电商为代表的新电商模式创新发展,释放了潜在内需消费。2020年,跨境电商在进口总额中占比20%,在出口总额中占比54%,是我国对外贸易发展的有生力量。在新技术的引领和推动下,我国网络零售、直播电商、跨境电商、在线经济等新业态、新模式蓬勃发展,已经成为畅通国内国际双循环的关键动力与突破口。

　　3. 科技创新支撑重大工程建设

　　科技支撑重大工程建设。特高压输电工程、北斗导航卫星全球组网、"复兴号"

高速列车投入运行,这一系列重大工程都是由重大技术突破带动形成的。"深海一号"钻井平台成功研制并正式投产,标志着我国海洋石油勘探开发进入 1 500 米超深水时代。

4. 科技创新促进区域创新发展

北京、上海、粤港澳大湾区创新引领辐射作用不断增强,三地研发投入占全国30%以上。北京、上海技术交易合同额中,分别有 70% 和 50% 输出到外地,这就是中心辐射带动示范作用。169 家高新区聚集了全国 1/3 以上的高新技术企业,人均劳动生产力为全国平均水平的 2.7 倍,吸纳大学毕业生就业人数占全国比重的9.2%。2022 年 1—4 月,国家高新区营业收入为 13.7 万亿元,同比增长 7.8%,表现出较好的增长势头。

5. 科技创新提升企业竞争力

企业科技投入力度不断加大,占全社会研发投入比例达到 76% 以上。企业研发费用加计扣除比例从 2012 年的 50%、2018 年的 75%,提升到 2022 年科技型中小企业和制造业企业的 100%。全国高新技术企业数量从十多年前的 4.9 万家,增加到 2021 年的 33 万家,研发投入占全国企业投入的 70%,上交税额由 2012 年的0.8 万亿元,增加到 2021 年的 2.3 万亿元。在上海证交所科创板、北京证交所上市的企业中,高新技术企业占比超过 90%。

6. 科技创新培养高水平科技人才

人才强、科技强,是产业强、经济强、国家强的前提,是高质量发展最持久的动力和最重要的引领力。我们要更加重视人才的第一资源作用,在创新实践中发现、培养、造就人才。一大批优秀科技工作者矢志不渝、协力攻坚,突破了载人航天、卫星导航、深海探测等一批关键核心技术。神舟十四号的成功发射,标志着我们的空间站建设又开启了一个新的时代。同时,一批具有国际竞争力的科技型领军企业的创办,为解决经济社会发展中的关键科学问题和瓶颈制约做出了重要贡献。

## 2.3 我国科技创新支撑新发展格局面临的机遇与挑战

自改革开放以来,我国科技创新能力得到了大幅度提升,实现了"从 0 到 1"的突破,开始进入世界科技大国行列。但是起步晚、基础薄和积累短仍是我国科技创新发展的底色。形成新发展格局,要求实现供给端和需求端更高水平的动态平衡,要求实现经济增长动力在更高水平对外开放基础上的内外平衡,既要对内深化改革、激励技术创新、实现经济的创新驱动发展,又要全面提高对外开放水平、形成全面开放新格局、实现经济的开放发展,最终实现国内国际双循环互相促进。形成新发展格局,要求实现经济效率与经济安全之间的统筹平衡,既要积极参与国际合作,顺应和推进经济全球化,又要在产业发展战略和区域生产力布局上防范风险,最终实现更有效率、更为安全的产业体系和区域布局。① 目前,我国科技创新发展对新发展格局的支撑作用仍然不够,对双循环畅通的推动作用仍然不充分。

### 2.3.1　基础研究薄弱,阻碍产业链稳定与供给质量提升

当前,我国基础研究薄弱,关键技术"卡脖子"问题频发,不利于产业链稳定与供给质量的提升。近年来,我国科学技术发展迅速,基础研究整体实力显著加强,化学、材料、物理、工程等学科整体水平明显提升。但与发达国家相比,依旧存在诸多短板,既缺乏重大原创性和具有世界影响力的标志性科技成果,也缺乏开创重要新兴学科和方向的灵感和创意,部分领域缺乏原创仪器装备。在基础研究经费投入方面,根据国家统计局数据,2000 年以来中国 R&D 经费规模不断扩大,2013 年首次超过日本,位居世界第二位,2021 年达到 2.79 万亿元,同比增长 14.2%,研发投入强度达到 2.44%。但与欧美发达国家 15% 左右的基础研究投入比重相比仍有较大差距。在基础研究人员方面,中国基础研究人员队伍持续壮大,但领域内世界级科技领军人才以及顶尖团队严重缺乏。基础研究是原始创新的源头,是科技创新的基石,是解决"卡脖子"问题的根本途径。要想实现国内大循环的畅通,增强产业链、供应链的稳定性和竞争力,就要保证在关键技术上不被"卡脖子",长期有效地推进基础研究工作。

### 2.3.2　区域科技创新能力失衡,制约生产要素跨区域通畅流动

我国历史悠久,地域多样性特征明显,再加上各区域在改革开放过程中的转型进程不同步,导致了我国区域创新科技能力的差异性。从东西部来说,目前我国中部和西部科技创新发展的增速已经超过东部,东、西部地区的差距在缩小,但绝对

① 谢伏瞻,刘伟,王国刚,等.奋进新时代开启新征程——学习贯彻党的十九届五中全会精神笔谈(上)[J].经济研究,2020,55(12):4-45.

差距依然较大。过去 20 年间,我国东、中、西部科技创新能力的差距几乎处于固化的状态,并且在西部地区内部也呈现出南北分化的现象。从南北部来说,根据《中国区域创新能力评价报告》,比较分析我国南部省份和北部省份的科技创新能力可以发现,南北差距呈现扩大态势,总体演化规律表现为"扩大-稳定-扩大-稳定"。特别是东北地区省份,情况不容乐观,排名持续下降,整体创新能力亟待提升。① 当前,我国区域差距扩大的不平衡状态,增加了区域协同创新发展的难度,不利于各类生产要素跨区域自由流动,使得提升国家科技创新能力、支撑新发展格局构建充满挑战。

### 2.3.3  科技成果转化滞后,拉动市场作用不显著

目前,我国科技成果难以转化为现实生产力,对国内市场拉动作用不够显著,滞后适应需求结构的转型升级变化。根据世界知识产权组织发布的 2021 年专利国际注册成果可以发现,中国表现持续向好,国际专利申请连续三年位列全球第一。然而在专利申请数突破新高的背景下,中国的科技发展却呈现出成果多但转化率不高的格局,限制我国创新发展"加速跑"。据工信部相关负责人介绍,当前我国科技成果转化率仅在 30% 左右,而发达国家则是 60%～70%。事实上,发明、专利及论文等科技成果并不能和创新画等号,将科技创新转化为现实的生产力,是极为关键的一步。只有将创新成果推进市场,才能实现科技创新与经济的结合,创新驱动力才能真正得以实现。

### 2.3.4  对接海外创新资源存在局限性,面临诸多不确定性

长期以来,我国重视利用国内国际两个市场、两种资源,在海外并购、引进技术与人才、吸引跨国公司在华设立研发中心等方面积累了较多经验。但在中美科技竞争新形势下,我国对接国际创新资源的传统方式存在局限性。高层次人才引进的政府主导色彩鲜明,市场的主体作用发挥有限,传统引智模式难以适应国际人才流动的新形势。中国的高层次人才引进计划和工程多为国家相关部门组织实施,更多地凸显了国家意志,这也是西方国家打压中国人才引进针对的核心所在。另外,用人单位获得海外人才信息渠道狭窄,难以寻求自身急需的专业人才、领军人

---

① 柳卸林,杨博旭,肖楠.我国区域创新能力变化的新特征、新趋势[J].中国科学院院刊,2021,36(1):54-63.

才,更多依赖政府部门,而政府对企业引进海外高层次人才主体需求激励不足,导致企业缺乏引才、用才意识。

逆全球化暗潮涌动、世界多极化趋势加深使我国科技创新面临多重不确定因素影响。近年来,中国与美国的经贸摩擦不再局限于经贸领域,而是扩展到科技、文化、意识形态等领域。特别是在科技领域,美国逐渐实施以"脱钩"为基本导向的科技政策,对华政策内容从单点对高科技企业的封锁制裁,扩大到涵盖技术管控、交流阻断、人才封锁等多手段组合,且在政策设计上越来越精准。[①] 新冠疫情之后,中国面临的国际科技合作环境进一步恶化。逆全球化的力量与推进全球化的力量开始进入新的博弈期,中国面临的系统性风险正在显著上升。特别是新冠疫情对全球化分工和产业链的冲击,使我国可能会面临部分关键零部件或元器件断供的压力,产业链、供应链受到较大冲击,某些行业陷入"断链"的困境,对国内大循环可能造成难以估量的损害。

### 2.3.5　全球科技创新的贡献不足,全球科技治理话语权有待提升

改革开放以来,我国鼓励引进先进技术,积极融入全球产业链和创新链,技术出口能力也在不断增强,中国已从技术引进大国,成为重要的技术输出国,产出了比如5G网络、电子支付等创新产品和服务,对全球科技进步的贡献日益显著。但对全球科技创新的整体贡献仍显不足,缺乏更多先驱性的重大科技成果。目前,我国要继续提升科技创新的整体影响力,从重大科学发现、重大科技发明、原创型重要专利等节点发力,为全球科技创新提供更多高质量成果。

作为发展中大国,我国开展国际科技合作的对象以欧美等发达国家为主,与世界上其他发展中国家的科技合作规模与深度略显不足。未来,中国应以更积极的姿态融入全球创新网络,广泛开展与发展中国家的科技交流,帮助发展中国家培养不同层次的优秀科技人才,在亚洲、非洲和拉美等地区建设一批开放性科教合作平台,促进发展中国家创新能力建设,承担大国责任,助力全球创新协作。

---

① 卢周来,朱斌,马春燕.美对华科技政策动向及我国应对策略——基于开源信息的分析[J].开放导报,2021(3):26-35+47.

# 2.4 科技创新支撑新发展格局的路径选择

新发展格局是党中央根据我国处于新的发展历史阶段做出的一项主动选择、长期谋划和具有前瞻性的战略决策。加快科技创新以支撑新发展格局,已成为迫切要求。新的国际政治经济环境和我国新的发展阶段,必然要求我们重新审视科技创新模式和方向,走出适合我国国情和未来竞争需要的科技创新路子,重塑我国未来发展新优势。

### 2.4.1 推动产业和区域创新以畅通国内大循环

1. 全面加强自主创新,实现科技高水平自立自强

攻克"卡脖子"技术,坚决打赢关键核心技术攻坚战。在科技创新方面,我国缺乏比较重大的原创性突破,许多关键技术仍然受制于人。"卡脖子"技术问题的根源在于基础理论研究跟不上,缺少原始创新理论源头。加强前瞻性基础研究,"从创新链的前端切入"是提升原始创新能力的必经之路,是引领性科技攻关的重要内容,是打赢关键核心技术攻坚战的"法宝"。具体而言,可通过加强基础研究,从国家急迫需要和长远需求出发,以未来科技产业发展为导向,围绕产业链部署创新链,前瞻性部署战略性、储备性、创新性技术研发项目,努力突破一批制约产业优化升级的关键核心技术,实现重要领域和产业技术的自主可控,实现高水平科技自立自强。

与世界科技强国相比,目前我国以光刻机、航空引擎、医学影像、芯片等为代表的关键核心技术仍然没有摆脱受制于人的局面,科技原创能力有待加强。这正是我国形成新发展格局、实现高质量发展进程中的着力点和前进方向。在做好基础研究的基础上,实现"从0到1"的重大突破,形成具有自主知识产权的关键核心技术。通过多元主体融通创新,打通科技创新的全过程链条,掌握产业发展主导权,进而为科学发展提供更完善的研究支持和更具有挑战性的研究话题,实现本土化的知识生产、流动、扩散、应用、再生产。

2. 优化核心技术攻关机制,推动产业基础高级化和产业链现代化

核心技术攻关既要遵循科技发展规律,找准科技创新的发力点和制高点,还要遵循特定环境下国内国际的经济社会运行规律,构建完善科学合理的制度体系,促

进全社会科技创新资源的合理配置和高效循环。一是探索建立适合我国国情的新型举国体制。优化重大任务筛选程序,强化科学论证与决策,建立健全关键核心技术选题工作制度,制定规范的专家遴选制度和选题工作准则。集成科技、产业、社会等多维需求,建立基于明确成果转化的技术路线和技术经济性评价体系。落实国家重大科技决策咨询制度,充分发挥各类智库和社会各界的积极作用。二是优化科研项目联合攻关机制。着眼于产业链和创新链的融合发展,实施产学研紧密结合,建立集中资金、人才等要素的重大关键技术联合攻关机制。三是积极探索新型研发组织模式。依托粤港澳大湾区、长三角和京津冀等科创资源优势,率先开展领军企业主导、产学研共同参与的创新联合体试点,探索面向国家战略需求,以企业为主体的共性技术研发新模式。

在产业创新方面,继续保持高铁、电力、机械、造船、家电、轻纺等行业已具备的产业链优势,坚持创新驱动的战略导向,提高创新思维能力,促进创新要素流通,打通创新链的各个环节,推进科技研发成果可持续、高水平的转化,使得科技创新和产业转型升级互为支撑和动力。一是促进产业结构高级化、合理化。顺应第四次产业革命浪潮,依靠科技创新催生新产业、促进产业升级,整合知识、技术和资本等创新要素,提高资源配置效率,融合数字、智能和共享经济模式。二是推动产业转移、产业集聚和产业融合。完善产业协同创新机制,促进创新链和产业链深度融合。

3. 建立科技城市群示范区,以区域小循环实现国内大循环

在区域创新方面,通过区域均衡发展与城乡融合发展实现我国经济可持续、高质量发展。形成京津冀、长三角、粤港澳大湾区等世界级城市群,建立科技城市群示范区。示范区内建立完善的科技创新体系,与以高铁为代表的现代交通工具和以"互联网+数字经济"为引领的智能经济相辅相成,使城市群内各单体紧密联合,形成空间上高度集聚、大中小城市紧密协同、各产业集约高效的一个有机整体。发挥城市群经济的溢出效应,拉动全国落后经济板块的发展。逐渐实现区域均衡发展,通过城市群带动区域小循环,进而实现国内大循环。

以科技城市群示范区为引领,完善科技创新体系,统筹发展科技创新中心、综合性科学中心、创新型城市和创新枢纽城市等,通过国家实验室的建设合理分布国家战略科技力量。对一些方向明确、影响全局、看得比较准的关键点,要尽快下决心,用好国家科技重大专项和重大工程,破除科技创新过程中的体制性障碍和机制

性梗阻,组织全社会力量,促进基础研究转化为原始创新能力,加速突破一批关键核心技术,形成推进创新的强大合力。让市场真正在创新资源配置中起决定性作用,强化技术创新体系顶层设计,实现科技创新资源在各产业间的合理配置,激发企业、高校、科研机构等各类创新主体的创新激情和活力。以问题为导向,以需求为牵引,在实践载体、制度安排、政策保障、环境营造上实现突破,培育一批核心技术攻关能力突出、集成创新能力强的创新型领军企业。应该在稳固第一产业的基础上,着力促进关键共性技术创新,建立一个从重工业到轻工业、从制造业到服务业,以技术密集型为主、兼顾劳动密集型和资本密集型产业的门类齐全、协调发展的产业体系。

4. 推进创新驱动的产业链现代化,构建国内统一大市场

自 1979 年改革开放以来,我国的对外贸易依存度(对外贸易依存度是指一国的进出口总额占该国国内生产总值的比重,是衡量我国对外开放程度的重要指标)从 11.09% 逐步攀升,2002 年的峰值为 64.24%,2007 年开始逐年下降,到 2020 年已降到 31.65%。2003—2008 年的 6 年间为以外循环为主的时期,除此之外,我国经济大部分时间还是以内循环为主。[1]

统一国内创新市场,优化科技创新法制、政策环境,进一步完善创新链、产业链、供应链和价值链,以关键领域的产业创新、关键地区的区域创新为抓手,坚持科技创新和制度创新"双轮驱动",以国内大循环为主,畅通国内科技创新市场,进而促进双循环新发展格局形成。由于体制机制的约束,以及一定程度的地方保护主义等因素的存在,国内市场受行政区划分的影响,市场分割和碎片化的现象依然比较突出,需要按照中共中央、国务院印发的《关于构建更加完善的要素市场化配置体制机制的意见》,重点突破要素市场的改革难题等,进一步激发全社会的创造力和市场活力。在推动市场一体化进程中,可以率先打造区域经济高质量一体化,据此为引领,逐步拓展、扩散,最终推动国内市场的统一,比如目前正在打造的区域一体化,包括长三角高质量一体化等。这就需要尽快形成区域一体化发展的全局意识和统筹决策,尽快破除其中的体制机制约束,打通产业链、供应链中的人员流、技术流、物质流等关键堵点和断点,率先形成和打造集产业链、市场链、创新链于一体的高质量一体化标杆和示范,以此为带动其他地区一体化发展提供引领示范作用

---

① 赵成伟.科技创新支撑引领"双循环"新发展格局的路径选择[J].科技中国,2021(7):21-24.

和经验借鉴作用。

### 2.4.2　构建全方位、多层次、广领域的国际科技合作新格局

1. 坚持对外开放，搭建创新平台

新发展格局绝不是封闭的国内循环，而是开放的国内国际双循环。新发展格局并不是要搞封闭式发展，而是要进一步扩大对外开放水平，需通过利用国内国外两种资源、国内国际两个市场，形成国内大循环带动国际大循环，国际大循环促进国内大循环的双循环模式。双循环体系本质上是一个开放的体系。当前，我国经济已经与世界经济深度融合，国际市场和国内市场之间是相互依存、相互促进的关系，进一步扩大对外开放，有利于我们更广泛地利用全世界资源、要素，有利于改善我们的短板和不足，有利于更好地促进国内市场循环畅通。当前，科技创新跨界融合、协同联合、包容聚合的特征越来越显现，加强科技创新能力的国际合作是大势所趋。未来，我们不仅要继续保持开放，而且要实现更广泛、更高水平的开放，逐步实现由商品和要素流动型开放向规则等制度型开放转变，提升投资和贸易便利化水平，促进资金、技术、人才、管理等生产要素更高效的流动，搭建开放式、协同化科技创新平台网络，吸引全球先进生产要素、创新资源的集聚。

2. 促进国际交流，共建创新共同体

要坚持开放，促进国际交流，敢于冲刺"卡脖子"的关键领域，突破技术空白的"无人区"。即使外部环境遭遇百年未有之大变局，发达国家对中国展开的市场脱钩和技术封锁风险不断加大，中国依然要坚持深化改革、扩大开放，加强与发达国家的技术和人才交流，坚决避免与全球科技创新和技术前沿脱钩，杜绝由于技术封闭造成落后的可能。

在技术空白的关键领域，要敢于攻坚克难，重视基础研究，大力促进基础研究与应用研究双头并进。构建以高校、科研机构和大型企业为主体的基础研究体系，构建以广大市场主体为依托的科技应用场景，打通"从上到下"和"从下到上"科技创新及应用的一切堵点，解决实际生产活动的难点和痛点，提高系统性和全域性基础研究和科技应用的社会经济效益。要辩证地处理好开放创新与自主创新的关系，认识到两者并非对立关系，而是相辅相成的。

以国际视野来主动布局创新发展战略，并积极聚集和充分利用全球的创新资源，尝试构建与他国合作共赢的创新关系。要主动参与建设及完善相关的治理机

制,包括全球科技治理体系、全球知识产权体系、国际技术标准体系等,努力营造公平合理的全球创新环境。要加快构建高效协同的国际化合作网络,提升我国的创新合作水平。比如,以科技计划对外开放为依托来引导建设创新共同体,深入推进基础研究领域研发合作,在更高起点上自主创新。不断扩大参与对外创新合作与交流的范围和领域,不仅要加强传统的国家之间项目的合作,而且要增多民间创新合作模式(离岸创新、跨国技术平台、无国界科技志愿者组织等),还可设立开放性"创新采购基金"用来实现面向全球的创新定制式采购。

构建双循环新发展格局,需要靠各种运行机制的推动和维持,特别是要打破少数国家的封锁,建立起更高水平的开放新格局,提升开放水平。要着力解决利用两个市场、两种资源,实现更加强劲可持续发展的机制问题。[①] 提升双循环新发展格局的开放水平,需要着力解决两个问题:针对国内市场推进贸易自由化和投资便利化[②];针对国际市场解决以共建"一带一路"为主线的开放政策落地问题。同时,做好区域全面经济伙伴关系的巩固发展工作,深化同东盟十国及日本、韩国、新西兰等的外贸合作。

3. 转变国际合作思维意识,推进更高水平开放创新

思维意识转变是提升我国国际科技合作质量与韧性的首要策略。

第一,要正确地看待国际科技合作在我国科技创新发展中的角色定位,既不能忽视其在资源重组、优势集成、技术进步等诸多方面的助益,也要防止其产生对自主创新的挤出效应。要将国际科技合作视为我国自主创新与科技自立自强的重要推手,而非从国外获取关键核心技术的手段。

第二,应在新型国际关系框架下探索平等互信、互利共赢的国际科技合作路径和利益分配机制,摒弃任何不对等的、不符合各方合理利益诉求的、有违国际规则与秩序的国际科技合作意识与行为,并努力减少和消除"信任赤字"。这既是国际科技合作应遵循的一般性原则,也是我国作为负责任大国的内在要求。

第三,要有意识地加强知识产权与标准化国际合作,着力提升我国参与和主导国际规则与标准制定的能力。在国际秩序与技术和经济范式皆面临深刻变革的背景下,国际规则与标准将成为今后一个时期内国际科技合作的重点内容。

---

① 沈坤荣,赵倩. 以双循环新发展格局推动"十四五"时期经济高质量发展[J]. 经济纵横,2020(10):18-25.

② 余淼杰. "大变局"与中国经济"双循环"发展新格局[J]. 上海对外经贸大学学报,2020,27(6):19-28.

第四，要在国际科技合作中坚持底线思维，提高风险防范意识，不断地在既有合作的基础上拓展合作新空间、新渠道与新模式，这是应对纷繁复杂的国际关系与国际形势变化以提升我国国际科技合作长效性的必然要求。如在国际科技合作中遭遇摩擦乃至被制裁时，扩展与第三方的已有合作或谋求与其他第三方的新合作就是缓冲合作风险的一种有益思路。

### 2.4.3 拓展科技开放合作深度和广度

**1. 深化供给侧结构性改革，坚持开放包容的创新理念**

以国内大循环为主体并不是闭门造车，更不是自筑藩篱。数十年来，经济全球化推动世界范围内产业分工与协作，至今已无任何一个国家或地区拥有全面、完整、独立的产业链和供需链。但是，同样不能过度依赖海外市场，而是要继续深化供给侧结构性改革，坚持开放包容的创新理念，通过充分激活内需，使国内市场和国际市场更好联通，统筹国内国外两个市场、两种资源。避免在操作和执行层面将"以国内大循环为主体"片面理解为"主要依靠国内大循环"，将"注重国内循环"异化为"忽视国际循环"，我们仍然需要通过对外开放，学习先进知识和经验，向更高层次发展。

**2. 以重大科技研究为节点，融入外循环**

我国虽然已经有高铁、5G 网络、电子支付等具备国际竞争力的产品和服务，但对全球科技创新的整体贡献仍显不足，缺乏更多类似吴仲华的"叶轮机械三元流动通用理论"、屠呦呦的"从中医药古典文献中获取灵感，先驱性地发现青蒿素，开创疟疾治疗新方法"等重大科技成果。要提升我国科技创新的整体影响力，还需要从重大科学发现、重大科技发明、原创型重要专利等节点发力，为全球科技创新提供更多高质量成果。唯有进一步开放才能迎来更多机遇，唯有更高水平对外开放才能应对国际经济新挑战。

**3. 加强国际合作，吸引全球资源要素**

在全球产业链发生调整的新形势下，要积极融入全球，才会有更多机会获得全球创新分工利益，才能提高应对产业链、供应链断裂的能力，保持技术供给的能力，形成全球利益共同体。为此，要立足国内大循环，以国内大循环吸引全球资源要素，努力参与各种双边、区域与全球性多边科技合作，统筹推进强大国内市场和贸易强国建设，促进内需和外需、进口和出口、引进外资和对外投资协调发展，促使国内国外各种标准衔接,优化国内国际市场布局、商品结构和贸易方式。"自主创新""科技自立自强"从来不等同于自我封闭,而是要实施更加开放包容、互惠共享的国际科技合作战略。在学习发达国家先进科学技术成果的同时,自然而然会成为被学习和研究的对象,融入国际大循环。作为负责任的发展中大国,我国也应通过科技成果的产出和推广应用,缩小发展中国家与发达国家间的科技鸿沟,提升全球科技整体发展水平。

双边和多边参与的国际大科学研究计划已成为科学界和政府普遍采取的一种科学研究组织方式。任何重大科学计划的理论和应用突破都可能对未来社会产生深远影响,改变现行技术标准和社会运作模式。我国要组织实施国际大科学计划和大科学工程,探索在我国具有优势特色且有国际影响力的领域,积极参与及主导国际大科学计划和大科学工程,继续实施国际科技合作重大项目和工程。以科技计划对外开放为依托,引导建设创新共同体。[①] 深入推进基础研究领域研发合作,推进多领域、多渠道的研发合作,鼓励我国企业与国外的企业、高校、科研机构和团队开展研发合作。充分尊重我国企业选定的科技合作对象和合作领域,充分尊重企业、高校、科研机构和团队在国际科技合作中的主体地位。

① 臧红岩,陈宝明,臧红敏.我国国际科技合作全面融入全球创新网络研究[J].广西社会科学,2019(9):62-66.

# 第三章  科技治理与话语权建设研究

随着世界各国科学技术的不断发展,国际科技话语权问题将日渐凸显。国际科技话语权是国际话语权的重要组成部分。国际话语权是世界各国在对外交往中的软实力,无论大国小国都谋求在一定领域的话语权。对世界大国而言,国家经济、科技、军事等综合国力是硬实力基础,而国际话语权则是硬实力转化为国家对外交往、改善国家形象、影响国际事务、服务国家利益的软实力。国际科技话语权是世界科技强国的战略支撑。世界科技强国的重要标志之一是国际科技话语权。比如 20 世纪的美国,在原子弹、氢弹、计算机及网络技术、生命科学、航空航天等领域的绝对领先,为确立其超级大国地位奠定了坚实基础,引领了世界主要科技领域的发展方向,在此过程中树立了高度的国际科技话语权,其他国家大都处在跟踪、模仿、引进的水平上。国际科技话语权是国际治理的重要手段。科技强国的领导地位并非仅仅来自先进的科学技术,更取决于能否在行业标准、科研模式、监管内容等科技发展战略和治理体系上形成与社会价值需求相呼应以及长期良性的"科技—社会"互动模式。为更好推进科技前沿进展,实现国际科技界的高效合作,需要建立相应的规则,世界科技发展需要建立有效的国际治理体系。

## 3.1  全球科技治理的时代特征与发展趋势

### 3.1.1  全球科技治理的议题趋同

全球问题的科技治理、科技发展的风险治理和科技创新的规则治理,共同构成了当代全球科技治理的三个主要议题。针对问题的不同性质,也发展出了不同的治理实践和机制。

全球问题的科技治理,本质上是如何有效寻求全球公共产品提供的科技解决方案。在观念上,此类合作分歧最小,易达成共识。但是,由于"搭便车"问题的存在,市场机制失灵,研发资金来源和资源分配规则成为最大难点。除各国政府对国内相关科研计划的支持外,联合国及其下属机构、国际组织、非营利性组织等在全球资源的整合上发挥了较大作用。但由于相关研发和应用成本的高昂,在全球问题的科学应对方面,有效充分的资源募集远未实现。联合国面向 2030 年的报告指出,经济困难已使得各国政府普遍下调了国内科研投入。在世界经济下行的背景下,国际组织等非营利性机构的募资问题更显严峻。美国的频频"退群"无疑雪上加霜。此外,研发资源以及研发成果如何在世界范围内公平合理有效分配,也是此类治理的一个重要问题。世界卫生组织指出,当前大多数国际资助的研究项目都在高收入国家,而低收入和中等收入国家获得资助的项目寥寥无几。这种状况在所有高科技研发领域普遍存在。因此,如何通过有效治理改善全球科研发展不均衡的不良循环,值得重视与探索。

科技发展的风险治理,本质为如何妥善处理科技和人与世界的关系问题。人工智能的广泛应用对就业的冲击、大数据时代的隐私泄露、基因科技的生物伦理等问题,都引发了人们对新兴技术的不安全感和不信任感。世界各国普遍呼吁加强对科技发展的风险治理,其核心是构建国际共同遵守的规则体系。在这一领域,国际层面广泛的公私合作尤为重要。一方面,由于专业和技术壁垒的存在,科技创新或实验的潜在风险很难为外界所知,因此,风险预警的第一步必须依靠行业内部的自我监督;另一方面,一个国家的行业监管必然是政府或公共部门的职责行为,因此,监管规则的制定又需要政府与专家、科技组织等主体的密切合作。对于全球化的科技风险,需要通过加强各国政府、科技组织之间的沟通协调和自我治理,谋求达成规则的共识。

科技创新的规则治理,包含一切新兴科技的研发与应用,是全球科技治理中挑战与冲突最大的部分。政府与市场是科技创新最主要的推动者。服务于商业目的的科技创新行为往往通过市场的机制和规则协调规范和引导。行业标准化体系构建是其中最核心的机制。一般情况下,行业标准由市场份额最大者、技术标准最优者引领,多方参与,普遍遵循,是市场自然发育的结果,对企业行为具有事实上的强制力。

### 3.1.2　全球科技治理主体扁平化

继蒸汽技术革命,电力技术革命以及计算机和信息技术革命之后,新一轮广度和深度都前所未有的科技革命和产业变革正在加速演进,许多国家都在努力把握机遇,力求掌握科技竞争的主动权,科技创新领域的竞争日趋激烈。在第四次工业革命驱动下,全球科技治理的主体呈现出扁平化特征。具体表现为:一是关注"方向性失灵"(指以经济效益或探索未知为导向的部分科技创新活动可能不利于人类可持续、包容性发展),强调将应对重大社会挑战作为科技创新的重要导向和使命。二是从寻找最佳政策工具转向注重整体的政策工具组合,注重通过工具相互作用,影响创新效能。三是注重跨部门横向协调,以提升科技政策有效性,包括竞争政策、财政政策、教育政策和宏观经济政策等与科技政策的协调。四是从社会和环境视角进行技术影响的预见、监测、效果评估及修正调整成为重要考量,尤其是在新技术大规模商用前。五是运用云技术、数字化等新技术推动研发资源和数据的开放获取甚至共享成为新趋势,例如欧洲开放科学云(是欧盟委员会于2016年提出的欧洲云计划的重要组成部分,旨在整合全球数字化基础设施、科研基础设施,为欧洲研究人员和全球科研合作者提供共享、开放的科学云服务,跨境、跨领域的科研数据存储、管理、分析与再利用服务)。六是更加注重利益相关者的广泛参与,包括公众参与和用户参与。随着新一轮技术革命和产业变革兴起,"战略情报"地位进一步提升,选择战略新兴领域进行重点支持成为多国政策重点。为适应治理需求,扁平化、高层级的科技创新治理机构出现,例如芬兰的研究与创新委员会(2009年)、瑞典的国家创新委员会(2015年)等都由国家首相或总理等最高级官员直接领导,政策协调能力与推进能力远高于原有治理架构。此外,原有政策工具也发生新变化,如以激发创新为理念的功能性政府采购的出现。

### 3.1.3　全球科技治理形态"泛政治化"

国际竞争逐渐演化聚焦为科技竞争,政治、经济等因素愈发与科技议题交杂。比如,美国泛化国家安全概念对中国进行科技遏制,提出"反映美国价值观的人工智能(American values AI)"等概念,从价值观角度构建技术封锁与遏制借口。欧盟重提"主权"概念,科技主权、数字主权名为保护消费者,实为保护幼稚产业。英国在新版"研究与开发路线图"中提出"可信任研究（trusted research）"标准，将民主、人权等因素加入对国际科技交流合作的指导与审查中。科技自身的发展和创新的政治导向越来越明显，科技受政治牵制而违背自身发展规律的事件时有发生。例如，特朗普政府取消奥巴马政府时期的清洁能源计划，放松对化石能源的发展管制，退出《巴黎协定》，大幅度削减美国环保局预算，停止绿色气候基金的资金投入等，改变了原有的科技发展方向，而拜登执政后重新加入《巴黎协定》，恢复原有政策，再次表明科技发展方向受政治影响。

随着关键技术的竞争开始呈现白热化趋势，通过构建技术联盟争夺技术标准、市场主导权的趋势已经显现。例如，美国以所谓"共同价值""民主价值"推动"志同道合国家"和盟友，打击中国、俄罗斯等国家。在 5G 领域，美国国务院联合国际战略研究中心（CSIS）推出所谓的《电信网络和服务的安全性和信任标准》，充斥着政治化条件。基于"技术多边主义"战略，美国与其伙伴国家围绕 5G、6G、人工智能、量子技术、半导体、太空科技等高科技领域组建"技术联盟"，通过联盟形式共同制定全球科技发展与治理的新规则与新标准，进而实现对新科技塑造的国际权力的争夺。

### 3.1.4 全球数字治理成大国博弈新赛道

近年来，全球数字经济增长速度达到国内生产总值（GDP）增速的 2.5 倍左右，数字经济占 GDP 的比重不断上升。2020 年，全球数字经济规模达到 32.6 万亿美元，占 GDP 比重已经达到 40％以上。中国数字经济规模近 5.4 万亿美元，居世界第二位，占 GDP 比重也接近 40％，且中国数字经济对 GDP 增长的贡献率超过了50％。数字化发展离不开数字治理，数字治理的背后是科技之争、规则之争，也是主导权之争。目前，全球范围内尚未形成统一的数字经济治理规则体系，大量的数字治理规则处于空白状态，制度供给短缺问题突出。新冠疫情暴发后，世界主要大国围绕数字产业链的稳定性、数字技术的掌控、数字主权的维护、数据安全与跨境流动、个人隐私保护等持续交锋。全球数字经济发展越快，各国在这些领域的交锋就越频繁、越激烈。

当前，大国竞争博弈态势日益升级，各国争夺数字主权的新赛道将深刻改变全球经济格局、利益格局和安全格局。数据、算力、算法正在重新定义数字时代的关键生产力。数字技术、数字规则、数字主权正在成为大国博弈的新焦点。各国都想借助规则主导权加紧输出本国数字治理模式,延伸数字管辖权,并拉拢利益相关者构筑规则。近年来,美国从维护"数字霸权"出发,打出所谓"数字自由主义"旗号,并利用世界贸易组织、亚太经合组织以及《美墨加协定》《美日数字贸易协定》扩展其全球利益。同时,美国还主导建立《亚太经济合作组织跨境隐私规则》,吸收日本、韩国、新加坡、加拿大、澳大利亚、墨西哥等国加入。欧盟则因其强大的规制能力与庞大的市场而形成"布鲁塞尔效应"。为追求全球数字规则领导权,除了推出《通用数据保护条例》成为全球数据治理模板之外,欧盟委员会还发布了《塑造欧洲数字未来》战略文件,提出要制定"全球数字合作战略",并在七国集团、世界贸易组织和联合国等平台推广欧盟方案,致力于形成全球适用的数字经济国际标准与规则。而一些中等经济体也试图打造数字伙伴关系,争取在数字治理规则上拥有更大的话语权,如新加坡、新西兰、智利签署的《数字经济合作协议》。由此可见,数字领域国际规则制定的竞争日趋激烈。

### 3.1.5 跨国平台与头部企业成全球科技治理话语新势力

在工业时代,公司和国家相互需要和依赖,尤其是在第二次世界大战之后,国家需要公司来创造一个不断增长的经济,公司需要国家来稳定劳动力市场、资本市场、金融市场、外汇市场和国际市场,这一时期的全球治理主要是在政府机构层面进行的。在数字时代,随着网络取代等级制度,国家与市场之间的平衡发生了变化。数字经济主要受达维多定律(进入市场的第一代产品能够自动获得50%的市场份额)、摩尔定律(计算机硅芯片的处理能力每18个月就翻一番,而价格以减半数下降)和梅特卡夫定律(网络的价值等于其节点数的平方)的影响,这在一定程度上决定了平台经济与头部企业的重要性。全球数字经济治理将随着数字技术的实践而不断拓展,日益超越技术、经济层面的需求,促使网络空间成为人类社会的"第五战略空间"。[①] 当前,一大批数字科技龙头企业通过整合市场需求、应用场景和数据优势,把数字技术与数据科学融会贯通加以应用,极大地推动了数字经济与实体经济的融合发展,也推动了以规模和超大型公司增长为特征的"颠覆性"行业。尤其是新冠疫情及对其应对使社会更加清楚地看到,以大型互联网企业为代表的平台掌握着海量数据、先进技术和种类丰富的数字服务,对履行社会职责、提供公

---

① 吴白乙,张一飞.全球治理困境与国家"再现"的最终逻辑[J].学术月刊,2021,53(1):80-92.

共产品、防范公共风险等社会治理活动都可以发挥举足轻重的作用。作为连接产业链和用户等多方主体的纽带,平台和企业依托日益强大的影响力,部分承担起居中解决争议的角色。

## 3.2 全球主要国家科技话语权与治理策略

世界科技强国的重要标志之一是国际科技话语权,但科技发展水平并不必然产生国际科技话语权。科技话语权的确立既要有一流科技实力和科技水平作为"硬"基础,也需要有深度参与国际科技合作和世界科技治理体系的"软"基础。两方面相互作用,共同构成了国际科技治理的话语权体系。国家科技硬实力是获得科技话语权的前提和基础。国际大科学计划和大科学工程、国际重大科技基础设施、国际一流高校和科研机构、世界级的科研成果、关键核心技术和专利、世界级的领军科学家、引领性的科学思想、国际人才计划、国家科技政策及资金投入等,是国家硬实力的突出体现。在科技硬实力基础上,软环境的构建将对提升国际科技话语权起到事半功倍的效果。这些软环境包括:国际科技智库、国际科技期刊、科技传播体系、重要国际学术会议、参与或牵头成立的国际科学组织、国际科技和创新评估体系、国家科技管理体制机制、政府间科技合作协议、国家间高校和科研机构合作机制、科技援外等。[①]

本节首先比较全球主要国家的科技研发投入与产出情况,以分析我国科技话语权在宏观层面的整体表现。然后对当前大国在科技方面的关键博弈领域进行比较,为进一步提升中国科技治理及话语权提供决策支持。

### 3.2.1 全球主要国家研发投入与产出比较

1. 研发支出

我国研发支出在投入总量上已位居世界第二,但在投入强度上还有很大提升空间。研发支出已经成为衡量一个国家资金实力、教育水平、研发实力、创新成果的重要指标。根据美国国家科学委员会发布的《2020 年科学与工程指标》报告,美国的研发投入总量(gross expenditure on R&D, GERD)继续保持领先地位(5 490

---

① 刘天星.掌握国际科技话语权[N/OL].光明日报,2017-06-22 [2022-05-10]. https://epaper.gmw.cn/gmrb/html/2017-06/22/nw. D110000gmrb_20170622_1-13. htm.

亿美元),占全球研发支出总额的 25%;中国继续保持世界第二大经济体(4 960 亿美元),占比 23%;日本占全球总研发支出的 8%(1 710 亿美元),位居第三;德国位居第四,全球占比 6%(1 320 亿美元);韩国也加大了研发支出,2017 年达到 910 亿美元,全球占比 4%,位居第五。紧随其后的是法国(650 亿美元)、印度(500 亿美元)和英国(490 亿美元),全球占比为 2%~3%。俄罗斯、巴西和意大利每年的研发支出总量为 340 亿~420 亿美元,约占全球的 2%。加拿大、西班牙、土耳其和澳大利亚每年的研发支出为 210 亿~270 亿美元,约占全球的 1%。以上这 15 个国家的研发支出总额占全球的 84%,其他国家均远低于这 15 个国家(见表 3.1)。[①]

**表 3.1　全球前 15 位国家的研发投入总量(GERD)及研发投入强度(GERD/GDP)**

| 序　号 | 国　家 | GERD/10 亿美元 | GERD/GDP/% | 序　号 | 国　家 | GERD/10 亿美元 | GERD/GDP/% |
|---|---|---|---|---|---|---|---|
| 1 | 美国(2017) | 548.98 | 2.81 | 9 | 俄罗斯(2017) | 41.87 | 1.11 |
| 2 | 中国(2017) | 495.98 | 2.15 | 10 | 巴西(2016) | 39.90 | 1.27 |
| 3 | 日本(2017) | 170.90 | 3.20 | 11 | 意大利(2017) | 33.54 | 1.35 |
| 4 | 德国(2017) | 132.00 | 3.04 | 12 | 加拿大(2017) | 27.16 | 1.59 |
| 5 | 韩国(2017) | 90.98 | 4.55 | 13 | 西班牙(2017) | 21.93 | 1.21 |
| 6 | 法国(2017) | 64.67 | 2.19 | 14 | 土耳其(2017) | 21.73 | 0.96 |
| 7 | 印度(2015) | 49.75 | 0.62 | 15 | 澳大利亚(2015) | 21.15 | 1.88 |
| 8 | 英国(2017) | 49.35 | 1.66 | | | | |

资料来源:OECD Main Science and Technology Indicators。

从全球主要国家研发支出的执行部门及来源看,大都以企业作为最主要的研发部门。2017 年,美国的企业研发支出占总研发支出的 73%。亚洲研发支出表现突出的国家中,中国的企业研发支出占比为 78%,日本和韩国的占比均为 79%。相比于美国和亚洲国家,欧盟国家的企业研发支出占比较低,德国为 69%,法国为 65%,英国为 68%。印度 2015 年数据为 44%。印度的研发执行结构中一半以上是由政府完成的(53%)。除印度外,全球研发支出排名前 8 的其余 7 个国家中,政府执行研发的费用占比为 7%~15%。法国和英国高等教育部门执行的研发占比分别为 21% 和 24%;其余研发支出排名前 8 的国家中,这一占比为 4%~17%,其

① 姜钧译,刘灿.全球主要国家(地区)研发支出与科研产出的比较分析[J].中国科学基金,2020,34(3):367-372.

中印度的这一比例为 4%。可以看出,通常研发支出表现较好的国家其资金来源主要为企业,政府则为第二大资金来源(见表 3.2)。除印度外,研发支出排名前 8 的国家中企业占研发资金的 52%~78%,政府占 15%~33%。海外资金指的是来自一个国家之外的企业、科研机构、政府、非营利组织和其他海外组织的研发资金。英国在 8 个国家中的海外资金占比最高,为 15.6%。法国、德国和美国的海外研发资金对于本国的研发水平也起到很大作用,而其他研发支出排名靠前的国家,海外资金来源占比要低得多。

表 3.2　全球前 8 位国家的研发支出执行部门及来源

| 国家（年份） | 研发支出/10 亿美元 | 研发执行部门占总量比例/% | | | | 研发支出来源占总量比例/% | | | |
|---|---|---|---|---|---|---|---|---|---|
| | | 企业 | 政府 | 高等教育部门 | 私有非营利机构 | 企业 | 政府 | 国内其他机构 | 海外 |
| 美国（2017） | 549.0 | 72.9 | 9.9 | 13.0 | 4.3 | 62.5 | 23.1 | 7.3 | 7.1 |
| 中国（2017） | 496.0 | 77.6 | 15.2 | 7.2 | — | 76.5 | 19.8 | — | 0.6 |
| 日本（2017） | 170.9 | 78.8 | 7.8 | 12.0 | 1.4 | 78.3 | 15.0 | 6.1 | 0.6 |
| 德国（2017） | 132.0 | 69.1 | 13.5 | 17.4 | — | 66.2 | 27.7 | 0.4 | 5.8 |
| 韩国（2017） | 91.0 | 79.4 | 10.7 | 8.5 | 1.4 | 76.2 | 21.6 | 0.9 | 1.3 |
| 法国（2016） | 62.3 | 65.0 | 12.7 | 20.7 | 1.7 | 55.6 | 32.8 | 3.9 | 7.7 |
| 印度（2015） | 49.7 | 43.6 | 52.5 | 3.9 | 0.0 | — | — | — | — |
| 英国（2016） | 47.4 | 67.6 | 6.5 | 23.7 | 2.2 | 51.8 | 26.3 | 6.4 | 15.6 |

资料来源:OECD Main Science and Technology Indicators。

我国基础研究投入强度远低于世界主要国家。基础研究投入占 GDP 的比例可以更好地说明国家在经济发展过程中对基础研究的重视程度。自 2000 年起,法国基础研究投入占 GDP 的比例持续稳定在 0.5% 左右,显著高于其他科技强国和中国。美国总体呈波动上升趋势,1990 年以后基本稳定在 0.4%~0.5%。日本 1969—1975 年上升趋势显著,自 1985 年以来保持在 0.3%~0.4%。2007 年以来,英国保持着平均 0.28% 的比重。而中国远低于以上国家,虽在稳步提升,但 2017 年也仅达到 0.11% 的水平(见图 3.1)。[①] 研发活动类型可分为基础研究、应用研究和实验发展三个方面,比较这三种研发活动的绩效和支出份额可以为分析各国

---

① 田倩飞,张志强,任晓亚,等.科技强国基础研究投入-产出-政策分析及其启示[J].中国科学院院刊,2019,34(12):1406-1420.

的发展趋势提供数据支撑(见表3.3)。从定义上看,基础研究提供新知识;应用研究利用发现的新知识探索新的应用方法;实验发展利用基础研究、应用研究及实际经验所获得的知识建立新工艺、系统和服务等,三者存在一定的线性关系。按照线性模型,基础研究是科技创新的主要源头,但基础研究、应用研究、实验发展的划分是相对的,其界限不是泾渭分明的,实际工作中有时会由于项目、设备和人员等原因交织在一起。

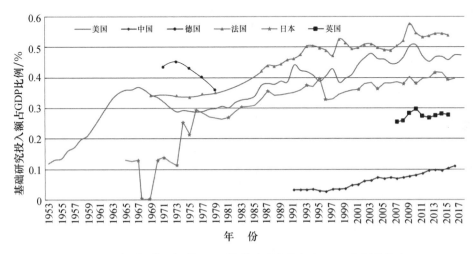

**图 3.1　中、美、英、法、德、日六国基础研究投入占 GDP 比例的演变**

资料来源:OECD Main Science and Technology Indicators。

　　值得注意的是,基础研究很重要,但只有取得重要影响的成果才能充分体现其重要性,所以要具体项目具体评价。科技创新既可能来自基础研究的突破,也可能来自新材料、新技术、新方法等的应用研究,还可能来自实践经验的总结,所以基础研究、应用研究、实验发展各自有各自的作用,对国家发展都很重要。美国、日本、欧盟各国等现已摒弃了线性模型,继续沿用此分法主要是为了分类管理和国际比较。如美国《2014 年科学与工程指标》报告中明确提出:这个分类方法曾经遭受批评,认为其强化了创造新知识和创新是一个线性工艺的观念。但是因为其他的分类方式涉及差异的可衡量性,所以尽管我们已经意识到分类框架存在局限性,但它仍然是有用的。基础研究、应用研究、实验发展之间怎样的投资比例因各国的国情不同、发展战略不同而不同,不必纠结于该比例多少合适,重要的是将现有的投资管好用好。① 同时,基础研究、应用研究、实验发展各自具有不同的特点,尤其是基础研究,具有很强的公益性和探索性,应针对不同的科技研究活动类型实施区别管理、精准测度和科学评价。

表 3.3　全球前 8 位国家的研发支出分布

| 国家<br>(年份) | 研发支出<br>/10 亿美元 | 基础研究 | | 应用研究 | | 实验发展 | |
|---|---|---|---|---|---|---|---|
| | | 支出<br>/10 亿美元 | 占比<br>/% | 支出<br>/10 亿美元 | 占比<br>/% | 支出<br>/10 亿美元 | 占比<br>/% |
| 美国(2017) | 549.0 | 91.5 | 16.7 | 108.8 | 19.8 | 347.6 | 63.3 |
| 中国(2017) | 496.0 | 27.5 | 5.5 | 52.1 | 10.5 | 416.4 | 84.0 |
| 日本(2017) | 170.9 | 22.4 | 13.1 | 31.9 | 18.7 | 109.2 | 63.9 |
| 德国(2017) | 132.0 | — | — | — | — | — | — |
| 韩国(2017) | 91.0 | 13.2 | 14.5 | 20.0 | 22.0 | 57.8 | 63.6 |
| 法国(2016) | 62.3 | 13.4 | 21.5 | 25.6 | 41.1 | 22.0 | 35.5 |
| 印度(2015) | 49.7 | — | — | — | — | — | — |
| 英国(2016) | 47.4 | 8.6 | 18.1 | 20.9 | 44.0 | 18.0 | 37.9 |

资料来源:OECD Main Science and Technology Indicators。

**2. 研发人员**

中国研究人员增长速度最快,并在 10 年中始终保持显著增长趋势,但研究人员的投入强度相对较低。按照工作性质,研发人员可进一步划分为研究人员、技术人员和辅助人员三类。其中,研究人员是指研发人员中从事新知识、新产品、新工艺、新方法、新系统的构想或创造的专业人员及研发课题的高级管理人员,在实际科技统计中是指研发人员中具备中级以上职称或博士学历(学位)的人员。可见研究人员的多寡反映了研发人员队伍的整体素质及研发活动质量。② 2009—2018年,全球从事研究的人员数量快速增长。其中,2009 年中国研究人员总计约 115万人,2018 年研究人员总计约 186 万人,增幅为 61.7%。美国、法国、德国等以较低速度稳步增长,分别增长了 14.5%、22.7%、36.5%。英国、法国研究人员总量基本相当(见图 3.2)。研究人员占就业人口之比也是测度国家研发竞争力的重要

---

① 宋永杰.基础研究、应用研究和实验发展的关系[EB/OL].(2017-10-20)[2022-05-10]. https://wap. sciencenet. cn/blog-3210449-1081706.html? mobile=1.

② 曹琴,玄兆辉.中国与世界主要科技强国研发人员投入产出的比较[J].科技导报,2020,38(13):96-103.

指标。2009—2018年,世界大部分国家这一指标均持续增长。其中,最为突出的是韩国,自2009年起,研究人员占就业人口之比超过1％,并逐年攀升,2018年占比达到1.5％,远远超过其他国家。与其他国家态势不同,日本近年来研究人员占就业人口之比有所下降。中国虽然有大量的研究人员数量,但是相对于就业人口比例则很低(见图3.2)。

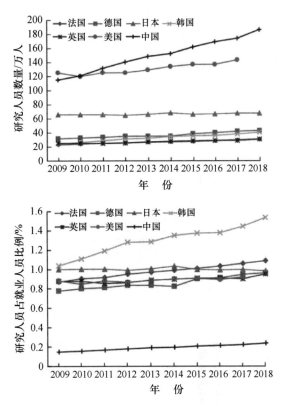

**图3.2　全球主要国家研究人员数量及其占就业人口比例**

资料来源:OECD Main Science and Technology Indicators。

### 3. 科技论文产出

科研产出包括人才培养和知识进步。其中,知识进步主要包括两个方面:科学与工程类学术论文的发表,以及科研人员获得的专利。科技论文是一个国家或经济体科研产出的指标,2018年,全球科技论文发表总量约为260万篇。中美两国产出的论文数量最多,分别为528 263篇(21％)和422 808篇(17％)。紧随其后的是印度、德国、日本和英国(见图3.3)。

全球科技论文合作程度不断提升。就科技论文的国际合作程度而言,2008—

2018 年,全球通过国际合作发表的科技论文比例从 17％上升到 23％。研究人员之间的国际合作表明世界各地的研究能力正在增强,科学与技术的研究逐步变得更加全球化。2018 年,最大的 15 个科技论文产出国中,国际合作比例较高的国家依次是:英国(62％)、澳大利亚(60％)、法国(59％)、加拿大(56％)、德国(53％)、西班牙(53％)和意大利(50％)。而印度(18％)、中国(22％)和俄罗斯(23％)产出的科技论文国际合作比例相对较低(见图 3.3)。除了这 15 个国家外,其他国家产出科技论文的国际合作比例差异较大,其中沙特阿拉伯(75％)、瑞士(72％)和比利时(71％)的国际合作比例相对较高。2018 年,中国与美国学者的合作最为频繁(26％),而 1996 年美国最大的科技论文合作国家是英国(13％)。中国迅速崛起的科研实力,以及逐渐增加的留美中国学者,可能是促进两国学者进行合作的原因。

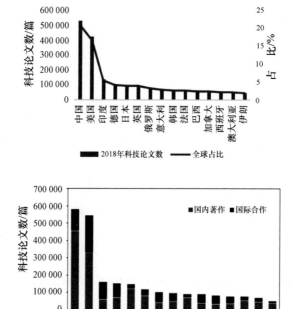

图 3.3　2018 年主要国家科技论文产出与国际合作情况

资料来源:OECD Mian Science and Technology Indicators。

　　将论文成果按科学领域划分有助于分析一个国家(地区)的研究重点和科研能力。主要国家科技论文在健康科学、生物学及生物医学相关领域产出较大(见图 3.4)。在所有科学领域中,与健康相关的研究领域论文产出量最大,占论文产出总量的 36%。美国和欧盟国家产出科技论文最多的研究领域与健康相关。中国产出科技论文最多的研究领域是工程学(25%),其次是与健康相关的研究领域(23%),计算机和信息科学(13%)位居第三。日本在健康领域产出的论文也位居榜首(24%),其次是计算机和信息科学(18%)以及工程学(18%)。

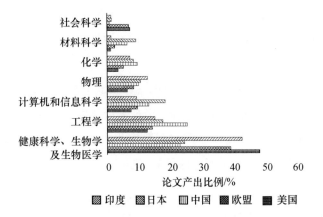

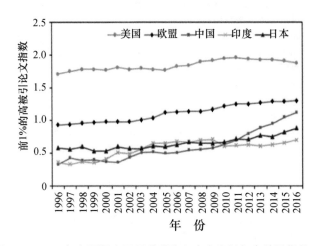

**图 3.4　2018 年主要国家不同学科论文产出比例与高被引指数**

资料来源:OECD Main Science and Technology Indicators。

科技论文被其他期刊发表的文章或会议论文引用的次数,代表了一篇文章及其作者的影响力,也是衡量一个国家(地区)研发支出绩效的重要指标之一,被引用次数越多的论文对其科学领域的影响力就越大。在被引用的文章中,有一小部分被归为高被引论文(HCA),即在其他研究人员的文章和会议论文中被引频次最高的论文。中国科技论文高被引指数增长迅速,但与美国、欧盟等经济体还有差距。2006—2016

年,中国科研产出的影响力增长速度快于美国和其他国家。美国的 HCA 指数从 2006 年的 1.8 增加至 2016 年的 1.9,而中国的 HCA 指数从 0.5 增加至 1.1。2006 年,印度的 HCA 指数略高于中国,但至 2016 年,印度的 HCA 指数一直保持在 0.7 左右。2011 年中国的 HCA 指数与日本的大致相同,但自 2012 年以后中国超越了日本,并逐渐拉大差距。欧盟国家的 HCA 指数从 2006 年的 1.1 增加到 2016 年的 1.3,主要是由高被引论文产出量较高的国家所带动的(见图 3.4)。

4. 专利数量

专利和其他知识产权活动也是知识流的一个通道,尽管许多专利并不能产业化或导致实际创新,但专利授权和应用目前仍是一个测度应用研究、实验发展的重要指标。从 2019 年开始,我国的 PCT(专利合作条约)国际专利申请数量升至全球最高。到 2021 年,更是以接近 1 万件的优势,巩固了全球第一的位置(见图 3.5)。

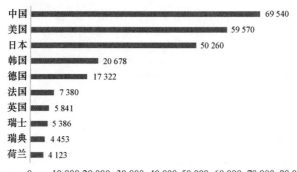

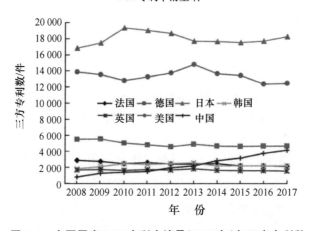

图 3.5　主要国家 PCT 专利申请量(2021 年)与三方专利数

资料来源:世界知识产权组织,OECD Main Science and Technology Indicators。

就专利质量而言,日本三方专利数最多,中国数量较小。国际上常用三方专利统计数据来测度专利质量。所谓三方专利,是指发明者同时寻求全球 3 个最大的市场(美国、欧洲和日本)专利保护的专利。由于这 3 个专利机构的专利申请和维护成本较高,所以如果发明者同时在这 3 个市场寻求专利保护,并愿意支付高成本的专利申请和维护费,则一般认为这些专利背后的发明可能有较高价值。其中,日本三方专利数最高,每年 1.7 万件左右;其次是美国,每年 1.35 万件左右,2013 年达到其最高,1.48 万件;德国稳居第 3 位,三方专利数每年 5 000 件左右,近年来有小幅下降趋势;中国虽然三方专利数量较少,但近 10 年来上升速度最快,由 2007 年的 828 件上升至 2017 年的 4 100 件,已经超过韩国、法国、英国,跃居第 4 位(见图 3.5)。[①]

整体来看,在研发支出总额上,美国依旧处于全球领跑地位,中国作为第二大经济体是全球研发支出增长最快的国家,并与美国的差距逐年缩小。中国的研发强度处于快速上升阶段,但基础研究比重不高,在未来具有较大的提升空间。同时,我国的科技研究人员数量虽然位居世界第一,但研究人员的投入强度仍比较低。过去 10 年,中国的科技论文产出数量迅速增长,目前已与美国相当,且论文的影响力也在快速增加。值得注意的是,全球在科研上的国际合作正在加强,而大国间的博弈和疫情的蔓延会对科研合作产生一定影响。在专利方面,我国于 2019 年开始专利申请量位居世界第一,但在质量方面仍与美、日等科技强国存在较大差距。

### 3.2.2　全球主要国家关键技术比较

近年来,新一轮科技革命迎来多点突破,5G、人工智能、区块链、量子技术、信息革命、能源科技等高新技术加速发展,在推动全球经济增长与转型中的作用初露端倪。新冠疫情暴发对全球经济造成重创,各国除了采用短期刺激手段熨平经济波动外,亟须通过培育结构性力量来修复长期增长动能,这进一步凸显出产业创新的关键作用。为此,主要经济体纷纷加大对高新技术的投入力度,以美欧为代表的发达国家和以中国为代表的新兴经济体国家,对数字产业战略规划和部署的重视程度不断加大,广泛使用多样化的产业政策和科技治理机制来加强关键技术领域的话语权,大国间科技竞争博弈更趋激烈。

---

① 原帅,何洁,贺飞.世界主要国家近十年科技研发投入产出对比分析[J].科技导报,2020,38(19):58-67.

随着疫情的持续发酵,全球经济明显陷入衰退,部分国家因为疫情而导致社会矛盾加剧,世界科技竞争环境愈发紧张,美欧日等主要发达国家纷纷以国家安全名义,针对科技创新重点领域出台更多封锁措施。美国加大科研项目审查力度,"逮捕"多名涉嫌违规的华人研究人员,形成"寒蝉效应";限制中方科研人员和留学生赴美工作及学习,致使大量中国研究人员离开美国,中国留学生获得 F1 签证的数量也出现骤减;疫情发生后,美国继续扩大"实体清单",持续断供芯片和工业软件等关键技术产品,试图切断中国关键技术来源,阻断中国高技术企业发展。欧盟则试图实现"技术独立",利用多边机制就关键技术出口中国进行管控,并出台方案审查和限制对中国香港出口"特定的敏感设备和技术";部分欧盟成员国采取抵制政策,对华为、中兴和字节跳动等中国高技术企业进行封锁和打压。日本拟通过制定安全保障战略,防止尖端技术人才和信息外泄;加强对可转为军事用途的出口商品的管制,限制外国企业投资高端技术领域;试图立法限制引进中国高技术产品,排除中国高技术企业参与本国市场等。

疫情发生后,世界主要发达国家对科技的重视度明显提高,纷纷在科技前沿领域加快战略布局,试图抢占科技经济制高点(见表3.4)。据不完全统计,自2021年2月以来,美国白宫、国会、国防部、国立卫生研究院等多个部门累计发布科技经济战略部署文件或报告28份,主要包括人工智能、量子科技、5G/6G、能源、先进计算、云计算、生物医药、太空技术等方向。欧盟自2021年2月以来发布科技经济战略12份,包括人工智能、量子科技、5G/6G、网络安全、关键原材料、电池生态系统等领域,试图在绿色经济和数字化经济中掌控关键材料技术,在国防中保护成员国安全,以及在推动美欧共性技术合作上做出努力。英国发布多份科技经济战略,在量子科技、网络安全、人工智能、尖端技术改造农业、合成生物学、石墨烯等领域有所布局。日本则试图加快5G基础设施建设并开始布局6G,目标是用10年时间改变5G研发上不占优势的现状并在6G上实现反超,同时进行量子科技的8大领域基地建设,推动量子技术实用化。韩国则主要关注人工智能、大数据、区块链、5G/6G、生物健康、清洁能源、量子技术、无接触经济、支持中小企业发展等。围绕着新一代信息技术的加速应用及与其他行业的加速融合,各国对新型基础设施的投资和布局也在不断加强,美国、欧盟、日本、中国等均在5G基站、大数据中心、新型物流基础设施、工业互联网、无人驾驶等方面进行了新的布局,试图抢抓新一轮技术革命和产业变革的先机。

表 3.4　全球主要经济体科技治理与政策方向

| 国家或地区 | 时间 | 项目 | 领域 |
|---|---|---|---|
| 欧盟 | 2021 年 3 月 | 《2030 数字罗盘：欧洲数字十年之路》 | 计算机、量子通信 |
| 欧盟 | 2020 年 3 月 | 《欧洲新工业战略》 | 清洁能源、人工智能、数字化 |
| 美国 | 2021 年 6 月 | 《2021 年美国创新和竞争法案》 | 人工智能、半导体、量子计算、通信、生物技术、能源 |
| 韩国 | 2021 年 5 月 | 《K-半导体战略报告》 | 半导体 |
| 日本 | 2021 年 2 月 | 科技创新"六五计划" | 数字化转型、碳中和、可持续发展 |
| 英国 | 2020 年 1 月 | 英国研究与创新基金会（UKRI） | 数字技术应用 |
| 德国 | 2019 年 11 月 | 《国家工业战略 2030》 | 数字化、人工智能、传统优势制造业 |
| 法国 | 2021 年 1 月 | 量子技术国家战略 | 量子领域 |
| 法国 | 2020 年 8 月 | 法国复兴计划 | 未来工业技术 |

　　2021 年 3 月 11 日，我国第十四个五年规划和 2035 年远景目标纲要正式发布，指明了经济发展、创新驱动、民生福祉、绿色生态和安全保障五大发展方向（见图 3.6）。在科技创新方面提出要把科技自立自强作为国家发展的战略支撑，面向世界科技前沿、面向经济主战场、面向国家重大需求、面向人民生命健康，深入实施科教兴国战略、人才强国战略、创新驱动发展战略，完善国家创新体系，加快建设科技强国。本节将选取人工智能、量子科技、未来通信、生命科学、新能源、新材料和区块链等科技领域对全球主要国家的科技话语权及相关治理策略和政策进行分析。

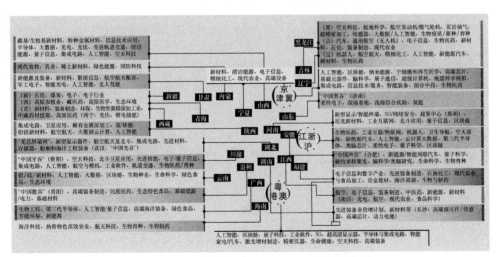

图 3.6　中国各地"十四五"识别的主要发展领域

资料来源：各地"十四五"规划，BCG 亨德森智库。

1. 人工智能

人工智能是引领新一轮科技革命和产业变革的战略性技术,应用场景不断扩大,革新各行业生态,逐渐成为全球科技研发主流领域之一。世界各国都意识到人工智能将会带来社会经济变革,均重视对以深度学习为代表的主流人工智能技术研发的投入,催生新算法、新模型和新工具,同时制定保护人工智能产业良性发展的伦理和法律框架,加强针对性的专业人才培养。

(1)中国人工智能技术领先全球

在三大人工智能经济体中,自 2017 年以来,中国在人工智能期刊出版文献中所占份额居世界首位,2020 年为 18.0%,其次是美国(12.3%)和欧盟(8.6%)(见图 3.7)。在人工智能期刊引用量上,中国也超过了美国。几年前,中国在期刊出版文献总数上超过了美国,在期刊引用方面中国也处于了领先地位。2020 年中国(20.7%)首次在期刊引用方面超过了美国(19.8%),而欧盟的整体份额继续保持下滑趋势(见图 3.7)。然而,在更能体现人工智能重点研发方向与赛道规则制定

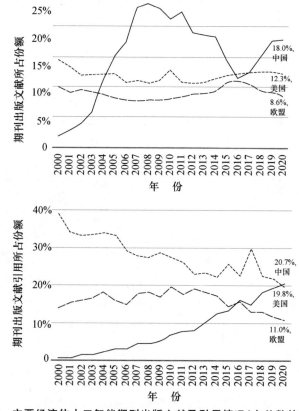

图 3.7 主要经济体人工智能期刊出版文献及引用情况(占总数的百分比)

权的会议出版文献数量上,以美国为代表的北美地区依旧牢牢把握着理论创新话语权。2020年,美国会议出版文献数全球占比为19.4%,中国则为15.2%,会议出版文献引用情况美国占比达到40.1%,中国仅为11.8%。arXiv出版文献数据反映了近几年的研究热点与创新传播情况,美国出版数达到11 280篇,全球占比为32.5%,是中国数据(5 440篇、15.7%)的两倍多。①

(2)美国在人工智能领域的理论话语权较强

通过权威数据分析机构科睿唯安统计的全球人工智能论文数据表可知:自2012年起,我国成功发表并被其他国家引用的人工智能论文数量达到24万篇,是美国论文数量的1.6倍(美国的论文数量为15万篇)。截至2021年7月15日,全球在人工智能产业中申请的专利数量高达22.8万项,我国的专利申请量占全球专利总数的66.54%,成为全球人工智能技术的主要来源国,而美国的专利申请量占全球人工智能专利申请总数的20.49%。但是对比其他领先国家,中国当前仍存在诸多不足,包括知识创新缺失理论话语权,技术创新缺乏原创颠覆性,创新支撑链建设不足,产业链、供应链、创新链失衡等。中国应推进基础理论和关键共性技术协同创新,推动相关产业与人工智能产业链、创新链融通发展,提高技术治理能力,吸引高端人才参与,拓展国际合作,不断增强人工智能创新链的竞争力。②

(3)中美博弈下技术封锁风险提升

过去10年,美国与中国合作的人工智能高水平论文数量占比为18.53%,中国与美国合作的论文数量占比为27.16%,中美两国是彼此人工智能领域重要的创新伙伴,两国合作论文影响力明显高于各自单独的影响力。然而,自美国确立对华对立政策以来,以芯片为代表的一些领域创新合作活动受到严重政治阻力。当前,全球存在经合组织全球人工智能伙伴关系(GPAI)、经合组织人工智能专家网络(ONE AI)、欧盟成员国人工智能高级别专家组(HLEG)等人工智能国际合作组织,以及美英、德法、德印、日印、印阿等多个人工智能双边协定关系。这些合作组织、合作会议、合作关系基本全部由欧美国家主导,中国正面临被欧美"科技结盟"孤立于世界创新链之外的风险,难以参与全球创新成果共享。2021年8月2日,美国国家科学基金会发布公告称,美国将拿出约合人民币14.2亿元来资助除了中国

---

① 斯坦福大学. 2021年人工智能指数报告[R/OL]. (2021-04-05)[2022-05-10]. https://aiindex. stanford. edu/wp-content/ uploads/2021/04/2021-AI-Index-Report_Chinese-Edition. pdf.

② 郭朝先,方澳. 全球人工智能创新链竞争态势与中国对策[J]. 北京工业大学学报(社会科学版),2022,22(4):1-12.

之外的 11 个国家的人工智能研究中心,以此来提高美国在人工智能领域中的影响力。面对美国设立的人工智能技术垄断联盟,自 2019 年起,我国共计批准了 8 个国家级人工智能创新应用先导区,应对美国及其他国家可能对我国人工智能产业实行的技术封锁,同时不断提升国际合作水平。

2. 量子科技

量子科技基于独特的量子现象,以经典理论无法实现的方式来获取和处理信息,涉及物理学、数学、计算机科学、工程学等学科,并有望在物理、化学、生物与材料科学等基础科学领域带来突破,是新一轮科技革命和产业变革的必争领域之一。继 1900 年前后的量子力学革命和 1970—1980 年的量子信息技术革命之后,量子通信、量子计算和量子测量等量子信息领域飞速发展,目前正在孕育第三次量子科技革命。[①] 当前,从医疗卫生护理,到银行和电信,再到国家安全和军事领域,量子技术为一系列应用开启了巨大机遇。[②] 近年来,以欧美为主的全球各国高度重视量子技术发展,把量子科技提升至国家战略级层面。科技强国纷纷启动相关战略规划,通过出台政策文件、成立研究机构、支持量子科技研究等方式加大对量子研发的投资,促进量子科技研发和产业发展(见图 3.8)。

(1)欧盟积极布局量子计算

量子理论发源于欧洲。早在 20 世纪 90 年代,欧盟及相关国家就意识到量子科技的巨大潜力,持续对泛欧洲乃至全球的量子科技研究给予重点支持,主要聚焦在量子通信、量子模拟器、量子传感器、量子计算机等领域。近年来,为在全球量子科技竞争中赢得主动,欧盟与欧洲主要国家积极布局,出台了一系列量子科技战略,继续从战略规划、机制管理与改革、跨国家合作、研究计划开展和人才吸引与培养等多方面采取行动,推动欧洲量子科技创新发展,尽一切努力使欧洲在该领域保持领先。2020 年 9 月,欧盟委员会对"欧洲高性能计算共同计划"进行了升级,拟投资 80 亿欧元,发展超级计算机和量子计算机,以加强欧洲数字主权,维持欧洲在超级计算以及量子计算领域的主导地位。

(2)美国通过自下而上的治理方式推动量子科技发展

美国早在 1994 年就开始将量子信息技术作为国家发展重点,在相关学科建

---

① 陈云伟,曹玲静,陶诚,等.科技强国面向未来的科技战略布局特点分析[J].世界科技研究与发展,2020,42(1):5-37.

② 袁珩.全球量子技术政策综述[J].科技中国,2021(8):97-100.

**图 3.8　世界主要国家和组织的量子科技发展战略**

设、人才梯队培养、产品研发和产业化推进等方面进行了大量布局,启动了相关政策规划。美国一直以来都是通过研发项目来支持量子信息科技的基础研究。提供资助的政府研发机构以美国能源部、美国国家科学基金会以及美国国家标准与技术研究院为主。近年来,随着中国与欧洲在量子信息技术研发方面的快速发展,为了保持美国在量子信息领域的领先地位,深感威胁的美国对量子信息技术进一步调整思路并加强投入。2018 年 12 月,美国总统特朗普签署了《国家量子计划法案》,计划在未来十年内向量子研究注入 12 亿美元的资金。同时,美国在量子领域不是自上而下的政府主导,而是打造了一个涵盖联邦机构、学术机构、社区、私营部门的创新者和公益组织的创新生态系统。美国为维持在量子领域的优势地位,未来将继续聚焦以下四个层面:一是资金、人才等发展要素上的投入力度将进一步加大;二是量子信息科学将迎来密集政策期,加快形成量子技术与其他技术的优势互补;三是将在数据层面寻求与盟友更深度的合作;四是将在量子科技领域抢占国际话语权,制定相关使用规范和技术标准。①

---

①　量子创投界.量子全球政策一览表[EB/OL].（2021-11-19）[2022-05-10]. https://mp. weixin. qq. com/s/jqnapGDNnJZQpJxUpqscaw.

（3）中国在量子通信领域位居世界前列

相较而言，我国在量子计算领域仍处于追赶世界先进水平的阶段，而在量子通信领域，中国已经走在了世界前列。2016年，我国"墨子号"实验卫星的成功发射标志着中国量子通信产业化的开端。2017年世界首个远距离量子保密通信骨干网"京沪干线"正式建成开通。与传统通信方式相比，量子通信具有长期性和高安全性的特点，能够充分满足政务、国防、金融等敏感领域的信息传输保密要求。同时，量子通信产业也是自近代以来第一个由中国开启的全新产业，具有里程碑意义。① 量子信息技术在面向"十四五"乃至更长远的未来，有望成为中国在全球科技产业中"换道超车"、掌握产业链话语权的重要核心技术。

（4）其他国家在量子科技领域的治理措施

日本为了量子计算等量子技术早期落地使用，政府开始构建产学研一体化研发体制，期望在基础研究、技术验证、知识产权等方面与当前的几大量子技术投入国开展竞争。在政策上，努力引导民间资本加入创新创业，借此推动量子技术的实用化，期望跨学科多机构合作，培育人才，并高薪聘请海外顶级研究者加入。2020年1月日本发布《量子技术创新战略（最终报告）》（图3.8），作为未来10～20年间日本的一项重要战略，提出通过技术发展战略、国际战略、产业与创新战略、知识产权与国际标准化战略、人才战略五方面举措推进量子科技创新。2021年日本政府量子领域科技预算比2020年度增加约50%，达到340亿日元。

2020年5月，澳大利亚联邦科学与工业研究组织发布报告《成长中的澳大利亚量子技术产业》，制定了澳大利亚量子技术发展路线图，提出量子人才培养、技术成果商业化、多学科和多机构项目发展等8项建议，力图打造可持续的量子技术产业，生成并拥有支撑商业化应用的知识产权，实现澳大利亚在量子技术研发方面的全球竞争优势。②

此外，韩国热衷于同其他国家的企业和组织合作，推动量子科技的发展。如韩国研究机构与美国空军联手发起的一项征集活动，提供至多三年的资助，目标是持续为两国的科学家和工程师提供机会，共同推动新兴技术的发展；韩国SK Tele-com领导的财团与瑞士公司IDQ合作建立和运营量子密码通信试点基础设施；韩

---

① 乐水.下好量子科技的先手棋,抢占未来发展的制高点[EB/OL]. (2020-10-26)［2022-05-10］. ht-tp://www.china.com.cn/opinion/2020-10/26/content_76843202.html.

② 网安思考.世界主要国家和组织在量子科技领域的战略布局[EB/OL]. (2020-12-11)［2022-05-10］. https://www.secrss.com/articles/27812.

国量子信息研究支持中心与美国量子计算初创公司 IonQ 达成为期三年的联盟合作关系,致力于在量子信息科学领域创建一个丰富的研究生态系统。在政府层面,2021 年 5 月,美国总统拜登和韩国总统文在寅发表联合声明,宣布两国将在量子技术领域展开合作,尤其是通信安全领域。

3. 未来通信

新一代移动通信技术(5G 技术及未来的 6G 技术)将革命性地提高通信传输速度,加速推动人类社会进入全面互联互通的智能化时代。未来的智慧城市、自动驾驶车辆、智能制造业乃至现代农业等领域都将依赖 5G 乃至 6G 技术。5G 技术有望成为下一次工业革命中至关重要的革新性技术,为经济发展和国家竞争力带来巨大助力,甚至促进某些军事应用的革新。2019 年底到 2020 年间,越来越多的国家开启 5G 的正式商用,未来十年,5G 服务将全面覆盖通信网络。

(1)中国 6G 技术专利申请量目前位居全球第一

在 5G 的领域上,中国虽然一开始在研发技术方面稍显落后,但对于 5G 的重视程度却远比其他国家高得多。中国将 5G 列为国家战略,完成全球首个 5G 测试项目,在制定标准、研发技术、网络基础设施建设、产业链等方面,渐渐成为 5G 方面的引领者。在中国 5G 技术领先的背景下,美国特朗普政府也将 5G 列为国家战略,并禁止中国 5G 相关的技术进入美国市场。作为中国 5G 代表的民营企业华为,则受到美国的针对和制裁。

6G 网络速度比 5G 更快,估计到 2030 年将普及 6G 技术。为把握 6G 技术的制高点,目前全球各国都已竞相布局。在 5G 领域,我国已经赶超欧美,实现领先目标,成功吸引各方前来下单。如果在 6G 领域我国又一次率先掌握技术,那么我国在国际科技市场的影响力将进一步扩大。2019 年 11 月,中国科技部会同国家发展改革委、教育部、工业和信息化部、中科院、自然科学基金委在北京组织召开 6G 技术研发工作启动会,成立国家 6G 技术研发推进工作组和总体专家组,中国 6G 研发正式启动。2021 年 5 月 12 日,中国工业和信息化部党组成员、副部长刘烈宏主持召开 5G/6G 专题会议,要求深入开展 6G 应用场景研究;同时着力推动关键技术的创新突破,围绕太赫兹通信、通信感知一体化、通信与人工智能融合等 6G 潜在技术,力争在关键核心技术领域取得重大突破。2021 年 9 月,《日经亚洲评论》调查显示,中国 6G 技术专利申请量位居全球第一,占比达到 40.3%,美国以 35.2% 紧随其后,日本以 9.9% 的占比排在第三位,其次是欧洲(8.9%)和韩国(4.2%)。① 中国的专利申请大多与移动基础设施技术有关,大部分的专利属于华为公司,截至2020年华为在全球基站领域占据30%的份额。除华为外,中国其他大型专利持有者还包括中国国家电网公司和中国航天科技集团公司等国有企业。

(2)美国在终端和软件方面的话语权强于其他国家

在通信领域,与中国在基础设施领域的优势相比,美国在终端和软件方面更加擅长。高通和英特尔已经获得许多用于智能手机和其他IT设备的芯片专利,谷歌和苹果也已发表6G时代的展望,其他拥有6G相关专利的美国企业还包括IBM和微软。与此同时,美国联邦政府允许免费测试无线电波。随着6G技术的发展,通信将与人工智能、虚拟现实、增强现实技术相结合。日本在天线控制和信号辐射技术方面较强,日本电报电话公司(NTT)在城市地区的光通信和移动基础设施网络方面拥有许多专利,包括缓解数据拥塞和延迟的技术,索尼集团、松下、三菱电机也跻身基站技术的前20。此外,日本制定了B5G发展路线图,与美国合作投资45亿美元用于B5G/6G技术研发。②

(3)韩国有望成为全球首个6G商用国家

2020年8月,韩国发布《引领6G时代的未来移动通信研发战略》,重点布局了6G国际标准,强化产业生态系统建设,旨在确保5G之后韩国成为全球首个6G商用国家,并明确了五个试点领域:数字医疗、沉浸式内容、自动驾驶汽车、智慧城市和智慧工厂。2021年7月,韩国公布了6G领域的发展目标:计划在2026年启动6G试点,在2028年正式实现6G商用。这一时间表显然比美国、日本此前计划的在2030年实现6G商用化进程快了2年。为此,韩国政府将在2021—2025年间投资2 200亿韩元(约合人民币12.4亿元)用于6G的基础技术研发。

4.生命科学

生命科学是21世纪发展最为迅速的学科领域之一,其新成果、新技术不断涌现,为人类社会带来了巨大的进步。在全球人口老龄化日益严重的大背景下,随着生物医学、信息和大数据技术的迅猛发展,健康与生命科学正在发生革命性变化,全球生命健康科技供给与产品市场正处于重组阶段。

---

① 昌栋.日媒调查:中国6G专利申请量占比40.3%,全球第一[EB/OL].(2021-09-17)[2022-05-10].https://baijiahao.baidu.com/s? id=1711136820496628044&wfr=spider&for=pc.
② 潘寅茹.5G未热6G带你飞! 各国竞相布局争夺话语权[EB/OL].(2021-07-14)[2022-05-10].https://baijiahao.baidu.com/s? id=1705194871922794880&wfr=spider&for=pc.

（1）中国生命科学研究发展强劲

生命科学领域是体现学科高度交叉融合的典型学科,也是目前我国在国际上最有影响力的学科领域,最有可能实现从"跟跑"转为"并跑""领跑"。生命科学创新研究和医药产业化已成为我国重要的软实力,在本次疫情防控和疫苗外援中为全球疫情控制做出了重大贡献,也凸显出生命科学和产业在全民健康保障和国家安全中的重要地位。随着生命科学和生物技术的创新突破,全球生命科学蓬勃发展,人工智能、大数据和生命科学领域逐渐融合。随着《中华人民共和国生物安全法》的实施,生物技术产业的发展将迎来前所未有的发展机遇。图3.9为全球生命科学前1‰论文产出最多的前15个国家构成的版图,展现出近20年来高影响力研究产出在主要科技大国中的分布、相对位次及变化。中国生命科学研究在底子极薄、"跟踪发展"20年后,于21世纪的第1个10年开始进入视野,以后呈现持续、强劲的增长势头。在第1个10年、第2个10年和近3年中,中国学者发表的前1‰论文在15强总数中的占比分别为:生物科学(biological sciences),3%、10.4%和13.9%;医学(medical sciences),1.7%、7.1%和10%;农学(agriculture sciences),6.2%、19.9%和25.9%。[1]

（2）生命科学伦理治理受到主要国家高度重视

由于直接与"生命"密切相关,生命科学领域颠覆性的新成果、新技术在带给人类进步的同时,都会引发人们对可能出现的潜在伦理和安全风险的思考和探讨,从而促使国际社会在生命科学领域的伦理治理方面不断进步和完善。在新的技术风险出现时,各国基于本国的法律制度、历史传统和宗教信仰,纷纷制定了本国的生命科学领域伦理相关法律规定(见图3.10)。尤其是对于干细胞和基因编辑等可能直接改变物种的新技术,世界各国已经通过多种措施监管和防范相关伦理问题,着力点主要在于涉及人类胚胎的科学研究管理、技术应用和操作规范,以及含有基因修饰或人工合成组分的医学产品的管理、商业化和进出口等多个层次。[2]

---

[1]　张先恩.世界生命科学格局中的中国[J].中国科学院院刊,2022,37(5):622-635.

[2]　范月蕾,王慧媛,姚远,等.趋势观察:生命科学领域伦理治理现状与趋势[J].中国科学院院刊,2021,36(11):1381-1387.

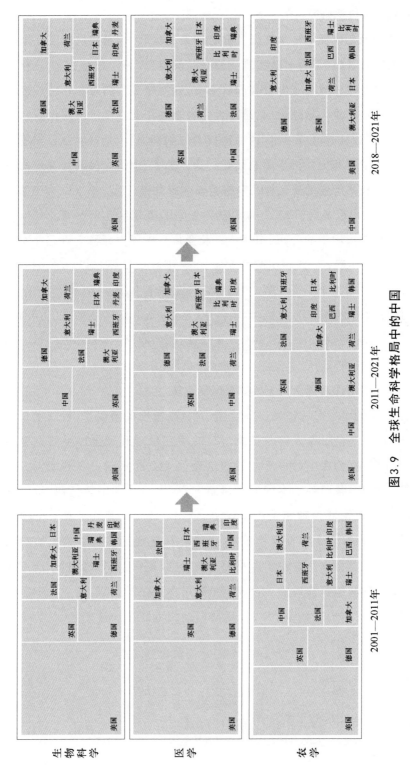

图3.9 全球生命科学格局中的中国

注：图中各方格面积大小表示某一国前1%论文产出量及其在世界前15强中的位次。

资料来源：科睿唯安InCites分析平台。

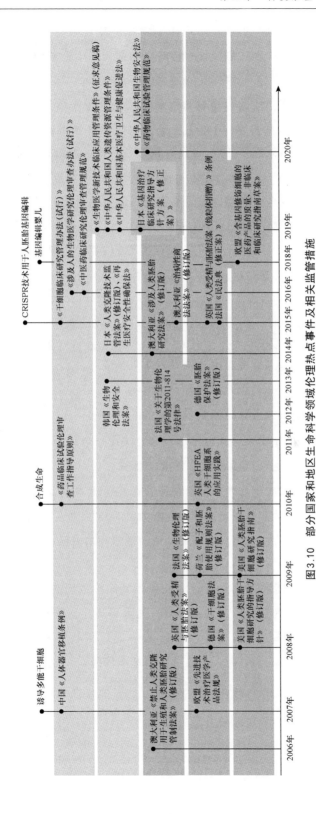

图3.10　部分国家和地区生命科学领域伦理热点事件及相关监管措施

　　同时,世界各国及国际组织也正加强生物安全及其相关领域的战略规划和布局。美国国防部发布《生物防御愿景》备忘录,评估当前生物威胁情况,研究制定国防部新的生物防御政策;美陆军作战能力发展司令部启动"DaT 计划",旨在开发全方位、稳定且具高度适应性的生物威胁检测模式。欧盟委员会建立欧洲卫生应急准备和响应管理局,以预防、检测和快速应对卫生紧急情况,并启动名为"HERA 孵化器"的欧洲生物防御准备计划,开启对抗冠状病毒的新阶段。欧洲议会通过欧盟 51 亿欧元的"EU4Health 健康计划",旨在提高卫生系统应对跨境健康威胁的韧性和危机管理能力,促进欧盟卫生联盟的实现。俄罗斯总统普京签署《俄罗斯生物安全法》,为确保其生物安全奠定国家法规基础。新加坡国防部筹备建设东南亚首个"生物安全四级"实验室,以提高其应对生物威胁的能力。中国正式实施《生物安全法》,标志着中国生物安全进入依法治理的新阶段。

　　(3)新冠病毒变异加速世界各国争夺生物安全领域话语权

　　当前,新冠病毒持续变异促使各国加紧研发更有效的新疫苗和药物以及病毒检测工具,新兴技术在其中展现出极大的应用潜力。新冠病毒持续变异成为最大风险,通用新冠疫苗研发或成为各国攻关重点。后疫情时代,生物威胁和生物安全相关概念受到前所未有的关注和讨论。美国发布《阿波罗生物防御计划》,力争在 2030 年前结束大流行病威胁时代,消除美国应对生物攻击的脆弱性。美国疾病控制和预防中心在 2022 年资助建立了多个公共卫生病原体基因组学卓越中心。美国参议员提出《X 疾病法案》,拟在 2022—2025 年向生物医学高级研究发展局拨款 20 亿美元,创建 X 疾病医疗对策计划。美国长期重视生物安全能力建设,或将重新制定、调整和完善生物安全战略,提高国内生物安全基础研究能力,加强对各种生物威胁的早期预警侦察和检测防控工作,争夺生物安全领域的全球治理权和话语权。[①]

　　5. 新能源

　　随着世界各国对能源需求的不断增长和环境保护意识的日益加强,向清洁与可再生能源转型是必然趋势。2019 年 4 月,国际可再生能源机构发布的《全球能源转型:2050 年路线图》指出,可再生能源、提升能效和电气化是实现《巴黎协定》2050 年全球能源相关碳排放减少 70% 目标的基本保障。

　　(1)新能源将动摇传统化石能源体系中的话语权分布

　　自 18 世纪工业革命以来,全球经济的基石很大程度是建立在对能源控制的基

---

① 国际技术经济研究所. 2021 年世界前沿科技发展态势总结及 2022 年趋势展望[EB/OL]. (2022-01-31)[2022-05-10]. https://baijiahao. baidu. com/s? id=1723669600405451348&wfr=spider&for=pc.

础上的,特别是"石油美元"体系的出现,确立了以美国为首的西方在能源体系上的绝对控制权,也为"美元霸权"提供了实实在在的物质基础。随着新能源技术的出现,以化石为主的能源体系出现了动摇。以绿电为核心的新能源体系,虽然对化石能源仍有一定程度的依赖性,但基本可以从传统能源当中脱离出来,自成体系比较明显。以绿电为主的新能源,不仅可以解决当前的气候问题,而且对全球能源体系产生了重大影响。虽然欧美在化石能源(油气)方面有着绝对的话语权,但是随着环境污染、能源短缺的问题逐渐显现,新能源技术日趋成熟,围绕绿电建立的全球新能源秩序正在加速形成。

(2)中国有望在新能源秩序中占据主导地位

中国在新能源领域拥有最齐全的产业链、最完整的供应链体系,风电、新能源汽车等在低碳赛道上占据了先机。如果我国在新能源赛道上取得持续领先,就可能彻底改变现有的欧美化石能源体系的根基。我国在光伏发电、风电、锂电池方面的全球供应链上占据了重要位置。中国积极淘汰落后的产能,遵守减碳承诺,促进了国内产业的转型,也为全球气候做出了巨大贡献。为了加速能源的转型,中国依托光伏发电、风电、锂电池等先进技术,建立了新能源供应生态的新战略。中国的光伏产业在国际中有强劲的竞争力,制造产能占全球的70%;海上风电的装机总量超过了德国,仅次于英国,成为全球第二的海上风电市场。在新能源汽车领域,中国积极推动锂电池供应生态的发展,进一步减少了石油产品的使用。凭借在新能源领域的快速发展,中国有望在独立于化石能源之外的全球新能源体系中占据主导地位。

(3)俄乌战争将加速欧洲能源绿色转型

俄乌战争的爆发加剧了欧洲能源供应的不确定性。欧盟90%的天然气消费依赖进口,而俄罗斯提供了欧盟天然气消费总量的40%以上。欧盟石油进口总量的27%和煤炭进口总量的46%也来自俄罗斯。为实现在2030年之前逐步消除对俄罗斯化石燃料依赖的目标,欧盟委员会于2022年3月制定了《欧洲廉价、安全、可持续能源联合行动》,将基于两大支柱提升欧盟范围内的能源系统弹性。通过支持能源供应的多样化,加速向可再生能源过渡并提高能源效率,大幅提高欧洲的能源独立性,加速欧洲向清洁能源转型。[1]

截至2020年,全球有超过130个国家和地区提出了净零排放或碳中和的目

① 田慧芳.全球能源市场新趋势[EB/OL].(2022-05-15)[2022-05-20].http://www.news.cn/globe/2022-05/15/c_1310584390.htm.

标。2023 年,多国持续探索净零排放、碳中和。表 3.5 列出了近期主要国家/地区能源气候战略目标。欧盟最终通过了《欧洲气候法案》,各成员国承诺在 2050 年前实现碳中和,到 2030 年欧盟温室气体净排放总量与 1990 年相比至少减少 55%。德国修改《气候保护法》,新增了交通、工业等领域的减排目标,规定 2045 年实现碳中和,比原计划提前 5 年。美国宣布正式重返《巴黎协定》,随后承诺不迟于 2050 年实现温室气体净零排放。英国计划到 2035 年将温室气体排放量较 1990 年减少 78%,比此前设定的减少 68% 的目标更具雄心。阿联酋和沙特成为海湾地区率先提出净零排放目标的传统产油国,分别宣布到 2050 年、2060 年实现净零排放。新兴经济体越南、俄罗斯、印度等宣布碳中和计划,目标分别为 2050 年、2060 年、2070 年实现碳中和。韩国宣布到 2030 年温室气体排放量比 2018 年的水平减少 35% 以上,2050 年实现净零排放。中国宣布二氧化碳排放力争于 2030 年前达到峰值,努力争取 2060 年前实现碳中和,到 2030 年,中国单位国内生产总值二氧化碳排放比 2005 年下降 65% 以上。[①]

表 3.5　近期主要国家/地区能源气候战略目标

| 国家/地区 | 能源气候战略目标 |
| --- | --- |
| 欧　　盟 | 2050 年前实现碳中和,2030 年温室气体净排放量较 1990 年至少减少 55% |
| 法　　国 | 依靠可再生能源和核能,实现 2050 年净零排放目标 |
| 德　　国 | 2045 年实现碳中和,比原计划提前 5 年;2030 年温室气体排放比 1990 年减少 65%,超过欧盟减排 55% 的目标 |
| 英　　国 | 2035 年温室气体排放量较 1990 年减少 78%;2035 年电力系统实现 100% 清洁无碳供电 |
| 加拿大 | 2035 年起禁止销售燃油新车,2050 年实现净零排放 |
| 美　　国 | 2035 年实现电力行业净零排放,2050 年实现温室气体净零排放 |
| 俄罗斯 | 到 2050 年前温室气体净排放量在 2019 年排放水平上减少 60%,同时比 1990 年排放水平减少 80%,并在 2060 年前实现碳中和 |
| 日　　本 | 2050 年实现净零排放;2050 年可再生能源发电占比提升至 50%～60% |
| 韩　　国 | 2030 年温室气体排放量较 2018 年下降 35%,2050 年实现净零排放 |
| 印　　度 | 2030 年前减少碳排放 100 亿吨,2070 年实现净零排放 |
| 中　　国 | 力争 2030 年前达到二氧化碳排放峰值,努力争取 2060 年前实现碳中和 |

① 邱丽静.世界主要国家能源发展战略及政策动向(2022)[EB/OL].(2022-04-06)[2022-05-20]. https://www.chinca.org/CICA/info/22041410364911.

（4）新能源国际标准化治理愈发重要

值得注意的是，在第四次工业革命与全球气候治理行动推动能源转型的同时，新能源技术知识体系及能源治理规范也在发生变化。在世界政治博弈中，技术标准、知识产权和技术壁垒紧密关联在一起，成为国家参与全球竞争、控制产业链、占据优势地位的柔性工具。与美国、欧洲和日本等发达国家和地区相比，中国在国际标准制定中的影响力还有较大差距。中国是 ISO（国际标准化组织）的六大常任理事国之一，但中国制定的标准数量占 ISO 标准总数的不足 1％。当前，加快推动中国清洁能源标准的国际化进程恰逢其时。从外部环境看，第四次工业革命预示着国际标准格局的新一轮洗牌。随着清洁能源产业向数字化、网络化的快速发展，新型专利技术不断推陈出新，国际清洁能源产业的新标准也会层出不穷。推动中国清洁能源标准上升为国际标准，既能激励中国能源科技自主创新步伐，打破西方标准的市场垄断地位，又能推动中国能源企业"一带一路"产能合作进程，提升中国在国际产业链分工中的主导权。从内部因素看，随着中国清洁能源技术实力进入世界前列，如何将技术等"物质性权力"转化为"规范性权力"国际影响力，事关中国企业"走出去"的成效。为此，需高度重视标准化国际组织与清洁能源国际组织的作用。

提升中国在清洁能源领域的话语权，一方面应积极参与国际标准化治理，加强与全球性和区域性标准组织之间的互动合作，另一方面还应鼓励一流能源企业将技术创新与标准创制融合发展，积极推动中国标准对接"一带一路"沿线国家。[①]

6. 新材料

从现代科学技术史中不难看出，每一项重大科技的突破在很大程度上都依赖于相应新材料的发展。21 世纪以来，越来越多的国家将新材料产业的发展作为国家重大战略决策，美国、日本、欧洲各国、俄罗斯等处于全球新材料领先地位的国家进一步细化新材料产业的发展方向。同时，机器学习等新技术越来越多地被用于材料制造领域，新工艺不断改进，新材料不断涌现，器件制造业不断取得突破。

（1）美国在新材料领域全面领跑

新材料产业的创新主体是美国、日本和欧洲等发达国家和地区，其拥有绝大部分大型跨国公司，在经济实力、核心技术、研发能力、市场占有率等多方面占据绝对

---

① 崔守军.全球清洁能源转型与中国技术标准话语权建构[J].人民论坛，2022(9)：50-54.

优势,占据全球市场的垄断地位。其中,全面领跑的国家是美国。日本的优势在纳米材料、电子信息材料等领域,欧洲在结构材料、光学与光电材料等方面有明显优势。中国、韩国、俄罗斯紧随其后,目前属于全球第二梯队。中国在半导体照明、稀土永磁材料、人工晶体材料,韩国在显示材料、存储材料,俄罗斯在航空航天材料等方面具有比较优势。除巴西、印度等少数国家之外,大多数发展中国家的新材料产业相对比较落后。从新材料市场来看,北美和欧洲拥有目前全球最大的新材料市场,且市场已经比较成熟,而在亚太地区,尤其是中国,新材料市场正处在一个快速发展的阶段。从宏观层面看,全球新材料市场的重心正逐步向亚洲地区转移。①

长期以来,美国高度重视新材料产业的发展。早在克林顿时期,美国便出台了先进技术计划(ATP)、先进材料与工艺技术计划(AMPP)、光伏建筑物计划、先进汽车材料计划等政策支持当地新材料的发展。在特朗普时期,美国还通过出口管制来支持当地新材料产业的发展。整体来看,美国主要围绕“保持新材料的全球领导地位”的目标去制定相应的政策。美国的新材料发展特色是以国防部和航空航天局的大型研究与发展计划为龙头,主要以国防采购合同形式来推动和确保大学、科研机构和企业的新材料研究与发展工作。美国重点把生物材料、信息材料、纳米材料、极端环境材料及材料计算科学列为主要前沿研究领域,支持生命科学、信息技术、环境科学和纳米技术等的发展,尤其满足国防、能源、电子信息等重要部门和领域的需求。由此,美国制定了一系列与新材料相关的战略性计划,主要包括:21世纪国家纳米纲要、国家纳米技术计划(NNI)、未来工业材料计划、光电子计划、先进汽车材料计划、化石能材料计划、建筑材料计划、NSF先进材料与工艺过程计划、材料基因组计划等。

与美国不同,欧盟在先进材料技术研发与创新政策方面确定了三大目标:保障能源安全、提高资源利用和促进大众健康。2020年3月,欧盟委员会签署了一项价值1.5亿欧元的资助协议,将继续资助欧盟石墨烯旗舰计划,致力于石墨烯及其相关材料方面的研究和创新。此外,欧盟还启动了“欧洲空间技术用合格碳纤维和预浸料”项目,旨在应对欧洲卫星子系统所需的高模量/超高模量碳纤维均为非欧洲公司生产的现状,同时提升欧洲本土公司的相关技术水平。

---

① 盘古论今.世界七大顶尖的新材料强国[EB/OL].(2022-02-18)[2022-05-20]. https://baijiahao. baidu.com/s? id=1725082902190098085&.wfr=spider&for=pc.

（2）日本兼顾新材料的经济性与社会性

日本如今能够成为新材料创新实力仅次于美国的国家，主要得益于其早期对新材料的政策支持。早在20世纪八九十年代，日本政府便开始采取一系列的支持措施来推动新材料的发展。不过，与美国不同的是，日本在新材料产业的发展方面提出"要注重新材料的实用性，考虑环境和资源协调发展"的发展目标。日本政府十分重视新材料技术的发展，并把开发新材料列为国家高新技术的第二大目标，因此，日本材料企业在全球新材料产业界形成一枝独秀的局面。日本的机械制造工业长期保持全球先进水平与其发达的材料产业密不可分。日本的新材料产业凭借其超前的研发优势、先进的研发成果、实用化的开发力度，在环境及新能源材料世界市场中占据绝对的领先地位。

（3）中国的石墨烯技术处于世界领先水平

我国在新材料产业发展目标上提出三大重点方向：先进基础材料、关键战略材料、前沿新材料。进入"十三五"后，为促进新材料产业发展更上一层楼，我国新材料产业相关政策频频加码。从发布《"十三五"国家战略性新兴产业发展规划》明确加快新材料等战略性新兴产业发展，到成立国家新材料产业发展领导小组；从发布《新材料产业发展指南》到为《中国制造2025》增添百亿元专项基金，不断在政策上为新材料产业提供支持。在"十四五"开局之年，《中华人民共和国国民经济和社会发展第十四个五年规划和2035年远景目标纲要》发布，提出未来我国新材料产业将重点发展高端新材料，例如高端稀土功能材料、高温合金、高性能纤维及其复合材料等。[①] 我国是全球新材料产业首屈一指的产业规模大国，尤其在金属材料、纺织材料、化工材料等传统领域基础较好，稀土功能材料、先进储能材料、光伏材料、有机硅、超硬材料、特种不锈钢、玻璃纤维及其复合材料等产能也居世界前列。中国的石墨烯技术处于世界领先水平。石墨烯技术是当今世界各国争相开发的前沿技术领域。因其具有无与伦比的特性，对将来新材料的发展具有至关重要的作用。

7.区块链

随着社会经济的发展和科技的创新，区块链这一新技术的兴起给我国乃至世界都带来了巨大的影响。作为一种通用型技术，区块链技术正从数字货币领域加

---

① 前瞻产业研究院.中国新材料行业市场前瞻与投资战略规划分析报告[R/OL].［2022-05-20］.https://baijiahao.baidu.com/s? id=1705152523982956080&wfr=spider&for=pc.

速渗透至其他领域,和各行各业创新融合。区块链作为比特币的底层技术进入人们的视野,目前其应用领域已大大扩展,主要可分为两类:一类是数字货币应用的延伸,统称数字资产;另一类则为在实体经济方面,如政务、医疗、金融、农业、供应链等各领域的应用。

(1)中国有着最高的区块链应用活跃度

近年来,随着中国各类区块链机构在技术领域的不断创新,中国的区块链专利数量增长迅速,已超过美国居全球首位。中国信息通信研究院官网发布的《区块链专利态势白皮书(1.0 版)》显示,目前全球范围内的区块链专利主要集中在中国、美国、韩国和英国等国。2013 年初至 2018 年 12 月 20 日,中国申请的区块链专利高达 4 435 件,占全球区块链专利申请总量的 48%;美国申请的区块链专利有 1 833 件,全球占比为 21%。中国区块链专利数量的高速增长,不仅代表着中国对区块链技术的重视和推动,也预示着中国在区块链领域将拥有更多的国际话语权。中国有着全球最高的区块链应用活跃度(见图 3.11),并且远非只是在应用案例数量上的领先,而是已经构建起全球最系统、最完善的区块链应用生态,并率先进入区块链 3.0 时代。在 2021 年,基于区块链的"双碳"应用已经延伸到能源、环保、制造、金融、消费品、零售、交通出行等行业,并凸显出爆发式增长趋势。[①]

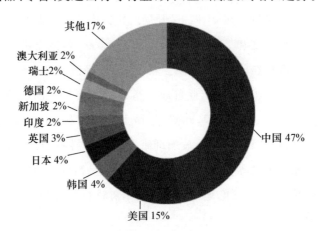

**图 3.11 2020—2021 年全球区块链应用区域分布**

资料来源:资本实验室。

---

① 资本实验室.全球区块链应用市场正在发生这 8 个重要变化[EB/OL].(2022-05-05)[2022-05-20].https://baijiahao.baidu.com/s? id=1731944622324755848&wfr=spider&for=pc.

（2）主要国家都在加强对区块链的立法治理

区块链这场基于技术革命的全球全产业变革正在席卷各行业，各国已将区块链上升到国家战略高度。2019 年 7 月 9 日，美国参议院商业、科学和运输委员会批准了《区块链促进法》。该法案明确要求美国商务部为"区块链"建立标准定义，并建立新的法律框架，为未来新兴技术的应用提供指导和防范风险。为了抓住区块链技术带来的机遇并发挥其潜力，德国政府计划在五个领域采取措施。① 确保稳定、刺激投资：金融领域的区块链技术；② 孕育创新：推进各类项目和实体实验室建设；③ 开放投资：明确、可信的框架条件；④ 技术应用：数字化管理服务；⑤ 信息传播：知识、交流与合作。澳大利亚联邦政府对区块链技术进行了多项投资，包括在 2018 至 2019 财年向数字化转型机构投入 70 万澳元，用于研究在政府支付方面使用区块链的益处，并向澳大利亚标准局投入 35 万澳元，旨在成为国际区块链标准开发的领导者。日本在国家层面积极立法，在严格管控的同时，进一步规范区块链行业，如在一些大型金融、物流领域以及商家层面，实现了初期对区块链技术的应用和数字货币的流通。

## 3.3 提升中国全球科技治理话语权的路径

当前，以人工智能、量子信息科学、大数据、基因编辑等为代表的全球新一轮科技革命和产业变革正加速演进，其技术发展速度已大大超出各国政府的监管能力和正常的国际规则制定进程，导致科研伦理、个人数据、隐私保护、网络安全、虚假信息传播等世界性科技治理挑战日益凸显，并成为全球新兴的共同挑战，而突发的新冠疫情进一步激化了部分挑战。从当前全球科技治理格局来看，全球尚未形成统一的国际规则和各国相互协调的科技治理体系，全球科技治理呈现碎片化、分裂化特点。在此背景下，我国要积极参与全球前沿领域科技治理，基于中国国情和利益提出科技治理主张，推动形成和完善全球科技治理规则。如在互联网领域，中国提出共同构建和平、安全、开放、合作的网络空间，建立多边、民主、透明的国际互联网治理体系。但是，相对于发达国家，在自我发起和参与重大国际科学计划、制定国际科技规则等方面，我国仍存在差距，这与我国当前的国际地位和影响力是不匹配的，极大制约了我国科技界的国际话语权和影响力。

### 3.3.1 强化全球科技治理"国家队"机构、人才与知识建设

从国家宏观层面加强科技治理和科技治理体系已成为趋势。我国需将完善科技宏观治理机制作为科技改革的重要内容,加强对科技创新的职能统筹、要素统筹和监管统筹,推进国家科技治理体系和治理能力现代化。把科技创新工作和人才引进工作、基础研究和应用研究统筹起来,推动科技管理职能从分钱、分物、定项目转变为"抓战略、抓改革、抓规划、抓服务"。加强系统谋划和顶层设计,动态编制发布并持续推动落实以 15 年为周期的国家中长期科技发展规划和以 5 年为周期的科技创新规划。加强各类创新要素统筹,推进项目、人才、基地一体化部署,优化整合中央财政科技计划,强化科技计划资源统筹与战略聚焦。加强监管统筹,形成科技大监督格局。成立科技伦理委员会,建立分层分级的科技伦理治理体系。制定国家科技安全政策,增强科技安全保障能力。完善国家科技治理结构,增强科技创新整体统筹。进一步加强党中央对科技创新的集中统一领导,完善国家科技宏观管理体制,发挥社会主义市场条件下的新型举国体制优势,体现国家新发展格局,适应科技创新规律演变,加强国家重大任务、各类创新主体、创新要素投入的统筹力度,提升体系化能力和重点突破能力。

此外,需要新知识库指导治理,而不能局限于经济学和科技创新研究。追求多元目标的治理需求,需要跨学科、多领域的知识提供智力支持。但长期以来,存在两种知识割裂:一方面,基于演化经济学的科技创新政策研究和基于新古典经济学及凯恩斯主义的经济研究之间交流甚少,甚至互相轻视;另一方面,科技政策研究中对系统科学、科技哲学、科学技术史学、科学社会学等研究的重视不够。前者导致经济政策与科技创新政策长期割裂,甚至在产业政策等领域存在尖锐对立,后者导致科技创新政策难以应对复杂形势和更广泛的社会需求,甚至可能引发卢德主义现象。因此,新时代的科技创新治理需要更为广泛且更具融合性的知识库。这需要集成学科背景更为广泛的专家团队,重塑国家财经委员会、科技创新委员会、竞争力委员会及其智力支撑体系。从中长期考虑,在维护国家安全和经济竞争力等优先事项的同时,需要将社会目标、环境目标和相应的价值观体系嵌入国家科技创新治理体系中,达成广泛共识和愿景,为寻找潜在有效的解决方案及其试验提供契机和空间。

### 3.3.2　建立多元化全球科技公共产品的域外财政治理制度

全球治理的实质是应对全球公共风险。全球公共产品供给是彰显一国国际责任的关键机制,也是连接各成员国的制度安排,是成为全球治理主导地位的主要途径。[①] 目前全球公共产品的供应存在未充分利用和供应不足两个突出问题。[②] 虽然全球治理主体呈现多元化趋势,但在很长时间内,主权国家仍将是全球治理中能量最大、资源汲取能力最强、行动最坚决,以及最能给予全球治理以支持的行为体。[③] 一国在全球治理中的地位取决于该国的综合实力,包括财政规模等硬实力和政策效力等软实力。在中国的国家治理体系和治理能力现代化的过程中,财政作为国家的基础和重要支柱,理应为中国参与全球治理提供可持续的物质基础。自 2013 年以来,中国通过国际发展合作提供全球公共产品的理念逐渐形成,为国际社会提供了包括人类命运共同体的理念性、"一带一路"的发展性和亚洲基础设施投资银行的制度性等多元化的新型全球公共产品,为中国深度参与全球经济治理的变革提供了新路径。

然而,中国财政过去在配置全球资源中的能力不足,参与全球治理的广度和深度不够,与其他大国之间存在"同台不同位"的问题,导致中国的话语权和影响力与大国经济的地位不协调。从现实来看,中国在全球资源配置中主要依赖"市场"这只手,而"政府"对于全球规则制定、能源定价等方面的影响力还不强,政策的独立性和自主性受到影响,使中国在全球资源配置中处于不利的局面。因此,需将现代财政治理与推进人类命运共同体、全球治理体系变革和重塑相适应,与大国财政相匹配,主动参与全球公共产品和服务供给体系构建,应对全球公共风险。尤其要以数据互联互动和信息共享为基础,着力提升数据信息应用能力,实现财政数据资源利用最大化,提升财政域外治理的竞争力。当前,需要落实具体方案,包括树立财政大数据理念,深入推进财政大数据建设,加快财政业务系统一体化融合发展,建立财政数据信息综合应用机制,着力打造"数字财政"和"智慧财政",为财政决策和有效运行提供坚实技术保障,进而完善全球科技公共产品供给的财税政策支持体系,优化财政支撑全球公共产品供给的体制机制,保证全球公共产品有效供给的可

---

① 左雪松,辛亚宁.大国治理推动全球治理的重大意义与实现路径[J].观察与思考,2021(12):36-45.

② 席艳乐.国际公共产品视角下的国际经济组织运作[M].成都:西南财经大学出版社,2012:2.

③ 苏长和.中国与全球治理——进程、行为、结构与知识[J].国际政治研究,2011,32(1):35-45.

持续性。[①]

### 3.3.3 积极参与和引领当前科技前沿领域的风险治理与规则治理

当前,全球都面临着同样的前沿科技发展伦理困境与技术风险,且尚未形成建设性的治理框架和行之有效的治理手段,尤其对具有高度复杂性和不确定性的前沿科技风险的治理,缺乏达成全球共识的治理标准。因此,推动科技治理体系变革,构建更加完善的全球科技治理体系,显得十分重要且非常紧迫。

第一,为全球前沿科技治理提供"中国方案"。我国要在科技治理规则盲区参与建设新规则。当前,我国在部分前沿科技领域已和国际顶尖科技水平"并跑"乃至"领跑",要充分借助我国在部分前沿科技领域的发展优势,在技术领域和行业标准制定上发挥权威性作用。在具有高度不确定性的新兴科技领域要积极发声,提出建设性意见,拓展国家和科学家共同体的影响力。在国际交流与深度合作方面,要更加积极地争取主导权。此外,要充分发挥国际知名科学家的影响力,树立"中国科学共同体"的品牌效应。尤其是在新冠疫情防控期间,一大批中国科学家发挥了中流砥柱的作用,应抓住这一契机发出"中国声音",重塑中国及中国科学家群体的正面形象。[②]

第二,建设具有国际影响力和国际公信力的科技治理机构。健全科技伦理审查监管体系,充分发挥国家科技伦理委员会的审查与监管职能,制定符合中国实际情况的科技伦理和价值准则,完善科研项目的伦理审查与评估机制,规范伦理检查行为,建立健全相关惩处机制与法律约束。另外,还应积极建立科技治理宣传体系,对中国在科技治理领域取得的重大成果和创新经验予以充分宣传,尤其要注重在国际上宣传中国科研伦理体制机制建设取得的成果和国际协作的成功经验。

第三,根据前沿科技治理加强人才培养。开展交叉学科人才培养,不断满足前沿技术发展和治理的需要。一方面要培养能够连接科技知识、行业研发和市场动态的复合型人才,加速科技产业化的进程;另一方面要推进科技治理与公共管理、伦理的协同教育,培养了解科学技术的监管者和熟悉公共治理的科学家,充分回应科技发展中的伦理争议和国际争端。此外,还应培养国际科技治理人才,鼓励复合型人才积极、主动参与全球前沿科技治理体系建设的交流与合作。通过"有原则的

---

① 许正中,蒋震.全球治理体系创新中的中国大国财政担当[J].财会月刊,2019(13):3-6.
② 朱旭峰.为全球前沿科技治理提供中国方案[J].国家治理,2020(35):3-6.

灵活性"的治理理念包容和吸纳不同国家、不同政治体系、不同科研机构的科研力量和人才资源,推动重大科技领域国际治理体系建设的深度合作。

第四,积极参与国际科技伦理治理,完善科技伦理治理体制。在积极融入国际社会、遵循国际通行规则的同时,要树立中国在科技发展和科技伦理方面的话语权。一方面要加强我国科技伦理监管体系建设,强化监管机构之间的横向合作,完善监管程序,围绕新兴科技研发和应用全过程建立健全公开透明的法律法规和标准体系;另一方面要进一步鼓励和支持我国科研人员及科技伦理学、社会学等领域的专家走出去,参与国际科技伦理前沿问题的讨论、交流和合作研究。鼓励和支持他们积极参与相关国际组织工作,参与国际标准和规范制定,更多地在国际刊物和媒体上发声,在国际舞台上展现中国科技实力的同时,更多地展现负责任的科技大国形象。加强科技伦理治理的跨学科交流和经验借鉴,建立对科技伦理治理问题的国内外跨学科交流机制。定期组织国内外科学家与公众沟通专家、危机干预专家、社会学者、伦理学家及媒体从业人员,就科技伦理前沿议题及国内外治理经验教训等进行研讨、座谈和交流。积极参与国际伦理议题讨论和国际伦理规则制定,推动全球科技伦理治理体系的完善。

### 3.3.4 推动中国科技治理理念在儒家文化圈的区域治理实践

儒家思想对东亚及东南亚部分地区各国有着广泛的影响,是韩国、日本、朝鲜、越南等国家历史文化中的一个重要组成部分,因而儒家文化圈成员拥有显著的文化同源性。我国在将中国科技治理理念推广到儒家文化圈时,可能会在参与的行为体之间产生共鸣。

第一,积极构建儒家文化圈的自由贸易体系。整合两个既有的区域自由贸易合作机制——东盟以及东盟+中日韩组成的"10+3"机制,将儒家文化圈的影响力全面拓展到整个东亚地区,形成一个科技合作紧密、文化交流融合又和而不同的开放、包容、协作、发展的全球科技发展新极地。

第二,积极提高东亚及东南亚科技标准在国际标准建立进程中的地位和作用。在儒家文化圈内统一科技标准,以减少技术壁垒,防范单方面地将技术标准强加于人。同时,加强机制和政策协调,就共同的研发领域和研究框架计划进行科技管理体制、政策、科研项目和科研资源的协调。如,建立信息发布机制,利于科研管理机构和研究界知晓最新研究动态;共建科技信息数据库,便于科学研究人员的信息共享。

第三,实现东亚及东南亚科技和人文社会的良性互动。充分发挥儒家文化力量及形成的独特劳动力资源禀赋,加快促进儒家经济圈劳动力市场和知识经济的自由流通,使经济合作与人文交流能够协同发展。进一步促进科学与社会关系和谐发展,强化研究人员、企业家、科技决策者与公民之间的对话,拉近科学与社会之间的关系,解答公民普遍关心的科学热点问题,吸引广大公民关注并参与到科技进步中。鼓励科学技术和人文社会科学之间的交流,使自然科学家具备人文社会科学和政策的视野。建立科学普及基金,致力于科学知识的传播,在全社会树立科学精神和理性精神。

面向未来,儒家文化圈应以新思维、新格局来关注文化的根源性,重视科技合作力度的耦合性。秉承"和而不同"的儒家价值,将发展差异化视为一种互补优势,增强相互之间的科技合作和交流,建立广泛、深远和紧密的科技发展战略合作体系,这对儒家文化圈邻近国家和地区的科技合作与交流具有非常务实的意义。这既是中美关系恶化及新冠疫情背景下亚洲加强区域合作的现实需求,也是顺应亚洲产业链发展与治理诉求的必然结果,更是亚洲在区域科技治理上的重大突破。

### 3.3.5 集中力量构建以数字治理为载体的多元治理体系

目前,包括美国、欧盟、日本、中国在内的全球经济大国或经济体正竞相塑造数字化发展的未来,从法律法规、标准规则、监管政策、多边经贸协定等多个维度,加紧出台数字战略与数字治理及其规则框架,试图在全球数字竞争中占据主导权或一席之地。从全球数字治理格局来看,美国和欧盟分别主导了全球最主要的两大数字治理体系。两大体系治理重点各有不同,但双方均致力于将自己的治理方式推广成全球规则和标准。日本、中国、俄罗斯、印度、加拿大、韩国等主要国家在数字治理方面也逐渐形成了自己的特色,但在全球数字治理主导权、话语权方面尚不足以与美欧相匹敌。

未来,中国一方面应依托现有国际体系,巩固和发展数字治理能力。一是多边路径。积极推动在世界贸易组织等多边框架下增加若干数字贸易与治理规则,如纳入跨境数据流动、隐私保护、数字服务和技术壁垒等相关条款。二是区域路径。推动开放式诸边协定谈判,利用亚太经济合作组织、《区域全面经济伙伴关系协定》等已有的区域贸易协定框架,加快《区域全面经济伙伴关系协定》数字贸易条款升级;以参与《全面与进步跨太平洋伙伴关系协定》《数字经济伙伴关系协定》谈判作为中国数字领域制度型开放契机,加快对接高标准规则议题谈判步伐。三是双边路径。中国的自贸区协定正在加速扩容,应将数字经贸规则与数字治理作为重点谈判领域,大力推动以合作为导向的数字经贸规则和政策协调框架,加快升级自贸区协定谈判的数字贸易条款及制度安排。四是平衡路径,即"中美欧大三角的平衡路径"。利用美欧在数字领域的利益分歧及欧盟数字主权诉求,争取战略合作空间。对美国可采取弹性谈判策略,将争议较大的数字安全、数据本地化等议题暂时搁置,而在隐私保护、市场准入、知识产权、数字税及人工智能、区块链治理等议题上开展合作;对欧洲则应管控分歧,同时深化双方在数字技术、数字标准、数字服务市场、数字基础设施等领域的合作。

另一方面,要构建统一的数字技术标准体系。中国应联合金砖国家投资银行、丝路基金、亚洲基础设施投资银行及沿线国家本国银行设立的数字经济支持基金,向符合数字技术标准的企业提供低息或无息贷款,从而引导和扶持"一带一路"沿线国家建立统一的技术标准和共享机制。要建立明晰的数字贸易规则体系。在政府主导下与数字"一带一路"沿线国共同确定跨境电子商务支付方式、海关电子口岸、跨境税收监管等多领域的数字治理和监管标准与规则,并鼓励私营企业积极参与。例如,阿里巴巴搭建的世界电子贸易平台(eWTP),在遵守世界贸易组织和国家间跨境电商规则的基础上,在微观层面上就数据安全、知识产权保护等问题的具体实施设置了创新性的安排,对跨境电子商务规则进行了有益补充,形成了政府与企业共同驱动的新图景。要推动当前多边框架下科技治理体系改革,促使全球科技治理体系向更加公平、多元、包容的方向发展。加强数字"一带一路"与东盟"10+6"、区域全面经济伙伴关系协定(RCEP)、金砖国家等非正式国际机制技术规则的对接和统一,并积极与国际电信联盟(ITU)、世界知识产权组织(WIPO)、国际标准化组织(ISO)等正式国际机制就技术标准和规则进行协商,制定全球科技治理新规则。

### 3.3.6　打造中国"科技特区",为全球科技治理提供实验场景

2020年我国研发经费支出为2.44万亿元,占GDP的比例为2.40%,在全球创新指数中排名第14位,是前20名中唯一的中等收入经济体。虽然研发经费投入占GDP比重仍低于韩国、瑞典、日本、澳大利亚、德国和美国等发达国家,但我国

研发经费总量增长速度较快。而且当前我国已布局3个国际科技创新中心,在此基础上,可有序选择有条件的地方建设"科技特区",进而促进知识、技术、人才等创新要素资源的全域流动和局域聚集,与国际科技创新中心协同联动,共同助力世界科技强国建设。"科技特区"的建设可以为一些既缺资本,也缺本国规模化商业应用场景与供应链优势的国家提供市场。比如,以色列高科技公司的经营策略通常就是将技术应用场景放到全球市场,寻求大的市场规模进行项目落地,或者将高科技项目孵化做大后卖给跨国科技巨头公司。我国可以通过"科技特区"的建设,吸引这些创新型国家将前沿领域的技术投放到中国市场,增强中国前沿领域技术发展的外生力量。

聚焦"一带一路"倡议、区域全面经济伙伴关系协定空间范围,以"科技合作伙伴"为基础,构建中国"科技特区"以开拓战略地缘空间。一是坚持高标准构建科技创新体系。对标国内外先进科技创新中心,从创新生态、重大科技设施布局等方面着力,强化知识创新体系建设,努力创建国家综合性科学中心和新兴产业创新中心,激发"科技特区"创新发展活力。二是营造科技创新软环境。引进、培育科技中介机构,建设国际知识产权交易中心,完善创新政策体系。依托智力密集、技术密集和开放环境,依靠科技和经济实力,集聚国家技术创新资源,链合创新主体,发挥"1+1>2"的创新集聚效应,突破技术瓶颈问题,抢占全球技术创新的制高点。通过技术创新推动产业变革和价值链升级,最大限度地把科技成果转化为现实生产力,提升"科技特区"科技创新整体实力。三是遵循全球科技创新发展规律。将"科技特区"的发展放在全球创新体系和创新网络之中,建立起同外部创新主体和平台的有效沟通协作,打造面向全球的开放性、国际性"科技特区",使其成为中国对外科技创新的"门户"。

### 3.3.7 积极培育非政府组织和头部企业参与全球科技治理

在当前国际体系转型的十字路口,作为"超越国家"的行为体的非政府组织,凭借其中性、自主、弹性、快捷特点,有助于弥补政府组织、政府间国际组织在全球治理中的局限,使其在国际事务和全球治理中具有超越国家主体的比较优势。[1] 非政府组织在利用国家以外的广泛参与者的技能和资源,包括科学家、民间社会组

---

① 马庆钰.中国NGO参与全球治理的优势与时机[J].理论探讨,2022(1):52-61.

织、企业和劳工等解决全球问题中发挥着重要作用。

第一，支持学会牵头、参与重大国际科技规则、标准的制定。学会和协会是参与社会治理和全球治理的重要力量。以中国科协为例，截至 2021 年 6 月，中国科协全国学会达到 210 个，涵盖理、工、农、医等多种学科。因此，应当充分发挥"学会"这支庞大队伍的作用，支持他们牵头、参与重大国际科技标准、规则制定，聚焦前沿技术、重点行业、具有全球影响力的科技期刊，提升我国在国际科技标准制定中的话语权和影响力。

第二，强化科技治理主体间的协同程度。现实中的全球科技治理是多主体的，而最佳的治理状态也是多主体协同治理。尽管全球治理会削弱国家在某些领域的权威，但各级政府依然是当前全球治理最为重要的主体。即使是由各个国家政府组成的国际治理机构对全球问题的科技应对进行关注与投入，治理效果也常常因某些国家的单边主义利益考虑和"搭便车"心理而受挫，美国当前的科技保护主义就是这种情形的最佳体现。因此，在全球问题的科技应对方面，国际非政府组织的作用往往会凸显出来。中国参与全球科技治理要有"深度"，无疑需要提高治理主体之间的协同程度，给予国内非政府组织走出国门的机会，以服务国家战略、塑造大国形象、承担大国责任。此外，还应支持企业成为国际科技治理的重要补充，多领域深度参与全球科技治理。

### 3.3.8　加强与"第二三梯队"国家前沿技术的交流与合作

近年来，以美国为首的少数西方国家不断将科技创新治理议题"国家安全化""政治化""意识形态化"，以"国家安全""隐私保护"为由限制中国数字企业进入它们的市场。对此，我国可以将科技合作重点瞄准拥有某领域前沿技术的"第二梯队"国家上。当前，随着全球经济重心由欧美发达国家向新兴经济体转移，以欧美发达国家为主角的全球创新版图也相应发生变化，部分研发和创新活动逐渐向新兴经济体转移。随着科技创新投入的不断增加，新兴经济体的创新能力大幅上升，发达国家的领先优势相对下降。

《2020 全球人工智能创新指数报告》对 G20 成员国、欧盟成员国以及部分"一带一路"沿线国家在内的 46 个国家的人工智能创新水平进行了系统评价。该报告将 46 个国家划分为四大梯队：美国独列第一梯队；中国、韩国、加拿大、德国、英国、新加坡、以色列、日本、法国等 14 个国家位居第二梯队；卢森堡、比利时、奥地利、意大利等 24 个国家属于第三梯队；越南、沙特阿拉伯、土耳其、阿根廷、罗马尼亚、墨西哥和印尼这 7 个国家处在第四梯队。其中，第二梯队国家各具科学技术发展优势。比如日本在人工智能领域上拥有庞大的技术专利储备，在全球前 10 家拥有人工智能技术专利最多的公司中，日本企业占据了 6 家。在半导体领域，日本控制着全球 70% 左右的半导体原材料和部分关键器件，在全球市场的地位最为突出。马来西亚等东盟成员国在封测环节技术上的相对优势较为明显。新加坡与韩国在芯片设计领域则处于领先地位。

世界经济论坛发布的《2017—2018 年全球竞争力报告》显示，以色列的创新能力位列世界第三，且在科研机构质量、产学研发合作、公司研发投入、工程师与科学家素质等多项指标上展现出很强的竞争力。但是以色列的市场规模却十分有限，而我国作为世界上最大的发展中国家，具有庞大的市场规模。从这个意义上讲，中国和以色列之间存在较强的互补性。新加坡政府为自身科技发展提供优越的科创政策及环境，而且拥有优良的网络基础设施和科技创新生态，集聚了众多顶尖科技人才。同时为了鼓励新兴科技的蓬勃发展，新加坡为科技研发企业提供高达 150% 的税收抵扣优惠政策。对于从事强竞争力及战略科技研究的企业，政府还提供高额补助金。这充分体现了新加坡愿意敞开大门谈合作，也为中新两国展开科技合作交流提供了广阔空间。同时，中国可在区域全面经济伙伴关系协定框架下充分利用先行优势以及区域市场的规模效应，与"第二梯队"国家加大科技领域合作力度。一方面，引进先进技术有助于加快实现我国自身的科技进步，鼓励中国科技企业"走出去"，扩大市场规模；另一方面，中国庞大的市场也可以帮助"第二梯队"国家技术加快实现商业化应用，达到高互补性的技术交流与合作水平，从而形成双赢的局面，进而可以与欧美国家形成一定程度的抗衡效应。

### 3.3.9 构建联合国可持续发展框架下"一带一路"科技治理平台

联合国是我国参与全球治理、推进国际关系重组、构建世界新秩序最重要的平台。联合国提出面向 2030 年的 17 个可持续发展目标：消除贫困、人类健康、卫生安全、气候变化、海洋保护等。每个目标的实现，都需要全球科技合作提供新的方案。全球问题的科技治理，本质上是如何有效地寻求全球公共产品提供的科技解决方案。在观念上，此类合作分歧最小，易达成共识。但是，由于"搭便车"问题的存在，市场机制失灵，研发资金来源和资源分配规则成为最大难点。除各国政府对国内相关科研计划的支持外,联合国及其下属机构、国际组织、非营利性组织等在全球资源的整合上发挥了较大作用。但由于相关研发和应用成本的高昂,在全球问题的科学应对方面,有效充分的资源募集远未实现。

中国自启动数字丝绸之路国际合作计划以来,签署"数字丝绸之路"合作谅解备忘录的国家从 2017 年的 7 个增加到 2021 年的 16 个,合作的项目和产业也在不断增加。在全球数字技术标准制定方面,中国 3GPP 系标准成为唯一被国际电信联盟认可的 5G 标准。在区块链方面,中国也积极参与国际标准化组织的区块链架构和国际电信联盟的技术平台评测准则和技术参考框架等标准的制定。因此,从联合国可持续发展的角度来看,科技软环境是"一带一路"数字化建设的基本推动力,也是包容性增长、创新和可持续发展的催化剂。搭建科技治理平台,发展5G、人工智能、互联网、大数据中心、云计算中心和物联网等数字基础设施,助推传统产业网络化、数字化、智能化转型,是未来各国共享科技发展成果的必经之路。因此,中国应进一步提高与沿线发展中国家在数字领域的合作深度与广度,实现共享科技发展成果和缩小数字鸿沟的目标。加强同"一带一路"国家,特别是发展中国家在网络基础设施建设、数字经济、网络安全等方面的合作,为实现中国与"一带一路"国家在科技、贸易、金融和文化等多个领域数字化合作奠定基础,以达成共享数字经济发展成果的目标。同时,依托数字丝绸之路扩大与"一带一路"国家和发展中国家在数字领域的投资和合作范围,中国企业应响应发展中国家对更多数字基础设施的需求,通过与这些国家签署竞争性合作协议,重点推进 5G 网络、金融科技和智能城市技术等领域的交流和合作。中国可以以一揽子技术协议的形式提供,鼓励发展中国家选择中国数字技术和产品。

# 第四章　面向世界科技强国的基础研究

　　世界科技创新格局逐步走向多极化。美国在全球创新发展中的相对地位下降，但仍是世界科技创新核心。以德国、法国、英国为首的欧洲科技创新影响力举足轻重。亚洲科技创新地位显著提升，不仅有已进入创新强国行列的日本、韩国和以色列，也有中国这样迅速崛起的创新大国，还有以印度为代表的快速追赶的新兴国家。未来世界创新格局将越来越呈现多中心的特点。中国投入产出各项规模指标进入世界前列，研发经费投入规模与美国差距不断缩小，科研论文和知识技术密集型产业迅速提升，对风险投资吸引力大幅提高。但是中国科技创新在质量和影响力上与国际先进水平还有一定差距，学术影响力仍不足，国际市场技术竞争力也需进一步加强。中国科技创新必须加速向高质量发展阶段转变，发挥创新作为发展第一动力的作用，而高质量的发展，离不开基础研究的成果积累。

　　世界科技强国无一例外是基础科技强国，几乎各个国家都认识到包括基础研究在内的科技发展的巨大价值。正是因为重视基础研究，才使得美、英、德、法等国成为诺贝尔奖中自然科学类获奖最多的国家，日本、俄罗斯也都跻身诺贝尔奖自然科学类获奖最多的前 9 位国家。可以说，成为基础研究强国是建成科技强国的重要前提，一个没有强大基础研究实力的国家不可能成为科技强国。只有长期重视基础研究，才能有机会取得科技创新"从无到有"的原创性重大突破，才能在科学前沿领域和方向上取得突破性、引领性的重大知识成果，进而带动技术的原始创新，抢占技术制高点，最终造就强盛的科技新工业。

## 4.1　世界主要科技强国的原创能力与基础研究

### 4.1.1　世界主要科技强国的基础研究情况及科技战略布局

1. 世界主要科技强国的科研投入情况

《2022 年科学与工程指标》[①]报告显示,在科研经费的投入表现上,中国的科研经费投入已达世界领先水平,仅次于美国。从科研经费投入在 GDP 中的占比来看,中国已经能够达到当今世界科技强国科研经费比重的平均水平(见图 4.1)。但当前数据表明,中国在世界上的科技地位仍与其经济地位存在一定差距。除科研投入成果转化具有长期性的因素外,经费的投入结构直接影响科研成果转化的广度与深度。科研经费投入结构即科研经费在基础研究、应用研究、实验开发与其他科研投入中的分配比例(见图 4.2)。从基础研究的投入情况来看,中国与世界科技强国存在较大差距。虽然中国与美国的科研经费投入之间的差距越来越小,但是美国的基础研究投入却是中国的近四倍之多。与日本、韩国、法国等其他科技强国相比,中国基础研究投入占科研经费总投入的比重为 6%,远不及其他科技强国 15% 的平均水平(见图 4.1)。

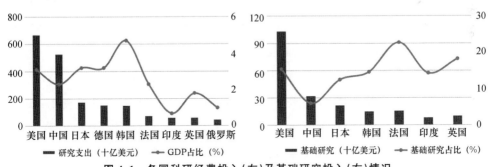

**图 4.1　各国科研经费投入(左)及基础研究投入(右)情况**

以美国为例,美国的科技体制一贯保持着对基础研究的高度重视,其中美国国家科学基金会支持自由探索性基础研究的明确定位,对促进基础研究发挥了至关重要的作用。近年来美国基础研究投入整体持续上升,最新报告显示美国对基础

---

① 《科学与工程指标》(*Science & Engineering Indicators*,SEI)是美国国家科学基金会(NSF)受美国国会委托组织撰写的综合分析报告,自 1973 年以来每 2 年发布一版,在深入分析美国科技创新特征的同时,阐述了全球主要国家创新发展状况,相关结果是了解世界科技创新格局的重要参考。

研究的年度投入为 1 029 亿美元,占科研经费投入的 15%。英国、法国对基础研究的投入甚至高达 18%、23%。美、英、法各国对基础研究的重视无一不是因为基础研究的理论成果在曾经的工业革命中扮演着至关重要的角色,极大提升了各国的综合国力,在世界上奠定了其领先地位。

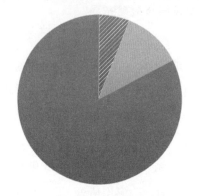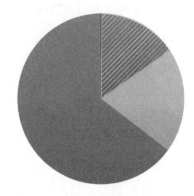

■ 基础研究（十亿美元）  ■ 应用研究（十亿美元）   ■ 基础研究（十亿美元）  ■ 应用研究（十亿美元）
■ 实验开发（十亿美元）  ■ 其他（十亿美元）     ■ 实验开发（十亿美元）  ■ 其他（十亿美元）

**图 4.2　中(左)美(右)科研经费投入结构**

### 2. 世界主要科技强国的科技战略布局

2021 年 5 月,美国参议院商业、科学和交通委员会通过了《无尽边疆法案》(Endless Frontier Act),以加强在关键技术重点领域中的基础研究,确保在关键技术领域中美国的领导地位,并解决美国地缘战略中面临的技术难题。在基础研究战略布局方面,《2021 年美国创新和竞争法案》明确了在未来 5 年内将给予 810 亿美元拨款,其中 290 亿美元将专项用于推动 10 个重点领域的发展(见图 4.3)。

欧盟在其新一轮的"欧洲地平线"(2021—2027 年)计划中,预计投资 1 000 亿欧元,较 2014—2020 年"地平线 2020"计划增长近 30%。新一轮"欧洲地平线"计划中部署了多项行动计划,涉及数字化、人类健康、粮食安全、自然资源等领域,并设定了一些以使命为导向的优先资助领域,包括气候变化、癌症、海洋和其他水体、智慧城市、土壤和粮食五大重点领域。

英国提出将其研发投入占 GDP 的投资目标从 2017 年的 1.69% 提升到 2027 年的 2.4%,并在 2020 年出台《研发路线图》,用于协调各政府部门之间的配合,促使科学研究和创新能够跨越各个政府部门的利益分割,服务于国家的战略需求和经济增长。英国科技战略办公室设定的一些优先领域包括帮助英国实现净零碳排放、治愈癌症、保障英国国家安全和发展数字驱动的经济体等宏大目标。

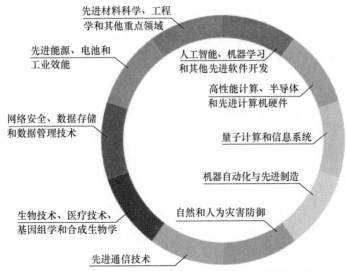

**图 4.3　美国技术和创新理事会(DTI)的 10 个重点领域**

日本科技政策、资助布局与科技管理的特点是具有战略性、前瞻性和系统规划。日本文部科学省预算资金总量的 62% 用于组织实施与国家战略需求相关的科技创新活动。与国家战略需求相关的科技创新活动中,明确提出的战略性基础研究项目约占 1/4,以用于支持与国家战略需求相关的信息、生物、材料、环境等多领域的战略性基础研究。

德国为促进经济从新冠疫情中快速复苏,重点布局氢能源战略、人工智能战略、数据战略等相关技术研发,强化关键技术自主权。2020 年 12 月,德国更新其人工智能国家战略,强调可持续发展、环境和气候保护、抗击流行病等内容。预计到 2025 年,德国对人工智能领域的投入将从每年 30 亿欧元增加到 50 亿欧元。2021 年 1 月,德国发布《联邦政府数据战略》,旨在促进数据使用和共享;尤其在面对疫情大流行时,数据的力量能支撑更有效地对抗病毒。

法国政府于 2020 年 9 月制订了总投资 1000 亿欧元的"法国复苏"计划,以支持企业升级生产模式、改造基础设施并投资培训。法国计划到 2050 年在欧洲率先实现碳中和,并提供 300 亿欧元的资金支持能源改造、工业脱碳、清洁交通运输及农业部门转型等活动。2020 年 12 月,法国启动巴黎健康园区项目,支持基于健康数据和设施平台开展未来医学研究与产学研协同创新。

### 4.1.2　当前国际重大研究领域研究布局

通过对世界主要科技强国基础研究情况以及科技战略布局的研究,可以发现,虽然基于各国政治、经济与文化氛围的特点,实践中基础研究的组织方式和科技布局各有侧重,但是各国的资金投入主要集中于气候变化、生命科学、农业科学、信息科学、交叉科学五大领域。

  1. 气候变化领域

  2001—2020 年间有关气候变化的基础研究所涉及的学科领域已经悄悄发生了变化。[①] 环境科学一直是气候变化的首要领域,并且所占比重呈现上升趋势,从2001—2005 年的 23% 增长至 2016—2020 年的 31%,增长幅度近 35%。排在第二位的生态学在 2006—2015 年占比一度增长,但 2016—2020 年的占比明显下降。气象与大气科学、多学科地球科学、自然地理学等学科的研究占比也持续下降;能源与燃料、绿色与可持续科技、环境工程和环境研究等新兴学科研究占比则持续上升(见图 4.4)。

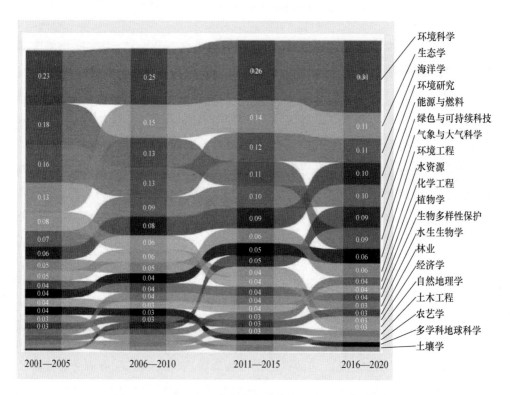

图 4.4  2001—2020 年间气候变化相关研究的学科变化

  ①  科技日报社,科睿唯安.科技支撑全球通往碳中和之路——世界碳中和科技发展报告 2021 之气候变化[R].北京:科技日报社,2021.

作为联合国可持续发展目标中的第 13 项,气候变化是全人类需要共同面对的问题。在相关的基础研究中,全球有 219 个国家或地区积极参与并发表了论文。大部分国家或地区在 2010 年以后论文产出增速加快,美国相关论文的产出则早在 2006 年就开始快速增长(见图 4.5)。中国相关论文在 2012 年以后才开始出现明显增长,但增长速度最快,在 2014 年论文数量超过英国,并逐步缩小与美国的差距。截止到 2020 年,中国的相关论文总数列全球第二。

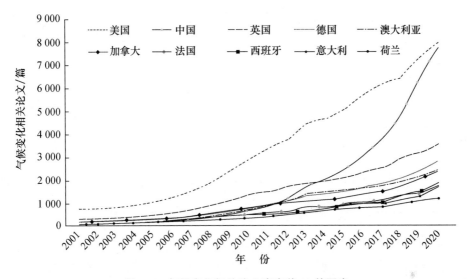

**图 4.5 气候变化相关论文产出前 10 的国家**

## 2. 生命科学领域

生命科学是生物产业的重要基础,被广泛应用于医疗、农业、环境、能源等诸多领域,是 21 世纪科技创新最为活跃、影响最深远的学科领域。世界先进国家普遍高度重视这一领域的研究及发展,并从多方面积极布局。以美国为例,2015 年其用于生命科学研究的经费占全国总研究经费的一半;2019 年,美国各大研究机构调整研究重点,确立了包括 CRISPR 基因编辑、合成生物学技术、单细胞多组学技术等研究方向。在政府的重视及长期投资与市场激励下,目前,美国生命科学领域已领先于全球。2018 年和 2019 年的自然指数排名显示,美国在生命科学领域科研水平处于世界首位。

从生命科学顶尖期刊论文数量(AC)和贡献量(FC)看,2013—2017 年,美国、英国和德国一直处于世界前三位,尤其是美国的生命科学研究能力远远强于其他国家,其顶尖期刊论文数量占全球的 35% 左右,贡献量占全球的 50% 左右。[①] 2014 年中国生命科学顶尖期刊论文数量开始超越日本,位列全球第四位,随后一年其论文贡献量也上升至第四位,并保持至今(见表 4.1)。

表 4.1　主要国家生命科学顶尖期刊论文产出情况

| 国　家 | 2013 年 | | 2014 年 | | 2015 年 | | 2016 年 | | 2017 年 | |
| --- | --- | --- | --- | --- | --- | --- | --- | --- | --- | --- |
| | 论文数量 | 贡献量 | 论文数量 | 贡献量 | 论文数量 | 贡献量 | 论文数量 | 贡献量 | 论文数量 | 贡献量 |
| 美　国 | 10 454 | 8 344.94 | 10 100 | 7 877.08 | 9 848 | 7 616.7 | 9 381 | 7 152.58 | 9 002 | 6 837.17 |
| 英　国 | 2 242 | 1 218.73 | 2 394 | 1 211.33 | 2 438 | 1 207.31 | 2 452 | 1 217.03 | 2 147 | 1 066.12 |
| 德　国 | 1 981 | 1 035.97 | 2 139 | 1 091.02 | 2 103 | 1 036.32 | 2 088 | 1 000.44 | 1 943 | 952.13 |
| 中　国 | 1 225 | 633.78 | 1 352 | 717.08 | 1 436 | 733.18 | 1 443 | 780.98 | 1 692 | 923.13 |
| 日　本 | 1 281 | 828.48 | 1 200 | 748.54 | 1 131 | 664.45 | 1 106 | 662.55 | 983 | 567.87 |
| 法　国 | 1 172 | 578.10 | 1 236 | 587.37 | 1 245 | 572.56 | 1 225 | 542.00 | 1 061 | 496.33 |
| 加拿大 | 1 112 | 573.37 | 1 187 | 610.72 | 1 145 | 578.21 | 1 022 | 510.74 | 996 | 457.68 |
| 瑞　士 | 713 | 326.79 | 773 | 346.55 | 768 | 311.01 | 776 | 333.19 | 759 | 315.69 |
| 澳大利亚 | 681 | 307.87 | 748 | 334.17 | 750 | 312.94 | 762 | 310.18 | 697 | 310.26 |
| 荷　兰 | 646 | 247.95 | 701 | 267.20 | 680 | 239.50 | 713 | 278.14 | 616 | 216.57 |

3. 农业科学领域

农业科学是 ESI[②] 数据库对期刊领域分类中的一个,其收录的期刊覆盖普通农业、农业化学和农艺学,具体包括 12 小类。论文数量及其被引频次是测度研究规模和影响力水平的主要计量指标。近 10 年来,在农业科学领域高被引国家排名中,被引频次和论文数量均位居前 20 位的国家在农业科学领域具有相当的影响力。截至 2022 年,全球范围内农业科学领域中被引频次和论文数量最多的国家是美国。中国排名第三位,仅次于美国和西班牙。被引频次和论文数量排名前 10 位的国家还有德国、法国、加拿大、英国、意大利、澳大利亚和日本(见图 4.6)。此外,虽然中国农业科学领域的论文数量与被引频次在世界领先,但与其他农业科技强国相比,篇均被引频次较低,说明高质量研究成果较少。

从科研机构和大学来看,美国农业部的影响力最大,其次是法国农业科学研究

---

①　李友轩,赵勇.走向卓越:从国际顶尖期刊看中国生命科学研究的发展动态[J].中国农业大学学报,2019,24(4):239-241.

②　ESI 是 ISI 于 2001 年推出的衡量科学研究绩效、跟踪科学发展趋势的基本分析评价工具。ESI 数据库是在 SCI、SSCI 数据库所收录的全球 11 000 多种学术期刊所发表的论文及其所引用的参考文献的基础上建立起来的分析型数据库。

院、西班牙国家研究委员会、美国加利福尼亚大学和荷兰瓦格宁根大学。在中国的研究机构和大学中，影响力比较强的依次是中国科学院、中国农业大学、浙江大学、中国农业科学院。从专业领域来看，中国在作物、园艺、农业工程领域的排名比较靠前，特别是农业工程领域，在排名前 24 位中，中国机构和大学占了 5 位。

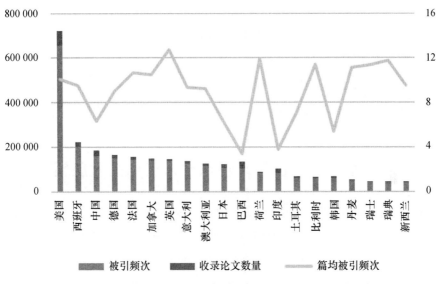

图 4.6　世界农业科学领域学科竞争力排名居前 20 位的国家

### 4. 信息科学领域

美国一直致力于保持其在信息科学领域的全球领导者地位。2021 年 5 月，美国众议院科学委员会通过《国家科学基金会未来法案》，确定在未来 5 年内（2022—2026 年）将国家科学基金会的预算从每年 85 亿美元增至 183 亿美元，并优先考虑资助人工智能、超级计算、网络安全和数据通信等未来产业。英国也高度关注并参与全球信息科技竞争。例如，英国研究与创新机构（UKRI）投入 1.47 亿英镑支持制造业的数字化升级，同时支持"智能化创新中心"建设。此外，英国政府非常强调人工智能的重要性。2021 年 1 月，英国人工智能委员会发布《人工智能路线图》，强调人工智能在国家科技战略和居民生活领域的重要地位。德国重点布局数字化相关技术，预计到 2025 年，德国对人工智能领域的投入将从每年 30 亿欧元增加到50 亿欧元。日本则在稳步布局数字技术与智慧社会，期望在新一代通信网络的研发与推广上有所作为。同时，日本还期望通过发展 6G 通信技术实现通信领域的换道超车。

5. 交叉科学领域

在美国联邦政府 2022 财政支出年预算中,量子科技、先进制造和先进材料被列在首要位置。2021 年 5 月,美国参议院通过《无尽边疆法案》,计划在未来 5 年投入 1 000 亿美元支持半导体、量子计算、先进材料、先进制造等关键技术领域的基础研究。与美国一样,日本政府也着眼布局未来科技发展前沿。2020 年 1 月,日本政府出台《量子技术创新战略(最终报告)》,将量子技术作为未来 10～20 年的国家战略,并将量子计算机与量子模拟、量子测量/传感、量子通信/密码学、量子材料 4 个技术领域作为日本量子技术发展的核心领域。欧盟则计划在量子计算、先进制造等领域强化自身的原始创新能力,降低对美、中等国的技术依赖。

# 4.2   基于当下国际环境识别未来优先发展领域

当前世界正处在百年未有之大变局中,中美竞争、俄乌战争、欧亚变局、疫情危机、粮食贸易供给收缩等极大地冲击着国际关系和世界秩序,大变局的深刻性、复杂性和不确定性得到充分体现。于国内而言,也在寻找基于当前国际形势下应对老龄化挑战的高质量发展之道,以求顺利开启数字化时代,在第四次工业革命中实现赶超,并承担起大国责任,完成"双碳"目标,展现大国风范。

在坚持"四个面向"的基础上识别对未来有重要影响的优先领域,通过科学发展带动经济发展,应对国内外挑战,把握新的产业大革命机遇,是实现新时代下科技强国梦的首要任务。从"四个面向"的视角出发,不同科技发展领域基于不同的科技发展视角,也服务于不同的发展目的。本节将以"四个面向"论述为基础,分析不同领域在服务于国家科技战略布局中的作用,以更好地布局我国面向科技强国的战略方案。

### 4.2.1   面向世界科技前沿的研究领域

1. 量子科技

以量子计算、量子通信和量子测量为代表的量子信息技术可能引发信息技术体系的颠覆性创新与重构,并诞生改变游戏规则的变革性应用,从而推动信息通信技术换代演进和数字经济产业突破发展。量子通信包括多种协议与应用类型,基于量子隐形传态与量子中继等技术,实现量子态信息传输,进而构建量子信息网络,已成为当前科研热点。量子科技领域属于新兴交叉学科,与各国关键核心技术的突破息息相关,世界各主要科技强国均在持续加强量子信息领域科研规划与布局投入,以期率先发展未来产业,掌握在世界前沿科技领域的主动权(见表 4.2)。[1]

我国高度重视和大力支持量子信息领域的基础研究、科学实验、网络建设和示范应用。量子计算领域研究上升趋势明显(见图 4.7),美国量子计算前沿研究处于领先地位,学术论文发表量和研究机构数量位列全球第一,我国紧随其后,位列第二。2022 年,国内科研和创新活跃机构包括中国科学院、中国科学技术大学、清华大学和北京大学等。在量子通信领域,量子密钥分发相关论文数量总体呈上升趋势(见图 4.7),我国量子密钥分发论文量位列全球第一。在量子测量领域,美国的专利总量和申请时间占有优势,但我国量子测量专利申请数量持续上升,增速较快。值得注意的是,相比于美、日、欧,我国专利申请更多来自高等学校和科研机构,企业占比较少,产学研衔接不够紧密。为促进量子科技领域产学研协同创新,中国信息通信研究院联合我国量子信息领域高等学校、科研机构、初创企业、科技企业和信息通信企业,共同发起和筹备组建了量子信息网络产业联盟(QIIA),以更好地开展量子计算、量子通信和量子测量三大领域的量子信息网络技术、应用、产业发展趋势问题研讨,促进应用场景探索与通用共性技术的协同研发。[2]

表 4.2 近年全球量子信息领域项目规划布局与投资情况

| 国 家 | 年份 | 项目/规划 | 布局方向与要点 | 金额/亿美元 |
|---|---|---|---|---|
| 英 国 | 2015 | 国家量子技术计划(一期) | 建立量子通信、传感、成像、计算 4 个研发中心 | 5.24 |
| 欧 盟 | 2016 | 量子旗舰计划 | 24 国参与,2018 年启动 4 领域 19 个科研项目 | 11.12 |
| 加拿大 | 2016 | — | 资助 4 个量子研究中心和 QEY-SSat 任务等 | 1.49 |
| 澳大利亚 | 2017 | — | 资助 4 个量子研究机构和硅量子计算项目等 | 1.03 |

① ICV,光子盒.2022 全球量子精密测量产业发展报告[R/OL]. (2022-05-11)[2022-05-23]. https://www.sohu.com/a/545946424_120762490.

② 中国信息通信研究院.量子信息技术发展与应用研究报告[R].北京:中国信息通信研究院,2020.

续表

| 国 家 | 年份 | 项目/规划 | 布局方向与要点 | 金额/亿美元 |
|---|---|---|---|---|
| 美 国 | 2018 | 国家量子行动（NQI）立法 | 设立国家量子协调办，NSF、DOE、NIST组织实施 | 12.75 |
| 德 国 | 2018 | 量子技术——从基础到市场 | 计算、通信、测量、基础4大方向，6方面推动措施 | 7.23 |
| 日 本 | 2018 | 光·量子跃迁旗舰计划（Q-LEAP） | 量子信息处理、量子模拟器和量子计算机等 | 2.76 |
| 英 国 | 2019 | 国家量子技术计划（二期） | 第二阶段拨款，增设国家量子计算中心 | 4.87 |
| 韩 国 | 2019 | 量子计算技术开发项目 | 量子计算机硬件、新架构、量子算法和基础软件 | 3.98 |
| 荷 兰 | 2019 | 量子技术发展国家计划 | 量子计算/模拟、国家量子网络、量子传感应用 | 8.68 |
| 俄罗斯 | 2019 | 量子技术基础与应用研究 | 量子计算/模拟、量子通信、量子传感、使能技术 | 6.92 |
| 印 度 | 2020 | 国家量子技术和应用任务 | 量子计算、通信、密码、传感、时钟、器件材料 | 10.65 |
| 法 国 | 2020 | 国家量子技术投资计划 | 开发容错大型量子计算机，投资量子传感器和通信 | 18.28 |
| 以色列 | 2020 | 国家量子技术计划 | 投资量子计算、量子传感和量子材料科研 | 3.75 |
| 加拿大 | 2021 | 国家量子战略 | 支持量子材料和设备研究，投资新兴量子产业 | 3.60 |
| 德 国 | 2021 | 量子计算机研发与应用 | 开发量子计算机，将量子计算技术推向市场 | 24.36 |
| 奥地利 | 2021 | 量子奥地利 | 量子技术基础研究，促进产品服务和市场投放 | 1.27 |
| 新西兰 | 2021 | —— | 资助多德沃尔斯光子和量子技术中心 | 0.37 |
| 美 国 | 2021 | 2021年创新与竞争法案 | 含《量子网络基础设施和劳动力发展法案》 | —— |

资料来源：中国信息通信研究院根据公开信息整理。

2022年1月，国务院印发《计量发展规划（2021—2035年）》，提出加强计量基础和前沿技术研究。实施"量子度量衡"计划，重点研究基于量子效应和物理常数的量子计量技术、计量基准和标准装置小型化技术，突破量子传感和芯片级计量标准技术,形成核心器件研制能力。

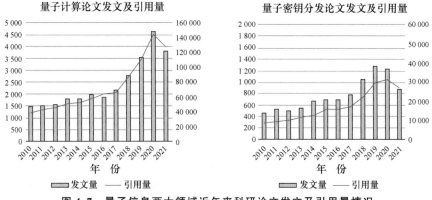

图 4.7  量子信息两大领域近年来科研论文发文及引用量情况

## 2. 半导体

2021 年半导体行业复苏,再攀高峰,全球主要半导体指数持续上行。2021 年度全球半导体 IC 市场增速达到了 24%,大幅超过全球 5%的 GDP 增速,展现了极高的景气度。未来全球先进制程芯片需求更加旺盛。国家大基金持续投资于半导体芯片设计、制造、设备、材料领域。芯片制造产业链由全球各国分工合作,美国、日本、荷兰、德国都在半导体产业链中占据重要分工地位。当前,在美国持续对华实施技术制裁的背景下,我国半导体行业受到牵制,国产自有技术替代势在必行。国家大基金持续投资国产半导体制造领域新兴企业,在政策和市场的双重驱动下,持续看好半导体芯片制造赛道未来前景。①

中国半导体芯片产业在智能汽车、人工智能、物联网、5G 通信等高速发展的新兴领域带动下,近年来市场增速较快。在全球半导体市场进入增长期且产能进一步向中国转移的背景下,中国半导体市场未来几年增长空间广阔。2021 年三季报显示我国半导体行业营收和利润同比增速均远超全市场均值(见表 4.3)。从子板块来看,分立器件、数字芯片设计、集成电路制造板块营业利润增速最快。在国家集成电路产业投资基金的带动下,中国半导体芯片产业生产线的投资布局将进一步拓展,半导体芯片相关产品技术将继续加快变革,半导体芯片产业将迎来新一轮的发展高潮。

---

①  申港证券股份有限公司.证券研究报告——全面看好半导体芯片、消费电子、新能源车、军工、光伏风电、元宇宙六大科技赛道〔R/OL〕.(2021-12-28)〔2022-05-10〕. https://pdf. dfcfw. com/pdf/H3＿AP202112291537366765＿1.pdf? 1640817162000.pdf.

表 4.3 半导体行业营收与利润同比增速远超全市场均值

| 板　块 | 营业总收入合计(同比增长率)2021年三季/% | 营业利润合计(同比增长率)2021年三季/% | 营业总收入合计(同比增长率)2021年中报/% | 营业利润合计(同比增长率)2021年中报/% |
|---|---|---|---|---|
| SW 半导体 | 39.51 | 117.93 | 55.10 | 170.33 |
| SW 分立器件 | 66.11 | 203.93 | 28.55 | 167.82 |
| SW 半导体材料 | 45.78 | 57.64 | 73.23 | 125.18 |
| SW 数字芯片设计 | 42.37 | 128.68 | 72.25 | 138.34 |
| SW 模拟芯片设计 | 46.98 | 98.90 | 117.73 | 236.84 |
| SW 集成电路制造 | 25.40 | 125.11 | 26.63 | 229.17 |
| SW 集成电路封测 | 30.11 | 103.40 | 51.64 | 138.19 |
| SW 半导体设备 | 63.40 | 113.36 | — | — |
| 全部 A 股 | 22.03 | 26.65 | 26.25 | 45.30 |

资料来源：Wind，申港证券研究所。

3. 无人机

无人机是未来网络环境下一种数据驱动的空中移动智能体,而无人机遥感则是无人机应用最重要的引领性产业。近年来,无人机集群成为各国争先研究的热点,不断有集群项目的突破性报道。中国无人机的产业发展起步晚,在技术水平等各个方面跟发达国家相比有明显差距,但发展迅速。2016—2018 年的国家第十三个五年规划期间,科技部扩大了无人机遥感标志性领域和技术的支持(见表 4.4)。未来无人机遥感发展的总体目标就是建立起具备区域高频次迅捷信息获取能力的无人航空器组网观测系统,实现无人航空器组网技术由项目层面跨越到遥感领域实用并持续发展,同时也为我国成为世界遥感强国的国家战略跨越奠定基础。

表 4.4 2016—2018 年国家重点研发计划"地球观测与导航"重点专项项目统计

| 统计类别/个 | 2016 年 | 2017 年 | 2018 年 |
|---|---|---|---|
| 项目总数 | 26 | 16 | 13 |
| 直接与无人机相关项目数 | 3 | 3 | 1 |
| 间接与无人机相关项目数 | 1 | 2 | 1 |

自"十一五"规划实施以来,基于中国无人机遥感的技术突破,其产业在我国军事应用、国土安全上实现重大突破,在国防、地理与海洋监测、国土测绘与海洋岛礁

测绘上引发巨大应用效益（见图4.8）。在民生安全、社会发展上也带来技术变革，在地质灾害监测、应急救援及各行业普及层面具备不可替代的作用。总体来看，中国已经基本建成了远、中、近、超近程的军用无人机装备系统，先后参加了空中侦察、激光照射、毁伤评估、电子战、通信中继等一系列大型军事活动，取得了重大的军事效益，为中国的国防安全提供了重要保障。遥感在农业遥感领域有着不可替代的作用，而其中农田遥感有明确客观的观测对象，即耕种的田地。农田是生产农作物的土地，生产的粮食是基础性的国家战略资源，因而农田监测是保障粮食安全的根基所在。中国化肥使用率约为1/3，比西方高水平农业化肥使用率低10%～20%，这将导致更大的土地化学污染。利用无人机遥感监测，可以较大地降低农业土地的化学污染。

**图4.8　无人航空器遥感系统组网智能化发展趋势**

### 4.2.2　面向经济主战场的研究领域

1. 工业4.0下智能制造时代

工业4.0的概念、发展优势及实现方式如表4.5所示。

**表4.5　工业4.0**

| | |
|---|---|
| 概念 | 工业4.0是通过互联网等通信网络将工厂与工厂内外的事物和服务连接起来，创造前所未有的价值，构成新的商业模式的产官学一体的项目。工业4.0概念包含了由集中式控制向分散式增强型控制的基本模式转变，目标是建立一个高度灵活的个性化和数字化的产品与服务生产模式。在这种模式中，传统的行业界限将消失，并会产生各种新的活动领域和合作形式。创造新价值的过程正在发生改变，产业链分工将被重组 |
| 发展优势 | 在生产能力上，工业4.0一方面将确保仅一次性生产且产量很低时的获利能力，确保工艺流程的灵活性和资源利用率。另一方面，工业4.0将使人的工作生涯更长，工作与生活更加平衡，高工资时产业仍有强大竞争力 |
| 实现方式 | 主要是通过GPS（信息物理系统），总体掌控从消费需求到生产制造的所有过程，由此实现高效生产管理 |

（1）物联网

第四次工业革命的核心是深度融合网络化、信息化与智能化，通过工厂内部、工厂之间、工厂与消费者之间的智能连接，推动生产方式从"大规模制造"向"大规模定制"转变，工业增值领域从制造环节向服务环节拓展，程序化劳动被智能化设备所替代。各工业大国纷纷提出面向第四次工业革命的国家战略，如德国工业 4.0、美国先进制造伙伴计划、中国制造 2025 等，这些国家战略普遍将工业互联网视为第四次工业革命的重要基石。[①]

物联网（internet of things，IoT）概念最早于 1999 年由美国麻省理工学院提出，早期的物联网是指依托射频识别（RFID）技术和设备，按约定的通信协议与互联网相连接，使物品信息实现智能化识别和管理，实现物品信息互联而形成的网络。

物联网应用场景较多，其中，工业互联网是物联网在工业领域的应用，目标是智能制造。工业互联网是满足工业智能化发展需求，具有低时延、高可靠、广覆盖特点的关键网络基础设施，是新一代信息通信技术与先进制造业深度融合所形成的新兴业态与应用模式。由于工业产业涉及领域较多，包括石油化工、金属冶炼及加工、食品饮料、电气机械、服装、造纸、医疗器械制造、重型机械制造、家电制造等，因此工业互联网的应用范围十分广泛。[②] 有数据显示：美国制造业近几年在运营中采用较多的技术就包括物联网，比例为 31%（见图 4.9）。

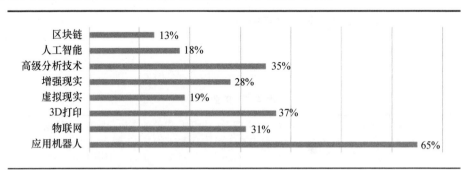

**图 4.9　美国制造业近几年在运营中采用的新技术及新应用**

---

① 张彦国. 工业 4.0 与智能制造［EB/OL］.（2015-08-20）［2022-05-20］. http://www. ciotimes. com/cio/103246. html.

② 中信建投证券股份有限公司. 通信行业深度报告：物联网提速，投资正当［R/OL］.（2021-07-08）［2022-05-10］. http://stock. finance. sina. com. cn/stock/go. php/vReport _ Show/kind/lastest/rptid/679100492081/index. phtml.

北美、欧洲和亚太地区是全球工业互联网蓬勃发展的三大区域。随着工业互联网概念的兴起与发展,世界各国普遍希望通过发展工业互联网来提升本国的工业实力,实现数字化转型。发达国家将新一代信息技术与其较为深厚的工业基础深度融合,而发展中国家则通过应用新技术手段来实现传统工业向现代工业的转型升级。中国电子信息产业发展研究院(CCID)的数据显示,2019 年北美、欧洲、亚太工业互联网市场规模分别为 2 996.4 亿美元、2 607.1 亿美元、2 412.3 亿美元,占比分别为 35.4%、30.8%、28.5%。

我国的物联网连接量呈高速增长的状态,越来越多的设备触网为未来家用物联网中的多场景联动提供了基础。海量设备连接的同时,家用物联网产品前端智能化处理与中后台云服务支持显得尤为重要。[①] 云计算、新一代移动连接技术、边缘运算、人工智能等技术齐发力,助力终端获得计算能力,减少对后端云服务的依赖,并实现及时响应与反馈,从而促进用户体验的提升(见图 4.10)。受益于上述各项技术的发展,家用物联网产品也由单点智能向主动智能过渡,未来家用物联网有望在听觉、视觉甚至触觉等多层面上具备主动感知能力。基于设备多场景联动能力,物联网也将助力家居场景实现人与环境自主适应、自主服务的能力。

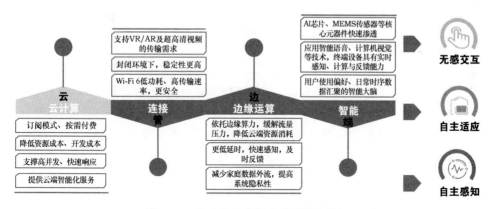

图 4.10　技术推动家用物联网体验升级

（2）三维打印

增材制造(additive manufacturing,AM)通常的应用为三维打印,又称 3D 打印,是一种通过简单的二维逐层增加材料的方式直接成型三维复杂结构的数字制

---

① 艾瑞咨询. 2020 年中国家用物联网行业研究报告[R/OL]. (2020-12-31) [2022-05-10]. https://report. iresearch. cn/report/202012/3714. shtml.

造技术(见图 4.11)。与传统制造方式相比,三维打印具有可实现复杂结构、缩短产品设计周期、减少材料浪费等优点,是对前者不足之处的一种补充。

| 上游(原材料及零件) | 中游(设备及打印服务) | 下游(应用) |
|---|---|---|
| **原材料**<br>◆ 金属粉末<br>◆ 光固化树脂<br>◆ 线材<br>◆ 非金属粉末 | | **服务平台**<br>◆ 云平台<br>◆ 媒体社区 |
| **核心硬件**<br>◆ 主板<br>◆ DLP光引擎<br>◆ 振镜系统<br>◆ 激光器 | **打印技术**<br>◆ 熔融沉积成型(FDM)<br>◆ 光固化成型技术(SLA)<br>◆ 数字光处理(DLP)<br>◆ 三维打印快速成型(3DP)<br>◆ 选择性激光烧结/融化(SLS/SLM)<br>◆ 激光熔覆成型(LMD)<br>◆ 电子束融化(EBM)<br>◆ 生物打印 | **主要应用**<br>◆ 航空航天<br>◆ 汽车<br>◆ 医疗<br>◆ 教育<br>◆ 文化创意 |
| **辅助运行**<br>◆ 扫描仪<br>◆ 软件 | | **特殊应用**<br>◆ 生物打印<br>◆ 食品打印<br>◆ 建筑打印 |

**图 4.11　三维打印产业链一览**

自从德国率先于 2011 年提出以智能制造为核心的工业 4.0 战略之后,各国纷纷开始制定相关政策,大力发展制造业,以智能化为标志的第四代工业革命正在全球范围内蓬勃展开。三维打印作为自动化和信息化的完美结合,从设计到生产可实现全数字化,打通了虚拟世界到物理世界的道路,有望在未来和工业机器人一起支撑起第四次工业革命丰富多彩的应用场景。

目前三维打印市场主要集中在美国和德国,中国潜力较大。根据赛迪顾问数据,2019 年,美国三维打印产业规模占全球比重的 40.4%;德国是仅次于美国的世界第二大三维打印设备供应者和三维打印材料与服务提供者,产业规模占全球比重的 22.5%;中国整体产业规模占全球的 18.6%,略低于德国,排名第三;日本和英国紧随其后,分别占全球产业规模的 8.2% 和 6.3%(见图 4.12)。①

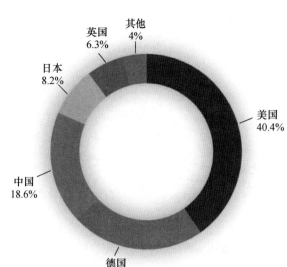

**图 4.12  2019 年全球三维打印产业规模分布**

(3) 人工智能

人工智能将在未来几十年内塑造全球竞争力,并且有望给早期引入人工智能者带来显著的经济和战略优势。到目前为止,各国政府、区域和政府间组织都竞相制定针对人工智能的政策,以最大限度地发挥这项技术的潜力和优势,同时有效应对其引发的社会和伦理影响。

2019—2020 年,人工智能期刊出版文献的数量增长了 34.5%。这一数据比 2018—2019 年的增长比例(19.6%)要高得多。在三大人工智能强国有关 arXiv② 的人工智能相关出版文献总数不断增加的同时,中国正在不断赶超,而欧盟的出版文献份额基本保持不变(见图 4.13)。③

---

① 德邦证券. 铂力特专题研究:3D 打印龙头,空天增材制造先锋[R/OL]. (2021-07-31)[2022-05-10]. https://baijiahao.baidu.com/s? id=1706767365335172046.

② 目前在 arXiv(一个电子预印本的在线存储库)上发表论文/文献(通常是预同行评审)的做法得到了人工智能研究人员的广泛认可。本节中提及的人工智能相关出版文献的数量是根据 arXiv 中如下领域的出版文献统计得到的:cs.AI(人工智能),cs.CL(计算和语言),cs.CV(计算机视觉),cs.NE(神经和进化计算),cs.RO(机器人技术),cs.LG(计算机科学中的机器学习),stat.ML(统计学中的机器学习)。

③ Stanford HAI. Artificial Intelligence Index Report 2021[R/OL]. (2021-05-28)[2022-05-10]. https://aiindex.stanford.edu/report/%EF%BC%88%EF%BC%89.

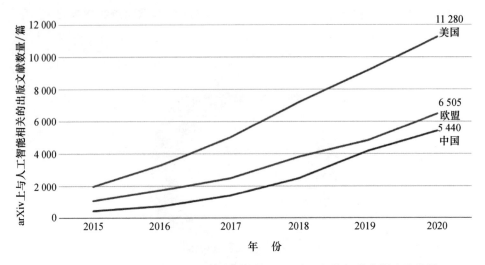

**图 4.13  2015—2020 年按地理区域展示的 arXiv 人工智能相关出版文献数量**

2. 开创全新 5G 数字新时代

5G 作为新一代通信技术的代表,是构筑现代信息社会的重要信息基础设施。5G 标准必要专利的年度声明量呈现逐年攀升的态势,截至 2021 年 12 月 31 日,全球声明的 5G 标准必要专利超过 6.49 万件,有效全球专利族超过 4.61 万项。随着 5G Rel-17 标准的冻结以 Rel-18 标准制定工作的开展,预计未来 5G 标准必要专利的声明数量仍会继续增长。

有效全球专利族数量排名前十位的企业依次是华为、高通、三星、LG、中兴、诺基亚、爱立信、大唐、OPPO 和夏普。有数据显示,华为在有效全球专利族、授权专利族、IP5 局任一授权族、多国授权族、中美欧三方专利族、5G only 族以及技术领域等分析维度上都处于领先地位,高通、三星、LG、中兴、大唐、诺基亚和爱立信等企业则在不同分析维度上各有所长。

(1) 区块链

2020—2021 年,国家层面高度重视区块链行业发展,不仅将区块链写入“十四五”规划纲要中,而且从脱贫攻坚、对外开放、改革开放等国家基本国情出发,积极出台相关政策,强调各领域与区块链技术的结合,加快推动区块链技术和产业创新发展(见表 4.6)。从整体数量上来看,2020—2021 年各部委发布的区块链相关政策已超 60 项,对比 2019 年及以前各年份,政策数量飞速攀升。这充分说明,各部门正积极探索区块链发展方向,全方位推动区块链技术赋能各领域发展。① 在数字经济的背景下,数字技术对于推动数字经济高质量发展起着重要作用。2020—2021 年,我国致力于促进区块链与产业融合,助力国家建设数字经济强国。

表 4.6 2020—2021 年区块链相关政策/文件

| 发布主体 | 发布时间 | 政策/文件 |
| --- | --- | --- |
| 中共中央、国务院 | 2020 年 2 月 | 《关于抓好"三农"领域重点工作确保如期实现全面小康的意见》 |
| | 2020 年 6 月 | 《海南自由贸易港建设总体方案》 |
| | 2020 年 10 月 | 《深圳建设中国特色社会主义先行示范区综合改革试点实施方案(2020—2025 年)》 |
| | 2021 年 1 月 | 《建设高标准市场体系行动方案》 |
| | 2021 年 3 月 | 《中华人民共和国国民经济和社会发展第十四个五年规划和 2035 年远景目标纲要》 |
| | 2021 年 3 月 | 《关于进一步深化税收征管改革的意见》 |
| | 2021 年 4 月 | 《关于建立健全生态产品价值实现机制的意见》 |
| 国务院 | 2020 年 7 月 | 《关于促进国家高新技术产业开发区高质量发展的若干意见》 |
| | 2020 年 9 月 | 《关于深化北京市新一轮服务业扩大开放综合试点建设国家服务业扩大开放综合示范区工作方案的批复》 |
| | 2020 年 9 月 | 《关于加快推进政务服务"跨省通办"的指导意见》 |
| | 2020 年 11 月 | 《新能源汽车产业发展规划(2021—2035 年)》 |
| | 2021 年 3 月 | 《〈优化营商环境条例〉实施情况第三方评估发现的部分创新举措》 |

(2) VR/AR

我国高度重视虚拟现实(VR)、增强现实(AR)的技术产业发展,结合产业发展的客观规律,在产业布局、顶层设计、应用发展和核心技术攻关等阶段,通过一系列相关政策,不断支持和鼓励虚拟现实赋能各产业和重点场景,为我国虚拟现实产业的发展保驾护航。② 在"十四五"期间,虚拟现实和增强现实产业被列为数字经济重点产业,继续释放政策红利。技术是虚拟现实/增强现实发展的第一动力,芯片、

---

① 中国电子信息产业发展研究院,青岛市崂山区人民政府,中国(赛迪)区块链生态联盟,等. 2020—2021 年中国区块链产业发展白皮书[EB/OL]. (2021-04-30)[2022-05-10]. https://dsj. guizhou. cn/xwzx/gnyw/202104/t20210430_67982561. html.

② 腾讯研究院. 虚拟(增强)现实产业发展十大趋势[EB/OL]. (2021-11-01)[2022-05-10]. https://mp. weixin. qq. com/s/en1KVwkenadIZNe8phWp9w.

显示、光学、交互等核心技术持续迭代,推动产品升级、提升用户体验(见图 4.14)。

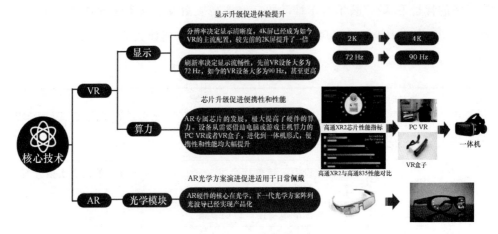

图 4.14　VR/AR 核心技术

当前,我国虚拟现实产业发展仍存在关键技术短板亟待突破,核心零部件领域和底层软件开发存在薄弱环节等问题。[①] 此外,虚拟现实产品的核心元器件依赖进口,眩晕、交互等关键核心技术还没有突破。硬件方面,虚拟现实终端产品的中央处理器 CPU、图像处理芯片 GPU、物理运算芯片 PPU、体感识别等高精度传感器主要依赖进口,国内尚未推出成熟的虚拟现实专用芯片;软件方面,大部分内容开发人员使用的工具软件基本上都是美国公司主导的。如常用的 3ds MAX、MA-YA、Substance 3D 等,影视渲染工具 VRay、Arnold 等,3D 影视/游戏引擎 Unreal 和 Unity,3D 仿真模拟工具 PhysX、Havok、Bullet 等。

(3)先进计算

算力,又被称为计算力,即处理数据的能力。当下,计算性能的提升面临多个维度的挑战,算力发展已经进入瓶颈期。算力在推动经济发展方面发挥着巨大作用。到 2025 年,超过 40% 的全球经济将由数字经济带动,接近一半的经济增长都与数据有关。如果数据是数字经济时代的核心生产要素,那么在数据的底座之下,算力承担了核心生产力的角色。一方面,算力为数字经济的增长带来了新的引擎;另一方面,算力构建了科技进步的正循环。算力为医药、材料、生物和能源等学科

---

① 中国电子信息产业发展研究院,虚拟现实产业联盟,华为技术有限公司,等. 2021 年虚拟现实产业发展白皮书[EB/OL]. (2021-10-19)〔2022-05-10〕. http://www.199it.com/archives/1331116.html.

提供了研究基础设施,而新兴技术的发展将进一步推动算力的提升。[①]

先进计算技术指代一切从计算理论、计算架构、计算系统等层面有效提升现有算力规模、降低算力成本、提高算力利用效率的创新性技术。为了打破算力危机,先进计算技术主要关注两个重点方向:对于单个计算节点性能的提升,以量子芯片、类脑芯片为代表的非冯·诺依曼架构芯片的出现为计算硬件变革带来了曙光;对于算力系统的高效利用,芯片层面与数据中心层面的多元异构计算将伴随云边端一体化趋势,构建随时随地、随需随形的全新计算体系。

（4）毫米波

中国是 5G 的先行者,于 2019 年宣布了商用 5G 服务的初步部署。作为 5G 的领跑者,中国也将在其 5G 网络中使用毫米波频段。预计到 2034 年,在中国使用毫米波频段所带来的经济受益将产生约 1 040 亿美元的效应。与预期在全球引领 5G 部署的其他国家（例如,德国、日本、韩国、英国和美国）相比,中国 5G 毫米波对国内 GDP 的预期贡献将仅次于美国,这两个国家的贡献值分别为 1 040 亿美元和 1 560 亿美元（见图 4.15）。[②]

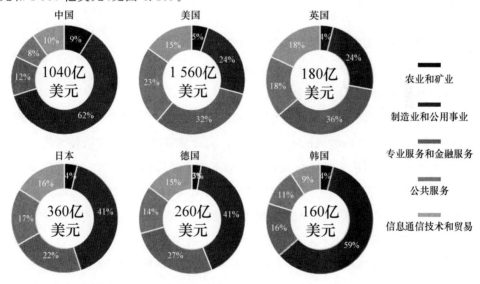

图 4.15　中国与其他 5G 引领国家的 5G 毫米波 GDP 贡献对比

①　DeepTech. 2022 先进计算七大趋势[EB/OL]. （2022-04-25）[2022-05-10]. https://www. djyan-bao. com/preview/3049429.

②　GSMA. 5G 毫米波在中国的机遇[EB/OL]. （2020-03-30）[2022-05-10]. https://www. gsma. com/spectrum/wp-content/uploads/2020/03/mmWave-5G-Benefits-China-Mandarin. pdf.

（5）光通信

F5G，第五代固定网络，即光纤网络。如果说 5G 是天上一张网，那么 F5G 就是地上一张网。与移动网络的演进一样，在前几代固定网络基础上，F5G 在连接容量、带宽和用户体验三个方面均有飞跃式提升。在技术驱动光网络代际演进、市场拉动企业网络变革升级的双重作用下，全光连接的 F5G 网络正在掀起新一轮的基础设施建设与应用场景发展机遇。

纵观光通信的整个传输链路，从传统的骨干网、城域网带宽升级，到接入网光通信设备引入，到最后 FTTH（光纤直接到家族）进入千家万户——"光联万物"正在加速向我们靠近。Wi-Fi 6、10G-PON、200G/400G 超高速传输技术、下一代 OSU-OTN 等新技术的涌现，也推动着全产业链更快地向全光网迈进。上述技术虽然为光通信产业带来了广阔的想象空间，却也存在快速成熟以及产业化方面的瓶颈，例如 Wi-Fi 6 技术对于路由设备及终端接收设备的要求较高，价格也较高，同样 10G-PON 也存在部署成本较高的问题。而其他技术也或多或少存在着阻碍其发展与应用的障碍，例如 OSU-OTN 相关的标准化进程还需专网通信各行业用户共同进一步推动等。[①]

### 4.2.3 面向国家重大需求的研究领域

1. 中美科技竞争聚焦关键新兴领域

（1）影响双方博弈地位的前沿领域

全球高科技发展到今天，热点很多，而最大的趋势主要有两个：第一个大趋势是以智能化为主导方向的 AI、5G、量子计算、云计算和区块链等前沿技术的突破与创新，主要是为了解决人类社会在技术推动下越来越强烈地联结一起而带来的各种需要、矛盾和问题；第二个大趋势是另一个常常被人们忽视的维度，即欠发达国家和地区的下一个 30 亿人群无法上网的问题，这主要是受经济发展的制约。若要把这个群体带入互联网时代，现在以美国为核心的主流科技产品，在性价比和使用习惯等方面都已经越来越不适应人们的需求，需要一场更剧烈的变革来实现使用方式和性价比的革命性创新（见表 4.7）。这恰是中国高科技的历史使命，也是这

---

① 安永. F5G 赋能千行百业，推动数字经济转型升级——全球光通信产业白皮书[EB/OL]. (2021-01-28) [2022-05-10]. https://www. ey. com/zh_cn/news/2021/01/ey-releases-global-optical-communications-white-paper.

场中美科技竞争最容易被人忽视的精彩之处。[①]

表 4.7　技术演进历程与中美高科技的竞合特征

| 通信阶段 | 年　代 | 年　份 | 中美产业 | 产业特点 | 网　民 | 社会形态 |
|---|---|---|---|---|---|---|
| 1G | 20 世纪 80 年代 | 1980—1989 | 市场换技术 | 电子行业 | — | 欠联结社会 |
| 2G | 20 世纪 90 年代 | 1990—1999 | 产业追随期 | PC | 2.5 亿 | 弱联结社会 |
| 3G | 21 世纪 00 年代 | 2000—2009 | 中美融合期 | PC 互联网 | 20 亿 | 弱到强社会 |
| 4G | 21 世纪 10 年代 | 2010—2019 | 冲突爆发期 | 4G、移动互联网 | 45 亿 | 强联结社会 |
| 5G | 21 世纪 20 年代 | 2020—2029 | 全面冲突期 | 5G、AI | >60 亿 | 超联结社会 |
| 6G | 21 世纪 30 年代 | 2030—2039 | 中美再平衡 | 6G、智能 | 全民 | 超联结社会 |

中美科技实力差距正在逐步缩小已成为美国智库学者的共识(见表 4.8)。亚洲协会政策研究所与美国圣地亚哥大学 21 世纪中国研究中心联合发布的报告《应对中国的挑战：科技竞争的美国新战略》全面评估了中国科技实力的发展,认为中国在研发投入、技术专利申请、科技研究人员数量等关键技术评价指标上已位居世界前列,并在 5G、人工智能、生物工程、航空航天等高科技领域同美国呈现出竞争态势。战略与国际研究中心的高级顾问甘思德(Scott Kennedy)指出,虽然中国在商用飞机、芯片制造(研究领域：半导体)等技术领域仍然同美国存在较大的差距,但是中国在信息与通信技术、能源汽车、光伏以及制药产业等高科技领域已获得了逐渐同美国相匹配的技术实力。[②]

表 4.8　美国智库关于中国科技实力发展及其对美国所产生的影响的观点

| 议　题 | 美国智库形成的基本共识 |
|---|---|
| 中国的科技实力 | 中美科技实力差距在逐步缩小,同时中国在 5G、人工智能、航空航天、人脸识别等高科技领域已经处于同美国比肩的世界领先水平 |
| 中国科技实力发展对美国产生的影响 | 安全层面上,中国日益增强的军事技术实力对美国的国家安全利益构成威胁；经济层面上,中国科技实力的发展对美国的经济利益造成巨大损害；价值观层面上,中国日益增长的科技实力对美国的民主、自由价值观形成威胁 |

① 方兴东,杜磊.中美科技竞争的未来趋势研究——全球科技创新驱动下的产业优势转移、冲突与再平衡[J].人民论坛·学术前沿,2019(24)：46.

② 5G、人工智能见 1.2.2 小节；生物工程见 1.2.4 小节。

（2）商用航天

2021年12月7日，我国星河动力航天公司成功发射谷神星一号遥二运载火箭，实现一箭五星、民营火箭首次连续发射成功等新突破。2022年2月11日，美国SpaceX公司发布星舰最新进展，单舰运载力超100吨，有望实现每天发射3次，为登月、火星移民、洲际运输等应用带来颠覆性变化。商业航天应用场景丰富，但火箭运力不足是行业主要痛点。[①] 在商用航天领域，中国的发展还较为落后（图4.16）。

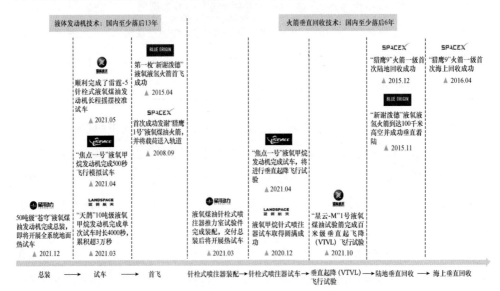

图4.16　中美代表性商业火箭公司核心技术发展阶段对比

（3）6G技术

从1G到5G，五代通信技术多以基站和网络设备为中心，而6G将突破传统通信单一维度，进行通信、计算、感知和能量等深度融合，更好地满足未来智能应用。在科技跃进时代，新应用场景的需求越来越多样化。元宇宙、高阶无人驾驶、沉浸式拓展增强/虚拟现实（XR）、高精工业互联网等新兴的智能应用在不断演进发展。面对未来众多的潜在需求，5G网络已经无法高效支撑，所以各国都正大力研发6G网络（见图4.17）。6G技术是把陆地无线通信技术和中高低轨的卫星移动通信技术及短距离直接通信技术融合在一起，解决通信、计算、感知、导航等问题，组成空、天、地、海一体化全覆盖的移动通信网和全球覆盖的高速智能立体网络。未来，6G

---

① 华泰证券.商业航天:关注火箭最新进展[R/OL].（2022-02-18）[2022-05-10]. https://www.djyanbao.com/preview/2987743.

网络的应用可以实现全球全覆盖,卫星通信"一星多用""多星组网""多网融合"的全方位智能服务。[①]

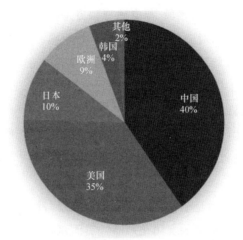

**图 4.17　全球主要国家或地区 6G 专利申请数量比例**

2. 俄乌战争对国家网络信息安全的启示

俄乌战争系统全面地展现了美国和北约在数字基础设施层面的全方位优势:自下而上的基础设施深层次技术优势;全球性大数据的掌控优势,包括全球范围的全域数据收集和分析利用能力;不同层面协同、公私协同、盟友协同等体系化的协同能力优势;AI 技术在军事和民用层面的强大应用能力;战略性、体系性的持续推进能力。这些综合能力在俄乌战争中的展示,昭示着人类战争全新升级的危险。据此,《兰德报告》[②]研究得出与网络空间密切相关的四种技术:先进网络与电子信息战、信息与观念操纵技术、机器人与半自主系统以及量子技术。

(1)先进网络与电子信息战

一些国家可利用该技术来破坏联网的关键信息系统,包括 5G 网络、物联网、太空系统、定位、导航和授时(PNT)系统、全球卫星定位系统(GPS)、传感系统、区块链以及分布式账本等,攻击形式则包括欺骗、篡改和 GPS 干扰等。

---

① 物联网智库. 2022 年中国 5G 产业全景图谱报告[R/OL].（2021-12-10）[2022-05-10]. https://www.iotku.com/News/631548372741783552.html.

② 2022 年 4 月 14 日,美国著名智库兰德(RAND)公司发布了题为《颠覆性威慑:审视技术对 21 世纪战略威慑的影响》的报告(简称《兰德报告》)。《兰德报告》以威慑政策的有效性和稳定性为准绳,从战略博弈的层面,探讨了先进网络与电子信息战等新兴技术对美国战略威慑的潜在影响,然后研判了新兴技术对中俄两国威慑理念的影响,最终就如何在新兴技术背景下强化美国的战略威慑提出了一些建议。《兰德报告》或将促使美军加紧发展特定领域的新兴技术,以便继续维持其战略威慑的效力。

（2）信息与观念操纵技术

深度伪造技术越发复杂，不使用特殊的检测软件很难识破。精准推送已成为许多广告公司和政治团体的必备手段，而电话诈骗更是在多国泛滥成灾。不过在这些操纵技术不断发展的同时，对应的检测技术也日趋成熟。信息与观念操纵技术高度依赖人工智能，而人工智能算法的优劣则很大程度上取决于培训数据集的好坏。

（3）机器人与半自主系统

如今的军用无人机型号众多、性能先进，但自主能力有限。无人机当前主要用于战略侦察和反恐，其自主能力主要包括中高空和高空的长航时 ISR 任务、空对地打击、低空的 ISR 任务以及运送少量重要物资等。

（4）量子技术

与其他几种技术相比，量子技术的发展最为缓慢，目前基本停留在理论研究和实验探索阶段，尚无完全成熟的实用化产品。然而该技术一旦取得重大突破，就必将对通信和密码等关键军事领域产生重大影响。包括芯片尺寸的磁强计和原子钟以及量子惯性导航系统在内，一些涉及量子技术的产品已进入实验室演示、小规模部署阶段乃至商业部署阶段。在各类量子技术中，量子计量与传感技术的军用和商用价值最为突出，研发进展也相对最快；备受瞩目的量子计算技术则尚未表现出实用价值，开发出实用的量子计算机还遥遥无期。

3．让科技赋能"双碳"目标达成

人类正面临全球气候变化和能源消费的巨大挑战，全球气候变化不仅意味着热浪高温天气增多、空气污染加重，人们的劳动生产效率受到影响，在某种程度上还加速了某些传染病的扩散，对人们的健康产生了恶劣影响。为应对气候变化挑战，2015 年 12 月 12 日，近 200 个缔约方在联合国气候峰会上通过《巴黎协定》，期望能共同遏阻全球变暖趋势。而我国也在 2020 年第 75 届联合国大会上，向世界郑重承诺力争在 2030 年前实现碳达峰，在 2060 年前实现碳中和。

21 世纪以来，国际上对自然灾害和气候变化的研究取得了快速进展，也使得人们能够更加准确地识别应对气候变化的路径。携手深化国际交流合作，以科技创新推动可持续发展，是破解全球性问题的紧迫需要，也符合各国人民和全球科技界的新期待。科学技术可以通过转变经济增长方式协调碳达峰碳中和与经济发展的关系。同步推进源头管理和末端治理，通往碳达峰碳中和有三条相互关联、具有潜力的路径，分别是提高能源效率、新能源与可再生能源替代化石能源、发展自然碳汇和负排放技术。

关键领域的重大科技创新研发、储备、部署与大规模推广应用决定了全球气候治理能力。国内外关注的中长期减排技术集中于化石能源、工业、建筑、氢能、CCS（碳捕集与封存）、核能、交通、储能以及其他共九个方面。现阶段,传统技术装备升级改造类技术、可再生能源技术、管理决策类支撑技术对国家减排目标实现、国家战略性新兴产业发展有重大支撑作用。深度减排、零排放技术、负排放技术和地球工程类技术在未来全球减排格局中的战略性作用备受关注。[①]

### 4. 工业强基工程重点研究领域

工业基础主要包括核心基础零部件/元器件、关键基础材料、先进基础工艺、工业软件和重要产业技术基础。改革开放以来,特别是党的十八大以来,我们在工业基础领域取得了一些成就,体现在基础材料与零部件形成一定产业规模、电子元件等一批骨干企业崭露头角、部分领域区域集聚效应日益显现、关键技术突破能力有所增强、产业技术基础体系正在建立。但一些关键领域仍存在"跟跑"状况,需要格外重视。

#### (1) 传感器技术

近年来,我国物联网产业快速发展,传感器作为我国"强基工程"的核心关键部件之一,是实现工业 4.0 转型升级、提升各类设备智能性和可靠性的主要组成部分。我国传感器的市场规模及应用场景也得到了进一步增长(见图 4.18)。

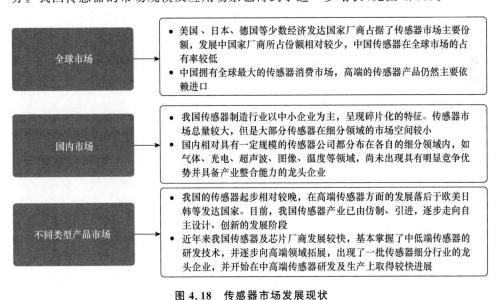

**图 4.18　传感器市场发展现状**

①　科技日报社,科睿唯安.科技支撑全球通往碳中和之路——世界碳中和科技发展报告 2021 之气候变化［R/OL］.（2021-12-22）［2022-05-10］.www.stdaily.com/kjrb/kjrbbm/2021/12/22/content_1240836.shtml.

传感器产品种类繁多,可以根据不同的分类标准,如检测原理、技术路径、制造材料、输出信号、用途及产品结构等进行分类(见图4.19)。例如,根据传感器感知外界信息所依据的基本效应可将传感器分为物理传感器、化学传感器和生物传感器;根据测量的用途不同可将传感器分为温度传感器、压力传感器、位移传感器、湿度传感器、光线传感器、惯性传感器等。①

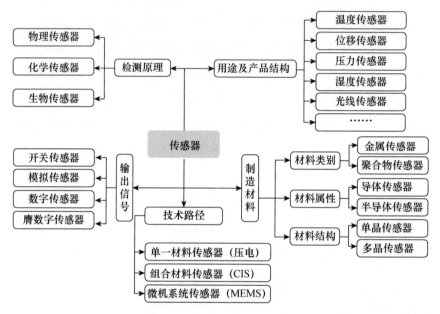

图 4.19　传感器分类示意图

在 2020 年全球智能传感器产业结构中,北美智能传感器产值占比最高,达到 43.3%,欧洲次之,占比 29.7%。欧美成为全球智能传感器的主要生产基地,总占比超过 70%,而亚太地区(如中国、印度等)仍将保持较快增速(见图4.20)。可见,在传感器技术方面,中国与美国、日本等世界科技强国之间仍存在较大差距,是我国下一步世界强国建设中的重要研究领域。

(2)新材料技术

新材料是指新近发展或正在发展的、具有优异性能的结构材料和有特殊性质的功能材料。在当前新一代信息技术、新能源、智能制造等新兴产业迅速崛起的背景下,叠加中国“双碳”目标对新材料市场需求的拉动,部分处于产业链关键位置、

---

① 安信证券. 全市场科技产业策略报告第 130 期:智能化系列报告之拆解超声波传感器的几大核心关注点[R/OL]. (2022-02-21) [2022-05-10]. https://www.hangyan.co/reports/2779003598590182457.

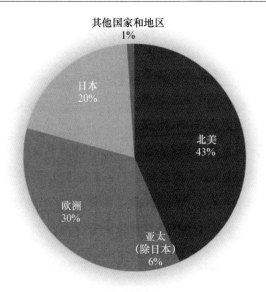

**图 4.20　2020 年全球智能传感器产业结构**

环节的新材料地位愈加凸显,可将其称作关键新材料。[①]

① 先进半导体材料。第三代半导体材料,指禁带宽度明显大于 Si(1.1 eV)和 GaAs(1.4 eV)的宽禁带半导体材料,主要包括Ⅲ族氮化物(如 GaN、AlN 等)、碳化硅(SiC)、氧化物半导体(如 ZnO、$Ga_2O_3$ 等)和金刚石等宽禁带半导体。第三代半导体材料在高功率、高频率、高电压、高温度、高光效等领域具有难以比拟的优势和广阔的应用前景。在第一代半导体集成电路竞赛中,中国大幅落后于国际先进水平。但是在第三代半导体集成电路领域,中国与国际先进水平的差距相对较小,有可能实现“换道超车”。第三代半导体材料是支撑制造业产业升级的重要保证。第三代半导体材料适用于中高压电力电子转换、微波射频和高效半导体光电子应用(见图 4.21)。可以应用于光伏、风能、4G/5G 移动通信、高速铁路、电动汽车、智能电网、大数据/云计算中心、半导体照明等各个领域。通过国家和地方的大力支持,中国第三代半导体材料发展迅速,形成了比较完整的技术链,部分关键技术指标达到国际先进水平。

① DeepTech. 2022 年中国关键新材料技术及创新生态发展图景研究报告[R/OL]. (2022-04-29)[2022-05-10]. https://www.djyanbao.com/preview/3061797.

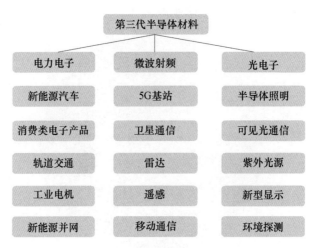

图 4.21　第三代半导体材料主要应用领域

② 新型锂电材料。锂电材料是在新材料领域中少有的中国企业能够掌握全球话语权的领域之一。中国锂电材料产业发展迅速,一方面得益于下游市场需求的不断扩大,另一方面也得益于国家政策的支持。在过去的十几年中,中国的锂电材料产业发展迅速,多种材料产业从无到有,从弱到强,从进口依赖到国产替代,直到现在大部分材料技术和产能均能与国际同行相匹敌,占据了全球锂电材料产业的半壁江山。表 4.9 列出了有关中国锂电材料的技术展望。

表 4.9　中国锂电材料技术展望

| 锂电材料 | 研究前沿 | 新材料特点 |
| --- | --- | --- |
| 正极材料 | 三元材料 | 高比容量、长寿命、高安全性、低成本 |
| 负极材料 | 尚待突破 | 石墨材料凭借成本优势还将长期主导市场,硅基材料、金属锂材料尚不成熟,需要负极材料本身或配套电解液材料的技术突破才能真正迈向市场 |
| 电解液材料 | 固态电解质 | 更稳定、不易燃、更高性能 |
| 隔膜材料 | 涂层技术 | 隔膜需要针对高比容量正负极材料、高电压正极材料等新型材料体系以及快充、极端温度等工况场景,发展具有温度响应、电压响应等主动安全策略,提高电池性能的新型功能隔膜 |

③ 氢能材料。中国氢能及燃料电池技术起步较晚,早期行业基础薄弱,缺乏人才、技术、市场和经验,部分核心技术从零开始,成本极高,限制了中国企业的竞争力。以储氢材料和氢燃料电池材料为代表的氢能关键材料在一定程度上决定了

中国氢能产业的发展速度,是需要率先突破的技术瓶颈。储氢材料的发展方向以高存储密度与高安全性为主是破局关键。氢的储存与运输是氢能利用的关键一环,决定了氢能能否得到大规模应用。高压气态储氢是目前最为成熟的储氢方式,目前的发展方向以高强度碳纤维储氢瓶为主;低温液态储氢主要用于军工领域,民用难以普及;有机液态储氢和固态储氢技术在应用前还需要技术上的突破。就氢燃料电池材料方面来说,成本和寿命瓶颈限制了氢能的普及使用,因此低铂、超低铂或非铂催化剂是研究重点。在质子交换膜层面,为了提升燃料电池性能,质子交换膜呈现出超薄化趋势。超薄化质子交换膜可以降低质子传输阻抗、提升自增湿能力,对燃料电池性能提升明显,是发展趋势所在。此外,还需要对各层间界面结构进行优化设计,降低燃料电池中的催化剂团聚、流失现象,减少恶劣工况对燃料电池耐久性的影响。

5. 利用科技持续守好粮食底线

习近平总书记在 2020 年中央财经委员会第七次会议上说道:"实体经济是基础,各种制造业不能丢,作为 14 亿人口的大国,粮食和实体产业要以自己为主,这一条绝对不能丢。"因此无论我们当前处于什么发展阶段,对粮食的投入不能丢。

生物育种作为强化国家战略力量的八大前沿领域被写入国家"十四五"规划纲要。随后,种业各项相关政策陆续出台,前期着手修订的《中华人民共和国种子法》等重磅法案在 2021 年年末落地。[①] 转基因种子的推广有利于保障粮食安全,并进一步提升我国粮食产量。目前我国的玉米、大豆还存在一定的供给缺口,特别是大豆,大量依赖进口,玉米的供需缺口也有进一步扩大的趋势。转基因农作物的商业化有望从行业空间和行业格局两个维度带来颠覆性的变革。

我国种业近年来面临产品同质化程度高,价格下行,盈利不振的困局。行业集中度较低,CR10 不足 20%,而全球种业 CR5 已达 50% 以上,存在很大的提升空间。转基因技术具备长时间高投入的特点,并且一旦推广渗透率提升很快,未来不具备生物育种技术优势和种质资源优势的企业将逐步退出市场,行业集中度有望大幅提升。

---

① 东兴证券.农林牧渔行业:待养殖周期否极泰来,看生物育种商用大幕徐徐——2022 年度行业投资策略[R/OL].(2020-03-30)[2022-05-10]. https://pdf. dfcfw. com/pdf/H3_AP202112081533489324_1. pdf? 1638957019000. pdf.

### 4.2.4 面向人民生命健康的研究领域

新冠病毒感染的治疗在当前严峻的全球疫情下得到了飞速的发展,而生命科学研究的价值在新冠疫情下格外凸显。可以预见,未来生命科学的进展将不断加深人们对自然界及自身的认识,为战胜包括新冠疫情在内的各种人类健康的威胁奠定坚实的理论和物质基础。

#### 1. 高端医疗

高端医疗服务既是社会资本办医的主要方面,也是健康服务业鼓励发展的产业之一,是我国"十三五"时期医疗卫生发展的重要内容。随着国家和地方利好政策的陆续出台,高端医疗服务成为当前热门的投资领域,相关装备产业链也发展迅速(见图 4.22)。近年来,我国陆续出台了多个政策文件,强调引入社会资本办医,实现基本和非基本医疗服务的协调发展。

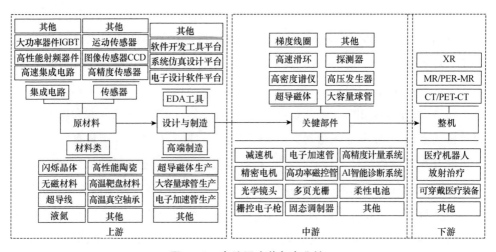

**图 4.22 高端医疗装备产业链**

但总体上看,近年来我国高端医疗服务的发展仍较为缓慢,这主要是由内外两方面的原因导致的。外部因素包括政策、社会和经济等。政策方面,近年来国家和地方层面虽然陆续出台了许多鼓励社会资本办医的政策,被媒体称为"社会办医的春天来了",但因为现实原因,很多内容无法实现,被业界称为"玻璃门"现象;在社会和经济方面,改革开放以来我国经济水平虽然得到了迅速提升,但患者的就医观念仍然比较滞后,重医疗技术、轻服务水平,并更加倾向于去公立医院就医,这严重影响了高端医疗服务业的发展。内部因素主要包括人才、技术、品牌、管理等。高端医疗服务正处于发展初期,存在人力资源总量不足、人才梯队建设不完善、技术实力不及公立医院、品牌影响力较弱以及管理难度大等诸多问题,这些均影响了高端医疗服务业的快速发展。我国多数公立医院都开设了特需医疗服务项目,此外,我国公立医院的规模和数量远超私立医疗机构,在服务能力上更是遥遥领先。与此同时,医生多点执业问题尚未得到有效解决,导致很多高端私立医疗机构出现"医生荒",尤其是经验丰富的医生严重短缺,使得私立医疗机构空有先进设备,却难以开展高端、复杂的诊疗服务。

2. 生命科学

进入 21 世纪以来,生命科学成为前沿交叉科学技术的重要枢纽,是孕育原创性科学发现、催生颠覆性使能性技术、对人类社会具有深远影响的重大创新领域。生命组学、再生医学、合成生物学、脑科学等前沿学科的迅猛发展,不断催生突破性进展和里程碑式成果,并正在加速向健康、食品、能源、环境等应用领域转化渗透,成为新一轮科技革命的制高点和产业革命的新引擎。在当今大科学时代,生命科学的发展将更加得益于科学技术的组合进步及其与其他学科的交叉融合,从而为解决生命健康挑战、发展质量低下、资源短缺与环境恶化等重大问题提供有力支撑。当前生命科学和医学对人体、生命的认识更加全面、准确、定量,生命科学和医学逐渐走向成熟。肿瘤、糖尿病、抑郁、阿尔茨海默病等慢性病和神经退行性疾病的发病机制不断得到揭示;个性化药物、基因药物、抗体偶联药物、免疫疗法、基因编辑技术、再生医学和干细胞技术等新药物和新技术为疾病治疗和痊愈提供了更多可能;5G、人工智能、大数据等技术带来的生命数字化、生命智能化等未来将更加深刻地影响人们的健康和生活。

2021 年我国生命科学领域取得了多项重大突破,其中包括:发现了提高中晚期鼻咽癌治疗疗效的高效低毒治疗新模式;得出了脊椎动物从水生到陆生演化的遗传创新机制;实现了二氧化碳到淀粉的人工全合成;监测到冠状病毒的跨种识别和分子机制等一系列重大发现。生命科学研究的每一个重大突破,都需要长时间的积累。结构生物学、合成生物学、基因编辑、体外胚胎发育、精神类疾病药物开发等研究在近年来持续升温。

在自然指数(Nature Index)全球生命科学领域领先研究机构的排名中,近年来中国的机构数量有所增长。2015 年仅有 4 家中国研究机构入围前 100 强,2019 年中国入围机构数目达到 9 家,且 2015 年上榜的中国科学院、北京大学、清华大学、复旦大学的排名均有较大提升。

3．生物科技

生物科技作为一个知识密集、人才密集、资金密集型产业，被认为是 21 世纪极具发展潜力和活力的产业，在拉动国家经济增长、支撑科技进步、参与国际竞争中具有重要作用，因此很多国家都将生物医药作为战略性产业，摆在突出和优先发展的位置(见图 4.23)。

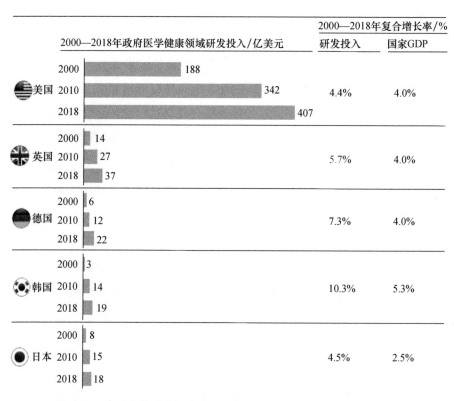

**图 4.23 全球生物科技领先国家的政府在医学健康领域的研发投入**

"十三五"期间，中国生物科技园区的数量从 2016 年的约 400 个增加到 2020 年的约 600 个，数量增长了 50%，而产值增长超过 80%。我国生物科技行业市场规模从 2016 年的 3 299 亿元增至 2020 年的近 4 000 亿元。在激烈的生物科技市场竞争中，与美国、日本、欧盟各国等老牌生物科技强国相比，中国在技术、人才、资本的较量中很难体现出优势。综合而言，中国的优势主要在于市场，一个经过长期酝酿、在"十三五"期间厚积薄发迎来新业态并将在未来具有更大发展可能性的市场。我国拥有病患数量庞大的潜在市场，巨大的、呈不断增长趋势的病患规模，是新药研发用之于民、惠及患者的出发点,是中国生物科技产业发展的一大动力。就产业而言,是依赖于需求而形成的一种优势。

虽然近年来我国生物科技企业历史性地挤进全球50强榜单,但是排名仍较为靠后,与老牌跨国制药大企业相比,无论是在销售额方面还是在研发投入方面都相距甚远,后者可以达到前者的几十倍甚至上百倍(见表4.10)。在研发层面,中国目前虽然具有市场和数量上的比较优势,但是在研发的层级水平以及产品的利润效益等可反映可持续发展能力与核心竞争力的指标方面,与欧美等国家还有较大距离。此外,中国医药市场已跃升全球第二位,但是创新药的数量只有全球的6%。在新药研发方面,中国多仿制药且仿制药等级不高,美国除2015年批准首例仿制药外,其余均为生物创新药。总体上看,我国目前生物科技产业处于上升期,进入原始创新阶段的基础、环境和条件已经显现,但仍不成熟,真正意义上的原始创新尚未开始。[①]

表 4.10　全球生物科技制药企业 50 强中国上榜 4 家企业与国外前 4 的比较

| 上榜药企前 4 中国 vs 全球 | 销售额 全球排位 | 销售额 | | 研发投入 | |
|---|---|---|---|---|---|
| | | 数额/亿美元 | 差距/倍 | 数额/亿美元 | 差距/倍 |
| 云南白药 vs 罗氏 | 37 vs 1 | 42.84 vs 482.47 | 11.3 | 0.25 vs 102.93 | 411.7 |
| 中国生物制药 vs 诺华 | 42 vs 2 | 33.73 vs 460.85 | 13.7 | 3.47 vs 83.86 | 24.2 |
| 恒瑞医药 vs 辉瑞 | 43 vs 3 | 33.21 vs 436.62 | 13.1 | 5.18 vs 79.88 | 15.4 |
| 上海医药 vs 默克 | 48 vs 4 | 28.75 vs 409.03 | 14.2 | 1.95 vs 87.30 | 44.8 |

4. 癌症

当前,由于人口基数庞大以及老龄化进程加快,中国在多个重大疾病领域的病患体量都居全球首位,其中癌症的发病率和死亡率一直是全球第一。根据国际癌症研究机构(IARC)统计,2018年全球有一半的癌症新发病例和死亡病例发生在亚洲,其中中国癌症新发病例430万,占比24%,为全球最高。而且,中国的癌症医药市场还体现为一个部分病种地域性差异形成的差异化市场,比如胃癌、肝癌、食管癌和宫颈癌等发病在中国更为普遍。

---

① 中国医药创新促进会,中国外商投资企业协会药品研制和开发行业委员会.构建中国医药创新生态系统——系列报告第二篇:推动基础研究,激活创新源头[R/OL].(2021-06-15)[2022-05-10].http://www.rdpac.org/index.php? r=site%2Fnews&id=210.

据全球知名咨询机构艾昆纬(IQVIA)统计和预测,全球肿瘤相关的医药市场规模从 2016 年的 960 亿美元攀升至 2020 年的 1 640 亿美元,复合增长率(CAGR)为 14.3%;下一个五年,全球的肿瘤治疗市场市值将以 9%～12% 的复合增长率增长,其中全球肿瘤免疫治疗市场有望以 11%～14% 的复合增长率增长。"十四五"时期较之"十三五"全球肿瘤市场的市值有望实现翻番,肿瘤免疫治疗领域的市值更是将实现 3 倍增长。2016—2020 年全球销量靠前的抗癌药物,国内企业已均有布局。比如具有广谱抗肿瘤药物之称的 PD-1/L1 抑制剂,上市后一直受到热捧。国内同靶点药企,如恒瑞、百济神州、信达、君实等众多企业相继布局,且 2020 年 4 种国产 PD-1 抑制剂——信达的信迪利单抗、百济神州的替雷利珠单抗、君实的特瑞普利单抗、恒瑞的卡瑞利珠单抗全部进入医保目录。据统计,国内 PD-1/L1 单抗市场规模在 2019 年已达到 63 亿元,并有望在 2024 年达到 819 亿元,这期间复合增长率为 67.2%。

### 5. 疫苗研发

回顾 2021 年,新冠疫苗的研发在一定程度上缓解了疫情的蔓延,然而新冠病毒在演化过程中出现频繁变异,表明全球新冠疫情仍处于高压态势。新冠疫情作为当今世界各国共同面临的巨大挑战,不仅加速了相关医疗技术的研发和应用,也促进了生命科学其他研究的发展和产业应用。国内外新冠病毒中和抗体药物研发进展快速,目前已有多个产品在临床上表现出良好疗效。

随着新冠病毒变异株的不断出现,更高效、更广谱的中和抗体疗法已经成为一种研发趋势。但再生元公司的组合抗体疗法对奥密克戎变异株失去效力的测试,意味着需要研发出能够靶向 S 蛋白保守位点的中和抗体才能应对不断变异的毒株。

## 4.3 基础研究领域的分类支持与管理方案

### 4.3.1 当前存在"卡脖子"环节的关键领域

1. "卡脖子"技术的内涵与重要性

随着现代化建设的深入推进,关键核心技术供给不足的问题日益凸显。如果只满足于把人家现成的东西拿来用,自己不掌握核心技术,总有一天是要被"卡脖子"的。我们应增强科技认知力、运用力,盯住战略性、前沿性、颠覆性技术发展,超前预置布局,锻造"大国重器",不断提高科技创新对经济社会的贡献率。要努力在基础理论创新、前沿技术创新、工业制造体系创新上求突破,在一些战略必争领域加快形成独特优势。

"卡脖子"技术是没有完全掌握,但对国家安全重要的不销售给中国的关键技术,具有投入高、耗时长、难度大的特点。"卡脖子"技术的稀缺性和高价值特点是"卡脖子"困境之所以可能的条件和原因。当稀缺同时高价值的技术被封锁,就会构成"卡脖子"局面。按照攻克所需时间长短,可以把"卡脖子"技术分为短期攻克和长远布局两类。在"卡脖子"技术的分类方面,短期与长期的区别在于是否已经受到技术封锁,以及是否极端重要。例如,已经面临技术封锁的技术,如中兴事件中的芯片,以及制约国家创新能力发展的重点产业中的重点技术,需要在较短的时间内集中力量攻克,这是短期攻克目标。那些目前并没有面临实质性封锁,在短期内也不是国家发展重点,但在较长的发展时期内具有重要作用的技术,需要提前布局并做好长远发展准备,这是长期技术攻克目标。

此外,在技术供给方式方面,从安全性角度看,技术供给方"不准或不愿意"向中国出口和"进出口贸易封锁""被技术供给方制裁""断供"的区别在于前者是国际贸易中正常状态下的不交易和不出口,而后者则具有突发性,是指那些日常可以通过正常交易获取的关键技术和产品的突然断供。这两种情况都属于"卡脖子"技术的范畴,但是突然断供对企业经营和经济运行的打击更大,威胁也更大。

2. "卡脖子"技术问题的综合解决方案

攻克"卡脖子"技术,光有决心、投入和科技人才还不够,必须形成强有力的管理和科学体制。在"卡脖子"技术攻坚战中,有关单位应按照创新发展规律、科技管理规律、人才成长规律办事,加强创新资源统筹,改进资源配置方式,有力有序推进"揭榜挂帅"机制,努力在攻克"卡脖子"技术上取得实质性进展,坚决打赢关键核心技术攻坚战。

(1)发挥新型举国体制优势,强化传统安全与非传统安全相统一

当前,百年未有之大变局进入加速演变期是我国进入新发展阶段面对的最大外部环境特征。从根本上来看,以5G技术、人工智能、量子科学等为代表的新科技革命正在撬动"大变局",从而深刻改变人类生产方式和社会组织形式,而新科技革命的本质就是创新。我国先后遭遇的中兴事件(2018)和华为事件(2019),深刻

暴露出我国当前科技发展所面临的"卡脖子"问题。强大的政治集中是分权得以有效推动经济增长、科技创新的前提。为了应对国家外部环境急剧变化和全球科技竞争愈发激烈的情况,构建国家向心力和凝聚力的政治优势、适应全球化发展的竞争优势、强化产学研用一体化的协同优势、科技创新驱动发展的战略优势,需要发挥新型举国体制,从而有效承接国家传统安全与非传统安全职责,在战略层面上凸显举全国之力、聚四方之才新功能。

科技创新新型举国体制作为举国体制在新时代的新发展,需要继承集中力量办大事的制度优势,更好发挥政府重大科技创新组织者和市场激励的协同作用,响应国家科技力量构成和利益诉求、科技创新边界融合和集成化趋势、国家发展与安全等内外条件变化的时代要求,围绕关键核心技术攻关需求,在统筹布局和配置国家战略资源、提高科技攻关组织化与协同化水平、强化科技攻关基础能力保障、激发举国体制活力与效率等方面,赋予新的内涵。一是构建纵向和横向政策组合体系,推动重点领域资源一体化统筹配置;二是面向关系国家战略的重大科学和工程创新任务与目标,发展壮大一批政产学研用创新联合体;三是完善国家创新生态系统,提高公共科技基础设施供给保障,大力培育发展国家创新机构,形成关键核心技术攻关长效机制;四是合理调整政府作用,推进举国体制与市场机制深入融合,更多利用市场竞争的激励和约束作用激发科技人才及团队的创造性。

(2)围绕前沿探索、源头性创新、颠覆性技术强化国家战略科技力量布局

经过多年持续积累,我国有越来越多的领域以并跑、领跑姿态进入世界科技前沿探索的"无人区",开始挑战重大前沿科学问题。探索世界科技前沿的"无人区",要从解决现实问题出发,寻找科学问题,围绕应用基础研究重点领域系统部署国家战略科技力量,特别是要围绕国家重大战略需求寻找应用基础研究方向,解决关键技术瓶颈背后的核心科学问题,在重大前沿科技领域实现更多"从0到1"的突破。在原创发现、原创理论、原创方法上取得重大突破,注重源头创新,主动担当重大突发传染病防控技术研发等国家急难险重科技任务,保持战略定力持续攻关,提供关键基础技术有效供给。围绕重大创新目标,贯通前沿研究、技术开发和成果转化的创新价值链,依托最具核心优势的科研单元,整合全国其他具有竞争力的科研力量,统筹布局大科学计划、大科学工程、大科学中心、国际科技创新基地、全球科技合作网络,促进各类机构之间创新性合作。从中长期来看,我国要积极参与国际大科学合作,为跻身于创新型国家前列乃至建设科技创新强国的远景目标奋勇前进。

这就要求我国在新型举国体制下，以关键核心技术攻坚为要务，着重在基础研究、原始创新、底层技术、国际规则与标准和科技法律伦理等领域展开合作。具体到合作项目上，要在人工智能、量子信息、集成电路、生命健康和空天科技等重大前沿科技领域构建覆盖产业链、创新链和资金链的国际科技合作网络。

（3）加快重大科技项目立项和组织管理方式改革，实行"揭榜挂帅""赛马"等制度，健全奖补结合的资金支持机制

作为新型科研组织模式，"揭榜挂帅"针对制约创新发展的重大科技难题，把攻关任务张榜公布，公开遴选战略科学家揭榜完成，具有目标清晰、需求明确、导向鲜明、开放参与等特点。在基础研究、应用研究、前沿技术开发、关键核心技术攻关方面，要继续积极探索"揭榜挂帅"制度。整合优化科技资源配置，广泛汇聚优势研发力量，把蛰伏的巨大科技创新潜能有效释放出来，有组织、高效率地破解科技难题。各方面在组织关键核心技术攻关、破解"卡脖子"技术难题"揭榜挂帅"时，要充分发挥新型举国体制优势，推进"产业链-创新链"深度融合，"锻长板-补短板"相互结合，不拘一格降人才，才能使一批战略科学家、科技领军人才、创新团队脱颖而出，重大科技成果持续涌现，形成"科学发现-技术发明-产业创新"的良性循环。

在实施"揭榜挂帅"的过程中，要明确"揭榜挂帅"适用范围。从战略目标看，要以国家战略需求为导向，围绕国家使命组织跨学科、大协作和高强度"战役"，引导国家战略科技力量勇攀战略制高点，高举高打、稳扎稳打。从战术目标看，要以形成战略性技术和战略性产品为牵引，围绕核心基础零部件、基础元器件、先进基础工艺、关键基础材料、产业技术基础和基础软件等基础需求，系统部署适宜签"军令状"、能进行"里程碑"考核的攻关任务。从推进策略看，要紧扣目标要求，形成梯次接续、压茬推进的攻关任务布局，重点支持青年人才冲一线、挑大梁、当主角，敢于向创新领域进军。强化"揭榜挂帅"部门协作、上下联动，推进政策协同、有效衔接，促进信息共享、生态共建，确保战略目标实现。

### 4.3.2　符合科技进步大方向的核心领域

1. 把握科技进步大方向的内涵与重要性

当今世界，新科技革命和全球产业变革正在孕育兴起，新技术突破加速带动产业变革，对世界经济结构和竞争格局产生了重大影响。实施创新驱动发展战略，首

先要看清世界科技发展大势。综合起来看,现在世界科技发展有这样几个趋势:一是移动互联网、智能终端、大数据、云计算、高端芯片等新一代信息技术发展将带动众多产业变革和创新;二是围绕新能源、气候变化、空间、海洋开发的技术创新更加密集;三是绿色经济、低碳技术等新兴产业蓬勃兴起;四是生命科学、生物技术带动形成庞大的健康、现代农业、生物能源、生物制造、环保等产业。面对世界科技发展新趋势,世界主要国家纷纷加快发展新兴产业,加速推进数字技术同制造业的结合,推进"再工业化",力图抢占未来科技和产业发展制高点。一些发展中国家也加大科技投入,加速发展具有比较优势的技术和产业,谋求实现跨越发展。从国际上看,全球科技创新呈现出新的发展态势和特征,物质结构、宇宙演化、生命起源、意识本质等基础科学领域正在或有望取得重大突破性进展,信息技术、生物技术、新材料技术、新能源技术广泛渗透,科技创新链条更加灵巧,技术更新和成果转化更加快捷,产业更新换代不断加快,创新战略竞争在综合国力竞争中的地位日益重要。

基础研究是所有科学技术的理论和知识源头,是科学、技术、产业和社会发展的源动力。一个国家基础研究能力的强弱决定着其科技水平的高低和国际竞争力的强弱。英、德、法、美、日等科技强国都是高度重视基础研究的科技强国。我国当前多项科技指标位居世界前列,但对现代人类知识体系的基础科学贡献仍不多见,领先技术屈指可数。在我国建设世界科技强国的进程中,首要任务就是加强基础研究。

2. 把握科技进步大方向的综合解决方案

世界正处于百年未有之大变局中,国家之间的竞争归根结底是科技与人才的竞争。习近平总书记指出:"自主创新是我们攀登世界科技高峰的必由之路。"我国要成为科技强国,就必须勇于探索、敢于突破、锐意进取,最关键的是始终坚持独立自主、自主创新。基础研究是自主创新之基,放眼全球,世界科技强国无一不是基础研究强国。我国要建成科技强国,持续增强自主创新能力,从根本上解决"卡脖子"问题,实现"领跑、并跑、跟跑"同步追赶,争取非对称赶超,就必须真正重视、稳定支持、有效推进基础研究工作,切实提升基础研究的地位。

(1)制定基础研究政策体系

把握科技进步大方向,重视基础研究,亟须制定反映国家战略意志的基础研究政策体系,对重大基础研究成果提供长期支持。根据国际通行的定义,基础研究不以实际应用为指挥棒,而是追求新知识、构建新体系、提出新概念、建立新理论、给出新方法、揭示新规律。因此必须制定科学有效反映国家战略意志的基础研究政策体系,一方面旨在满足自由探索的需要,另一方面要集中力量快速有效地解决国家发展中战略性需求所涉及的重大基础科学问题,包括即将面临和未来可能的"卡脖子"问题、短板问题,形成有效的资源配置与任务组织体系。一是优化基础研究重点布局领域体系,要致力于在信息科学、生命科学、材料研究、空间科学、能源科学、环境科学等方面完成一批满足国家战略需求、以应用为导向的定向基础性研究成果,突破关键瓶颈并形成理论基础。二是加强建设完整系统的基础研究优秀科学人才培养和配置体系,形成"以我为主、为我所用"的国际科技合作计划和科技人才交流体系,初步建成优秀基础研究人才培养和职业生涯发展体系。三是完善基础研究稳定经费支持政策体系,协调好国家顶层设计的竞争性择优支持计划经费、国家战略科技机构针对战略科技领域自主配置的稳定支持机构预算经费、自然科学基金类项目支持的自由探索性高风险基础研究项目经费间的相互关系,使国家和机构定向基础研究、个人与团队自由探索性高风险基础研究等竞相迸发。四是遴选建设和支持一批新型的、以前沿重大挑战性科学问题研究为导向的专业领域卓越创新机构、研究单元及一流人才团队,形成面向重大挑战性科学难题开展持续攻关的国家基础研究创新主体体系。

（2）制定合理的评价考核制度

把握科技进步大方向,重视基础研究,亟须尊重从事基础研究和核心技术攻关的科学家在思想上和学术上的自由,提供宽松的考核环境,制定符合基础研究学科特点的评价考核制度。基础研究需要有勇气异想天开,大胆走前人没有走过的路,因此需要良好的环境、肥沃的土壤、浓郁的学术氛围,所以从事基础研究的科学家在思想上和学术上应该有充分的自由。基础研究的评价考核也应该和应用性研究与技术研究不同。当前,迫切需要解决青年科研人员中长期学术积累的体制机制,尤其要制定符合基础研究学科特点的评价考核制度,使从事基础研究的科研人员不必整日忙于立项、评估、总结、汇报,忙于说服领导和评委,不必夜以继日地追评奖、争"帽子"、谋名誉,以此提升社会地位、改善生活条件。基础研究最重要的是人才,培养与使用是人才问题的根本,用人单位的关键是要培养好、使用好现有人才。培养人才必须依靠现有人才,一个单位只有极大地发挥了现有人才的聪明才智,使其有英雄用武之地,才能吸引更多外来人才良禽择木。此外,用好现有人才,要立足对青年人才的培养使用。

（3）构建合理的支持模式

重视基础研究,要针对基础学科自身的特殊性,在拨发经费、日常管理、评判考核等方面形成与应用型学科不一样的支持模式。要成为世界科技强国,成为世界主要科学中心和创新高地,必须拥有一批世界一流科研机构、研究型大学、创新型企业,并能够持续涌现一批重大原创性科学成果。就基础研究而言,我国应基于已有基础和优势,加强顶层设计,在我国当前科研机构体系中凝练和组织研究队伍,重点支持和建设一批卓越创新研究机构。而建设卓越创新研究机构,不应该有统一的模式。新型国家实验室、重大科学前沿卓越创新中心等卓越创新研究机构,不是从零开始建设,而是在有基础、有积累的研究机构基础上遴选、认定、优化和引导建设;也不能按照传统科学研究机构的管理模式,一律要建成所谓的独立法人机构,承担"吃喝拉撒"等一切社会责任,致使卓越创新机构背负沉重的社会责任负担而无法轻装上阵去做"卓越科学创新"的工作。建设新型国家实验室、卓越创新机构,应因地制宜,宜大则大、宜小则小、宜法人机构则法人机构、宜非法人机构则非法人机构,要完全根据发展需要,不能一刀切。此外,基础研究需要长期稳定的支持。重大基础研究成果通常需要科学家坚持数年乃至数十年专注某一课题才能获得,因此不论是国家顶层设计的定向支持经费、机构自主配置的预算经费,还是自然科学基金类项目经费,都必须强调资助的长期性和稳定性。

### 4.3.3 符合产业大革命趋势的基础领域

#### 1. 产业大革命趋势的内涵与重要性

以互联网、大数据、云计算、人工智能、区块链等新一代信息技术广泛应用为主要标志的新产业革命正在全球迅速发展,成为重组全球资源要素、重塑全球经济结构、改变全球竞争格局的关键力量。国内外关于新产业革命的观点认为,信息技术的创新与制造业的全方位渗透融合（见图 4.24）,以及能源、材料、生物等领域的多点突破,共同造就了新产业革命。在新产业革命浪潮席卷下,世界各主要经济体越来越意识到生产生活方式、经济形态和制造模式将由此发生颠覆性变革,并纷纷采取战略举措,力争抢占制造业发展制高点。因此,美国联邦政府于 2013 年提出"国家制造业创新网络"计划（National Network for Manufacturing Innovation,NNMI）,计划在全国范围内建立多个制造业创新中心,形成新技术研发和产业化的协作网络,从整合制造业创新资源、促进集成创新的角度推动先进制造业发展。德国意识到自身在信息通信技术和信息化领域的不足将严重影响其制造业的未来竞争力,因此提出了工业4.0战略,其内涵是发起并引领以智能化为标志的第四次工业革命。这启示中国,为了应对产业革命的新业态,应主动规避技术劣势,将创新作为制造业发展的重要出路,在继续维持原始创新能力的基础上,加强应用性融合创新,并充分利用技术、市场、金融等领域的优势加快构建竞争新优势。

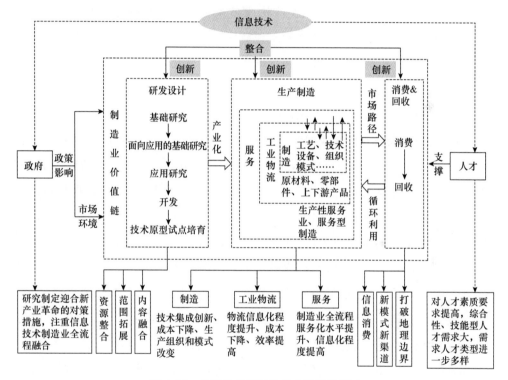

**图4.24　信息技术对制造业全流程的影响**

## 2. 紧抓产业大革命趋势的综合解决方案

产业革命是建立在技术变革基础上的生产方式的根本性改变。当前,新一轮科技革命和产业变革正在加速重构全球制造业体系,重塑制造业的国际分工格局。随着新产业革命的冲击日渐显现,世界各国对先进制造业发展制高点的争夺日趋激烈,发达国家对新兴经济体和发展中国家防范日深,设置了各种防范措施。在新产业革命的挑战面前,以美、德等为代表的发达国家不仅具备良好的制造业基础、成熟的市场环境和突出的创新能力,而且已经通过制定国家战略占据先机;新兴经济体和发展中国家如不尽早摆脱"路径依赖"的发展模式,就有可能陷入"只赶不超"的困境,失去利用新产业革命实现"换道超车"的机会,甚至可能被进一步拉大差距,所以必须有所应对。

目前我国正面临国际上的"双向挤压"和国内要素结构快速变动的双重挑战,未来一段时期将是经济增速换挡期、结构调整阵痛期和创新驱动关键期。面对新产业革命的挑战,供给侧改革迫在眉睫。为此,国家已做出一系列战略部署,包括发布《中国制造 2025》、成立国家制造强国建设领导小组办公室等,在宏观层面明确了总体目标和实施路径。但总体而言,紧抓产业大革命趋势发展任务仍十分繁重,要同时完成 2.0 补课、3.0 普及和 4.0 升级这三项任务。为此,更需要潜心发掘自身比较优势,结合国外先进做法进一步调整和优化我国创新发展的政策体系和具体举措。

(1)合理配置创新资源,大力发展先进制造业,加快科技成果转化

基础能力薄弱已经成为我国制造业发展的"卡脖子"问题,创新能力不足是限制制造业基础能力提升的关键短板。造成我国制造业创新能力不足的原因很多,归纳起来主要是创新资源配置不合理,创新活动与产业化严重脱节,竞争前关键共性技术供给不足等。为此,我们可以借鉴美国、法国等国的经验。一是政府加大早期市场培育和企业行为引导力度,通过建立首购制度、完善保险补偿机制、实施示范工程等,为新技术、新产品、新模式提供早期市场机会。二是建设一批高水平创新主体,借鉴美国制造业创新中心等机构的经验,吸纳多方面创新资源集聚,探索采取新机制、新模式,改建或组建一批制造业创新中心,为特定行业提供竞争前关键共性技术供给,避免重复投入。三是组织建设一批创新企业和产业技术联盟,统筹推动技术、产品、业态和模式创新,开展人才培训,完善创新链条,弥补原始创新与应用创新、应用创新与产业化之间的短板。四是强化标准制定和专利布局,加强重点领域关键核心技术知识产权储备,构建产业化导向的专利组合和战略布局,支持组建知识产权联盟。

(2)营造创新环境,配置创新资源,鼓励市场变革

在新一轮产业革命的背景下,大量产业正悄然发生变革。具体来说,在新能源领域,第三次能源革命正悄然发生,中国也已走入能源转型的"十字路口"。可再生能源的发展不仅局限于环保,而且在未来意味着经济发展的主动权,成为引领全球经济的新引擎。能源行业向可再生能源的过渡过程中所减少的就业,会被要素深

化以及经济变革带来的乘数效应不断消纳,可再生能源体系的创立或正推动新一轮产业革命的步伐。机器学习、自然语言处理、图像处理和数据挖掘等人工智能技术驱动了工业 4.0 时代关键技术的发展,使得物联网、高级嵌入式系统、移动机器人、云计算、大数据、认知系统、虚拟现实和增强现实等技术迅速成熟应用,人工智能对产业革命的驱动作用日趋显著。网络化生产组织正成为智能革命的新范式,用户由传统的价值接受者转变为定义者,参与价值创造。数据作为生产要素具有自生产和资产自增值特性,数据资源和数据连通会使生产组织发生根本变化。数据连通机制会成为科层制、市场交易和长期关系的颠覆性替代机制。因此,应不断营造创新创业的宽容环境,为新兴产业提供早期市场机会,配置创新资源。在营造创新创业环境方面,采取立法、税收优惠、简化审批、降低行业准入等措施激发市场主体活力。在提供早期市场机会方面,采取政府首购制度,并在政府采购上进行特定倾斜。在配置创新资源方面,注重通过话语权分配、决策权设定、资本配比、注资方式等手段合理组织各方力量,最大限度地保证创新方向与市场需求相匹配。需要注意的是,在发展过程中,应注重科学发展,必须警惕转型升级所带来的高昂经济成本。

（3）加快超前布局一批前沿关键技术研发,抢占一批产业价值链高端环节和竞争制高点

大量国际实践表明,采取跟随战术可以在短期内相对较快地提升产业发展水平,但要想赢得国际话语权和产业发展主导地位,就必须在某些方面实现整体超越,抢占一批产业价值链高端环节和竞争制高点。因此,我们要在新能源装备（核电、风电等）、航空航天、高铁等轨道交通装备、移动智能终端、新能源汽车、载人深潜等海工装备等我国已具备或部分具备比较优势的行业领域,超前布局一批前沿关键技术研究,瞄准产业发展制高点,组织开展联合攻关,抢占产业发展的技术主导权。在这一过程中,我们要在明确界定与市场界线的基础上充分发挥政府作用,参考英、法等国的相关经验,在行业前沿技术创新的决策制定乃至执行全过程中,通过合理的机制设计充分吸纳产业界、科技界介入,而不是仅仅作为"外脑"参与评估和监督。同时,加快推动制造业的数字化、网络化、智能化转型。迎合新产业革命挑战,要从制造业价值链全流程入手设计政策措施,但关键还是制造环节。信息通信技术与制造业融合的深度和广度直接决定了制造业升级的速度和质量。美、德等发达国家把创新成果产业化作为主要目标,加强供需对接和技术分享,激发企

业积极性使其成为弥合研发与生产之间鸿沟的主要力量。要从战略高度明确制造业数字化、网络化、智能化的转型方向,调动资源统筹支持。强化对生产设备的信息化改造,试点设立智能车间和智能工厂,摸索出一批适合我国产业发展特点的智能制造整体解决方案。制定制造业与信息产业统一的标准体系,建立跨领域新产品认证制度,推进融合产品市场化。注重产需对接,搭建产业供需交流平台,减少信息不对称。

### 4.3.4　符合"非对称"赶超的战略领域

1. "非对称"赶超战略的内涵与重要性

传统创新理论认为,在创新资源有限的条件下,创新主体之间容易发生激烈的资源竞争。而对于核心、高端科技来说,由于研发投资大、周期长、风险高,在资源竞争中往往处于劣势,这就使得本已极为复杂的创新工作变得异常艰难。显然,解决这一问题,需要政府作为市场竞争的外生力量,对创新资源配置进行顶层设计,即:服务于国家科技发展战略,实施高效的科技创新政策,以集聚优质创新资源,攻克核心、高端科技难题。这种创新资源配置方式明显带有"不均衡""非对称"特征。"非对称"赶超战略的思想起源于军事战争中的非对称战争,而后应用于经济和管理等领域,形成非对称竞争优势理论。自 2013 年以来,习近平总书记先后多次公开提及"非对称"赶超战略。"非对称"赶超是根据国内外创新环境变化,利用自身资源禀赋的优势和结构性特点,坚持"有所为有所不为"的原则,采用不为对手所知的技术轨道、策略战术,赶超发达国家的一种指导思想。在创新资源和创新能力不足的条件下,它规定了中国科技发展的方向,必然对科技创新政策提出更高要求。应"非对称"赶超战略的新要求,中国科技创新政策必须以"并行、领跑"为取向,以"继续扬长、按需补短"为目标,构建起"三位一体"的政策工具系统。

2. "非对称"赶超的综合解决方案构建

在创新驱动发展战略指引下,中国科技创新不断取得新突破,部分领域已达到世界领先水平。然而,机遇与挑战并存,核心技术受制于人的"卡脖子"技术难题仍然存在,整体科技实力呈现出"大而不强"的特征,亟须依托科技"非对称"赶超扭转这一局面(见图 4.25)。伴随着中国进入新时代中国特色社会主义新阶段,科技发展逐渐从"跟跑"转向"跟跑、并跑、领跑并存",面临诸多新形势、新环境、新任务。同时,世界范围内新一轮科技革命正在兴起,突破核心科技瓶颈和推进颠覆式创新成为重要现实任务。因此,需要不断巩固"非对称"优势并锻造出更多"杀手锏"技术,确保中国关键核心技术自主可控,进而实现科技自立自强。

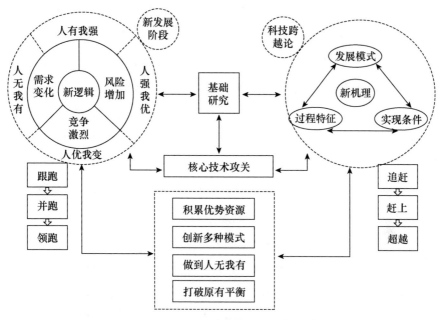

**图 4.25　科技"非对称"赶超理论内涵及运作机理**

（1）集中力量发展重点领域

有重点、前瞻性地选择对本国未来发展具有重大意义的科学技术领域,集中力量实现率先突破,超前部署"非对称"赶超的国家战略科技力量。当前,科技创新与产业革命为科技进步提供了跨越发展的客观机遇,颠覆性技术发展呈现方向选择增多、应用需求增强、成功概率增大的总体态势。从时机的把握上看,当前正是推动颠覆性技术发展,进行国家"换道超车"的机遇。因此,必须建立"非对称"赶超自信,高度重视颠覆性技术带来的突破机遇。以重大专项为引领,在能源、水资源和环境保护、装备制造技术和信息技术、生物技术、空天和海洋技术等若干重点领域带动跨越式发展,以国家目标和战略需求为导向,加快部署以国家实验室为引领的国家战略科技力量。要超前规划布局,加大投入力度,着力攻克一批关键核心技术,优先在前沿基础科学交叉领域、新一代信息技术、新型能源、先进材料、深空地和现代医学等领域,尽快布局建设一批突破型、引领型、平台型国家实验室,广纳一流英才,打造抢占国际科技竞争制高点的重要战略创新力量。发挥军民融合创新优势,把国家战略科技力量布局与国防科技创新布局有机结合起来,大力推动关系国家战略安全的颠覆性技术发展。

在新一轮的战略竞争格局中,我们必须按照习近平总书记的要求,从国情出发确定跟进和突破策略,按照"主动跟进、精心选择、有所为有所不为"的方针,采取"非对称"赶超战略,发挥好自身优势,重点针对 2050 年都不可能赶上的核心技术领域,针对"卡脖子"的关键技术领域,研究部署"非对称"赶超措施,加速赶超甚至引领步伐。我们既要鼓励支持"从 1 到 N"的持续性技术创新,筑牢我国现有优势、建立"非对称"赶超自信的基石,又要重视"从 0 到 1"的颠覆性技术创新,找准实现赶超战略的突破口。

(2) 制定中国科技"非对称"赶超策略

充分借鉴英美等国在办学方式、政策安排、策略选择等方面的成功经验(见图 4.26),制定完善的中国科技"非对称"赶超策略。科技"非对称"赶超是理论与实践相结合的产物,不仅具备深厚的理论根基,也具有丰富的历史进程。中国作为典型的后发国家,虽然进入新发展阶段后科技赶超需要依赖更多自主创新,但仍应以开放包容的姿态参与国际交流与合作,充分吸收借鉴科技强国在"非对称"赶超方面积累的有效经验。例如,英国主要在细化现代自然学科门类上具有"非对称"优势,在推进基础研究和工业革命实践中实现了科技赶超;美国注重建立产学研政合作创新体系,充分释放各方,积极依托新型举国体制有效集聚各方优势资源,更好地推动国家重大科技项目落地实施,并从战略规划角度出发引领更多核心技术突破。

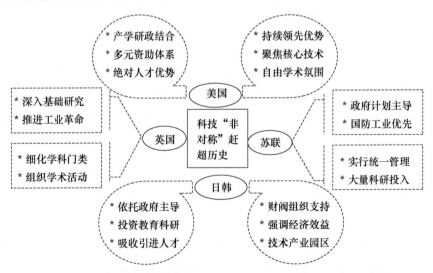

**图 4.26 世界各国在不同历史时期推进科技"非对称"赶超的有效措施**

同时,美国还在新发展阶段充分把握战略机遇,优化人才培养生态环境。在积累"非对称"优势的基础上推进科技跨越式赶超并非一味追求高速度,而应以遵从客观规律为基本前提,在无数技术提升的量变积累中实现技术跨越式赶超,避免由于盲目追求数量而导致的科技创新"大跃进"问题,依托科学合理的"非对称"赶超模式促进更多尖端技术实现"从 0 到 1"的突破。

(3)综合运用科技创新政策工具

实现"三位一体"科技创新政策工具的综合运用,对接科技创新政策取向和目标的转变,对政策工具做出调整。根据作用范围和实施目标差异,科技创新政策工具大体可以分为三类:供给面政策、需求面政策和环境面政策。从已有的科技创新政策文件来看,供给面政策占比达到了 70% 以上,环境面政策占比不到 20%,而需求面政策占比仅为 10% 左右。不均衡的制度安排很难整合并有针对性地推动科技创新发展,以有效"继续扬长";不利于发挥需求面政策的引领和引导作用,以更好地实现"按需补短";环境面政策建设的滞后,很容易导致科技创新的低质和低效。为适应国际科技竞争和产业革命大趋势,必须建立一个"供给"有效、"需求"引导、"环境"友好的"三位一体"政策工具系统。

在供给面政策上,要提高政策工具的系统性和普惠性。依靠有保有压、有抓有放的差异化资源供给策略,供给面政策可以有针对性地推动科技发展,有利于实现"继续扬长"的政策目标。构筑优劣互补、指向明确、协同发力的政策工具系统,发挥多元化供给面政策的整体效能,势必能够提高创新资源的使用效率。这就要求细致甄别科技创新的层次、深度、难度,有针对性地系统化设计供给面政策工具;同时,积极探索供给面政策的边界,从而借助市场竞争力量,共同实现创新资源供给的高效化和集约化。另外,正是由于来源复杂,众多供给面政策普遍采用了竞争性、专门性操作规程,所以很容易导致企业实施策略型创新,催生出"有量无质"的创新。因此,提高供给面政策工具的普惠性,有利于扩大市场在创新资源配置中的作用,必然能够增强科技创新的质量和效率。比如,中小企业不仅在能耗性、成长性和灵活性等方面拥有明显优势,而且也具备创新性强、科技含量高等特征,日益成为科技创新的重要载体。但是,中小企业在成长前期拥有的资源禀赋普遍不足,而在后期获取和配置资源的能力又十分欠缺,容易造成融资渠道的狭隘。因此,将税收优惠、财政补贴等政策工具进一步向中小企业倾斜和覆盖,显然有利于增强其资源基础,提高它们的创新发展能力。

在需求面政策上,要丰富政策工具,制定实施细则。需求面政策的学理基础是重视需求方的偏好表达,让市场需求撬动创新发展,以改变创新活动主体的短视行为以及创新成果转化的低下效率。《国家创新驱动发展战略纲要》提出的"四个面向",即面向世界科技前沿、面向经济主战场、面向国家重大需求、面向人民生命健康,就侧重强调了需求方对于科技创新活动以及科技成果转化的引领和引导作用,充分显示出需求面政策建设的紧迫性与重要性。针对当前需求面政策建设的不足,一是要积极探索出台符合"非对称"赶超战略要求的政府采购技术标准体系,组织开展自主创新产品认定管理工作;制定政府采购支持科技创新的实施细则,健全科技创新产品和服务优先采购政策,加大政府采购力度;研究创新消费政策,调动社会公众参与创新活动和消费创新产品的积极性,带动新技术、新产品在全社会的推广应用。二是在国际市场上,有针对性地支持科技创新企业通过海外并购、联合经营、设立分支机构、国际会展等方式开拓科技创新海外业务;完善电子支付、资金结算、报关通关等服务体系,推动科技成果和创新产品出口;鼓励银行业金融机构开发符合技术贸易特点的金融产品,激发科技研发动力,促进科技成果转化。

在环境面政策上,要加强创新文化和市场环境建设。良好的环境是科技创新的催化剂,它远比优惠政策的激励效果更为重要。针对当前环境面政策建设的滞后,一要着力打造创新文化,这包括:大力弘扬创新精神,提高全社会对创新驱动发展的认识,倡导敢为人先、宽容失败的文化理念,调动社会各方面力量参与创新的主动性、积极性,营造有利于科技创新的良好舆论环境和社会氛围;提升社会公众的科学素质,增强创新自信,充分发挥创新文化在科技创新中的引领作用;加大简政放权力度,实施科技创新领域的"放管服"改革,激发创新主体的活力和企业家精神。二要塑造与国际接轨的公平、开放、透明的市场竞争环境。这要求打破行业垄断、市场分割以及地域限制,将多余的生产要素从过剩地区、行业导出,按照边际产出与规模报酬的比价自由流动,让市场成为创新资源配置的主导力量,充分发挥创新主体的技术禀赋优势。三要放松要素价格约束,建立要素价格倒逼创新的机制,迫使企业从过去依靠低性能、低成本竞争转变为依靠科技创新优势、实施差别化市场竞争策略。

# 第五章　面向伙伴关系的国际科技合作

## 5.1　全球科技合作态势

国际科技合作是促进一国科技发展、改善国际关系、解决科学难题的重要途径。当前,国际科技合作已成为许多国家制定科技创新战略与政策的重要内容,在全方位、多层次、宽领域的国际科技合作格局下,欧美等发达国家在国际科技合作领域成效显著。

发达国家强化科技前沿布局和集聚全球创新资源的成功做法值得我国学习借鉴,可归纳为五个方面:重视国际科技合作顶层规划,积极构建国际科技合作平台,坚持国际合作与自主创新的协调发展,重视高层次科技人才的引进与交流,加强社会科技资源利用。

### 5.1.1　重视国际科技合作顶层规划

经济与科技全球化的不断深化,进一步推动了国际科技合作的发展,国际科技合作已经成为世界各国政府制定科技战略与政策不可或缺的一部分。国家科技创新体系通常包括政府部门、科研机构、企业、高等学校等主体。在政府层面上,科技发达国家通常根据自身发展需求,与其他国家或地区签订双边或多边科技合作协议,规范彼此对外科技合作规则与模式。如欧盟将国际合作的第三国分为工业化国家及新兴经济体、欧洲自由贸易联盟(EFTA)国家与发展中国家,并采取不同的策略以实现不同的合作价值。[①] 日本针对不同国家、不同领域采取区分政策,具体为对美国、欧盟等采取竞争性合作政策,对拥有丰富研究经验的国家采取互补性合作政策,对发展中国家则采取援助性合作政策。此外,作为日本资助科研核心机构之一的日本学术振兴会(JSPS)积极参与国际科技合作,在与世界众多国家或相关科研机构开展合作中,针对不同对象设立了相应的科技计划。[②] 德国则围绕科技合作顶层规划,根据合作对象特点或各国所在区域、部门和需求等特点量身定制科技合作项目。在顶层设计上,发达国家多采取将不同对象国按照科学创新体系和科技发展程度不同进行分类,并设置不同的国际合作目标和多年路线图。

企业是技术创新的主体,发达国家的多个政府职能部门都承担着部分国际科技合作管理工作,这些部门从不同角度、不同层面对企业给予了一定程度的政策、资金和资源配置等方面的支持。如日本政府为鼓励企业通过开展国际合作引进国外先进技术,综合采取了投资、信贷、税收、价格、外汇管理等多种手段,并以法律形式固定下来,对引进最新技术、设备的企业,国家给予相当于进口价格一半的补助费,优先提供贷款,对消化吸收经费给予充分保证等。韩国在鼓励外商投资以引进高新技术的同时,制定法律促进技术的消化、改良和产业技术的自主开发,并且建立起庞大的技术扩散体系和技术服务体系,以帮助新技术能够在较短时间内扩散并被大量中小企业应用。

高等学校是国家创新体系的重要创新主体之一。从知识创新来看,高等学校处于知识生产的主导地位,成为几乎所有其他主体经费的投入方向,并将形成以高等学校为主体,与其他机构相联系,具有创新资源整合、共享、优化配置和创新等整体功能的系统结构。

### 5.1.2 积极构建国际科技合作平台

发达国家通过签署双边、多边科技协定,搭建平台设施等建立长期、稳定的战略合作伙伴关系,吸纳全球科技创新资源,促进科技突破和应用转化。比如,"欧盟科技框架计划(FP)"始于 1984 年,是世界上规模最大的官方综合性研发计划之一。到目前为止,参与者遍布全球近 200 个国家,涉及近百万个高水平科研院校及

———————

① 范英杰、刘丛强.欧盟科技国际合作战略分析及启示[J].中国科学基金,2017,31(04):364-370.

② 敖青.日本国际科技合作的政策与组织模式探讨——以日本学术振兴会为例[J].科技创新发展战略研究,2018,2(3):50-57.

企业。[①] 欧盟框架计划的特点是研究水平高、涉及领域广、投资力度大、参与国家多,本身就是国际科学合作的范例,在欧洲科技一体化过程中发挥了重要作用,推动了"欧洲研究区"的建设。欧盟在国际科技合作中采取基于框架计划的网络化合作方式,有助于合作伙伴之间的相互学习,平衡各方科技能力的不对称,搭建了良好的国际科技多边合作平台。瑞士发起"瑞士网络",在国外设立办公室或联络处,建立了瑞士与全球网络在教育、研究和创新方面联系的纽带。[②] 德国的工业制造以及职业教育是发展中国家最为需求的,德国已在发展中国家建立了庞大的科技合作网络。在美国,联邦政府与 110 多个国家或地区签订了 900 多份科技合作协议或谅解备忘录。此外,美国各州政府与其他国家签订的科技合作协议更加数不胜数。发达国家通过发展开放式科研体制,建立了广泛的国际科技合作关系网络,推动了国际科技合作机制平台的搭建。

### 5.1.3　坚持国际合作与自主创新的协调发展

从发达国家发展的历史进程看,技术引进是提高企业技术水平的重要手段,是发达国家加快经济发展必不可少的因素。尤其是 20 世纪的日本和韩国,是世界众多国家中通过技术引进获得经济快速发展的成功典范。自第二次世界大战结束以来,日本以服务本国经济发展与科技进步,弥补国内技术、人才、资源缺陷作为出发点,采用技术许可的方式引进技术,并以国际科技合作推进本国自主创新,取得了瞩目的成效。韩国的国际科技合作战略则主要是在薄弱领域加强国际合作,在优势领域则强调自主研发。[③]

科技创新发展的一种重要推动力就是国际技术转移,从发达国家科技发展的历程中可见,引进消化吸收再创新对科技进步起到重要作用。

### 5.1.4　重视高层次科技人才的引进与交流

人才在创新资源中居于首位,有效吸收并利用高层次人才已成为各国推进国际科技合作的重要手段。发达国家的人才引进手段主要分为移民政策与提高奖励待遇这两种(见表 5.1)。

---

①　许慧.欧盟地平线 2020 计划及对我国 2011 计划的启示[D].杭州:浙江大学,2014.

②　杨娟.瑞士国际科技合作的经验和启示[J].全球科技经济瞭望,2018,33(7):72-76.

③　中国科学院发展规划局.韩国科技创新态势分析报告[M].北京:科学出版社,2011:7.

欧盟与美国是实施移民政策的典型案例。欧盟制订专项人才计划,美国则长期以来重视对国外高端优秀人才的引进及利用,早在1930年美国就已实行知识移民优先政策。现在,美国至少每年吸收各种科学家、工程师移民8万人,成为世界上人才引进的最大受益国。

发达国家为加强人才引进,更多采取改善研究条件和研究待遇,提高对科研人才吸引力的政策,例如日本设立的各种奖金激励制度,包括科学研究补助金与表彰奖金。瑞士设立了瑞士版"伊拉斯莫"计划促进与欧洲的人才流动,设立优秀奖学金吸引非欧盟留学生,加强对青年科研人员的支持,极大地提升了瑞士对全球年轻科研人才的吸引力。德国一方面引进外国优秀的科学家和学生,并为在国外工作的德国青年科学家创造回国条件;另一方面则十分重视青年科学家的成长,例如洪堡基金会为所有学科做出突出贡献的非德国青年学者和科学家提供资助。[①]

表5.1 部分发达国家或地区的人才引进政策与措施

| 国家或地区 | 人才引进政策与措施 |
| --- | --- |
| 欧 盟 | 实施吸引杰出人才移民的"蓝卡工程",吸引非欧盟国家的高素质人才到欧盟工作 |
| 美 国 | 多次修改引进国外科技人才的移民法,对于有成就的科学家,不论其国籍、资历和年龄一律优先进入美国 |
| 日 本 | 日本学术振兴会针对不同领域设立科学研究补助金,按照申请人是否为在日专职研究人员给予不同额度资助;设立"日本学术振兴会奖",主要表彰并奖励各学科优秀的外国青年学者 |
| 瑞 士 | 设立了瑞士版"伊拉斯莫"计划;设立优秀奖学金吸引非欧盟留学生;加强对青年科研人员的支持,其国家科学基金会对申请者的限制条件较少 |
| 德 国 | 引进外国优秀的科学家和学生,为在国外工作的德国青年科学家创造回国条件;重视扶持青年科学家成长 |

### 5.1.5 加强社会科技资源利用

发达国家的社会科技资源丰富,非政府资助也占了科研资金资助版图很重要的一部分。例如英国的维康信托基金、德国的马克斯·普朗克研究基金、瑞典的瓦伦堡基金。在美国,除了联邦政府设立的科研基金外,还有大量的慈善团体和私人基金以各种方式来资助科研的开展。发达国家的民间基金会对国际合作也高度重

---

① 黄日茜,李振兴,张婧婧.德国国际科技合作机制研究及启示[J].中国科学基金,2016,30(3):262-268.

视并加大资助力度。

高等学校、科研机构乃至科学家个人之间的交流合作也是各国开展国际科技合作的主要渠道之一。例如德国许多大学与国外都保持着紧密合作。德国大学校长联席会议是德国大学院校对外合作交流的整体代表,成员包括 81 所大学、130余所应用技术大学以及师范和艺术类学校。目前德国大学校长联席会议已与美、澳及中南美洲等地大学签署相关学术合作协议,共有 267 所公立大学参加,包含高达 94% 的大学在校生。发达国家在国际科技人才合作上形式多样,多与其他国家或地区建立了多领域、多层次、多渠道的人才交流合作机制和网络。

近年来,许多发达国家都认识到跨国公司研发机构的重要性,并出台了一系列政策来鼓励研发中心的建立。美、日、韩等国的跨国公司正加速在不同的国家建立研发机构,并通过并购外国企业以及海外子公司开展合作研发等活动,充分利用全球科技资源,获得更强大的竞争力,成为推进科技全球化的主要力量。跨国公司的研发活动已经成为国家创新体系的有机组成部分。

## 5.2　构建全面融合的科技合作伙伴关系

习近平总书记在中国科学院第十九次院士大会、中国工程院第十四次院士大会上的讲话中指出,“要深化国际科技交流合作,在更高起点上推进自主创新,主动布局和积极利用国际创新资源,努力构建合作共赢的伙伴关系。要坚持融入全球科技创新网络,树立人类命运共同体意识。”[1]党的十八大以来,我国致力于构建以合作共赢为核心的新型国际关系,积极发展全球伙伴关系,扩大利益交汇点,有效加强多边科技合作。将国际科技合作重点转向全方位融入全球创新网络,全面提高我国科技创新的国际合作水平,构建全面融合的科技合作伙伴关系。

### 5.2.1　扩大科技领域开放合作的新进展

进入 21 世纪以来,全球科技创新、产业发展和国际竞争格局发生了深刻变化。为构建人类命运共同体,中国在国际科技合作方面做出了积极探索,通过大力拓展科技外交,深入推进“一带一路”科技合作,推动全球创新治理等积极融入全球创新

---

① 习近平.在中国科学院第十九次院士大会、中国工程院第十四次院士大会上的讲话[EB/OL].(2018-05-28)[2022-05-20]. http://www.gov.cn/xinwen/2018-05/28/content_5294322.htm.

网络,并取得显著的进展与成就。

### 1. 大力拓展科技外交

党的十八大以来,科技外交和科技创新开放合作取得重要成绩,"一带一路"国际合作高峰论坛、G20 杭州峰会、金砖国家领导人厦门峰会都留下了鲜明的科技创新印记,科技伙伴关系网络不断拓展、合作手段更加丰富、政策体系日臻完善、科技外交布局已经形成。目前中国已经与 160 多个国家和地区建立了科技合作关系,签订了超过 110 个政府间科技合作协定,加入了 200 多个政府间国际科技合作组织,开展了气候变化、健康、能源、农业等国际合作,形成了稳定的政府间合作机制,与多个国家建立了创新对话机制,深入实施科技合作伙伴计划,深度融入全球科研创新网络(见表 5.2)。

表 5.2　中国对外创新对话机制与科技伙伴计划概况表

| 比较项目 | 十大创新对话机制 | 七大科技伙伴计划 |
| --- | --- | --- |
| 涉及国家和地区 | 中国与美国、欧盟、俄罗斯、德国、法国、加拿大、比利时、澳大利亚、以色列以及巴西等 | 中国与非洲、东盟、南亚、阿拉伯国家、拉共体成员国、上合组织成员国、中东欧国家等 |
| 发展原则 | 旨在落实双(多)边政府间科技合作协定和领导人承诺,深化政府间创新对话与科技合作,充分讨论和交流双方共同关切的问题 | 在伙伴计划框架下,帮助相关国家提升科技创新能力,推动先进适用技术的转移,与相关国家共享中国科技发展经验,共同打造创新驱动的经济体系 |

资料来源:臧红岩,陈宝明,臧红敏.我国国际科技合作全面融入全球创新网络研究[J].广西社会科学,2019(09):62-66.

### 2. 深入推进"一带一路"科技合作

"一带一路"倡议正是中国推动构建人类命运共同体的伟大探索和重要举措。政府间科技合作在"一带一路"建设中已经发挥出积极作用,并取得良好成效。2016 年 9 月,科学技术部、国家发展和改革委员会、外交部、商务部联合发布《推进"一带一路"建设科技创新合作专项规划》,提出充分发挥科技创新的支撑引领作用、建设"一带一路"创新共同体的目标,深入实施"一带一路"科技创新行动计划。发挥"一带一路"国际高峰合作论坛的主场外交作用,构建常态化科技合作体制机制。

中国结合"一带一路"沿线国家的现实需求,如基础设施建设、医疗卫生条件改善等,积极开展科技合作,在交通、能源等领域的合作已经取得了显著成果。在清洁能源、气候变化、生态环境、数字地球等关系世界各国发展的共同议题方面,中国同各国携手合作应对地区性和全球性挑战。尤其在新冠疫情肆虐全球的背景下,中国在有效控制国内疫情的前提下,成为全球抗疫的坚强后盾,为国际社会提供了数千亿元的防疫物资,有力守护了各国人民的生命健康。

在"一带一路"建设的带动下,我国与相关国家和地区已经建立多领域、多层次、多渠道的人才交流合作机制和网络,既扩大了我国科学家的国际视野、拓宽了研究领域,也为沿线国家和地区培养了一批科技人才,巩固和深化了已有的国际科技合作基础,为"一带一路"建设有效推进创造了良好的人文社会环境。通过科技人文交流、共建联合实验室和技术转移平台、共建科技园区及推动重大工程建设等合作模式,推进高起点、高水平科技合作。随着"一带一路"科技创新行动计划深入实施,截至 2021 年 9 月,中国已支持 8 300 多名外国青年科学家来华工作,培训学员 18 万人次,建设 33 家联合实验室和 5 个技术转移平台,与 8 个国家建立科技园区合作关系,有力推动了创新成果在共建国家转化落地。

3. 推动全球创新治理

习近平总书记强调要"深度参与全球科技治理,贡献中国智慧,着力推动构建人类命运共同体"。中国作为新型国际治理体制的倡导者,旗帜鲜明地反对单边主义和保护主义的行径,积极推动建设平等、开放、合作、共享的全球创新治理体系。倡导创新资源自由流动,促进开放包容、互惠互利的全球创新治理体系变革和模式创新,建立以合作共赢为核心的新型国际关系。在通过科技创新不断提升我国人民生活水平的基础上,积极致力于携手发展中国家共同进步。

近年来,世界创新格局逐步呈现"东升西降"趋势,中国等亚洲经济体在全球创新版图中的位势不断提高。中国积极主动参与全球经济事务和政治事务治理,做参与者、引领者,更加主动提出"中国建议""中国方案",并着力使之成为"世界方案"的一部分。以全球视野谋划和推动创新,在全球范围内优化配置创新资源,力争成为若干重要领域的引领者和重要规则的制定者,提升在全球创新规则制定中的话语权。通过推动制定新的国际创新规则、建立国际创新合作平台来助力发展中国家的科技进步,带动全球产业创新力和竞争力。

### 5.2.2 构建科技合作共同体,拓展全球科技合作伙伴关系网络

习近平总书记指出,要构建新型国际关系,科技外交应该围绕全方位外交布

局,打造平等均衡、互商互利的全球科技伙伴关系。坚持创新全球化和对外开放根本方向,通过加强与重点国家、周边国家、边缘国家的科技合作,围绕重点领域开展科技合作,调动社会科技交流合作的积极性,建设具有重要国际影响力的对话平台,推动全球科技共同体交流,构建高效协同的国际化合作网络。

1. 加强与重点国家、周边国家、边缘国家的科技合作

欧美日等发达国家和地区一直是我国对外科技合作的重点。科技合作成为中美、中俄、中欧等双边、多边外交合作的重要内容。为确定我国重点合作的国家和地区以及合作领域,应增强国际科技合作的目的性和针对性。我国按照"不冲突不对抗、相互尊重、合作共赢"的原则,在追求自身利益时兼顾对方利益,积极主动作为,不断深化利益交融格局,丰富对美合作的层次架构,推动中美科技合作回到正常轨道。大力发展与俄罗斯的高水平、全方位科技合作,保持中俄新时代全面战略协作伙伴关系高度的政治和战略互信。深化与日本、欧盟国家等科技强国的科技合作,密切与瑞士、以色列、荷兰、瑞典、韩国等关键国家的科技合作,保持对欧洲主要国家的合作基础,进一步打造和平、增长、改革、文明的伙伴体系。

地缘位置决定了周边国家是构建人类命运共同体的起点。应加强与周边国家的科技合作与交流,形成区域协同创新网络,积极在区域合作中扮演关键角色,促进区域经济社会的共同发展。以共建"一带一路"为依托,选取有优势的战略性新兴产业,推进国际产业联盟的构建,积极对接"一带一路"沿线各国。并逐步提升沿边开放步伐,发挥好"一带一路"建设新型社区的作用,提升沿边开放型经济水平,推进与各国的国际科技合作。

要继续大力开展与发展中国家的科技合作,对边缘国家进行科技援助。科技援助是国际科技合作的重要形式,也是我国对外工作的重要组成部分。中国应充分发挥在信息技术、卫生健康和航空航天领域的技术优势,加大对发展中国家的技术援助力度,做好同各发展中国家团结合作的工作,在实现自身发展的同时惠及其他更多国家和人民。针对"一带一路"沿线国家基础设施领域的明显短板,积极推动中国科技创新发展成果凝聚而成的中国制造、中国标准成为广大发展中国家补齐短板、夯实基础的有力手段。积极践行人类命运共同体理念,推动国际科技合作与成果共享,弥合国家间的发展差距。

2. 围绕重点领域开展科技合作

《推进"一带一路"建设科技创新合作专项规划》中将农业、能源、交通、信息通

信、资源、环境、海洋、先进制造业、新材料、航空航天、医药健康、防灾减灾确定为重点领域。中国在与"一带一路"国家合作时,应结合双方需求与科技资源,围绕国际科技合作的重点领域,有针对性地制定以需求为导向的合作战略。例如,考虑到科技合作需求,东南亚国家除新加坡外以农业、基础设施及海洋技术为主;南亚国家以基础设施技术为主;中亚五国和西亚主要国家集中于石油、天然气等能源领域;而以色列、新加坡和俄罗斯等创新能力较强的国家,则在高端制造、军事工业、生物医药等领域合作前景广阔。因此,科技合作应该因国施策,各有侧重。结合沿线国的重大科技需求,鼓励我国高等学校、科研机构和企业与沿线国相关机构合作,联合开展高水平科学研究,共同推动先进、适用技术转移,深化产学研合作,以重点领域合作形成先行示范基地。

全球化时代,各种公共卫生事件还会不断给人类带来各种新的挑战。在抗击新冠疫情中,中国与国际社会守望相助,通力合作,携手共建人类卫生健康共同体。中国应继续推进与各国科学家的合作,开展针对疫情防控的科研攻关,在理论研究的基础上加强对有效药物和疫苗的研发,在总结临床救治经验的同时加强理论研究,充分发展疫情防控理论研究与实践经验相结合的有效路径。

当前,全球应对气候变化科技发展呈现新形势,唯有通过各国合作才能在应对气候变化科技领域实现重大突破和全球应用。因此在气候低碳领域,中国应以"践行人类命运共同体利益,开展科技合作应对气候变化,主动引领全球气候治理新方向"为指导思想,开展符合中国利益和全人类利益的应对气候变化国际科技合作。例如,中美合作应定位于增进与美国地方政府及企业界在应对气候变化科技合作领域的共识,消除科技合作知识产权问题上的误解,增强互信。中欧应加强减缓气候变化政策措施的对话与交流,共商应对气候变化科技合作新问题和新路径,共同发挥在应对气候变化领域的引领作用。

3. 调动社会科技交流合作的积极性

第一,要完善社会科技交流合作的政策保障体系,增加科技合作配套的公共服务。政府要加强总体谋划和统筹协调,为企业提供国际渠道、法律、融资、财务等全方位服务,并为其产业对接提供有效的政策支持。应增强针对性和对等性的科技信息支持,如搭建更多的与"一带一路"沿线国家及地区的科技信息交流平台,及时发布更新相关科技合作的政策信息。

第二,要开发社会科技合作人才资源,加强对科技人员的培训,增加国内外科技人员的交流。鼓励科学家和科技人员积极参与国际组织及相关活动,专家学者担任国际科技组织重要职务。继续重视和发挥海外华人科学家对科技合作的桥梁作用。事实证明,国外很多对华合作项目都是华人学者与国内共同开展的。因此应充分借助华人学者的力量,扩展国际合作的机遇和提升国际合作的层次。调动各类创新主体、科技协会学会、智库等参与社会科技交流合作的积极性。

第三,要鼓励我国企业与国外的企业、高等学校、科研机构和团队开展研发合作。组织配套资金扶持和鼓励科研机构、高等学校和企业积极参与各国政府及民间部门的国际合作项目,进一步放宽国内科研机构、高等学校、企业参与对外国际合作的权限。提高科研机构、高等学校及企业科研人员的积极性和主动性,鼓励他们在广泛开展国际科技合作的实践中不断提高自身的科研及管理水平。充分尊重我国企业选定的科技合作对象和合作领域,充分尊重企业、高等学校、科研机构和团队在国际科技合作中的主体地位。

### 4. 建设具有重要国际影响力的对话平台

习近平总书记向 2021 年中关村论坛视频致贺中提出,中关村是中国第一个国家自主创新示范区,中关村论坛是面向全球科技创新交流合作的国家级平台。中国支持中关村开展新一轮先行先试改革,加快建设世界领先的科技园区,为促进全球科技创新交流合作做出新的贡献。①

中国应充分利用现有的各类科技资源,采取措施组织建立或鼓励、支持社会力量建立国外技术信息、人才信息、国际合作成果示范、政策咨询、金融服务等服务平台,积极搭建国际科技合作基地、成果转化基地、国际孵化器等支撑平台,帮助和引导企业更好地开展国际科技合作。应尽可能地开展多种形式的国际合作,提高国际科技资源的利用水平,如项目合作研究、人员交流培训、共建研究开发机构、召开国际学术会议等,努力开辟多种利用国际资源的渠道。

应发展一批具备全球视野的一流科技智库,与全球顶尖科研机构和科技智库合作,强化思想策源能力,汇聚创新战略共识。开展科技智库的交流合作,有利于形成客观的政策分析和知识分享,有助于深化互信、消除分歧、凝聚共识。支持全国学会联合国际同行发起建立对话机制,开展科学家高层对话活动。

---

① 习近平向 2021 中关村论坛视频致贺[EB/OL].(2021-09-24)[2022-05-20]. https://www.chinanews.com/gn/2021/09-24/9573086.shtml.

## 5.3　围绕全球共同挑战开展联合研发和交流合作

### 5.3.1　坚守不变——加强国际科研合作

随着我国经济总量成为世界第二，国际上对我国的期望也在改变。一方面，作为负责任的发展中大国，我们要承担相关的义务；另一方面，我们也要融入国际社会，参与国际科技规则的治理，提升话语权，扩大影响力。正如习近平总书记2020年在中央政治局第二十四次集体学习时强调："当今世界正经历百年未有之大变局，科技创新是其中一个关键变量。在危机中育先机、于变局中开新局，必须向科技创新要答案。"①要以全球视野谋划和推动创新，全方位加强国际创新合作，以更加开放的态度加强国际科技交流，积极参与全球创新网络，共同推进基础研究，推动科技成果转化，培育经济发展新动能，加强知识产权保护，营造一流创新生态，塑造科技向善理念，完善全球科技治理，更好增进人类福祉。

中国始终坚持胸怀天下，以世界眼光关注人类前途命运，牢牢把握世界科技进步大方向、全球产业变革大趋势，深度参与国际创新合作，在推动人类科技进步的全球行动中持续贡献智慧和力量。目前，中国已经与160多个国家和地区建立了科技合作关系，参加国际组织和多边机制超过200个，同90个国家和地区定期召开科技合作联委会，签署115项政府间科技合作协议，形成10大创新对话机制，中国科协及全国学会加入372个国际科技组织，深度参与国际热核聚变实验堆、平方公里阵列射电望远镜（SKA）等国际大科学工程，务实推进全球疫情防控和公共卫生等领域国际科技合作。科技创新的国际化程度不断提升，中国的大科学基础设施，如500米口径球面射电望远镜（FAST）、上海同步辐射光源（SSRF）等都已经向世界开放，中国空间站也将迎来国际航天员，全方位开放的新格局正在加速形成。

未来，中国还将不断打通国与国间科技合作、学术交流、人才引进和共同发展的通道，持续释放创新潜能，加速聚集创新要素，主动发起全球性创新议题，设计和牵头发起国际大科学计划和大科学工程，推动大科学设施开放共享，日益深度参与

---

①　习近平在中央政治局第二十四次集体学习时强调深刻认识推进量子科技发展重大意义加强量子科技发展战略谋划和系统布局[EB/OL]．（2020-10-18）[2022-05-20]．https://www.chinacourt.org/article/detail/2020/10/id/5528846.shtml.

全球科技创新治理,全面融入全球科技创新网络,团结世界各国,合力应对人类共同挑战,为全球科技合作提供广阔舞台,为世界科技创新做出更大的贡献。

### 5.3.2 科学应变——国际科技创新合作平台的布局和建设

新冠疫情与百年未有之大变局的叠加,对国际科技合作大环境将产生深刻影响。如何准确认识这些影响,从眼前的危机困难中捕捉和创造机遇,适应新形势,借用新技术,采取新路径,科学应变、主动求变,顺势而为,实现危中求机,是全球疫情下我国国际科技合作的重要议题。其中,搭建国际科技合作新平台不失为科学应变的重要把手。我们应聚焦国家战略需求,围绕人工智能、先进制造、生命健康等前沿领域提前布局建设一批高端研发平台,着力突破产业共性关键技术;鼓励龙头企业联合高等学校和科研机构共建研发平台,搭建科技资源共享平台,重点解决科技创新资源"孤岛"问题;建立权责清晰、成果共享、风险共担的研发平台共用机制,支持科技型中小企业联合高等学校和科研机构围绕市场需求开展创新活动。

1. 平台的顶层设计

第一,在平台设立上,应与国际科技合作及人才交流的计划、项目设立相契合,以更加精准地服务科技计划,减少浪费。

第二,在平台架构上,国际科技合作交流平台应建设以政府引导、市场主导、民间机构运营为主的架构。同时,扶持民营企业和第三方民间机构搭建国际科技交流合作在线平台。加强对国际智力资产和知识产权的相关法律法规研究和普及教育,按照国际惯例和国际法规进行运作。

第三,在平台运行方式上,推动线上科技合作平台建设。5G、大数据等信息技术的推广应用,有助于人才交流跨越空间限制,提高交流的及时性和效率。为此,在拓展合作形式时,应充分研究并推动线上科技合作平台的建设,使平台既可以服务于线下合作,以提升合作周期的成效、节点、流程化及信息化的管理能力,也可以发挥平台信息化的特点,促进远程合作的实现。

2. 平台的管理机制

第一,逐步建立线上平台的交易和管理规则,全流程监控,便捷性管理。细化材料甄别、人员面试、项目洽谈、合作签署、资金资助、合作执行、合作评估、合作成果展示等各环节的管理机制,通过人工智能和大数据甄别评估科技合作价值,推进相关信息软件建设,推动便捷化管理。

第二,加强安全性管理。加强国际科技合作平台的安全性建设,优化线上传输加密先进技术,保护人才、科技合作及科技成果的信息安全、知识产权等。

第三,开放性管理。推进具体项目的双向沟通与合作,并建立网络撮合平台,整合供需等多种资源对接,实现精准的数据挖掘和数据匹配。主管机构也可利用这一平台加强对合作信息的监管及对数据的深度挖掘与分析,从而提高合作趋势预测与科学技术走向分析等能力。

3. 合作模式调整

第一,以任务导向为主,分类管理,灵活资助。重大科技项目不拘泥于国内与国外、组织与个人,摆设国际科技项目擂台,充分吸纳国际智力为我所用。采取更灵活的资助方式,由国内划拨项目经费拓展到国际科技项目招标,鼓励企业对科技合作、技术攻关采取全球招标,以撬动国内民间机构力量,多种方式吸纳更多国际科技资源。

第二,推动线上线下融合,保障科技合作项目实施成效。当前,信息技术的飞速发展在为国际科技合作提供新方向的同时,也深刻影响着国际科技交流的方式。而各国抗击疫情也为新科学技术,特别是信息技术的快速推广应用提供了条件。在开展科技人才交流合作时,应系统分析线上线下科技合作的特点及优劣势,结合更加精准的人才引进及科技合作计划,实现线上线下融合推动。对于重点关键的科技合作项目、中长期项目,应以线下合作为主推进。对于灵活的短期合作项目,或者追求及时性的子项目,可在满足智力到位和合作质量的基础上,探索通过信息平台的线上远程合作方式,以线上合作为主。在条件允许与需要时,采取线下合作,对线上出现的问题进行洽谈与修补,对新问题进行落实与推进,对潜在问题进行设计与布局。

第三,丰富人才引进和科技合作的形式。适当打破"刚性制约",拓展柔性化人才引进方式,探索订单式科技合作,通过对具体人员、具体项目的分解与组合,灵活高效地开展交流合作,按需设置更为灵活的科技合作和人才引进计划。我国国际科技人才的计划周期要长短结合,让人才吸纳体制更具灵活性。应以现有政府间科技双边合作机制和联委会为基础,充分发挥机制特点,设置更为灵活的中短期人才引进计划,以作为传统"请进来、派出去"、中长期人才计划的有益补充。

### 5.3.3　牢记目标——提升科技创新能力

习近平总书记还强调,"要大力提升自主创新能力,尽快突破关键核心技术"。自主创新并不等于自己创新,或者完全依靠自身力量进行创新。自主创新包括三方面的内涵：原始创新；开放式的集成创新；引进技术、消化吸收，再创新。创新可以是封闭式的，也可以是开放式的。与传统的封闭式创新不同，开放式的自主创新需要企业融合外部思想、知识、技术、资源进行创新。也就是说，相较封闭式，开放式创新的思想不仅产生于公司内部的研发部门，公司的其他部门、公司的外部，包括国外都可能成为创新源。开放式创新与自主创新的目标是一致的，要以科技创新催生新发展动能，就要倡导自主创新，不是封闭起来以自我为中心的创新，而是开放式创新。企业要成为创新要素集成、科技成果转化的生力军，就必须在开放中合作，在合作里共赢。针对当今技术创新周期缩短，创新风险提高的共性问题，越来越多的企业采取合作研发的方式进行联合创新。自主创新是开放环境下的创新，是主动布局和积极利用国际创新资源，深化国际科技交流合作，在更高起点上推进的自主创新。要提升自主创新能力，就必须善于获得、整合并利用全球创新资源，加强国际科技合作，才能尽快突破关键核心技术。

中国将持续以全球视野谋划推动科技创新，主动谋划和积极利用国际创新资源，深度参与国际科技治理。主动布局和利用国际创新资源，推动更开放、包容、务实的国际科技交流合作，全面提升科技合作层次和水平，构建全面融合的科技合作伙伴关系网络。瞄准国内外科技创新优势领域，重点推动与国外科技机构和智库的精准交流合作，携手各国专家共同探讨应对未来发展、气候变化、人类健康、粮食安全、能源安全等人类共同挑战。积极参与国际科技治理，构建"一带一路"科技创新共同体，全面提升我国科技创新的国际化水平和影响力。

## 5.4 参与和牵头组织国际大科学计划和工程

### 5.4.1 从"参与"到"牵头"，有自信更有底气

20世纪90年代以来，各国政府和国际性组织在各科学领域组织实施的具有代表性的大科学国际合作研究计划大约有51项，我国作为合作成员参加的约有21项，占总数的41.2%，这些计划主要集中在全球变化、生态、环境、生物和地学领域，并且大多以发达国家为主导。[①] 国际热核聚变实验堆计划是当今世界最大的

---

① 陈国栋.大科学研究的主要特征与运行模式[J].科学之友,2004(10):37.

多边国际科技合作项目之一,我国从该计划建立之初就参与其中,是重要的参与者和建设者,获得了比较全的参与经验。其中,中国聚变工程实验堆(CFETR),是中国自主设计和研制并联合国际合作的重大科学工程。

此外,我国也相继启动建设了同步辐射光源、全超导托卡马克核聚变实验装置、500米口径球面射电望远镜等数十个国家重大科技基础设施,积极探索以我为主的国际合作。这些为我国牵头组织国际大科学计划和大科学工程积累了经验,奠定了基础。截至2022年3月,我国已布局建设50余个重大科技基础设施(见表5.3)。2022年3月26日,聚变堆主机关键系统综合研究设施园区(合肥)交付启用,为主体工程建设和运行提供了基础。该设施全面建成后,将是国际聚变领域参数最高、功能最完备的综合性研究平台,为聚变工程堆核心部件的研发和聚变工程堆的建设保驾护航,为前沿科学研究探索、产业关键技术开发提供了极限研究手段。我国积极实行科研设施与仪器开放共享,已有4000余家单位的9.4万台(套)大科学仪器和82个重大科研设施纳入开放共享网络,为我国牵头大科学计划提供基础设施支持。

表 5.3　部分国家重大科技基础设施一览表

| 序号 | 设施名称 | 所属单位 | 所在位置 | 建设状态 | 设施类型 |
|---|---|---|---|---|---|
| 1 | 北京正负电子对撞机 | 中国科学院高能物理研究所 | 北京 | 建成 | 专用研究设施 |
| 2 | 兰州重离子研究装置 | 中国科学院近代物理研究所 | 兰州 | 建成 | 专用研究设施 |
| 3 | 神光Ⅱ高功率激光实验装置 | 中国科学院、中国工程物理研究院 | 上海 | 建成 | 专用研究设施 |
| 4 | 全超导托卡马克核聚变实验装置 | 中国科学院等离子体物理研究所 | 安徽合肥 | 建成 | 专用研究设施 |
| 5 | 国家蛋白质科学研究(上海)设施 | 中国科学院上海生命科学院 | 上海 | 建成 | 专用研究设施 |
| 6 | LAMOST望远镜 | 中国科学院国家天文台 | 河北兴隆 | 建成 | 专用研究设施 |
| 7 | 大亚湾反应堆中微子实验 | 中国科学院高能物理研究所 | 广东深圳 | 建成 | 专用研究设施 |
| 8 | 500米口径球面射电望远镜 | 中国科学院国家天文台 | 贵州黔南州 | 建成 | 专用研究设施 |
| 9 | 上海同步辐射光源 | 中国科学院上海应用物理研究所 | 上海 | 建成 | 公共实验设施 |
| 10 | 稳态强磁场实验装置 | 中国科学院合肥物质科学研究院 | 安徽合肥 | 建成 | 公共实验设施 |
| 11 | 中国散裂中子源 | 中国科学院高能物理研究所 | 广东东莞 | 建成 | 公共实验设施 |
| 12 | 软X射线自由电子激光装置 | 中国科学院上海应用物理研究所 | 上海 | 建成 | 公共实验设施 |
| 13 | 上海光源线站工程 | 中国科学院上海应用物理研究所 | 上海 | 在建 | 公共实验设施 |
| 14 | 高能同步辐射光源验证装置 | 中国科学院高能物理研究所 | 北京 | 建成 | 公共实验设施 |
| 15 | 中国遥感卫星地面站 | 中国科学院遥感与数字地球研究所 | 北京 | 建成 | 公益科技设施 |

| 序　号 | 设施名称 | 所属单位 | 所在位置 | 建设状态 | 设施类型 |
|---|---|---|---|---|---|
| 16 | 长短波授时系统 | 中国科学院国家授时中心 | 陕西西安 | 建成 | 公益科技设施 |
| 17 | 东半球空间环境地基综合监测子午链(子午工程一期) | 中国科学院国家空间科学中心 | 多地 | 建成 | 公益科技设施 |
| 18 | 聚变堆主机关键系统综合研究设施 | 中国科学院合肥物质科学研究院 | 安徽合肥 | 在建 | 公共实验设施 |

全球变化研究计划始于 1989 年,1990 年组成全球变化研究行动小组,是迄今规模最大、范围最广的国际合作研究计划之一。此项目主要研究大气物理、生物学和社会经济学以及三者之间的相互关系,研究的焦点之一就是地球系统的变化过程和变化规律。中国是全球变化研究计划的发起者之一,1985—1998 年,中国科技部、国家自然科学基金委员会、中国科学院、国家海洋局、气象局、地质矿产部等部门设立的各类全球变化研究重大项目共 91 项,总投资达 3.2 亿元。在全球变化研究的 19 个核心计划中,中国参加了 16 个。在核心计划的国际合作研究项目中,目前以我为主的仅有 3 项,即北极-赤道-南极断面计划(PEP-Ⅱ)项目负责;季风驱动生态系统概念的提出及其机理研究,并建立全球变化东亚区域研究中心(TEACOM);长期生态模拟项目研究。其余计划项目大多结合中国资源环境生态特点独立实施或参与国际合作。至于生物多样性计划,我国以独立研究为主,国际合作研究参与度较小。

人类基因组计划、大型生态系统研究网站等都是生命科学领域的重要议题。目前,中国还有很多议题尚未加入正式讨论,例如跨部门的太空脑实验计划等。迄今为止,中国参与度最高的为人类基因组计划,1999 年注册参与计划,2003 年完成所有的测序任务。这一任务的顺利完成一方面体现了中国在基因组测序方面已达到世界领先水平,另一方面还有助于我国生命科学领域的进一步国际化发展,例如,在水稻图谱研究中,我国与美国、英国等国的许多科学家也建立了长期的友好合作关系。[1]

综合以上情况,我国在一定程度上参与了国际大科学研究计划,但主导项目甚少,研发投入也远不及多数发达国家。为实现我国在国际大科学计划的角色从"参与"转变至"牵头",我国仍需探索研究其组织规划路径。

---

① 李强,李景平.中国参与国际大科学计划的路径研究[J].科学管理研究,2016,34(5):115-119.

### 5.4.2　国际大科学计划和大科学工程的组织运行模式

1. 现有国际大科学计划和大科学工程的经验借鉴

（1）普遍采用集权式组织管理模式，自筹资金，共担风险

现有国际大科学计划和大科学工程的组织管理可分为集权式、分权式、混合式三种。针对不同科技领域、发起国偏好，需选取匹配的管理模式。判断集权和分权的标准：一是研究经费和任务是否由总协调机构统一划拨和管理；二是研究成果是否由总协调机构统一对外发布。从现有情况看，集权式相对更为普遍（见表 5.4）。

国际大科学计划和大科学工程通常要求所有参与国自筹资金，共担风险。在实际操作过程中，资金筹措有两种形式：一种形式是参与国自筹资金资助本国科研团队参与大科学计划，发起国配套部分资金或技术；另一种形式是参与国以入会费的方式缴纳自筹资金，再由集权式领导机构统一划拨和使用，例如早期的国际大洋钻探计划和联合国组织的多数大科学计划均如此安排。

表 5.4　国际大科学计划的组织架构

| 国际大科学计划 | 整体组织架构 | 总协调机构 |
| --- | --- | --- |
| 人类基因组计划 | 松散的组织模式→集权式组织管理 | 六国研究联盟→NIH 主导的 G-5 中心 |
| 气候变化计划 | 集权式组织管理 | NOAA、NASA、NSF 共同组织的跨部门管理委员会 |
| 纳米计划 | 集权式组织管理 | 纳米科学工程和技术工作小组 |
| 大洋钻探计划 | 集权式组织管理→后期分权式组织管理 | 中央管理办公室→美欧日三方独立管理 |
| 国际生物多样性计划 | 集权式组织管理 | 顾问委员会、创始组织、科学委员会、秘书处共同负责 |
| 人与生物圈计划 | 分权式组织管理 | 由 30 个理事国组成的人与生物圈国际协调理事会 |
| 人类脑计划 | 分权式组织管理 | 以美国为首的神经信息学工作组 |
| 国际大陆钻探计划 | 集权式组织管理 | 政府机构执行 |
| 国际 ARGO 计划 | 分权式组织管理 | 各国政府均成立了 ARGO 浮标管理机构 |

（2）设立明确的科学问题与科学目标

国际大科学计划和大科学工程要有一个基础前沿性、颠覆性、事关全人类的重大科学问题，且围绕科学问题设定清晰、明确、特定、有限的科学目标。对发起国和

参与国决策者而言,项目投资越大,目标的确定及沟通就越重要。明确的目标能够起到长期指导的作用,并以此衡量、指导、区分科研活动先后次序,及时纠正参与组织和个人的行为。具体体现为:一是终极目标或所要解决的根本问题在酝酿期已获得科学家群体的认可和政府部门的背书,之后不得变更;二是为实现终极目标,可在整个研究周期内灵活划分若干关键节点,设置相应的过渡性目标。

(3)发起机构统筹全局,选立有广泛影响力的发起人

国际大科学计划在发起过程、执行过程中都需要高超的领导能力。这主要体现在两个方面:一是有能够统筹全局的发起机构,发起机构可以是发起国政府部门,也可以是国际组织(如联合国下属的教科文组织或国际科学理事会);二是有广泛影响力的发起人,对其在学术影响力、政治影响力、个人威信等方面均有严格要求。在国际大科学工程中,同样需要具有全球影响力的战略科学家提出建设想法,并领导工程团队开展建设工作。例如,关于北京正负电子对撞机的建造,诺贝尔物理学奖得主李政道和丁肇中在中美两国政府间做了大量协调工作,除了力主中国发展高能物理,还说服美国对华出口属于禁运清单的高性能计算机。

(4)国家层面提供政治支持

国际大科学计划和大科学工程需要中央财政支持,发起和参与决策都属于国家事权,离不开强有力的政治支持。这主要表现为:一是国家领导人直接宣布发起国际大科学计划或大科学工程;二是政府对科研项目的具体细节虽然不够了解,但对进度控制和资金管理则比较擅长,可以协助科学家做好管理和后勤工作;三是政府替大科学计划和大科学工程的执行者承受着纳税人的合理质疑,也会不断督促科研人员及时展示其成果,以维持社会公众持续支持的信心。

(5)适当运用竞争机制

国际大科学计划的任务分工模式包括机构式分工协作与基于同行评议的竞争申请。在此过程中,必须始终强调效率第一,充分平衡科学自由性和任务导向性,可适当运用竞争机制增加组织活力。适度竞争主要体现为:一是通过项目申请方面的竞争,引导参与机构围绕大科学计划的终极目标,精心设计具体的、可执行的小目标;二是通过同行评议式的竞争管理,明确参与机构必须向评委证明自身出色地完成了科研任务;三是通过与外部机构的竞争,促使大科学计划的管理团队始终保持一定的压力,按时按质实现既定目标。国际大科学工程的竞争则主要体现在装置性能上。各国建设世界一流的高性能装置"筑巢引凤",已成为吸引全球一流

科技人才的重要路径。例如,北京正负电子对撞机建成后,国际上同一能区的加速器逐渐关闭,相关研究工作均转移到北京来开展。

(6) 建立完善的国际协调与部门协调机制

国际大科学计划需要联合多个国家共同参与,包括投入资金和人力。因此,在发起国和参与国之间合理分配规则制定权至关重要。针对联合国发起的大科学计划,领导机构成员通常要考虑国别、性别、地域等客观因素,分布相对广泛,保证规则制定权分配的公平性。尤其是某些事关全人类重大利益和国家发展前途的大科学计划,各国必须确保在领导机构中有委员代表本国利益。此外,由某一国发起的国际大科学计划,其领导机构的成员分布则主要依据科学家群体的认可度和参与国的出资规模。由于国际大科学工程投资数额巨大,完成项目论证后需要组建一支跨部门、高层级的建设领导小组,统筹协调整个工程建设进度,同时组建若干国际科研团队,参与完成关键核心部件的研制任务。

(7) 制定大科学计划和大科学工程规划路线图

目前,各主要国家和地区均制定了研究基础设施战略规划(路线图),或将大科学计划与工程列入国家整体科技发展战略规划之中。欧盟已发布了 5 版《欧洲研究基础设施路线图》,分别为 2006 版、2008 版、2010 版、2016 版和 2018 版。欧洲国家中,已有包括英国、德国、法国、荷兰、瑞典、丹麦、捷克等在内的 20 多个国家制定了本国的研究基础设施路线图。其中,英国已发布了 2001 版、2003 版、2005 版、2008 版和 2010 版的大型研究设施路线图,并于 2012 年发布了资本投资的战略框架《投资于增长:面向 21 世纪的科研基础设施投资》。美国、日本、俄罗斯等非欧盟国家也制定了众多与大科学相关的规划和政策。例如,美国虽没有国家层面的大科学项目规划,但其中一些具体的职能部门发布了领域层面的规划性质文件,如美国能源部于 2003 年发布了规划性文件《面向未来的科学设施:20 年展望》,美国能源部与美国国家科学基金会于 2014 年发布了《为科学发现而建设:全球背景下美国粒子物理研究战略规划》等。俄罗斯将大科学相关内容包含在国家科技发展战略或科技发展规划中。例如,2012 年底出台的《2013—2020 年俄罗斯科学技术发展规划》,2016 年 12 月颁布的《俄罗斯科学技术发展战略》等,均将支持大科学项目建设列为主要内容。同时,俄罗斯也在着手制定本国的科研基础设施战略发展路线图。以欧盟、英国、美国制定的大科学规划以及俄罗斯拟制定的科研基础设施战略发展路线图为例,其组织实施的相关信息如表 5.5 所示。

表 5.5　典型国家和地区制定大科学计划和大科学工程规划的组织实施概况

| 项　目 | 欧　盟 | 英　国 | 美　国 | 俄罗斯 |
|---|---|---|---|---|
| 规划名称 | 《研究基础设施战略报告(路线图)》 | 《大型设施路线图》 | 《面向未来的科学设施：20 年展望》 | 《科研基础设施战略发展路线图》 |
| 规划性质 | 欧盟级 | 国家级 | 部门级 | 国家级 |
| 制定机构 | 欧洲研究基础设施战略论坛(ESFRI) | 英国国家科研与创新署(UKRI),其前身为英国研究理事会(RCUK) | 美国能源部科学办公室 | 俄罗斯科学和教育部 |
| 发布年份 | 2006、2008、2010、2016、2018 | 2001、2003、2005、2008、2010、2012、2019 | 2003、2007 | —— |
| 更新频率 | 2 年 | 2 年或以上 | 不定期 | 可能为 2 年 |
| 提案提交方 | 成员国、联系国以及 EIRO 论坛成员 | 英国研究理事会 | 六大科学计划负责人 | —— |
| 项目评审方 | 执行委员会、战略工作组、实施工作组 | 英国研究理事会执行小组 | 各计划的咨询委员会、科学办公室 | 咨询委员会 |
| 设施入选原则 | 科学性、成熟度、战略性 | 处于国际层面；支持多个研究理事会研究团体的要求；是单个研究理事会预算项目的重要组成部分 | 科学重要度、建设就绪度 | 就绪度知识产权属于俄罗斯；可取得突破性成果；建设周期不超过 10 年；有明确可投入资金的国外伙伴参与；具有技术可行性 |
| 资金门槛 | —— | 2 500 万英镑以上 | 5 000 万美元以上 | 15 亿卢布以上 |

2. 我国制定国际大科学计划和大科学工程规划的建议

第一,参照路线图方式管理我国的大型研究基础设施。在国际大趋势下,我国将牵头和参与国际大科学计划和大科学工程作为新时期的重要任务之一,除制定《积极牵头组织国际大科学计划和大科学工程方案》之外,在各级国家规划和部门规划中,也均设置了参与和牵头组织国际大科学计划和大科学工程的相关重要内容。然而截至目前,我国尚未出台真正意义上有关牵头和参与国际大科学计划和大科学工程的具体规划。建议我国参考目前已有大科学计划,以路线图的方式制定我国的大科学计划和大科学工程战略规划,建立大科学项目的监测评估机制以及规划/路线图的定期更新机制。同时,对世界范围内的大科学设施现状和未来发展方向开展全景分析,以使我国的大科学战略规划融入全球科技发展格局中。

第二,建立一个牵头国家参与国际大科学计划和大科学工程的跨部门领导小组。集中执行关于具体计划的宏观科技管理职能,增强决策的有效性和及时性。我国在筹划参与某项国际大科学计划时,要尽快组建或指定专门组织或者机构进行相关事宜的统筹协调,掌握作为发起人或早期参与国的主动权。发起组织和发起人要具备突出的政府公关能力,擅长处理与我国中央和地方政府、与外国政府和科研机构的关系。此外,要建立与大科学计划相匹配的组织架构。在国家层面,应坚持以我为主的大科学计划管理模式,同时兼顾发展中国家和部分发达国家的科学合作机会,以获得国际支持。应建立一套独立的国际大科学计划和大科学工程管理机构,这一机构需有独立财权和事权,并对首席科学家充分授权。

第三,基于国家优势领域与全球共同挑战,选择大科学计划和大科学工程的优先发展方向。选择国际大科学计划和大科学工程的优先发展方向时要注意以下几个方面:① 要鼓励中国本土科学家提出面向全人类基本问题和全人类利益的原创性项目建议,以获得全球科学同行的积极响应和拥护。② 国际大科学计划和大科学工程要满足国家战略要求,势必会对我国政治、科技、经济、社会、安全等方面产生长远影响以取得最广泛的国内支持。③ 我国应在该领域具有雄厚的科学积累和技术优势,还要有广泛而坚实的国际合作基础,并号召其他国家广泛参与,充分激发起参与国投入科研的热情。在遴选具体项目时,要兼顾“卡脖子”技术相关的基础研究,做好与“科技创新2030——重大项目”等的衔接,注意“效益第一、兼顾公平”。“十四五”时期在布置重点任务时要继续保持我国在物质科学、空间与天文科学、地球系统、环境保护、能源材料等领域的优势。建议下一步有针对性地增强对生命科学、环境和气候变化、健康、材料、信息和综合类的国家大科学计划的支持。加快推动“青藏高原地学研究”国际大科学计划,并进一步主动参与国际地科联组织下的国际地学研究项目。在此基础上,筛选出一些项目进行重点攻关。

第四,建立科学合理的评估标准。我国在制定国际大科学计划和大科学工程规划时,应构建一套符合我国国情的、科学合理的评估标准。总体来看,应考虑以下几点:① 战略重要性。如这项科学活动是否满足国家紧迫需求,是否能够提高国家的科技影响力,是否能够带来巨大的社会效益。② 科学卓越性。即项目是否具有合理的、重大的科学目标和科学意义,是否能够保持国家在该领域的先进性,能带来多少新技术的发展,该科学项目是否不可替代。③ 项目成熟度。项目的概念是否得到过研究和论证,相关技术基础是否成熟,国内是否有扎实的技术基础,是否具有高水平的人才和团队储备等。④ 项目国际性。该项目是否具有广泛的国际背景,是否有与其他国家合作的潜力,是否有其他国家表现出投资意愿等。

第五,关注科学竞争,布局一流的大科学设施集群。全球各国对本国大型科研基础设施聚焦领域有统一的规划布局,地球系统与环境科学、材料科学、空间与天文科学、粒子物理与核物理是全球大科学工程主要布局的领域。得益于改革开放以来的大量资源投入,我国在主要科学领域均有所布局,但在数量、质量上还存在一定差距。我国在开展大科学工程建设中,应先建设公共科研设施与公益科研设施,实现"一机多用,基础应用兼顾",不过度追求装置的极端性能,以较小的成本最大限度地满足各类社会需求。此外,还应选择少数真正具有国际竞争力的专用研究设施,以我为主,吸引相关国家共同投资建设,追求极端性能世界领先。

# 5.5 推动构建多层次全球科技治理机制

国际科技合作涉及科技创新交流创业、人才培养、文化传播、设施建设、成果转化、产业催化以及科技立法与产权保护等方面的内容,简单来说是指与科学和技术有关的一切跨国交流或合作活动。① 因此,在考虑构建全球科技治理机制时,需要从"逐步参与"到"巩固地位",针对国际科技合作包括的广泛内容有步骤、有层次地开展计划。

## 5.5.1 参与全球创新治理改革,贡献中国创造力

本小节将分为三步进行阐述,从"把握前沿态势,找准合作议题""深度聚焦热点,推动中国标准'走出去'""破题科技围堵,疏浚协同创新通路"探讨我国如何有序、有质、有量地参与国际社会科技交流与合作。

1. 把握前沿态势,找准合作议题

了解当前世界科技发展的前沿议题和研究态势,一方面可以从主要发达国家的国家战略入手进行研究,另一方面可以从各国科技合作组织的动向获取信息,把握当前世界科技创新博弈点,针对核心问题发声,获取国际科技竞争入场券。

"有限全球化"取代"超级全球化"成为主要时代形势,在经济、政治、文化主权

---

① 张世专,王大明.关于实质性国际科技合作的理想模型[J].中国科学院院刊,2011,26(5):597-605.

的强力胶着之下,强劲的科研危机意识随之而来,各主要大国纷纷出台相关的政策文件及战略计划,以求在国际科技创新博弈中赢取制高点,降低国际科研合作风险。美国在 2020 年曾将人工智能、数据传导、云端储存等 20 余项先进技术列入保护清单,并于一年后发布《创新与竞争法案》,强调从关键与新兴技术领域同世界各国展开竞争。以英国为代表的欧洲国家更是在近年严格管控科技技术及产品出口,发布了一系列管制指南文件①,对海外尤其是新兴发展中国家和发达国家的留学生及研究人员进行安全审查,并严格监督跨国教育机构的交流活动,将管控重点从经济贸易移至高精尖技术及其产品合作上。

而从科技合作组织动态来看,以英国和美国为首的欧美发达国家更是蓄力勃发。2015 年,英国已经有目的、有计划地围绕生命科学、能源安全、新型材料、生化卫生等议题规划并逐步组建起了一系列新型研发机构。美国更是设立总统科技顾问委员会,并在其指导下围绕量子科学、生化技术、数字通信等领域组建研究所,聚焦新兴技术研究。

由此,我国自 2016 年起便提出要加强面向国际市场的新型技术研发与人员培育②,中央和地方相继出台了鼓励与支持措施,引导构建起网状新型研发组织体系。针对地域分布不均、研究领域不全、安全防控不到位等问题,我国又先后实施了数个专项计划。如 2019 年提出的建立国家技术安全管理清单,加强对我国重大及优势核心技术的保护和管理,将 5G 通信、高原基建、特殊资源提取等"人无我有,人有我优"的技术放诸紧密安全网内③,防止某些国家通过特殊渠道爬取、反制中国技术。同时,加大对特定物资和关键技术以及相关产品和服务的创新驱动与高质量发展研究,增强我国科技实力,确保我国在世界科技竞争中始终能够持有一定优势,为我国参与全球创新治理改革提供发声权利。

2. 深度聚焦热点,推动中国标准"走出去"

在洞悉世界科技发展方向的前提下,第二层发力点应该聚焦在参与国际社会科技创新领域热点议题之上,为跨国科技合作提供中国路径,为新兴技术攻破贡献中国方略。

① 王妍.我国科技合作组织研究[J].科技传播,2022,14(1):1-3.
② 科技部.关于促进新型研发机构发展的指导意见[EB/OL].(2019-09-17)[2021-09-01].http://www.most.gov.cn/xxgk/xinxifenlei/fdzdgknr/fgzc/gfxwj/gfxwj2019/201909/t20190917_148802.html.
③ 国际在线.我国将建国家技术安全管理清单释放了怎样的信号?[EB/OL].(2019-06-10)[2022-05-10].https://baijiahao.baidu.com/s?id=1635942203376779766&wfr=spider&for=pc.

一方面,可以发动智库、科研组织、相关产业巨头和高等教育团队等积极参加国际性交流研讨会,以线上听会和线下走访的方式,了解国外政府及民间组织对诸如气候变化、水污染防治、新能源开发、元宇宙应用等热点议题的研究方略与实践成果,并结合我国在相关问题、领域上的研究与发展经验提交中国答卷,同时发挥各主体优势,主动与国外研究团体进行合作,扩大我国在国际科技研究中的参与面。另一方面,则可在国内召开重点议题国际论坛,邀请国外相关专业、领域专家学者做特邀报告或会议点评,从而在主场通过扩大交流合作广纳先进理念,在实现中国研究水平提升的同时,通过自给性平台与渠道将中国标准输送至国际社会。2010 年春季在重庆举办的"供应链与物流国际论坛",便汇聚了我国西南地区、长三角地区研究物流问题的诸多相关学者,同加拿大劳瑞尔大学教授联合对物流前沿研究、成果案例及企业经验展开讨论①,深耕供应链与物流相关的热点问题与创新实践,就物流公共服务、回收与保税港等平台与模式问题,一致达成物流创新与金融信息跨领域融合的发展期望。2014 年在北京召开的"大数据与应用统计大会"则拉开了我国参与大数据分析国际研究的帷幕。② 这期间与德、美著名学者共同研讨的现代政府治理、生物医疗共享、应用统计人才培养等大数据背景下的具象化问题对当今仍有指导性意义。近两年在新冠疫情侵扰下的国际社会科研成果中,仍然能窥见各国团队在早期联合研究中达成的合作默契及产出的经验贡献。据统计,新冠疫情相关科研成果大部分都由国际团队共同完成,从数据主体进行分析可发现中美互为最重要的合作伙伴。③

当前国际科研热点主要集中在材料化学、电子工程、应用物理、信息数据等领域,同时我国在推进"一带一路"倡议与建设中发布的"愿景与行动"中频频提及新能源、海洋工程等问题,在深度参与国际社会创新议题基础上开辟出我国对外合作的特色重点,并逐渐在研究与实践中结合"一带一路"国家科学技术资源的特色与优势稳步强化支持措施,且对重点学科交叉研究给予大力国际合作资助,强化我国在国际科技创新合作研究中的地位,从而更好地贡献出中国标准和中国智慧,助推

---

① 龚英,胡涛.国际供应链与物流管理的创新、合作与共赢——"2010 中国重庆供应链与物流国际论坛"会议综述[J].西部论坛,2010,20(4):104-107.

② 中国人民大学"大数据与应用统计"研究组.大数据时代统计学的重构与创新——首届"大数据与应用统计国际会议"述评[J].统计研究,2015,32(2):3-9.

③ OECD. COVID-19:a pivot point for science, technology and innovation? [EB/OL]. (2021-03-25)[2022-05-10]. https://www. oecd. org/sti/science- technology-innovation-outlook/crisis-and-opportunity/ STIO-Brochure-FINAL-UDP. pdf.

热点议题研究及应用远航。

## 3. 破题科技围堵，疏浚协同创新通路

20 世纪 50 年代，中国同苏联及东欧地区国家建立了科技合作关系，并分别与印度、缅甸、摩洛哥等亚非民族主义国家和部分西方国家开展了政府间科技项目和民间交流活动，同时在新中国成立后的早期发展过程中受惠于一些友好国家、国际机构和民间组织的科技援助。改革开放后，中国国际科技合作机遇增多，新途径、新项目推动我国的国际科技交流范围稳步扩大，合作国家队伍壮大，国际组织的作用也在我国对外科技交往中发挥出较大作用。在加入国际科学理事会后，我国对世界各国家、地区的科技资源禀赋与研究发展动向有了更深刻的把握，吸收了诸多先进技术和管理方法，并针对不同区域有意识地调整了对外科技交往模式。[①] 在巩固已有合作的同时，扩大与发达国家科技合作已有接触面，并发挥我国当前科技特长，为发展中国家或其他科技资源分布严重不均的国家提供科技技术、资源与经验援助。

近年来，中国的经济实力、文化实力和整体国家实力显著增强，科技影响力和创新引导力跃居世界前列，美国等西方国家出于国家安全和地位优势等层面的考量，开始对中国发起全领域"脱钩"，以交流封锁来应对可能存在的"中国威胁"。[②] 为应对当前科技交往困境，壮大未来科技合作可生力量，需要善用双、多边组织，并借助"一带一路"等全球性倡议为开展联合研究提供无约束的自在环境，以自主性路径缓和来自西方大国的封锁压力。本书其后章节还将就此问题展开论述，如可凭借中国-中东欧国家合作和双边科技创新合作等政府主导的科技合作机制，及学者论文合作等多方项目途径，借助如"一带一路"国际科学组织联盟（ANSO）等综合性国际科技组织开展国际联合研究[③]，通过"一带一路"倡议串起"科技共同体"，发挥各国优势领域及资源，改善当前国际合作项目与主体分布不均的现象，凝聚群体性合力共同攻克科研创新重、难点问题。

---

① 侯强，周兰珍.新中国成立以来国际科技合作发展战略的理路分析[J].改革与战略，2022,38(3)：90-98.

② 刘禹."民间科技外交"兴起：中国开放合作需要新模式[N].上海科技报，2021-10-27(4).

③ 张海燕，徐蕾.中国与中东欧国家科技创新合作的潜力与重点领域分析[J].区域经济评论，2021(6)：107-114.

### 5.5.2　加强全球创新治理合作，发挥中国凝聚力

搭建强有力的国际科技创新合作机制，不仅需要发动国内各级组织团体积极参与热点问题研讨，还需要从政策、资源等方面为国内与国际科研合作伙伴的创新实践提供保障，使中国与一众同伴在科技创新研究中行得稳、走得远。

1．建立国际科技合作基地及数智平台

海量数据、数字服务、虚拟通信等技术与服务在当前已成为连接各个产业链和主体人群的纽带①，开放式交流业已肉眼可见地改变了技术生产方式和信息传播速度，并将远程化沟通融入了人们日常生活的方方面面。经济合作与发展组织曾就此对近百个国家的科研人员开展调查，统计发现截至 2021 年 3 月，有超过 1 600 名受调者已经使用或期望使用新型数字研究工具，占比达到总数六成以上。② 在疫情期间，远程会议工具更是为科研合作、交流培训得以持续进行提供了输氧通道，数据跨境查找与使用在各国不断修订的数据共享协议下又反向巩固了开放式科学研究这一新合作模式。

2021 年年初，数据库和可视化平台 Global. health 正式推出，旨在为全球生物医疗研究者实时提供可视化的疫情病例和疫苗效果数据。③ 这一平台搭建的背后是 7 个美欧学术机构及数国政府政策与经济等的大力支持，由此可见，通过多边倡议、共同基金建立科学有效的新兴数字化智能合作平台，创建一站式国家实验室，从而为未来国际科研合作提供稳定、高效、安全的信息资源保障，是当前各国科技创新研究的共同愿景。④

2．引导国际科技组织落职落户

根据国际协会联盟（UIA）出版的《国际组织年鉴（2018—2019）》数据，全球活跃的 3 300 余个国际科技组织总部分布在全球 116 个国家，主要分布在以英美为代

---

① 中国信息通信研究院. 全球数字治理白皮书[EB/OL]. (2020-12-15) [2022-03-25]. http://www. caict. ac. cn/kxyj/qwfb/bps/202012/P020201215465405492157. pdf.

② OECD. OECD science flash survey 2020：science in the face of the Covid-19 crisis[EB/OL]. (2020-08-03) [2022-05-10]. https:// oecdsciencesurveys. github. io/2020flashsciencecovid.

③ Maxmen A. Massive Google-funded COVID database will track variants and immunity[EB/OL]. (2021-02-24) [2021-05-10]. https://www. nature. com/articles/d41586-021-00490-5.

④ Paunov C, Planes-Satorra S. What future for science, technology and innovation after COVID-19? [EB/OL]. (2021-04-25) [2022-05-10]. https://www. oecd-ilibrary. org/ docserver/de9eb127-en. pdf? expires=1621845617&id=id& accname=guest&checksum=5C50F84566E2F53F76B644C6D9F49FF.

表的发达国家,中国仅有 65 个,多为围绕我国优势学科开展研究的组织,如世界中医药学会联合会、国际竹藤组织等。① 然而国际科技组织往往掌握了特定领域规则、标准的制定权,其事务重心也决定了未来一段时间国际科研团队在该领域的研究方向,其总部所在国、秘书处所在地不仅是实施组织号令的核心领导机构,还代表着该地区在这一领域拥有足量的国际影响力和话语权。因此推动和争取更多国际科技组织在华落户,是发挥我国在未来国际科技创新机制中关键性作用、建立科技命运共同体的重要依托。

我国内部也应加大领域探索,寻聘、培养创新型人才,建立新时代科技组织。在鼓励重要组织落户中国扎根本土的同时,充分发挥国际组织中国委员会的作用,激发内源性力量,在理、工、农、医和交叉学科五类主要领域②深耕新研究议题,发展新科技技术,加速国际组织人才梯队的培养,扩大我国科技组织基本盘。同步改革组织管理体制,包括对登记管理机关进行职能上的重新定位,改革业务主管单位,试点单一管理体系等③;同时还需改善民间组织相关立法,包括根据产权构成划分组织性质进而细化规章等;还需加强相关组织的社会监督,包括培养全体公民的成果保护意识,建立鼓励公众监督的科研机构专项受理机制等,全方位做大我国科研人员和科技组织全球影响力。

此外,发动我国科研企业、机构走出去,在海外设立联合研究基地或研发分部是另一个争取中国科研主动权与话语权的有效途径。如 2017 年 8 月,中国农业科学院兰州兽医研究所与波兰国家兽医研究所共建动物疫病防控联合实验室。2019年 5 月,首个中国-罗马尼亚农业科技园在布加勒斯特正式启动建设。中国企业在中东欧国家设立的研发中心也逐渐增多,如华为在波兰、长虹在捷克设立研究中心,中车集团在捷克设立联合研究院,双边政府间科技合作委员会例会也推动了400 余项联合研发项目,为中国科技创新治理注入多方影响力与凝聚力。

3. 完善配套分支平台及保障措施

知识产权是直接关系主体知识创造、应用的权力与权利的制度手段,构建并实施知识产权保护战略,能够合理调节知识产权人与其他社会群体的利益关系,从而

---

① 王妍. 我国科技合作组织研究[J]. 科技传播,2022,14(1):1-3.

② 夏婷,王宏伟,马健铨,等. 中国科技组织加入国际民间科技组织的现状、问题及建议[J]. 中国科技论坛,2018(10):31-38.

③ 王名. 对民间组织开展国际科技合作相关政策法规的建议[C].//中国国际科学技术合作协会 2004年民间组织与国际科技合作研讨会论文集. 2004:47-54.

实现知识的有效管理与转化。① 在科研创新过程当中,为相关研究人员提供科研配套的法律保障,并从国家、地区或行业、企业等各级、各层完善开展研究所需要的配套资源及分支平台,即为其提供可持续性科研创新实施的外部条件和成果检验、保护、运行制度,能够激发技术创新主体的思考与产出能力,有助于自下而上地将研究成果转化为经济、政治、文化效益,从而与宏观的国际科研创新合作体系相呼应。

完善科研创新的配套分支平台及保障措施政策,实际是将区域自主创新和国际科研破题相勾连,自小区域内激发行业、企业的知识产权制度运用能力,有计划地辅助提升相关产业及研究体系结构的合理性,打造企业、行业科研知识产权与政府、国家知识产权战略体系之间的连接纽带,进而辐射至我国对外科技交往合作过程中。在构建我国科研创新优势及特色的同时,提高知识创造、运用、保护和管理能力,避免盲目地开展科技创新研究工作,防止部分主体在科研合作中的知识垄断现象。同时,在我国对外开展国际科技创新合作的过程当中,需要在不同研究发展阶段及时、合理地调整知识产权制度与分支保障体系,使得知识产权制度始终能够与科研技术创新协同发展、相互匹配,实现对我国技术创新体系永续推进的长足保障。

## 5.6  推进"一带一路"科技创新合作

共建"一带一路"科技创新行动计划提出以来,在推动基础设施建设和民生福祉改善方面取得很大进展,同时也面临着合作共同体建设推进缓慢,美国等西方国家加大对华科技遏制,全球疫情蔓延阻遏人员、资金和技术流动,以及传统合作制度机制不尽完善等挑战。为此,我们宜贯彻落实习近平总书记在第三次"一带一路"建设座谈会上的重要讲话精神,多措并举、精准施策,通过精准推进科技创新合作引领高质量共建"一带一路"。

### 5.6.1  "一带一路"科技创新合作进展

我国推动构建"一带一路"科技创新共同体,在科技人文交流、共建联合实验

---

① 冯晓青.技术创新与知识产权战略及其法律保障体系研究[J].知识产权,2012(2):2-11.

室、科技园区合作、技术转移等方面取得明显进展。截至 2021 年年底,我国同 84 个共建国家建立了科技合作关系,支持联合研究项目 1 118 项,在农业、新能源、卫生健康等领域启动建设 53 家联合实验室。共建国家来华交流培训的科技人员超过 18 万人次,来华开展短期科研的青年科学家达 1.4 万多人。我国面向非洲、东盟、南亚的科研人员组织"创新中国行"活动,与共建国家联合建立中国-东盟、中国-南亚、中国-中东欧、中国-阿拉伯国家等 31 个双、多边国际技术转移中心。

科技创新合作在改善共建国家基础设施建设和提升人民福祉等方面效果显著,成为"一带一路"高质量发展新名片。比如,我国先进的高铁、地铁、高速公路、绿色电力建设技术和经验,极大地改善了巴基斯坦、埃塞俄比亚、肯尼亚、老挝、印尼等国的交通设施质量及哈萨克斯坦、俄罗斯、缅甸、土库曼斯坦等国的管道运输网络。再比如,实施中国-东亚减贫示范合作项目等脱贫工程,建设 20 余个援非农业技术示范中心,成立 4 个"中非现代农业技术交流示范和培训联合中心",为共建国家提升劳动者技能、改善民生福祉提供了源源不断的动力。

### 5.6.2　"一带一路"科技创新合作面临的突出挑战

第一,整体合作关系稀疏,合作层次亟须提升。一方面,我国科技创新合作对象长期锁定在欧美等发达国家和东亚、东盟等临近区域,分布特征未随"一带一路"朋友圈扩大而明显变化,无论是参与国家和地区还是涉及领域均呈现碎片化特点,尚未形成覆盖面广、系统集成的框架结构。比如,合著科技论文以及合作专利的合作对象集中在新加坡、韩国、俄罗斯等少数国家。另一方面,我国与"一带一路"国家的科技创新合作以技术输出类合作为主,产学研协同的研发攻关类合作较少。创新合作多由政府主导,由公立性科研机构实施,以企业为主体实施的合作项目不多。比如,中国与非洲中亚国家的科技合作本质上是依附在产能升级、设施改造之上的系统化援助;中国与俄罗斯的军工技术合作长期以武器装备交易为主,创新合作力度不足。

第二,创新鸿沟挤压合作空间,合作红利释放缓慢。"一带一路"共建国家的文化理念、科研水平、创新人才和资金规模差异较大,创新鸿沟明显,创新要素流转不畅,存在知识产权保护、语言沟通方式、技术标准应用等诸多难题。例如,中欧科技合作长期存在合作领域不匹配、研究人员流动失衡、科研数据分享受限、科研经费投入比例不均等问题,欧方对我方参与重大科研项目的要求日益苛刻。加之科技创新合作利好显现周期长、效果释放缓慢,部分共建国家面临消除贫困和保障经济基本收入的生存压力,科技创新合作基础和意愿薄弱,导致"一带一路"协同创新网络和"一带一路"创新共同体尚未真正形成,科技创新合作的红利未能完全释放。

第三,全球科技治理加速分裂,合作基础遭受冲击。美欧试图通过"重建更美好世界""千年挑战计划""全球门户"投资计划等对冲"一带一路"倡议的全球影响力,设立 D-10 倡议、G7"人工智能全球合作伙伴组织",限制我国科技国际话语权提升。在美欧推波助澜之下,全球技术碎片化态势加剧,数字边界高立,传统科技治理规则失灵,导致新兴市场国家无法平等获得关键技术。同时,美欧还大肆鼓噪"科技保护主义""科技民族主义",诱发我国与"一带一路"共建国家在技术合作中的冲突和矛盾。部分共建国家受限于与发达国家深度交织的产业链和技术链,被迫跟随政治立场来决定科技政策,增加了科技合作的不确定性。俄乌战争、哈萨克斯坦政局动荡,科技创新要素受政治风险和制度供给不足掣肘,许多共建国家战略缺乏稳定性、政策缺乏延续性,各种管制相互冲突,导致我国与之开展科技合作的风险进一步加大。

第四,对外交往受限,合作缺乏可持续性。受新冠疫情和地缘政治局势动荡双重影响,国与国间的学术和科研合作交流机会急剧减少,高等学校科研和学术人员的国际交流受到极大限制。随着多国放松对疫情的常态化防控,入境隔离政策的差异让合作交流面临"走不出去"和"请不进来"的双向困局,合作项目进度缓慢加剧合作"脱钩"。在当前形势下,现有合作机制缺少协议机制及纠纷解决机制等制度性公共产品,约束力不足,参与主体结构单一,企业、青少年等民间力量参与度不高等问题凸显,民意基础不牢固,合作可持续性面临重大挑战。

### 5.6.3 精准推进"一带一路"科技创新合作的建议

面对诸多挑战,亟须进一步拓宽"一带一路"科技创新合作的广度和深度,在合作对象选择、合作领域遴选、合作路径设计等方面加强精准性和细致性,因地、因势、因时,分国家、分领域、分阶段地选择不同层次的合作策略,提升"一带一路"科技创新合作走深、走实。

第一,重视顶层设计,分层推进、分区施策。一是突出重点,巩固并深化与核心合作国家的伙伴关系。对具有丰富科技创新经验的核心合作国家采取强强合作或互补性联合研究策略,在前期合作基础上进一步积累并扩大溢出效应。密切关注对方技术发展趋势,加强对话,深化共识,消除分歧,防止对方在对华问题上进一步被美国捆绑。比如,与中东欧国家合作时,应更加注重与国际计划和标准的接轨,积极宣传中方在标准化、知识产权、计划开放等方面实施的措施和现状,打消欧方科研人员的疑虑,调动欧方科研人员与我国进行科技合作交流的积极性,促进双方对国际科学标准达成一致见解,继续加强标准化合作。二要以点带面,与更多国家达成具有约束力的合作协议,带动合作边缘国家参与共建科技创新平台。挖掘更多具有特色优势技术领域的国家作为重点合作对象,明晰供需、聚焦重点、务求实效。坚持研发合作和技术转移并举方针,结合当地的发展规划和合作需求,绘制"一带一路"科技创新合作模式图谱。比如,中亚五国的合作需求集中于能源和交通领域,建议采用绿色技术研发合作和满足基础设施建设需求的绿色技术转移并重的合作形式。东盟国家在海洋、新能源、新材料、生物医药等领域拥有大量相关资源,可以为合作研究提供有力支撑;同时,在传统制造业、农业机械化和基础设施建设行业技术需求集中,相应行业的技术需求和技术转移应重点满足。三是鱼渔同授,对创新落后国家加大技术扶持力度,为没有做好准备的国家创造过渡条件。对于技术合作边缘国家,发挥引领作用,实现包容发展。针对不具备发展高精尖技术、科技发展相对落后的技术合作边缘国家和地区,宜采取援助性政策,依托先行经验,将着力点放在实用性较强的农牧业、制造业等技术合作上。比如,中非之间在农业科技、卫生科技、金融科技、移动支付等领域有巨大的合作前景,能够有效促进合作减贫和包容发展。为提高相关技术在"一带一路"框架下与东道国产业的契合度,在合作创新中加强当地就业者技能培训及知识扩散力度,可通过互访互学、专题培训、共建基地、探索试点等多种方式,共同探索科技支撑、样板示范的精准发展路径。合作经验可进一步分享至需求相似的大洋洲及南美洲等区域。

第二,"送出去"与"请进来"相结合,筑牢科技创新合作基本盘。一是鼓励企业主动参与合作研发和成果转化。可借鉴中德联合资助试点项目"2+2"的合作模式,打通"研发—产业化"合作链条。建立联合资助机制,引导双方大学、研究机构、工业界企业推进科技创新成果的市场化转化,有力支撑我国与共建国家产业发展深度融合,为畅通国内国外双循环提供有力支撑。二是强化科技创新领域互知互信。支持更多"一带一路"共建国家科研工作者来华交流工作,感受中国科技创新生机,成为中外科技创新对话使者。聚焦共建国家急迫需求,主动开展技术培训、联合研究、技术转移等工作,传授中国优势技术、分享中国科技治理经验,稳固和扩大我国科技创新合作朋友圈。三是充分发挥民间组织独特优势。通过培育建立"一带一路"科技组织联盟、建设国际科技组织联合研究中心、鼓励民间科技组织广泛开展活动等方式,搭建合作网络平台,吸引更多科技组织参与"一带一路"建设,扎紧信任纽带,实现智力聚合。四是制订实施青少年科技创新合作伙伴计划。以"Z 世代"为核心群体,开展多层次的"一带一路"青少年科技交流活动,推动国家科技计划和项目适当向青少年科技创新国际合作倾斜;进一步扩大科普、科技创新资源开放和共建共享,促进"一带一路"共建国家青少年科学素质的提升。

第三,加强前瞻性思考,分阶段推进"一带一路"科技创新行动计划整体目标落地。一是在短期内因势利导,动态调整合作策略。充分利用合作抗疫和经济复苏的迫切需求,加强"一带一路"卫生健康共同体科技创新合作。盘活存量,优化各层级国际合作基地和平台,完善国际创新合作信息、资金、渠道、培训等中介服务平台,提升服务质量。探索以信息平台远程合作为主的线上线下融合合作方式,及时交流,分享数据和研究成果,保障科技合作项目的质量要求和实施成效。二是以更加开放的思维和举措推进"一带一路"科技创新合作计划中长期目标的实现。落实战略、规划、机制、项目等对接的整体合作框架,提高合作层次和水平。打造"一带一路"科技合作网络,构建覆盖商务、科技、产业、金融等部门的跨部门合作机制,围绕创新链全链条展开政策对话与沟通。强化风险防控能力,提升科技创新合作安全性。宜依托国家战略科技力量和战略科技智库,开展"一带一路"科技创新合作安全预警监测指标体系研究,加强对共建国家和地区政治风险、科技政策、新兴领域、重大项目、前沿技术和颠覆性技术的动态监测和风险预研预判。在政策制定、机制建设、内容提供、技术研发、标准开发方面走稳、走实。以标准工作为例,可推动我国政府、企业、高等学校及行业组织组建面向"一带一路"的技术标准大联盟,鼓励参与国际标准制修订,培育、发展和推动优势技术和优势领域标准成为国际标准,形成"小标准"和"大标准"兼容并包、共同发展的标准国际化发展体系。

## 5.7　促进创新要素双向流动

讨论国际科技合作要素的双向流动,需要先厘清其所包括要素的具体内容及分类。全球科技创新合作以科学技术研究、全球问题攻克、人才培养方略、知识产权政策等为核心内容,以跨国考察、远程会议、项目协作、科技援助、产业贸易等为主要交往形式。总结个中重点，可以从合作主题、合作资源、合作主体、合作环境和合作保障五个层面来讨论落实创新要素的双向流动。

### 5.7.1　开展科技外交，牵头国际科技交流活动

科技外交是指为了实现我国科技发展战略和对外创新合作目标，通过协会、项目、基地、高等学校、企业等承载的对外科技创新合作活动，是企业、行业、国家科技创新工作全局的一个重要组成部分。科技外交不仅是通过外交来发展科技创新技术，同时也是借由科技创新项目和合作活动来巩固外交关系。在当前纷繁复杂的时代背景下，抓住机遇合理开展科技外交是开创新型科技合作局面的必要手段。

当前，我国在科技发明、专利申请、科技研发人员数量、科技人力资源禀赋等方面均位列世界第一，我国用于社会研究的经费支出以及产出的科学创新论文数量也位居世界前列。核聚变装置、中微子实验室、同步辐射光源装置、物种资源库等科技基础条件，以及量子通信、高温超导、纳米催化、极地研究等基础研究成果丰厚[①]，无论是在基础科学创新技术领域，还是在重大科学问题研究方面，以及高新技术产业发展上，我国都有举世瞩目的傲人成果。在此支持下，我国积极对外建造新型研发机构，推动科技交流和技术转移，以江苏省产业技术研究院为代表的新型研发机构，已在海外建立了 7 个创新平台，并在牛津、洛杉矶、多伦多设立了 3 个代表处。通过海外创新平台，广泛联系和汇聚了国际科技创新资源，形成了为我所用的科技合作网络。[②] 同时，我国借助智库型科技合作组织，通过与众多国际组织、国际智库和相关机构建立合作机制共同组织各类研讨会，进行学术交流或联合研究。以中国与全球化智库（Center for China and Globalization，CCG）为代表的科技智库，已在巴黎和平论坛、慕尼黑安全会议、达沃斯世界经济论坛等重要国际场合举办分会，发挥了智库二轨外交的作用。[③] 紧紧围绕国家的科技创新战略和外交大局，大国科技外交总体布局已然形成。

在未来国家内外重点研发计划与项目实施过程当中，安排专门经费支持对外科技交流与合作，牵头创办新型研发机构，组织大型国际科技交流会议仍然是未来我国科技创新合作中需要坚持落实的重点部分。同时，我们需要兴建一支科技业

---

①　罗晖.中国科技外交 40 年：回顾与展望[J].人民论坛·学术前沿,2018(23)：55-65.

②　江苏省产业技术研究院.海外合作[EB/OL].(2022-04-15)[2022-05-20].http://www.jitri.cn/list_35.html.

③　全球化智库[EB/OL].(2021-06-10)[2021-09-01].http://www.ccg.org.cn/overview.

务精湛、综合素养过硬的科技外交队伍，秉持较为系统且行之有效的科学应用思想和策略，丰富发展我国科技外交战略，将中国特色大国科技创新外交推向更高境界。

### 5.7.2　活泛创新源头，重点关注科技人才引进和培养

国家高等教育体系及研究机构内技术型人员占比是其整体基础研究能力的反映，社会企业员工构成中研究人员的职位结构和公司地位，则代表了一国科研成果转化和应用的水平。因此，重点关注科技人才引进和培养有助于从源头活泛创新体系，激发产出科技创新治理体系所必需的主体资源要素。

一方面，需要大力支持教育、科研机构及社会主体共同投资建立综合性或专业性的开放数字平台，开放科研数据开展基础理论研究，并在汇聚实力站稳脚跟后推进相关平台国际化脚步，借助其连接性作用搭建双边高等学校与科研机构创新合作，使中国企业在国际环境下实现技术攻关，提高服务水平。[①] 并随实际发展需要有步骤地强化研究人员职位数量和重量，带动中国与各国在科技创新合作特色领域设立专项人才交流项目，逐步将国际科研合作重心从项目主体转向人才主体，强化相关人员在双边科技合作机制与项目对接中的技术研发作用和政策决策、服务作用。

另一方面，各国应加大创新创业领域合作和学科专业交叉融合，通过政策鼓励、项目比赛等多种形式帮助初创主体完善创新链，营造科技创新合作良好生态圈。[②] 建设示范性学院及研究中心试点，加强复合型科技创新人才培养，探索实验科学创新教育人才培养的新模式。同时，对比分析国际科学科技研究人员能力标准及科技能力水平认证标准，借鉴国际主流科研教育标准，明确未来科技创新人才能力体系，落实并发挥科技研究工程教育在师资平台、行业协同、项目孵化等方面的创新优势[③]，以科技研究前沿工程带动现代化创新教育发展。

---

① 杨娟. 后疫情时代国际科技合作转型及政策建议[J]. 全球科技经济瞭望,2021,36(11)：46-49.
② 张海燕,徐蕾. 中国与中东欧国家科技创新合作的潜力与重点领域分析[J]. 区域经济评论,2021(6)：107-114.
③ 吴爱华,侯永峰,杨秋波,等. 加快发展和建设新工科 主动适应和引领新经济[J]. 高等工程教育研究,2017(1)：1-9.

### 5.7.3　实行组织联动,开拓民间创新合作联合机制

根据组织特征和业务范围,我国国内科技研究组织可分为四类,第一类是为科研工作者提供平台、奖励、咨询的科技社团;第二类是在企业和高等学校之间构建长期稳定合作关系的科技产学研联盟,以中国科协及其成立的"科创中国"联合体及委员会为具体代表;第三类是围绕战略性新兴技术创新、研发和孵化的新型研发机构;第四类是在华设立的国际科技合作组织和服务于国际智库网络的决策性组织。① 基于目前我国已有的科技组织结构和性质,未来,我国可以发展小风险基础研究、横向联动研究、实体机构研究为主的合作模式,深化民间创新合作联合机制。

1. 小风险基础研究

小风险基础研究主要是单个或少许科研人员之间的非正式合作,是个人兴趣或专业需要驱动的学术论坛、论文写作等偏重基础科学的小风险研究,是当前以及未来民间最主要的科研创新合作模式,也是最容易推行、结构系统最原始的国际合作类型,是科研机构、多边协商等合作模式的基础。从这一层面上来说,可以通过开展以各个研究问题为主题的双边和多边国际学术大会、研究论坛或创办专门类期刊等,促进个体层面的交流与合作。

2. 横向联动研究

这一类合作是指国际科研同行之间的横向合作,以项目合作和共建联合研究单位为主要形式,团队共同承担合作权利、责任、义务和风险。此类合作能够调动双方更多的资源和能力,实现更大程度上的优势互补,合作的长期性和持续性较强,因而有利于解决更为复杂和较有挑战性的科学技术难题,易于形成国际合作网络或联盟。在创新全球化的形势下,此类合作更具有吸引力,但合作成本较高,合作风险较大,因而合作难度加大,通常需要签署备忘录或意向书,如 MOU 或 LOI 之类的书面文件,虽然不具有法律效力,但对双方具有某种程度的约束力。② 针对此种研究形式,可以利用国际合作经费,通过创办专项合作联合委员会、联合研究中心、联合实验室等机制,凝聚横向资源。

3. 实体机构研究

实体机构研究指智库集团、创新性企业等研究实体之间的合作。此类合作可以

①　王妍.我国科技合作组织研究[J].科技传播,2022,14(1):1-3.
②　张世专,王大明.关于实质性国际科技合作的理想模型[J].中国科学院院刊,2011,26(5):597-605.

调动更多的创新资源和创新人才,实现最大限度的优势互补,能够承担更多的风险和法律责任,解决更为复杂、更为系统的科学技术难题。此类合作往往以富有挑战性的前沿科学问题、产业共性技术问题或市场目标为导向,合作经费、资源和人力投入最多,合作成本最高,合作难度最大,受外部环境的影响最深,对国际合作政策、文化、法律、制度的要求和敏感度最高。针对此种模式,可以在重大创新问题上牵头数个实体机构,通过协调合作方签署关于成果共享和知识产权保护的协议,保障合作进展、减少合作风险,以建立长期稳定、可持续的科技创新战略合作伙伴关系。

### 5.7.4　融入市场环境,大力推进企业国际化步伐

国际化合作的模式为科技企业提供了聚集多种市场与文化资源的机会,不同的经营环境也变相促进了科研创新企业团队知识结构的创新,提升了其成果多样化产出能力。在新的市场需求之下,企业将自然地对产品与技术的应用及顾客需求解决方案做出相应更改,在此过程中能够夯实企业的技术基础以及技术支持与合作能力。此外,不同的市场将会为国际化企业聚集更多的竞争对手及科研机构等主体形成的社会关系网络,变相扩大企业的社会资本[①],同时也能够通过这个网络,为企业聚集到不同国家的各类技术专家,从而提升创新能力和科研收益。因此,要将企业国际化潜在的技术创新能力转变为现实的技术成果产出,有效提升企业自主创新能力和国际科研竞争优势。

从企业内部结构来看,融入国际市场环境需要构建覆盖商务、科创、产品、金融等各方面的跨部门合作机制,围绕符合国际化市场的创新链展开企业内部部门生产、决策对话,推动科技研发合作向外对接国际产业需求,借力投资基金加速产品转化,实现企业在国际市场中的价值提升。跨部门沟通能够构建创新内循环平台,实现科技、资金、市场等要素的聚合与分配,促进创新链、产业链、价值链与资金链融通支撑[②],在中国与各国科技创新合作中形成科技与产业融合的良好局面。

### 5.7.5　树立创新保障,稳抓知识产权审查与保护

技术创新之所以需要构建适合其需要的法律保障体系,是因为其本身不仅是

① 曾萍,邓腾智.企业国际化程度与技术创新的关系:一种学习的观点[J].国际贸易问题,2012(10):59-67+85.
② 张海燕,徐蕾.中国与中东欧国家科技创新合作的潜力与重点领域分析[J].区域经济评论,2021(6):107-114.

企业从事研究开发、生产制造的行为,而且是一个与外部条件和环境息息相关,深受其影响的、具有系统性和过程性的经济行为,法律制度就是其中非常关键的制度。围绕激励、促进技术创新的总目标,这些不同的法律制度形成了一个具有内在有机联系的技术创新法律保障体系。

第一,完善技术创新资源配置法律制度。资源配置是企业从事技术创新的基本前提,它涉及企业人力资源、资金、实物、原材料和设备等有形资源以及无形资源,特别是投融资法律制度,是解决企业技术创新资金的重要法律机制。[①] 国家有必要建立适应技术创新需要的投融资制度和相关的财政、税收、保险制度等。与此相应,还应建立针对创新投融资的法律保障制度,充分保障投资者的利益,协调投资者与创新者的利益关系,激励投资主体对企业技术创新的投资活动。

第二,创新成果法律保护制度。充分保障创新者和投资者的合法权益,激发企业的技术创新活动和投资者对创新活动的投资,为技术创新活动提供强大动力机制。法律制度为创新行为提供了合理预期和利益保障,这必将促使企业积极投身于技术创新活动,通过技术创新活动获取核心技术和关键技术,赢得市场竞争优势。具体地说,保护创新成果的法律制度涉及对创新成果归属、创新活动中的利益关系调整、侵犯创新成果权益的制裁和规范创新行为与创新成果使用诸方面,涉及的主要法律则包括知识产权法、民事侵权法和反不正当竞争法等。

第三,技术创新成果的转化应用法律制度。技术创新成果的转化应用是实现技术创新目的的关键,技术创新作为一种在一定制度结构和制度环境下进行的经济行为,也需要与其相适应的成果转化应用法律制度。目前,我国主要制定并实施了科学技术成果转化法。在促进技术创新成果转化应用法律制度建构上,应重视以下问题:建立激励转化应用的法律机制,其中包括对知识产权制度的优化和完善,如职务发明创造制度,也包括其他相关制度对技术创新成果转化应用的激励,如投融资制度、财政税收制度、政府采购制度等;建立高效运转的技术创新成果转化机制,例如技术市场制度、技术合同审批制度、知识产权产业化转化平台制度、知识产权交易平台建设、知识产权信息网络平台建设等;建立新技术产品开发和市场化的风险投资机制,以吸引资金投入创新成果的市场化开发。

第四,技术创新激励机制与评价考核法律制度。激励机制是促进技术创新的

---

① 冯晓青.技术创新与知识产权战略及其法律保障体系研究[J].知识产权,2012(2):2-11.

动力机制,因此促进技术创新的法律保障体系应以建立激励创新活动、激励对创新活动的投资以及激励创新成果的市场化为重要导向。同时,对技术创新的评估考核法律制度既是检验技术创新活动成效的指针,也是敦促企业了解技术创新活动现状,及时进行调整和弥补缺陷的法律机制。以企业技术创新活动中对创新成果的确权机制为例,可将知识产权考核指标纳入技术创新活动中,以取得的知识产权数量和质量作为检验创新活动的重要指标。

第五,与技术创新法律制度配套的激励和促进技术创新的政策体系。在我国,各级部门颁行的政策(见表5.6)对于法律制度的贯彻和执行,增强法律的可操作性,具有十分重要的意义。与法律的相对稳定性和滞后性相比,政策具有很强的灵活性,便于根据社会经济条件的变化及时规范和指导各类主体的行为,朝着法律设定的预期目标前进。企业技术创新也不例外,除了需要上述相关的法律保障体系构建外,也应建立适应技术创新法律制度配套的激励和促进技术创新的政策体系。

表 5.6  近些年我国各级政府部门颁行的技术创新法律保障方案

| 级　别 | 方　案 | 推行机构/地点 |
|---|---|---|
| 国家级 | 《国家技术创新工程总体实施方案》 | 科技部等 |
| | 《关于促进自主创新成果产业化的若干政策》 | 国家发改委等 |
| | 《关于支持中小企业技术创新的若干政策》 | 国家发改委等 |
| | 《国家产业技术政策》 | 工信部等 |
| 地方级 | 《云南省关于企业技术创新知识产权管理的指导意见》 | 云南省 |
| | 《辽宁省关于加强专利工作提高自主创新能力的实施意见》 | 辽宁省 |
| | 《广东省关于运用知识产权制度,推动大企业集团技术创新,增强核心竞争力的若干意见》 | 广东省 |
| | 《广东省关于提高自主创新能力提升产业竞争力的决定》 | 广东省 |
| | 《陕西省关于加强知识产权(专利)工作促进技术创新的实施意见》 | 陕西省 |

这些相关政策是政府实现宏观调控的重要手段,其意义在于政府作为企业技术创新的主导,制定有利于创新资源利用和创新要素发挥作用的政策,不仅能为企业技术创新和知识产权战略实施提供方向性、政策性指引,而且可以发挥政府的调控作用,推进企业技术创新。

# 第六章　统筹科技发展与国家安全

## 6.1　统筹科技发展与国家安全的内涵

### 6.1.1　内涵与特点

#### 1. 科技发展的内涵与特点

科技发展日益成为大国崛起的战略支撑。科技发展是提高社会生产力、提升国际竞争力、捍卫国家安全、提高综合国力、参与全球竞争的战略支撑手段。世界大国都曾引领科技革命,农业经济时代的中国、工业经济时代的英国、数字经济时代的美国都是如此。[①] 当今世界第四次科技革命主要包含了计算和存储、电信、人工智能、自动化、制造以及能源这六大基础领域。[②] 纵观前三次科技革命,每一次科技革命都会带来国际格局的巨大变化。第四次科技革命所带来的变化,无论规模、范围还是复杂性,都将超过以往历次科技革命。而大国竞争的决定性因素无疑是科技创新能力。[③]

---

[①]　王宏广,朱姝,尹志欣,等.加速抢占新科技革命制高点,保障国家安全的建议[J].科技中国,2020(4): 1-3.

[②]　海国图智研究院.从苹果到华为:科技式新型地缘政治[EB/OL].(2019-08-03)[2022-05-25].https://mp.weixin.qq.com/s/QPlloec4gOj7sDGZ7JxuLw.

[③]　刘国柱,史博伟.大国竞争时代美国科技创新战略及其对中国的挑战——以国家安全创新基地为中心[J].社会科学,2021(5): 21-40.

鼓励科技创新、加强财政支持、提升产出效率、重视人才培养是大国实现科技振兴、抢占全球科技竞争制高点的重要手段。环视全球,美国作为第四次科技革命的主要领跑者之一,近年来联邦政府内研究机构的科研经费持续上涨。2020 年 8月,白宫和美国国家科学基金会宣布在未来五年向 7 个人工智能研究院投入 1.4亿美元的资金,资助机器学习、综合制造、精准农业、未来预测等人工智能领域的研究。同样,在量子信息、5G、新能源等新兴技术领域,美国政府均加大了财政支持。2021 年 5 月 12 日,美国国会参议院通过《无尽边疆法案》,旨在加强基础和先进技术研发以协助抗衡与中国在有关领域的竞争,应对中国信息战与日俱增的影响力。该法案计划授权拨款 1 000 亿美元,在五年内投资于包括人工智能、半导体、量子计算、先进通信、生物技术和先进能源在内的关键技术领域的基础和先进研究、技术创新、人才培养以及商业化。① 国家科学基金会 2022 财年的计划科研投入经费为108 亿美元,此后四年,将以每年 20% 左右的速度递增。②

习近平总书记于 2013 年强调,只有拥有强大的科技创新能力,才能提高我国国际竞争力。③ 过去,我国发展主要靠引进上次工业革命的成果,基本是利用国外技术,早期是二手技术,后期是同步技术。这种思路长期以来将会把我国发展锁定在产业分工格局的低端,与其他国家的差距将不断拉大。着眼于国家安全和长远发展,只有把核心技术掌握在自己手中,才能真正掌握竞争和发展的主动权,才能从根本上保障国家经济安全、国防安全和其他安全。④ 2019 年版全国干部培训教材《全面践行总体国家安全观》也强调,毫不动摇地坚持科技引领,大力加强科技创新,加快科技成果转化应用,不断提高安全工作的信息化、智能化、现代化水平。⑤

科技安全问题在国家安全体系中比重攀升。仅从中美两国的理念、决策与行动来看,不难发现,当今有形要素、传统因素在国家安全中的比较优势相对弱化,科学技术创新驱动成为世界经济发展新引擎。科学技术尤其是数字与信息领域的高

---

① 冯翔. 美国参议院通过《无尽边疆法案》[EB/OL]. (2021-09-30) [2022-05-23]. https://www. ciste. org. cn/index. php? m=content&c=index&a=show&catid=73&id=3139.

② 刘露馨. 美国科技战略的变革及前景[J]. 现代国际关系,2021(10):37-45.

③ 中共中央党史和文献研究院. 习近平关于总体国家安全观论述摘编[M]. 北京:中央文献出版社,2018:155.

④ 中共中央党史和文献研究院. 习近平关于总体国家安全观论述摘编[M]. 北京:中央文献出版社,2018:154.

⑤ 全国干部培训教材编审指导委员会. 全面践行总体国家安全观[M]. 北京:党建读物出版社,2019:67.

精尖技术直接成为国际关系中的重要武器与筹码,国家间的竞争也进一步由军事、经济等领域转向抢占科技领域关键技术制高点,尤其着重大数据、人工智能、量子计算、生物技术、网络安全和清洁能源等领域的研发,并加大对本国核心技术的保护力度。这也使得世界各国都深刻认识到,科技是政府所掌握的维系国家安全和发展的最重要的战略资源,是一国在国际舞台上博弈且制胜的必要力量,因此也纷纷加大对重点领域的科研投入。当科学技术融入各个安全问题领域,二者产生的联系日益紧密,科技将会成为安全保障中不可忽视的重要力量。

2. 国家安全的内涵和特点

(1) 国家安全演变与大国战略需求息息相关

安全与国家安全的基本内涵随历史时期而发生着演变。国家安全是随着国家产生而出现的一种社会存在和社会现象。从古到今,国家安全一直处在发展变化之中,而且到了当代,其发展变化的速度进一步加快,其内容和形式都越来越丰富,问题越来越复杂。[1] 在不同历史时期,国家安全有着不同的内涵和外延。[2]

"安全"的辞源解释,东西方含义与近现代认知基本相同,主要指安全主体免于危险及这种能力,由安全环境的客观状态及安全主体的主观感受综合决定。现代国际关系中,"国家安全"概念最初来自世界强国对战争与外交实践的不断总结。[3] 人们对国家安全的认识,以往囿于传统安全领域,以军事斗争及相互关联的外交和政治战略为基本内容。[4]

维基百科词条中,国家安全亦可称为国防,指一个主权国家的安全工作与国防体系,包括其公民、经济和制度,政府通过政治、经济、军事、外交等一系列措施来保障国家安全。国家安全最初的定义是强调一国免受军事威胁和政治胁迫,之后经由时代发展,衍生出不同释义,但其概念仍然模糊不清。[5] 直至第二次世界大战,西方国家安全战略内涵,仍重点以战争和军事为考察视野。[6] 有学者认为,大约自

---

① 刘跃进.国家安全学[M].北京:中国政法大学出版社,2004:1.

② 全国干部培训教材编审指导委员会.全面践行总体国家安全观[M].北京:党建读物出版社,2019:12.

③ 张斌,张守明,武宇.现代国家安全与科技评估[J].科学导报,2019(4):6-11.

④ 全国干部培训教材编审指导委员会.全面践行总体国家安全观[M].北京:党建读物出版社,2019:12.

⑤ Wikipedia. National Security[EB/OL]. [2022-05-18]. https://en. m. wikipedia. org/wiki/National_security.

⑥ 张斌,张守明,武宇.现代国家安全与科技评估[J].科学导报,2019(4):6-11.

第二次世界大战末期延续至冷战中期,国家安全属战略范畴,即有"战略"之"兵学"的军事渊源。

相对于安全,国家安全则是一个在内涵上相对狭窄的概念。根据英国学者彼得·玛丽戈尔德(Peter Marigold)在《国家安全与国际关系》一书中的考证[1],美国新闻评论家沃尔特·李普曼(Walter Lippmann)于其 1943 年的著作《美国外交政策》中首次提出"国家安全"概念,认为"国家安全"指在国家希望避免战争时,能免于牺牲核心价值观的危险;而在受到挑战时,能够赢得战争,保护核心价值。之后,这一概念逐步发展成为第二次世界大战时囊括国际关系中军事防务、外交政策等辞令的标准概念。[2] 第二次世界大战结束后,"国家安全"一词才成了国际政治中的一个常用概念。[3] 1950 年,耶鲁大学法学教授哈罗德·拉斯韦尔(Harold Lasswell)提出,一个国家由不得外国发号施令,正是国家安全的独特含义。20 世纪 70 年代末,西方学者提出"安全的新概念",以此研究威胁人类安全的一些"非军事问题"。[4] 1983 年,时任美国国防部部长哈罗德·布朗(Harold Brown)认为,国家安全是指维护国家领土完整的能力;以合理条件维持与世界其他国家的经济关系;保护其性质、制度和治理不受外界干扰;并控制其边界。[5]

大国安全战略的制定和实施,不仅关乎本国安全,也牵动着地区和国际安全。美国、俄罗斯和日本这些国家的安全构想,主要体现在其国家安全战略之中。[6] 我们以这些国家为例来综述主要大国国家安全战略的历史演进。

1947 年 7 月,美国第 80 届国会制定并通过了世界上第一部专门的国家安全法,即《1947 年国家安全法案》(National Security Act of 1947),并根据该法组建了"国家安全委员会"。[7] 同年 9 月,美国成立中央情报局(CIA),这都奠定了战后美国军事和情报体系基础,与杜鲁门主义、马歇尔计划一起成为杜鲁门政府的主要战

① 丛鹏. 大国安全观比较[M]. 北京:时事出版社,2004:4-5.
② 张斌,张守明,武宇. 现代国家安全与科技评估[J]. 科学导报,2019(4):6-11.
③ 丛鹏. 大国安全观比较[M]. 北京:时事出版社,2004:5.
④ 全国干部培训教材编审指导委员会. 全面践行总体国家安全观[M]. 北京:党建读物出版社,2019:12.
⑤ Wikipedia. National Security[EB/OL]. [2022-05-18]. https://en.m.wikipedia.org/wiki/National_security.
⑥ 《总体国家安全观干部读本》编委会. 总体国家安全观干部读本[M]. 北京:人民出版社,2016:15.
⑦ 张学明. 冷战后国家安全观的变化[M]. 北京:国防大学出版社,2003:37.

略。[①] 在此之后,"国家安全"这一概念得到广泛运用。[②] 美国国家安全局(NSA)也于 1952 年建立,与中央情报局相同,这类机构的根本任务就是维护美国政治制度和基本价值观的稳定。[③] 1999 年 12 月,克林顿政府发布了《新世纪国家安全战略》(National Security Strategy for A New Century),首次指出美国国家安全战略的主要目标仍然是保护海内外美国人的生命和安全;维护美国的主权、政治自由和国家独立,保持国家价值观、制度和领土不受破坏;并为国家和人民的福祉和繁荣提供保障。[④] 奥巴马就任总统后,明确了美国国家安全战略目标,即利用强有力并且可持续的领导地位,巩固美国的国家利益、"普世价值"及其主导的国际秩序。该战略强调,军事力量是维护美国国家安全的基础力量,联盟是维护美国国家安全利益的重要支柱,同时,注重维护和推广"自由、民主、人权"的美式价值观。[⑤] 特朗普政府在 2017 年底发布的《国家安全战略》中渲染中国威胁,要求限制中国。现任总统拜登于 2021 年 3 月发布《临时国家安全战略方针》,该方针与"9·11"恐怖袭击后历届美国总统的指导方针类似,确立了以下国家安全的基本目标和优先事项:捍卫和培育美国实力的根本源泉,包括人民、经济、国防和民主;促进有利的权力分配,以威慑和防止对手直接威胁美国及其盟友,抑制对全球自然资源的获取,或控制关键地区;在强有力的民主联盟、伙伴关系、多边机构和规则的支持下,领导和维持一个稳定和开放的国际体系。美国政府专家罗伯特·朗利(Robert Longley)针对国家安全界定问题,认为美国国家安全是指国家机构防止敌人使用武力伤害美国人的能力。他还提出,美国当下面临的国际环境是以激烈的地缘政治挑战为特征的,这些挑战主要来自中国和俄罗斯,以及伊朗、朝鲜和其他地区大国和派系。[⑥]由此可见,美国历届政府的国家安全战略报告都把确保美国人民和国土安全、保护

---

①　百度百科. 1947 年国家安全法案[EB/OL]. [2022-05-22]. https://baike. baidu. com/item/1947 年国家安全法案/13985109? fr=aladdin.

②　丛鹏. 大国安全观比较[M]. 北京:时事出版社,2004:5.

③　全国干部培训教材编审指导委员会. 全面践行总体国家安全观[M]. 北京:党建读物出版社,2019:71-72.

④　The White House. National Security Strategy for A New Century[EB/OL]. (1999-12-28) [2022-05-22]. https://clintonwhitehouse4. archives. gov/media/pdf/nssr-1299. pdf.

⑤　《总体国家安全观干部读本》编委会. 总体国家安全观干部读本[M]. 北京:人民出版社,2016:15.

⑥　Robert Longley. National Security Definition and Examples[EB/OL]. (2021-09-24) [2022-05-07]. https://www. thoughtco. com/national-security-definition-and-examples-5197450.

美国经济繁荣和维护美国民主价值观作为国家核心利益。[①]

俄罗斯出台的《2020年前俄罗斯国家安全战略》将美国谋求军事霸权和北约东扩视为俄罗斯面临的主要威胁,同时也强调恐怖主义、环境恶化、违法犯罪、资源匮乏等非传统安全问题。[②]俄政府在2021年发布的新版《国家安全战略》中,明确提出要与中国发展全面伙伴关系和战略协作。日本于2013年通过首个《国家安全保障战略》,重视日美同盟的作用,力图提高日美安全保障体制的实效性,打造层次更加丰富的日美同盟。在对华关系上,该战略对中国外交和军事动向保持谨慎关注,指出两国需要防止摩擦发生的相关机制。[③]

国家安全概念的演变缘于大国顺应时代发展,并结合自身战略需求对国家安全概念进一步划分、修改、补充。大国国家安全战略体现出以下五个特点。

第一,紧密结合国际形势。大国国家安全战略往往首要基于时代主题背景和国际环境变化,以此做出相应考虑,如战争年代考虑最基本的传统安全领域,而和平与发展年代则综合了非传统安全领域的发展。

第二,确保本国地缘博弈的优势。结合基本国情与周边环境要素,据此考虑对本国安全的影响,确保自身在地缘政治的博弈上不受威胁。人力、财力、物力兼得的国家会致力于使本国综合国力强于周边国家,营造大国的威力,一定程度上也对周边国家起到威慑作用。

第三,结盟成为主要战略形式之一。以美国为主导的西方国家热衷于以安全为由进行战略结盟,小国愿以此依附于美国的实力,寻求保护伞,反之,美国也能借此试图模糊国家管理的边界,扩大自己在全球的势力范围,对俄罗斯和中国进行军事上的锁链状包围。

第四,科技发展愈发成为大国博弈的制胜因素。加大科研投资,着力发展高新技术,提高科技因素在国家安全体系中的分量,从而对国家安全起到支撑与保障的作用,已成为各国不可避免的战略趋势。

第五,综合衡量当下局势与未来趋势。和平年代并非没有战争,国家安全战略思想的制定体现出对当下及未来的综合衡量,战略制定者会尽其所能将未来一切可能对本国产生威胁的因素均考虑在内,并提前做好情况设想以及应对措施。

---

① 全国干部培训教材编审指导委员会.全面践行总体国家安全观[M].北京:党建读物出版社,2019:71.

② 《总体国家安全观干部读本》编委会.总体国家安全观干部读本[M].北京:人民出版社,2016:14.

③ 同上.

（2）兼顾国家安全利益与国际安全需要是我国国家安全战略思想的根本出发点

受美苏冷战影响,新中国成立初期面临较为严峻的外部军事威胁,毛泽东将保卫新生的社会主义政权、确保国家独立、维护国家主权和领土完整作为国家安全工作的首要任务,充分利用当时国际格局的特点和主要矛盾,最大限度地维护和改善国家安全环境。[①] 改革开放以来,我国与世界的往来更为密切频繁,合作领域增多且更加深入,我国国家安全面临的风险增大,邓小平认为,国家安全不仅是军事和政治安全,也包括经济、科技等安全问题。[②] 他强调:"没有稳定的环境,什么都搞不成,已经取得的成果也会失掉。"[③]20 世纪 90 年代,江泽民指出,国际社会应树立以互信、互利、平等、协作为核心的新安全观,努力营造长期稳定、安全可靠的国际和平环境。[④] 这种新安全观意味着各领域安全、国内安全与国际安全相互联系,不可分割。[⑤] 进入 21 世纪,国务院新闻办公室于 2011 年发表《中国的和平发展》白皮书,倡导坚持互信、互利、平等、协作的新安全观。由上述演变可以看出,新中国成立以来,我国国家安全战略思想体现了安全视野在横向和纵向上的扩展。在横向上,国家安全从以往集中于政治、军事安全向更广泛的安全领域扩展。在纵向上,国家安全从关注自身安全向其他层面的安全扩展。从安全模式看,新安全观尤其强调以合作代替对抗,以共同安全代替单边安全。这一新安全战略的提出,既反映了我国对国际关系的新认识,也体现了我国对自身安全利益与目标的新追求。[⑥]

党的十八大以来,党中央积极推进国家安全理论和实践的创新,国家安全工作呈现出全方位、多领域协同发展的鲜明特点。[⑦]

2014 年 1 月 24 日,中共中央决定设立国家安全委员会。2014 年 4 月 15 日,习近平总书记主持召开中央国家安全委员会第一次会议,首次正式提出"总体国家

---

① 《总体国家安全观干部读本》编委会.总体国家安全观干部读本[M]. 北京:人民出版社,2016:11.

② 《总体国家安全观干部读本》编委会.总体国家安全观干部读本[M]. 北京:人民出版社,2016:12.

③ 邓小平文选:第三卷[M].北京:人民出版社,1993:284.

④ 江泽民文选:第三卷[M].北京:人民出版社,2006:298.

⑤ 《总体国家安全观干部读本》编委会.总体国家安全观干部读本[M]. 北京:人民出版社,2016:12.

⑥ 《总体国家安全观干部读本》编委会.总体国家安全观干部读本[M]. 北京:人民出版社,2016:12-13.

⑦ 《总体国家安全观干部读本》编委会.总体国家安全观干部读本[M]. 北京:人民出版社,2016:14.

安全观"这一突出了"大安全[①]"的"富有中国特色的安全概念[②]"。习近平总书记指出,当前我国国家安全内涵和外延比历史上任何时候都要丰富,时空领域比历史上任何时候都要宽广,内外因素比历史上任何时候都要复杂,必须坚持总体国家安全观。[③] 与我国以往的国家安全理论思想相比,总体国家安全观的"总体"二字引人瞩目,且体现出下述四个重要特征。

第一,揭示了国家安全含义的全面性。总体国家安全观做到了全面认知安全的问题领域[④],并不囿于诸如政治安全、国土安全、军事安全这类传统安全领域,且与时俱进,依国家需要不断扩大其在非传统安全领域的覆盖面,争取面面俱到,守护好我国各方面的安全。简而言之,总体国家安全观同时关注着生存安全问题和发展安全问题相互交织的传统安全威胁和非传统安全威胁。2016 年出版的《总体国家安全观干部读本》说明,国家安全体系包括政治安全、国土安全、军事安全、经济安全、文化安全、社会安全、科技安全、网络安全、生态安全、资源安全以及核安全。[⑤] 而 2019 年出版的《全面践行总体国家安全观》中对这一体系囊括的范围进一步扩大,在上述十一个领域的基础上,增添了海外利益安全以及太空、深海、极地、生物安全。

总体国家安全观对国家安全内涵和外延的概括,可以归结为五大要素和五对关系,前者清晰反映了国家安全的内在逻辑关系,后者则反映了辩证、全面、系统的国家安全理念,是对传统安全理念的超越。五大要素,就是以人民安全为宗旨,以政治安全为根本,以经济安全为基础,以军事、文化、社会安全为保障,以促进国际安全为依托,走出一条中国特色国家安全道路。五对关系,即坚持十个重视,就是既重视外部安全,又重视内部安全;既重视国土安全,又重视国民安全;既重视传统安全,又重视非传统安全;既重视发展问题,又重视安全问题;既重视自身安全,又重视共同安全。也就是说,国家安全是一个不可分割的安全体系,每一要素虽各有侧重,但是都必然、必须与其他要素相互联系、相互影响。

---

① 全国干部培训教材编审指导委员会.全面践行总体国家安全观[M].北京:党建读物出版社,2019:8.
② 《总体国家安全观干部读本》编委会.总体国家安全观干部读本[M].北京:人民出版社,2016:20.
③ 习近平谈治国理政[M].北京:外文出版社,2014:200.
④ 全国干部培训教材编审指导委员会.全面践行总体国家安全观[M].北京:党建读物出版社,2019:27.
⑤ 《总体国家安全观干部读本》编委会.总体国家安全观干部读本[M].北京:人民出版社,2016:20-22.

　　新时期的国家安全战略坚持统筹国内国际两个大局,有着对内与对外两条主线,强调对内重发展、对外重合作。对内,总体国家安全观强调发展是安全的基础,富国才能强兵。对外,总体国家安全观倡导实现共同、综合、合作、可持续的安全。习近平总书记强调,贯彻落实总体国家安全观,必须对内求发展、求变革、求稳定、建设平安中国,对外求和平、求合作、求共赢、建设和谐世界。①

　　第二,突出了国家安全布局的系统性。不同领域的安全相互联系、相互影响,而且在一定条件下是可以相互转化的,具有传导效应和联动效应。按照总体国家安全观的要求,国家安全的含义是层层递进的,蕴含严谨的内在逻辑性,既指国家相对处于没有危险和不受内外威胁的状态,也指保障持续安全状态的能力。强调总体,就意味着保障国家安全的能力需要不断提升。②

　　第三,强调了国家安全效果的可持续性。维护国家安全是一个动态的过程,实践在发展,理念也要更新。将时间作为重要变量引入国家安全的思考范畴,这在国家安全理论中是个重大创新。从纵向上看,总体国家安全观着重思考的是长远战略、长远布局,是时空方位的延伸,不仅着眼当前,立足于现实需要,更考虑未来,是构建全方位国家安全体系的总体思路。当危及国家安全的形态、对象、手段、时空领域发生变化时,维护国家安全的目标设计和战略战术也要做出相应调整。③

　　2014年10月,党的十八届四中全会明确提出贯彻落实总体国家安全观,加快国家安全法律建设,推进公共安全法制化,构建国家安全法律制度体系。同年11月至2015年12月,全国人大常委会先后通过《中华人民共和国反间谍法》《中华人民共和国境外非政府组织管理法(草案)》《中华人民共和国网络安全法(草案)》《中华人民共和国国家安全法》《中华人民共和国反恐怖主义法》。其中,《中华人民共和国国家安全法》以法律形式确立总体国家安全观的指导地位和国家安全的领导体制,明确维护国家安全的各项任务,建立维护国家安全的各项制度,为构建国家安全体系奠定了坚实的法律基础。④ 该法案的第一章第二条给出了国家安全的释义:国家安全是指国家政权、主权、统一和领土完整、人民福祉、经济社会可持续发

---

　　① 《总体国家安全观干部读本》编委会.总体国家安全观干部读本[M]. 北京:人民出版社,2016:28.
　　② 全国干部培训教材编审指导委员会.全面践行总体国家安全观[M]. 北京:党建读物出版社,2019:28.
　　③ 全国干部培训教材编审指导委员会.全面践行总体国家安全观[M]. 北京:党建读物出版社,2019:29.
　　④ 《总体国家安全观干部读本》编委会.总体国家安全观干部读本[M]. 北京:人民出版社,2016:26-27.

展和国家其他重大利益相对处于没有危险和不受内外威胁的状态,以及保障持续安全状态的能力。① 之后,党的十九大报告把国家安全工作放在突出的重要位置,55 次提到"安全",其中 18 次提到"国家安全",突出强调"统筹发展和安全"。②

第四,兼顾了国家安全发展的国际性。基于人类命运共同体兼顾国际共同安全,是中国国家安全战略的重要组成部分。亚洲新安全观以及全球安全倡议的提出,是我国国家安全观国际视野不断拓宽的一个体现。2014 年 5 月 21 日,习近平总书记于亚洲相互协作与信任措施会议第四次峰会上发表题为《积极树立亚洲新安全观 共创安全合作新局面》的演讲,积极倡导共同、综合、合作、可持续的亚洲安全观。共同,即尊重和保障每一个国家的安全;安全,是普遍的、平等的、包容的安全;综合,即统筹维护传统领域和非传统领域安全;合作,即通过对话合作促进各国和本地区安全;可持续,即发展和安全并重以实现持久安全。习近平总书记指出,要跟上时代前进步伐,就不能身体已进入 21 世纪,而脑袋还停留在冷战思维、零和博弈的旧时代,并呼吁创新安全理念,搭建地区安全和合作新架构,努力走出一条共建、共享、共赢的亚洲安全之路。③

2022 年,习近平总书记在博鳌亚洲论坛发表题为《携手迎接挑战,合作开创未来》的主旨演讲,首次提出全球安全倡议,丰富和升华了中国一直以来秉持的新安全观的内涵,全面、深刻地回答了"全球需要什么样的发展理念、世界各国如何实现共同安全"的时代课题。倡议以"六个坚持"为核心要义,即坚持共同、综合、合作、可持续的安全观;坚持尊重各国主权、领土完整;坚持遵守联合国宪章宗旨和原则;坚持重视各国合理安全关切;坚持通过对话协商以和平方式解决国家间的分歧和争端;坚持统筹维护传统领域和非传统领域安全。④ 全球安全倡议源自总体国家安全观中的国际共同安全,是亚洲安全观升格的体现,是总体国家安全观的对外呈现⑤,为国际安全战略思想以及安全问题指导原则带来新启发,注入新动力。

---

① 百度百科.中华人民共和国国家安全法[EB/OL].[2022-05-16].https://baike.baidu.com/item/中华人民共和国国家安全法/525260? fr=aladdin.

② 全国干部培训教材编审指导委员会.全面践行总体国家安全观[M].北京:党建读物出版社,2019:8.

③ 习近平谈"一带一路"[M].北京:中央文献出版社,2018:24-27.

④ 李嘉宝.全球安全倡议为安全治理提供新方向(热点对话)[EB/OL].(2022-05-19)[2022-05-16].https://hqtime.huanqiu.com/share/article/47w2RPQqoD5.

⑤ 陈向阳.新时代中国以"全球安全观"推进国际共同安全[EB/OL].(2022-05-24)[2022-06-24].https://mp.weixin.qq.com/s/9JS34bYqQXpzMJr7vI4f7g.

## 6.1.2　基本关系

1. 科技发展与国家安全互为依托与保障的相关性愈益明显

（1）科技发展是统筹国家安全各个领域的重要支撑

科技关系国家兴衰存亡,关系世界政治经济格局的确立、发展和更替。[①] 数轮科技革命更迭席卷的速度不断加快,从国家发展看,科技对一国经济社会发展的乘数、除数效应正在放大。由于信息化、智能化、大数据、互联网、物联网、人工智能等的发展,经济社会中的价值体发生变化,科技创新对一国综合国力的战略支撑作用达到了前所未有的高度,必须将之置于国家发展全局的核心位置。

与此同时,随着全球化和现代化进程加快,各国在传统军事安全威胁并未解除的情况下,又面临着非传统安全领域所带来的日益增多的挑战以及日趋严重的威胁。由此,各国国家安全也面临着战略性的威胁,开始由单纯关注军事、国土、政治安全威胁等传统领域,转向既要保持对传统领域毫不松懈的持续关注度,又不得不迅速增大对非传统安全威胁的密切关注。统筹传统与非传统安全领域紧密交织、叠加互动,已然上升到了国家安全的战略高度,需密切结合科技发展,给予坚固的依托和妥善的保障。

从国家安全体系可以看到,不管是传统领域,抑或是非传统领域,没有一个领域能与科技脱离关系。因此,科学技术已成为国家安全体系的基本构成领域,其在国家安全中的地位、作用不断增强。若将科技放在国家安全体系的中心位置,不难发现,科技与体系内各个领域都具有关联性、联动性,不仅能给予传统安全领域更加强有力的保障,与之相关的非传统安全领域问题也在增多,促使不同领域之间叠加,扩大了传统与非传统安全领域之间的交集(见图 6.1)。

在国家安全体系中,与科技发展有着最直观体现的领域是科技安全。国家科学技术实力及其安全状态对国家整体竞争力和国家安全的影响日益增大。科技安全是指科技体系完整有效,国家重点领域核心技术安全可控,国家核心利益和安全不受外部科技优势危害,以及保障持续安全状态的能力。科技安全是国家安全体系的重要组成部分,是支撑国家安全的重要力量。维护科技安全不仅要确保科技自身安全,还要发挥科技支撑引领作用,确保相关领域安全。[②] 有研究认为,科技

---

①　曹峻,杨慧,杨丽娟.全球化与中国国家安全[M].北京:社会科学文献出版社,2008:161.

②　《总体国家安全观干部读本》编委会.总体国家安全观干部读本[M]. 北京:人民出版社,2016:137.

安全与相关领域国家安全之间存在着触发关系、传导关系、扩散关系、升级关系、包含关系、连锁反应关系等一般性关联关系。触发关系是指科技安全与其他安全之间存在某一"临界点"能在二者关系变化中发挥关键作用。传导关系是指一个国家科技安全的变化会通过某些介质的作用,带来其他国家安全的变化。扩散关系是指科技安全会从不同角度、不同维度进行扩散,进而同时对国家安全体系中两种或多种安全要素产生深刻影响。升级关系是指受科技环境变化的影响,科技安全与其他国家安全之间的关系会从弱关联递进为强关联关系。包含关系是指科技安全与其他国家安全之间存在重叠。连锁反应关系是指科技安全的变化会逐层进行传递,从而对多种国家安全逐次产生影响。[①]

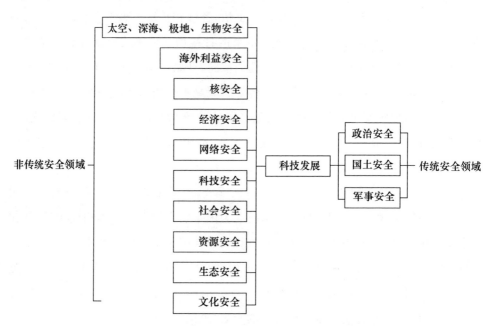

图 6.1　科技发展的非传统安全领域与传统安全领域

由上述关系可见,科学技术几乎可以没有限制地在各个领域施展身手。从触发关系来看,某一关键技术的攻破并转化为生产力,将会带来具体领域的革新,进而加强该领域保障安全的实力。从传导关系来看,传媒行业技术的进步促使文化传播内容与形式更加丰富多彩,如央视春晚演播厅运用的 8K 超高清电视技术、720°穹顶空间等高科技,在传播人民群众喜闻乐见的文化的同时,还带来了全新

---

① 陆兆聪.科技安全与相关领域国家安全关联分析[J].科技创业月刊,2020,33(2):34-40.

的、极致的视听体验。其起到的效果不仅使得我国文化在老百姓中稳住根基,在全球化背景下,这些技术还能够有效维护我国文化环境,抵御外部文化侵略,切实保护我国文化安全。从扩散关系来看,人脸识别技术能够保障经济与社会安全,于公安机关打击犯罪而言可谓如虎添翼。从升级关系来看,核安全问题是当今地缘政治不可或缺的影响因素,一国是否掌握核技术以及技术水平的高低,都会影响科技与政治安全的关联性。从包含关系来看,科技安全与信息安全存在着前者包含后者的关系。从连锁反应关系来看,若一国核心军事技术泄露,首先会威胁到军事安全,若事态严重化,又会进而对社会安全、国土安全、政治安全产生严重影响。

因此,科学技术能够在国家安全体系中起到一个密切联系各方、统筹协调传统与非传统安全领域的作用,并对国家安全起到五个方面的保障:一是国家利益免受国外科技优势威胁和敌对势力、破坏势力以技术手段相威胁的能力;二是国家利益免受科技发展自身负面影响的能力;三是国家以科技手段维护国家安全的能力;四是国家在所面临的国际国内环境中保障科学技术健康发展以及依靠科学技术提高综合国力的能力;五是保障传统与非传统领域安全,进而对整个国家的安全状态起到支撑作用。

(2)国家安全是确保科技发展顺利开展的前提条件

若将蓬勃发展的科学技术比作必不可少的承重柱,那么国家安全就是其支撑的穹顶,给予一国科技持续保障以及顺利开展的前提条件。只有拥有稳定的内部环境和相对稳定的外部环境,科学技术才能在新科技革命的浪潮中乘风破浪。没有国家安全作为发展的依托,先进技术的发展将是沙堆之塔,甚至其发展反而会给国家引来重大灾难。

第一,在信息化潮流中,新一轮科技革命的关键技术极易受到安全环境影响。网络扰动、数据投毒、攻击漏洞等安全威胁均能使人工智能、5G技术等先进信息技术失灵。建构在其上的信息产业对此类技术依赖程度越高,所受影响程度也将越大。

第二,作为本轮科技革命改造的对象,传统行业特别是制造业设备原本孤立运行,纵使存在安全漏洞也因时间和空间这类物理隔离而不易遭受攻击。但随着全联网、智能制造等技术的发展,世界各地的距离都在拉近,地球这一颗行星俨然成了地球村。设备上网,万物互联,使原本存在于系统、平台甚至仅仅一个小模块中的漏洞,都将暴露在公开网络上,信息安全的风险敞口急剧放大。这些安全漏洞一旦被不法分子或敌对国家利用,整条生产链都将面临瘫痪的风险。

第三,新一轮科技革命衍生出的自动驾驶、远程手术等应用场景,牵扯的均是个人甚至群体的人身安全。支撑这些应用的网络、数据、算法若受到破坏,造成危害的程度和烈度将不可估量。

第四,国与国之间的利益冲突也会扰乱科技发展的外部环境,有利条件屈指可数,对新兴科技的后续发展如产学研活动造成不利影响。

第五,科技人才亦是国家安全的守卫者,人也可以成为一国安全屏障的漏洞。一旦某位掌握核心技术的专家触碰到法律的红线,犹如给穹顶砸出了裂缝,因此,科技人才对核心技术严加保密的行为,不仅是对国家安全给予大力支持,也是在保护具体领域技术的发展前景。

基于上述五点可以看到,在新一轮科技革命中,各种影响和危害国家安全的风险挑战都将以一种新的形式展现在世人面前。对此,国家安全将是绝对的底板,也是科技发展坚固的保障,犹如一幢大厦的地基与顶层,牢牢守护着科技的发展。

结合习近平总书记总体国家安全观的思想,科技发展与国家安全的关系也可用"统筹"进行概括,即安全与发展并列为国家建设的两件大事同步推进,形象地说就是"一体之两翼、驱动之双轮"[1]。面对当前日益多样化、复杂化、综合化的安全威胁,二者亦可互为彼此的依托与保障。

2. 科技全球化与国家安全主权化之间的矛盾日益凸显

经济全球化包括生产、金融和科技等领域的全球化。科技全球化是经济全球化的重要组成部分,是经济全球化的物质基础[2]和动力来源。科技全球化的特征主要表现为:科学研究活动基于国家间科技合作以及科技人员流动而日趋全球化,跨国公司研究开发的全球化程度不断加深,企业间战略性技术联盟迅速发展和区域科技合作不断增强。科技全球化在更深层次上推动了世界整体的全球化进程,也促使全球科技竞争愈发激烈。与此同时,各国在科技领域的博弈体现出以国家安全为出发点,国家安全主权化、围栏化使得科技发展的全球化进程受挫,两者之间的张力日益加大,矛盾性愈发凸显。

第一,科技全球化具有冲破国家边界的内在需要和动力。如当下大火的"元宇

---

① 全国干部培训教材编审指导委员会.全面践行总体国家安全观[M]. 北京:党建读物出版社,2019:13.

② 曹峻,杨慧,杨丽娟.全球化与中国国家安全[M].北京:社会科学文献出版社,2008:162.

宙",作为基于数字孪生、区块链、物联网等技术突破①,顺应科技全球化趋势而生的产物,是通过真实世界和数字空间的融合而生的人造虚拟世界。在元宇宙里,各国都可以发起虚拟却充满敌意、致命性更大的网络攻击,这将带来新形式的国际冲突。② 再如大数据时代的数据流通,呈现出规模大、多样化、复杂化、高速度的特点,因此也模糊了国家数据安全的边界。例如,尽管拜登上任后撤销了特朗普任内对抖音国际版 TikTok 和微信的应用实施禁令,但仍坚持制定更详细的措施以避免美国数据流入竞争者手中。③

第二,国家安全主权化将科技动力遏制在主权边界内部,避免关键技术流入竞争者手中。国家安全主权化的鲜明表现之一即是美国借助国家安全名义对中国实施的多维度科技打压。以往的《美国国家安全战略报告》曾一度将中国视作合作伙伴,而今却将中国视为其国家安全战略的对立面,不断渲染和夸大中国对美国造成的不利影响,甚至过度臆想中国可能对美国造成的威胁。

以美国国内的声音来看,有美国官员提出,美国在重振国内创新基地的同时,必须更加警惕地保护关键的美国技术,美国需要继续加强投资筛选和出口管制的立法努力,确保相关技术不被中国获取。④ 以美国的国际措施来看,则是通过科技联盟的形式,抑或是利用旧有国际协定的基础,引导更多国家将中国置于本国乃至全球安全对立面。科技联盟方面,在特朗普执政时期,美国就开始对中国高科技企业华为进行技术打压和市场围堵,这被视为构建科技联盟的开始。⑤ 拜登政府上台后,将构建科技联盟上升到维护西方世界共同价值观的高度,以进一步提升其内部凝聚力。目前美国试图构建的科技联盟主要体现在半导体芯片、电动汽车大容量电池、稀土和医药产品的供应链这四大领域,未来不排除向其他领域扩散的可能性。⑥ 在国际协定方面,1996 年由美国主导,以西方国家为主体的 33 个国家参与签订的《瓦森纳协定》(Wassenaar Arrangement),其最初目的是于冷战结束后加快

---

① 王冰.元宇宙将如何影响国际关系?[J].世界知识,2022(7):17-19.

② 同上。

③ 姚璐,何佳丽.全球数字治理在国家安全中的多重作用[J].现代国际关系,2021(9):28-37+53.

④ 刘国柱.美国对华科技竞争战略"来势汹汹"[J].世界知识,2021(10):65-67.

⑤ 李巍,李玙译.解析美国对华为的"战争"——跨国供应链的政治经济学[J].当代亚太,2021(1):33-74.

⑥ 刘露馨.美国科技战略的变革及前景[J].现代国际关系,2021(10):37-45.

对敏感军用技术及物资的控制。① 而今,该协定成员国已经增至42个,管制范围也扩大至新兴技术竞争焦点的半导体与芯片制造、网络技术安全等。其出口管制清单上的技术与中国核心技术发展战略大量重合,出口管制目标逐步由以军事技术战略安全为主,转而聚焦于新兴技术优势竞争。② 除此之外,美国特朗普政府与拜登政府均利用出口管制体系,对中国涉军企业进行打压,持续将出口管制武器化、战略化,其本质在于维护美国在军事科技领域的绝对霸权。③

反之,我国则坚守国际视野,充分利用自身的科技优势为全球安全事业贡献力量,积极搭建合作交流、共促发展的平台。从新冠疫情席卷全球以来的国际科技合作可以看出,有益科学技术的共享无疑能够推动国际社会的进步发展,保障各国人民的生命安全。但在和平与发展的时代背景下,逆全球化这一类"唱反调"的行为层出不穷,科技的逆全球化也无从避免,亦成为不可忽视的现象。基于一国眼界的狭隘和战略思想的限制,原本可以造福人类社会的某样技术却成为一国独享的专利,或是选择将其商业化大肆谋利,通过各种法令条例控告他国对本国技术产权的侵犯,与此同时打压他国科技发展空间,减少科技领域交流往来。各国都没有理由不去维护好自身的科技安全,却也不应该将国家利益可摄取的范围进行侵略式扩张。发达国家对发展中国家的科技打压已然成为科技发展的制约因素,这也凸显了科技发展与国家安全之间存在的矛盾关系。在这一背景下,随着我国各类海外倡议与行动的深入推进,以及我国与全球科技市场的不断扩张与谋求科技合作的需要,我国国家安全面临着很大的挑战。因此,当前的国际新形势,是科技全球化与国家安全主权化之间的矛盾日益凸显。对国际形势变化做出正确判断,通过相关政策和具体行动,把握国际科技竞争的主动权以适应国际发展,提升我国国际地位,乃是大势所趋。

3. 当代安全正在从地缘安全向数缘安全转变

当今世界已经迈入数字时代,数字经济蓬勃发展,数字货币异军突起,跨境数据瞬息万变,经济发展模式、社会组织形态和人类生活方式由于"数字"的影响而日新月异。数字技术在推动社会进步的同时让国家在许多领域遭遇复杂的安全问题,维护数据安全、推进数字合作、制定治理规则之难等问题成为世界各国面临的

---

① 百度百科.瓦森纳协定[EB/OL].[2022-05-25].https://baike.baidu.com/item/瓦森纳协定/2553672? fr=aladdin#reference-[1]-849895-wrap.

② 关富瑶.国际多边主义出口管制机制"瓦森纳安排"的重要目标转向[J].人工智能资讯周报,2021(134):6-10.

③ 张彦赫.中美科技战新战线:武器化的出口管制[J].人工智能资讯周报,2021(132):8-13.

共同挑战。推动全球数字治理是维护国家安全的必然要求,但国家安全的敏感性也带来了全球数字治理的复杂性。传统上依靠经济实力支撑的国家地缘政治安全向当代科技支撑的数字安全转变加速到来。

第一,数字技术的进步催生了新的地缘竞争形式,技术领导地位成为大国争夺的对象。随着数字时代的全面到来,确保国家数字实力成为维护国家安全能力的重要途径。数字技术发展为保障国家安全、积累财富和获得国际支持创造新路径,网络空间竞争的重要性已经超越了传统地缘竞争。各国竞相争取数字技术的领先地位,以期争夺在制定全球数字治理规则的博弈中掌握主动权。数字博弈重塑了国家安全环境,各国对内加紧相关立法,对外设计战略布局,在数字技术和数字治理规则两个层面展开激烈角逐,国家安全环境面临复杂局面。

第二,数字地缘政治主体多元化,科技巨头成为各国科技博弈的重要力量。国家是传统地缘政治时代权力博弈的主要行为体,但随着互联网的发展,权力资源开始弥散,权力主体也在不断延展,以互联网企业、技术团体为代表的私营部门成为权力博弈的重要主体。美国欧亚集团总裁伊恩·布雷默在《外交》杂志上刊文称:"亚马逊、苹果、脸书、谷歌和推特等少数几个跨国科技巨头不再仅仅是大公司,它们已经控制了社会、经济和国家安全的某些方面,而这些方面长期以来一直是国家独有的责任范围。"[①]科技巨头的地缘博弈在5G技术领域可见一斑。覆盖面广、涉足领域多的5G数字技术已成为支撑经济社会数字化、网络化、智能化转型的关键新型基础设施[②],因此掀起了新一波席卷全球的新科技浪潮。各国主力科技公司先后推出5G手机抢占全球市场,同样使得部分国家忧心忡忡,担心本国用户信息遭到窃取,进而影响国家安全屏障。美国政府认为5G将很快支撑起端口管理、物流和电网这类大范围的重要基础设施,这一新兴科技的发展已然搅动地缘政治,担忧华为公司会借此掌控美国经济的核心,因此采取了强硬的对抗态度和积极的反制措施[③],由此也展开了科技式的地缘政治博弈。

第三,第三方国家或地区的数字战略越发受大国地缘数字竞争的影响。大国博弈产生的效应将波及众多国家和地区,不仅带来了发展的机遇,也带来了值得慎

① 许蔓舒,桂畅旎,刘杨钺,等.数字空间的大国博弈笔谈[J].信息安全与通信保密,2021(12):2-16.

② 百度百科.5G(第五代移动通信技术)[EB/OL].[2022-05-26].https://baike.baidu.com/item/5G/29780? fr=aladdin.

③ 海国图智研究院.从苹果到华为:科技式新型地缘政治[EB/OL].(2019-08-03)[2022-05-25].https://mp.weixin.qq.com/s/QPlloec4gOj7sDGZ7JxuLw.

重应对的挑战。中美科技竞争下,欧洲在5G、人工智能、云计算等数字科技领域中处于相对落后的地位。对此,欧洲期望维护自身数字主权,以此管理欧洲网络及数字空间,制定符合欧洲利益的规则和价值体系。与此同时,欧洲却又陷入中美地缘政治的交火中,为了保障自身发展空间,欧洲选择采取平衡战略,既保持与美国的安全联盟,又维持与中国的经济利益关系。2021年世界经济论坛"达沃斯议程"对话会上,时任德国总理默克尔认为各国应该避免加入集团政治,支持多边主义。①除却欧洲,非洲数字市场也成了中美展开科技博弈的地带,这将为非洲国家增添政治和经济压力。基于中国在非洲展开的合作增多、投资比重加大、市场份额提升,有学者认为,拜登可能利用联盟关系和多边机制加大对非洲事务的干预,进而在非洲与中国展开竞争。而韩国、日本、印度竭力避免被卷入中美竞争之中,非洲国家也逐渐在基础设施建设、投资、科技领域与这些国家展开合作。②

第四,数字安全成为地缘政治学科的研究重点和新兴领域。伴随世界各国战略竞争重点领域的转移,国际政治学科中先后提出了地缘政治学、地缘经济学以及地缘科技学三个概念。地缘科技学的一个核心问题是,科技作为一个决定性要素如何决定和影响一国,特别是大国在国际等级体系或者国际格局中的地位和作用。这一问题实际上是科技创新与国际格局转换的关系问题。③一国科技发展在提升本国综合国力的同时,也会联动其国际影响力及地位产生相应变化,给周边地区乃至全球安全带来冲击和影响,在国际局势中产生举足轻重的作用。国际格局不可谓不是牵一发而动全身。当其他国家迫于他国科技实力增强而认为自身利益受损,产生压迫感和紧张感,对本国安全产生焦虑感或威胁感时,将会对本国的国家安全战略做出合理抑或过激的调整,由此展开地缘政治上的科技博弈,进而推动国际体系产生变化。基于地缘科技学的视角,科技发展特别是数字社会和数字时代的到来,技术政治化的趋势越来越明显,技术与地缘政治相互交织,再加上新冠疫情助推的新一轮数字化浪潮,人类社会进入"新数字常态"。④数字资源成为国家安全的战略资源和核心资产,带来了全新的、需重点关注的国家安全问题,即数字安全。"数字地缘政治"这一概念也成为国际关系实践的重要内容以及研究领域新

① 吴世樱.夹在中美地缘政治之间的欧洲数字主权[J].人工智能资讯周报,2021(115):9-13.

② 刘璐.中美科技竞争与数字非洲之路[EB/OL].(2021-02-24)[2022-05-27].https://mp.weixin.qq.com/s/dmDhqdLTEGL3bzPcvGu8fg.

③ 赵刚."地缘科技学"的国家安全话题[J].瞭望,2007(26):64.

④ 许蔓舒,桂畅旎,刘杨钺,等.数字空间的大国博弈笔谈[J].信息安全与通信保密,2021(12):2-16.

现象。有学者认为,数字地缘政治具有传统地缘政治的特点,基于地缘互联网基础资源的战略竞争仍然非常激烈,国家行为体和地区组织仍是网络空间最有影响力的实体。此外,数字地缘政治又依赖于互联网的多元、开放以及互联互通,涉及分散的非国家行为体、虚拟的资源形式、新型的权力作用方式。[①]

因时而变,当前世界各主要国家、地区甚至科技公司纷纷出台数字安全战略,可见不管主体大小,都试图在数字化时代的浪潮中立足一席之地,争取博得数字领域的竞争主动权。只要能在地缘政治的博弈中确保数字安全长期稳定,减少受到的干扰,避免受到侵犯,维护核心利益,无疑也是给整个国家或地区安全体系吃下了一颗定心丸。

## 6.2 制约统筹科技发展与国家安全的影响因素

当代科技的发展使得人类社会进入前所未有的阶段,而科技的巨大力量更是对国家安全产生了巨大影响,并且深刻影响了国家安全的各个领域。无论是国家的政治安全、文化安全、生态安全,还是国防安全和科技安全等,处处都有着科技的重要参与。统筹科技发展与国家安全是新时代赋予的重大课题,也是全面建设社会主义现代化的紧迫需要。探究影响制约统筹发展与安全关系的因素有助于深化国家安全内涵与保障国家科技发展,不断开创科技创新的新局面。笔者认为国家科技创新能力、国家科技安全制度、国家内部科技环境、国家安全统筹能力是制约国家统筹科技发展与国家安全的重要国内影响因素,大国博弈、国际科技合作与竞争是制约国家统筹科技发展与国家安全的重要国际影响因素。

### 6.2.1 制约统筹科技发展与国家安全的国内影响因素

统筹国家科技发展和安全,就要把科技安全发展贯穿国家发展各领域和全过程,防范和化解影响我国现代化进程的各种风险,重视科技创新体制内部安全与国家安全统筹能力,筑牢国家安全屏障,全面理解、科学把握、系统推进,正确处理好新时代发展和安全的关系。

1. 国家科技创新能力是统筹科技发展与安全的技术支撑

创新是引领发展的原动力,发展是联系创新的桥梁与纽带,国家安全是实现国

---

① 许蔓舒,桂畅旎,刘杨钺,等.数字空间的大国博弈笔谈[J].信息安全与通信保密,2021:(12):2-16.

家发展的前提和条件,国家发展为国家安全提供了基础和保障。当前全球科技创新正处于突破的关键时点,新一轮科技革命和产业变革正在重构全球创新版图、重塑全球经济结构。在内外形势变化下,随着科技革命深刻变化,科技创新的战略性全面凸显。科技已经成为国际竞争的关键所在,也成为国际合作的重要领域。以数字经济为例,随着大数据、人工智能、移动互联网、云计算、5G 等新一代信息技术的应用普及,数字经济时代正加速到来。数字经济发展速度之快、辐射范围之广、影响程度之深前所未有,正在成为重组全球要素资源、重塑全球经济结构、改变全球竞争格局的关键力量。

科技创新发展是国家安全的重要保障。我国总体国家安全观内涵十分丰富,包括政治、国土、军事、经济、文化、社会、科技、信息、生态、资源、核等重点领域安全,以及太空、深海、极地、生物等新兴领域安全。科技发展是支撑和保障其他领域安全的力量源泉,是塑造中国特色国家安全的物质技术基础。当前,科技越来越成为影响国家竞争力和战略安全的关键要素,在维护相关领域安全中的作用更加凸显。

第一,提升科技创新能力是世界强国总结的历史经验。自近代以来,英国、德国、美国、日本等发达国家都以强大的技术创新为支撑,先后崛起成为世界强国。1769 年瓦特蒸汽机的发明成就了"日不落帝国";德国凭借西门子的发电机、爱因斯坦的相对论,成为第二次工业革命的主导国家;美国凭借首颗原子弹的爆炸、晶体管的成功研制成了当今世界的头号科技强国;日本通过大胆引进和吸收西方先进技术并将其本土化,促进了国家的发展。世界强国的兴衰史向我们证明,谁抓住时代的发展机遇,谁掌握了关键核心技术,谁就能够迅速崛起成为世界科技中心。

第二,提高科技创新能力是推动经济高质量发展的迫切需要。面对经济发展由高速增长阶段向高质量转变的发展阶段,创新则能为经济发展注入动力。一方面,创新有利于优化供给结构,解决我国产业过剩问题,推动经济高质量发展;另一方面,创新能够促进区域协调可持续发展,提高区域的核心竞争力。

第三,提高科技创新能力是国家安全的有力保障。"只有牢牢把核心技术掌握在自己手中,才能从根本上保障国家经济安全、国防安全和其他安全。"[①]也就是说,掌握了核心技术,才能够促进经济的转型与升级,从而保障国家经济安全;当网络面对黑客、病毒的袭击时,提升创新能力,才能妥善处理问题,保障网络安全;掌

---

① 人民日报评论员.坚决打赢关键核心技术攻坚战——论学习贯彻习近平总书记在两院院士大会中国科协十大上重要讲话[N]. 人民日报,2021-05-31.

握了核心技术,才能制造出先进的武器装备,从而保障国防安全和国家安全。

2. 国家科技安全制度是统筹科技发展与安全的制度保障

科技安全制度对推动经济发展和社会进步起到了促进和保障作用,对提高全民科技安全素质、促进科技和国家安全相结合都起到了重要作用。实现科技安全的主要政策包括科技研发政策、科技保密政策、知识产权政策、技术出口政策、专利政策、科技安全投资政策、科技安全人才政策等。科技安全制度是指科技人员安全从事科技活动所处的组织运行规则和管理制度环境,其既包括国家宏观层面的规章制度、政策法律、使命、愿景、核心价值观等,也包括组织微观层面的安全组织结构、管理模式、运行机制,以及这些组织的理念愿景、组织文化、沟通渠道、管理原则、行为习惯等。先进的科技安全体制能为科技安全发展指明大致方向。

当前科技发展对国家经济社会发展的影响和作用巨大。随着我国改革开放以来经济实力的不断增强,创新水平和科技实力大幅提升,针对我国科技领域的窃密活动日益频繁,国家科学技术保密与窃密斗争更加激烈复杂,信息技术加快发展和应用推升保密与窃密斗争成为高新技术攻防战。科学技术作为第一生产力,不断向各行各业广泛渗透,我国不断促进国际科技交流与合作,在促进国家间科技交流合作的同时也增加了国家科学技术秘密的被窃风险,国家科学技术保密范围日益扩大。在技术出口方面,《中华人民共和国出口管制法(草案征求意见稿)》起草说明中提到实行出口管制是有效维护我国国家安全和发展利益的重要手段,也是积极履行国际义务,树立国家形象的需要。该法案依据有关对外政策采取了国别风险评估,对出口可能危害国家安全、存在扩散风险、可能被用于恐怖主义目的的国家和地区进行风险评估。

综合来看,科技安全是一项综合性的社会系统工程,需要政府加强宏观管理。科学技术的研究与开发虽然有其自身发展的规律与方向,但政府行为对科研活动也有巨大影响,应该强调政府的集中统一领导,充分发挥国家科学中心的重要作用,营造发展的良好环境,提高科技安全水平。一是政府通过科研经费、科研设备等方面的物质支持,以及下发各种科研课题、科研项目等措施来引导和调控科学技术的研究和发展方向。在国家的军事与国防建设方面,这一点表现得更为突出。由于军事和国防的迫切需要,它们对科学技术提出了许多崭新的课题,国家则常常通过增加军事科研经费、扩大军事科研机构、增加科研人员等措施来刺激与军事工业相关的科学技术的发展。二是政府通过直接参与科学技术的研究开发活动,或通过购买科技成果,从而使之能够迅速转化为生产力,推动科学技术的发展。另外,政府也可以通过招商引资等活动,使科技成果迅速得到社会承认,并转化为社会物质力量,从而促进科技发展。三是国家通过协调各方关系,给科研活动创造合适的社会环境,在这个系统内,科技、经济、教育、财政、金融等各个部门彼此独立,却又相互影响。如果这些环节能够协调一致,则能够确保科学技术的顺利发展。相反,如果有某个或某些环节出了问题,就很可能阻碍科学技术的进步。

3. 国家内部科技环境是统筹科技发展与安全的必要条件

内部环境是指科技工作相关人员发展科学技术和从事科学研究所处的环境,包括国家与科技安全相关的宏微观经济环境、政治环境、人文环境等。例如,经济发展能为科技安全带来充裕的经费支持,并为科技工作者提供先进的仪器设备、丰富的图书资料、舒适的科技工作环境等;政治稳定是科技安全工作开展的重要保障,能为科技发展提供持续、稳定的政策支持;优越的人文环境可为科学研究提供浓郁的学术氛围及良好的学术交流环境。

2020 年,全国共投入研究与试验发展(R&D)经费 24 393.1 亿元,R&D 经费投入强度(与国内生产总值之比)为 2.40%。按 R&D 人员全时工作量计算的人均经费为 46.6 万元。分活动类型看,全国基础研究经费 1 467.0 亿元,应用研究经费 2 757.2 亿元,试验发展经费 20 168.9 亿元。基础研究、应用研究和试验发展经费所占比重分别为 6.0%、11.3% 和 82.7%。分活动主体看,各类企业 R&D 经费支出 18 673.8 亿元,政府所属研究机构经费支出 3 408.8 亿元,高等学校经费支出 1 882.5 亿元。企业、政府所属研究机构、高等学校经费支出所占比重分别为 76.6%、14.0% 和 7.7%。分产业部门看,高技术制造业 R&D 经费为 4 649.1 亿元,投入强度(与营业收入之比)为 2.67%;装备制造业 R&D 经费为 9 130.3 亿元,投入强度为 2.22%。在规模以上工业企业中,R&D 经费投入超过 500 亿元的行业大类有 10 个,这 10 个行业的经费占全部规模以上工业企业 R&D 经费的比重为 73.6%。分地区看,R&D 经费投入强度(与地区生产总值之比)超过全国平均水平的省(直辖市)有 7 个,分别为北京、上海、天津、广东、江苏、浙江和陕西。[①] 然而,在我国科技发展得到重视的同时也要看到,我国经费投入总量不足、结构不合

---

① 国家统计局,科学技术部,财政部. 2020 年全国科技经费投入统计公报[EB/OL]. (2021-09-22)
[2022-05-10]. http://kxjst. jiangsu. gov. cn/module/download/downfile. jsp? classid = 0&filename =
0cc52aafc21c4b9d8064898b01845039. pdf.

理、原始创新能力不强等问题,对世界基础科学发展贡献有限。此外,在重大前沿科技领域,除了量子通信位处全球领先地位外,我国在人工智能、脑科学和类脑研究、新能源汽车、新材料等领域均起步较晚,前瞻性布局不足,面临不同程度的资金投入不足、领军人物较少、国际领先成果有限等问题,与较早进行系统布局的美国等西方发达国家差距明显。在关键短板领域,我国在集成电路与专用设备、高档数控机床、航空航天装备、农业机械装备、高性能医疗器械等领域普遍存在着品种不全、品质不高、中高端产品供给不足、关键部件和技术受制于人、共性技术研究基础薄弱等诸多问题,亟须优化调整科技创新力量。[①]

4. 国家安全统筹能力是统筹科技发展与安全的系统动能

在国家安全这个大系统中,经济安全、政治安全、军事安全、文化安全、信息安全、生态安全等其他国家安全要素都已经离不开科学技术的支撑,科技安全的状态在很大程度上也影响着其他国家安全要素的状态。在国际形势日益复杂严峻、国内中长期问题突出的新形势下,如何实现稳增长与防风险长期均衡,成为短期宏观调控和谋划长远发展的一个重要而紧迫的问题。只有推动科学技术的高质量发展,才能不断满足人民日益增长的美好生活需要,不断增强我国经济实力、军事实力和民族凝聚力,为实现更高水平、更高层次的科技安全提供更为牢固的基础和条件。没有科技发展,或者某些关键技术“人有我无”,就谈不上科技安全。

政治是一个国家的核心,政治安全是国家安全的根本象征。近些年来,科技安全对政治安全的影响越来越大,特别是信息革命对国家主权产生了巨大挑战。在庞大的信息网络系统环境下,政治活动微妙变化和开展,在无形中促使了政治较量形态的变化,形成了意识形态的斗争。国家军事作为维护国家安全的核心力量,构成了国家安全的基本要素,然而科学技术在军事领域运用的不断普及以及重要地位的不断凸显,使得军事斗争涉及的领域越发宽广,科学技术在维护国家军事安全方面发挥的作用不断提高。经济是一个国家的命脉,它不仅关系到国家的和谐稳定,而且也是国家安全各个要素得以实现的基础。在全球化经济飞速发展以及国与国之间经济竞争日趋加剧的时代背景下,经济安全最终取决于科学技术的进步和科技安全的水平。生态安全问题不仅是生态问题,还是科学技术问题。人们滥用现代科学技术,仅仅为了追求紧急增长和满足物质欲,造成了现代生态危机,其

---

① 马茹.中国科技创新力量布局现状研究[J].科学管理研究,2019(3):3-7.

至是生态安全问题。生态污染的危机,只能依靠先进的技术减少生产生活中的污染现象。随着现代传播手段和能力的改变,科技安全对文化安全的影响也愈发凸显。部分西方发达国家为了实现不断增强自身文化国际影响力的目的,大肆使用科技等各种手段实施文化渗透战略。因信息网络时代的迅速发展,外来文化的渗透也是越来越难以抵挡。

科技安全的防线一旦失守,科技发展和其他安全随时都可能受到影响,甚至安全与否根本无从谈起。随着科技创新的速度越来越快、领域越来越广,科技安全问题也越来越复杂,维护国家科技安全的严峻性和紧迫性前所未有。必须统筹好科技发展和科技安全,在系统谋划科技发展的同时精心谋划好科技安全,实现科技的高质量发展与高水平安全的良性互动。社会各界在充分重视科技发展工作的同时,要把科技安全工作摆上重要位置,全面加强、提升能力,不断开创科技创新的新局面。

### 6.2.2 制约统筹科技发展与国家安全的国际影响因素

近年来,人类社会进入科技的密集发展期,前沿科技不断取得重大突破,颠覆性创新呈现几何级增长并快速渗透扩散,各学科加速交叉融合,关键技术突破多点齐发,核心技术群体跃升。科学技术在塑造世界政治经济格局、改变国家力量对比方面的决定性作用愈加凸显,围绕科技制高点的竞争空前激烈。

1. 大国数字博弈愈演愈烈

当前全球数字治理领域还未形成完善的规则和体系,大国纷纷争夺规则的制定权,以求在未来全球数字竞争中占领先机,数字治理规则领域博弈愈演愈烈。目前数字治理主张主要分为"美式""欧式"和"中式",三种治理主张各有侧重并通过立法或倡议形式呈现。美国由于自身在技术方面的优势,其在全球数字治理中的重要地位不言而喻。美国在联邦层面尚未提出成型的数字治理规则,但相关智库已经在设计美国领导的亚太区域数据治理方法,以阻止中国主导的数据治理模型在亚太地区推广。欧盟数字治理的重点在于个人隐私权和数据安全。欧盟在数据保护方面已经形成了较为成熟的法律系统,《通用数据保护条例》《数字服务法》《数字市场法》《数据治理法案》等相关立法清晰阐述了欧盟关于保护数据安全、遏制平台垄断等的治理主张。与此同时,中国近年来相继出台了《中华人民共和国网络安全法》《中华人民共和国个人信息保护法(草案)》和《中华人民共和国数据安全法》,

这三部法律标志着我国网络和数据相关法律法规体系的基本完成。在数字治理推进的关键时刻，我国创造性地提出《全球数据安全倡议》并形成广泛国际共识。倡议强调尊重他国主权、共谋合作发展、实现互利共赢，为共同商议制定全球数字治理规则提供重要助推力。美国与欧盟在数字治理制度方面存在结构性分歧，在这一领域的分歧难以弥合。同时，为争夺亚太地区治理规则的主导权，美国正致力于联合地区盟友以打造数字领域的"布雷顿森林体系"，遏制中国倡议影响力的扩大。[①]

在新一轮科技革命呼之欲出的背景下，大国难免要在高科技领域展开激烈博弈。各国都已深知科技创新在推动经济发展和国家兴盛过程中的重要作用，因而在抢夺新一轮科技革命制高点方面必然倾尽全力。美国政府动用全政府手段对中国华为等高科技企业实施打压，在高科技领域对中国强化出口管制和投资限制，百般阻挠中国推进《中国制造2025》，凡此种种均反映出大国高科技竞争的激烈程度。特别是在2008年金融危机暴露出国际金融体系的不可持续性后，未来几十年里，为资本的全球运作制定怎样的规范，如何确定全球储备货币的权利与义务，如何搞好虚拟经济与实体经济之间的关系，新的国际金融中心将出现在哪里，如何利用最新科技改变金融活动形态，国际金融主导权到底花落谁家，未来的国际金融秩序到底是何模样，将成为大国之间最激烈、最胶着的博弈领域。[②]

美国近年来相继发布《美国国家创新战略》《联邦大数据研究与开发战略计划》等一系列重大战略，加速在人工智能、先进计算技术、合成生物技术等前沿领域布局。德国先后发布《高技术战略2020》《新高科技战略》，重点支持汽车、自动化、医疗卫生、物流和能源五大行业。英国出台《我们的增长计划：科学和创新》，把科学和创新置于长期发展计划的核心位置。日本制定《第五期科学技术基本计划》，力争建成"世界上最适宜创新的国家"。在新一轮科技革命中，科技创新愈发成为几个主要大国谋求自身内生动力的关键条件。处于科技链关键上游的国家通过"卡脖子"博弈策略，全面谋取政治、经济、军事、外交等"非科技"领域的最大利益，而下游缺乏自主创新能力的国家则不得不被"全方位收割"。美国利用技术创新优势展开多边和双边合作，建立技术同盟，在全球渲染"新冷战思维"，施压盟友"选边站队"，针对中国制造"孤岛效应"。美国推动建立了多项盟友间技术创新合作机制和

---

①　姚璐，何佳丽.全球数字治理在国家安全中的多重作用[J].现代国际关系，2021(9)：28-35.

②　王鸿刚.中国如何认识与应对新一轮大国博弈[J].统一战线学研究，2019(3)：28-38.

计划,并逐步形成基于盟友技术合作的区域科技伙伴关系,如基于"五眼联盟"的技术合作计划(TTCP)、国家技术与工业基础(NTIB)等。美国对其盟友的影响力不可小视,其频繁向传统盟国施压,澳、韩、日、印、加、新等国先后以国家安全为由宣布禁止采用华为 5G 通信设备,而中国企业在各国开展技术合作和正常贸易时也被频亮"红灯"。①

## 2. 美西方科技武器化进程加速

近年来,以人工智能、高超声速飞行器等为代表的一系列高新科技迅猛发展,这些新技术在军事领域的运用也被世人所关注,成为未来国家安全竞争中的重要部分。例如俄乌战争爆发以来,以美国为首的西方国家对俄制裁的力度和范围不断升级,其中,科技领域成为一个重要制裁目标。美西方将科技产生武器化效果,对别国造成类似经济战、政治战等的效果。这些负面影响主要体现在金融、网络空间和产业安全等领域。

在金融层面,科技与金融领域深度融合,已开始改变传统金融发展模式,重塑金融产业生态。金融业是与大数据、云计算、人工智能等现代科技结合最紧密的行业之一,金融科技在识别、防范和化解金融安全风险上具有重要作用。金融科技在赋能传统金融业务提高效率、优化服务、降低交易成本的同时,也因其互联互通强、渗透速度快、影响范围广等特性,容易引发新的金融风险,带来诸如数据安全、金融基础设施安全以及市场垄断等问题,并加剧风险的隐蔽性、突发性、广泛性和系统性。武器化的科技制裁将增加国家金融体系遭遇网络攻击、发生严重网络安全灾难的概率,也让一国无法利用区块链等新一代金融技术应对金融制裁。在网络空间层面,大数据时代信息的传播和整合技术不断完善,对人们的信息获取达到了前所未有的高度,大数据有效整合了人们生活中的多种信息,传统社交网络中的信息保密性受到了一定的威胁,移动终端的逐渐完善导致人们生活中的信息可控性受到威胁。武器化的科技打压将让国家在与西方的信息战博弈中居于不利位置,面临极不友好的国际舆论环境。在产业安全层面,科技武器化打压将可能使得一国内部前沿科技产业的发展就此中断,大量人才和前期投入付之东流。以美国在俄乌战争中对俄罗斯的科技打压为例,俄罗斯人工智能产业受到严峻冲击。俄在该产业上虽具有一定先发优势,但基础底层技术、算法和开源技术仍高度依赖美西

---

方。俄人工智能企业既面临无法继续从美西方科技圈获得后续支持的难题,也面临研发产品和成果无法出口与转让的困境。

在美国精英看来,中国现在全球技术位置的变化会挑战美国整个全球体系的基础。他们不能接受自身技术主导权逐渐丧失和美国主导的全球体制的动摇。面对美国将技术优势武器化,中国工业体系的脆弱性在于其产学研三方面的知识生产体系存在外向依赖。这种外向依赖指的是,被成熟创新经济体视为核心的产学研协作体系在中国的不少产业部门并不存在,中国这些领域的产业和科研部门以国外同行作为主要的技术与知识来源,而没有以国内产学研的协作来实现知识生产与再生产。产学研内向整合的缺失,使得中国工业体系缺少产生基础性、原创性知识的制度化平台,这就为美国将其科技优势武器化提供了可能性。虽然中国已经在工程技术能力和制造能力上实现了巨大的突破,但中国仍然缺乏源源不断地产生重塑产业技术规范重要知识的能力,这一问题在半导体、生物制药、关键材料技术等领域都存在。与这一现象紧密关联的是国内科技成果转化难的痼疾,这一困境是中国后续深化发展的关键短板和重大隐忧。面对美国科技战的威胁,只有建立起内向整合型的工业与科技创新知识生产体系,中国才可能继续主动利用全球化来推动开放式创新。

3. 中国成为大国科技竞争的焦点

从国际竞争看,科技前沿正成为大国博弈的核心领域。科技是美国霸权的基础,并与军事、政治、经济和意识形态等紧密结合。围绕高科技的大国竞争不仅集中于具有战略意义的核心技术领域,而且正通过切断产业链和供应链的方式切入重要性关键产业。2018年3月,美国公布的"中国利用合资、外资股比等投资限制要求美国公司对在华实体进行技术转移"等4条所谓"贸易指责",其实全部都是"科技遏华"战略的现实写照。人工智能、量子计算等前沿技术被广泛运用于军事和安全领域,则直接关系到国家核心安全。

中美从"科技脱钩"到"全面脱钩"。2017年以来,美国打着"维护国家安全"的幌子,开始推行以对华"脱钩"为主要特征的科技竞争战略,对中美科技交流合作采取一系列限制措施,试图阻碍知识、技术、数据、资金、人才等的自由流动,并推动全球主要发达国家与中国实现从科技到经济的"全面脱钩"。所谓"全面脱钩",并非中断一切对华联系,而是在关键领域进一步强化对华遏制。相比贸易摩擦,"脱钩"给中国带来的冲击和挑战更加严峻。美国主导的中美"科技脱钩"进一步凸显,并将持续很长时间,使中国接触前沿科技、开展国际交流、推动原始创新的步伐延缓,试图遏制中国提升自主创新体系的能力。近年来美国不断试验和权衡"科技脱钩"对自身的利弊,试图垄断技术制高点和价值链主导权,实现收益最大化。拜登政府将中国视为美国在科技领域最大的挑战者和竞争者,明确提出对中国实施强硬措施,遏制中国在科技领域的崛起,在限制人员交流、针对华裔科学家的调查、收紧投资准入、加强技术管制等方面发力,努力拉拢欧洲与东亚盟友,在多边框架下实施"科技封锁及去中国化"。2021年10月,拜登在出席第16届东亚峰会时提出"印太经济框架"的构想,将在数字贸易、劳工和环境等领域制定所谓公平、高标准和有约束力的规则,提高芯片、大容量电池、医疗产品、关键矿物等重要产业供应链的韧性和安全性。如果美国能够建立"印太经济框架",则能够将中国从亚洲产业链和价值链中剥离并进行孤立,在经济和战略上保持对中国的优势地位,重新树立美国在全球产业链和供应链中的核心地位。

"科技脱钩"带动重点产业"选择性脱钩",美国加强出口管制,对中国在全球价值链体系中的原有分工定位格局和贸易体系造成冲击,进一步削弱中国建设创新型国家的能力。基于当下全球经济一体化的趋势,中美贸易和"经济脱钩"会对既有的全球价值链分工和贸易体系造成极大冲击并造成"双输局面",中美全面爆发"科技脱钩"的概率较小。但美国谋求对中国的"不对称"市场开放,一方面强制中国对美国高科技产品和优势农产品开放,另一方面严格限制中国高端产品和投资对美国市场的进入。从局部看,中国高依赖行业、新技术产业,如计算机、集成电路、生物医药、机械装备、基础材料化学等领域存在技术脱钩风险。值得重视的是,美国将科技创新战略竞争延伸到经济领域,发动贸易战阻断中国关键供应链,加速美国高技术产业链回流,阻碍中国推进核心技术自主研发进程,遏制中国科技产业迅速崛起及经济高质量发展动力。同时,美国还加强了技术领域的出口管制,扩大禁止美国科技企业与中国开展贸易的"实体清单",这对中国在既有的全球价值链体系中的分工格局造成冲击,对布局在中国的某些高科技产业链、产品链的关键零配件供应造成转移回流,削弱了中国建设创新型国家的能力。

4.科技发展对全球安全治理产生深刻影响

在当代国际社会,互联网、元宇宙等新技术打破了国家与区域的界限、现实与虚拟的界限,改变了社会行为体和国家间行为的时空、内容、组织方式等,各国在技术竞争中为了获得有利地位,必然调整本国的外交政策,全球安全治理模式随之发生改变。

科技发展深刻改变了全球安全治理的内容和形式。当前,发达资本主义国家已经改变了行为方式,主要以高科技优势和雄厚的资金作为支点,通过科技进步、改善经营管理、发展国际贸易和进行跨国经营等手段,打击对手,占领世界市场的更大份额,用这种方式来保持自己的竞争优势和发展势头。伴随着发达国家间经济联系的日益紧密和相互依存的日益加强,出现一种"你中有我、我中有你"的态势,形成了"一荣俱荣、一损俱损"的局面。在这种态势下,发达国家之间的国际交往更多地采取谈判、和解、妥协的方式来减少摩擦,缓解矛盾和对立,而不是像过去那样诉诸武力或威胁。[①] 第三次科技革命的深入发展为全球安全治理开辟了许多新的领域,如核能的利用与核武器的研究,导致了限制核武器的活动,从而使核裁军的谈判、中程导弹条约的签订、核不扩散条约的签订成为国际关系的重要内容;宇宙空间的探索和开发使外层空间利用问题成为国际关系的新内容;海洋的开发导致了关于 20 海里经济区、大陆架划分标准等问题的争执;环境污染、生态危机引发的环境保护等议题;基因研究的发展带来的人类生育道德和人类本身繁衍的问题,也成为各国关注的焦点,如此等等。科技发展还扩展了全球安全治理主体。伴随着国际航空事业的进步、电信和卫生通信的发展、光纤的开发、电子网络的普及、国际互联网络的开通、电子商务的迅猛发展,国际交往的规模和速度达到了前所未有的程度。世界变得越来越小,世界人民对国际事务的了解和参与程度得到了空前提高,国际舆论的影响也越来越大,从而使民间外交发挥了前所未有的作用。

科技发展对全球安全治理产生影响主要通过三种方式。一是科技发展使得一些国家的经济和军事实力迅速增长,打破了原有的力量均势,带动了国际格局的变化。科技发展是推动各国经济迅速发展的主要动力,也是造成世界政治、经济不平衡的重要因素。通过高科技武器的研制,信息技术、能力的提升等途径,国家军事力量和国防水平得到增强,而军事和国防发展的需要又会推动科技发展。二是科技发展使经济和社会结构发生变化,引起某些国家的改革和革命,导致其对外政策的改变。通过推动生产力的发展以促进生产关系发生变革,带动上层建筑与其经济基础频繁互动和内政与外交的连锁变化。三是科技革命使国际交往的内容和方式都发生了变化,为全球化的发展提供了可能和条件。新科技革命使人类的交通

---

① 武贤明.科技发展对国际关系的影响[J].当代世界,2008(1):49-51.

工具和通信工具都有了突破性进展,世界范围内的生产、分工更加明确,国际社会相互依存的程度进一步加深,出现了"你中有我,我中有你"的互相依存的局面,世界正急剧"缩小",并变得更加透明,逐渐发展成为一个"地球村"。

## 6.3 构建统筹科技发展与国家安全的有效路径

### 6.3.1 制定统筹科技发展与国家安全的大战略

科技发展对国家安全各领域皆存在复杂而深刻的影响,统筹科技发展与国家安全需要涉及上下许多部门,所以需要建立起完善的统筹体系,真正做好统筹工作。

构建统筹科技发展与国家安全的有效路径,应从总体国家安全观出发,站在全局的高度,将科技发展纳入国家安全战略考量中来。制定统筹科技发展与国家安全的大战略,做到科技发展与国家安全高度融合。此外,中国作为负责任的大国,也要积极参与全球治理和国际科技合作,统筹科技发展与全球共同安全。

1. 将科技发展纳入国家总体安全战略考量

科技安全与其他国家安全之间存在错综复杂的密切联系,是国家安全的重要组成部分,且重要性与日俱增。因此,须从总体国家安全观的高度,在大力发展科学技术的同时,加强国家科技安全问题研究,制定正确的国家科技安全战略,努力实现国家科技安全。充分考虑科技安全与其他领域安全之间的相互影响,也应把科技发展纳入国家总体安全战略考量,构建起更加完备的科技安全防护体系。

第一,应当重视开展前瞻性的科技战略规划。加强战略规划是世界发达国家解决国家安全问题的共同做法。科技安全已经成为全球性的非传统安全问题,必须站在更高的起点上谋划国家科技安全问题,以新的国家安全观为理论依据制定21世纪国家科技安全战略。国家有关部门需要进一步从战略高度上认识国家科技安全,在制定全面的国家安全战略的同时,制定出专门的国家科技安全战略,并把国家科技安全战略作为整个国家安全战略的一个重要组成部分。要大力加强科技安全意识,实施科技安全战略,从国家安全的角度保障科学技术事业健康发展,不断提高国家防范国外科技优势威胁的能力和以科技手段维护国家政治安全、军事安全、经济安全和生态安全的能力。

第二,应当正确处理发展与安全的关系,努力提升科技创新能力,持续增强科技发展对国家安全的贡献。在事关国家安全的重点领域,为了保证持续稳定的技术进步,必须确定由国家支持的科技发展重点。必须结合国情,坚持有所为有所不为的原则,优先保障重点领域的发展,努力抢占关键技术的制高点,在当前越来越侧重技术竞争的国际博弈中不受制于人。

第三,应当注重保持国家安全理念和科技安全战略的与时俱进、更新换代。近年来信息技术的不断更新换代及互联网向世界各个角落的不断延伸,已经证明新生科技对传统安全观提出了严峻的挑战。在这种情况下,如果我们不能适应科技创新和革命不断给国家安全提出的新挑战,不能据此及时制定、调整、补充、完善、发展国家科技安全战略及整个国家安全战略,那么就很可能在新技术冲击下丧失维护国家安全的主动权。因此,我们需要时刻保持对高新科技的敏感性,不断完善科技安全战略,增强应对新挑战的能力。

2. 从全球安全观的角度统筹科技发展与全球共同安全

国际安全作为总体国家安全观的五大要素之一,是国家安全的重要依托。当今世界风云变幻,自2022年以来,新冠疫情反复延宕,俄乌战争突如其来,非传统与传统安全挑战叠加,国际安全环境更趋动荡。中国要参与国际社会的合作与竞争,努力建设人类安全共同体,就必须看到科学技术直接关系着国际关系中的国家博弈与较量,是维系国家安全和发展最重要的战略资源。发展科技既是提升国防力量、应对传统安全挑战的良方,又是解决新冠疫情、气候变化等非传统安全越来越重要的途径。

国际与共同安全原本就是总体国家安全观的重要内涵和应有之义。应当站在总体国家安全观的高度上,坚持"共同、综合、合作、可持续"的"全球安全观",发挥科技发展对应对全球安全挑战的重要作用,坚持共建全球安全。既重视通过科技发展维护自身安全,又重视以科技互通合作共享实现共同安全,打造命运共同体,推动各方朝着互利互惠、共同安全的目标相向而行。

要践行共商共建共享的全球治理观,坚持统筹维护传统领域和非传统领域安全,处理好科技发展与共同安全的关系。通过科技发展帮助解决全球发展问题和治理问题,共同应对气候变化、网络安全、生物安全等全球性问题,在科技方面为应对国际安全挑战提供中国方案。

当前,美国视中国为重大威胁,大搞逆全球化的科技武器化行为,意图与中国全面"科技脱钩"。应对美国强制与中方进行"科技脱钩"的问题,我们不能关起门来搞创新,而是要吸取苏联"自立于国际主流科技发展潮流之外另搞一套"的历史教训,不断开拓国际科技交流合作的新渠道,以打破对美过度依赖的"单一来源"困局。

### 6.3.2 提升科技发展对我国国家安全的贡献

科技发展是国家安全的重要推动力,对国家安全的各领域都有复杂作用,因此,需要正确处理好科技发展与国家安全的关系,努力实现科技发展促进国家安全的作用,增强我国科技创新能力,提升科技发展对我国国家安全的贡献。此外,还要重视当前科技发展对生物安全、数字安全、语言安全等各重要领域的积极影响,规避科技发展中的负面影响。

1. 增强科技创新能力

(1)建立并完善科技预警制度

与传统安全相比,科技安全的长期性特点更加明显,尤其需要长期跟踪评估科技安全风险并及时发出安全预警信号。2019 年 11 月 29 日,习近平总书记在中央政治局第十九次集体学习中,针对应急管理能力现代化强调要"加强关键技术研发""提高监测预警能力"。只有加快构建科技安全预警系统,做好科技安全风险防范,才能更好地维护国家安全,促进技术应用和产业发展。当前,我国亟须完善科技安全风险评估与监测预警体系,警示科技安全威胁,建立健全国家科技安全风险研判、协同预警、防范化解机制。新时代背景下的科技安全风险评估与监测预警已成为维护国家科技安全的重中之重,加强相关研究具有十分深远的战略意义。这就要求做到以下四点。

第一,以科技预见掌握科技安全的主动权。科技预见是对科学、技术、经济、环境和社会的远期未来进行有步骤的探索过程,其目的是选定可能产生最大经济与社会效益的战略研究领域和通用新技术。预见是科技安全问题研究的一个重要方法。通过科技预见研究,把握科学技术发展趋势,超前部署,掌握主动,是实现科技安全的重要措施。

第二,以风险评估和科技预警及时防范科技安全问题。安全的维护包括了风险防范与危机应对两个层次的内容。风险为常态,危机则是偶发。风险积聚到一定程度就有可能演化为危机。因此,维护安全重点应放在风险的有效防范上。长期以来,技术表现出的"野性"一次次地给人们敲响了警钟。因此,在实施新技术前,就需要全面权衡新技术的预期危害和预期利益,认真进行技术评价。尽最大可能地了解技术的实施风险,有利于做出最好的权衡和决策。

第三,完善科技安全预警与科技创新的衔接机制。科技安全风险防范与监测预警工作都是为了实现科技创新的安全稳定发展,因而科技安全监测预警结果必须及时与相关领域科技创新发展衔接。对于科技安全预警系统发现并发出预警信号的关键核心技术、核心要素和关键变量,应通过完善的信息传递与激励机制,鼓励和引导相关科研机构与团队加强技术攻关,并对其他国家相关技术进行深入研究,把握世界范围内该技术的发展态势,在此基础上逐步制定应对措施,提高相应领域的科技竞争力。

要加快新技术应用规则制定,围绕人工智能、基因编辑、医疗诊断、自动驾驶、无人机、服务机器人等领域,从技术安全、产业安全、道德伦理安全、法律监管安全等方面全方位做好新技术应用风险防范,防止新技术滥用和误用,不断释放科技发展巨大红利,为我国建设科技强国打下坚实基础。

第四,健全而高效的科技预警与防范系统,健全而完善的国家科技安全法律制度,是保证国家科技安全的关键问题,也是国家科技安全工作的重要内容。在面临新冠疫情等大规模流行性疾病和生物恐怖事件时,可依靠国家科技平台、国家预警与防范系统来实现敏捷反应。因此我们说,必须建立和健全国家预警与防范系统及法律制度。

要加快建立科技安全综合研判和会商机制,整合各个安全领域专家,定期开展国家安全多部门联合研判,特别是对突发的国家安全重大事件,要增强各领域之间联动影响的警惕性,提前做好充分的准备和应对。

(2)改善科技内部环境

实现科技安全必须深化科技体制改革和经济体制改革,进一步消除制约科技进步和创新的体制性、机制性障碍,有效整合全社会科技资源,推动经济与科技的紧密结合,形成技术创新、知识创新等相互促进、充满活力的国家创新体系(NIS)。要推进科技体制改革,就要充分发挥政府的主导作用,市场在科技资源配置中的基础性作用,企业在技术创新中的主体作用,国家科研机构的骨干和引领作用,以及大学的基础和生力军作用。

制定有效的人才战略,切实加强科技人才队伍建设。人才竞争成为综合国力和经济竞争的焦点。科技差距归根结底是人才差距,是人在观念和技能上的差距。人才作为智力的载体,是科技安全的关键。科技人才的不流失、科技人员积极性的发挥、知识分子政策等内容,是智力资源安全的具体体现,而保护个别对国家安全和国家利益有重大影响的尖端人才是智力资源安全的特殊问题。

要不断完善基础研究布局,加大基础前沿科学研究力度,加强对量子科学、脑科学、合成生物学、空间科学、深海科学等重大科学问题的超前部署,突出关键共性技术、前沿引领技术、现代工程技术、颠覆性技术创新,在前沿、新兴、交叉、边缘等学科以及布局薄弱学科,依托高等学校、科研机构和骨干企业等部署建设一批国家重点实验室和国防科技重点实验室。

要优化科技资源配置方式,找准真正容易被西方发达国家"卡脖子"的核心技术、重大装备和产业领域,按照急需、短期、长远需求等,分阶段突出重点、分步组织实施技术攻关,将国家计划调控与市场机制协同起来,以最大力度调动各方资源、协调各方利益,集合精锐力量解决国家急需的基础性、前沿性和战略性关键核心技术。

关键核心技术领域创新发展是创新型国家建设的战略基石。打好关键核心技术攻坚战,对提高创新链整体效能、加快科技强国建设步伐,具有十分重要的意义。应当充分整合相关高等学校与科研机构的科研基础和资源,发挥政产学研用的平台优势,及时开展关键领域科技安全的跟踪监测、风险评估和安全预警等工作。

(3)增强国家安全统筹能力

增强国家安全统筹能力,要先深刻认识到科技安全是国家安全的重要组成部分,是实现传统安全和非传统安全的关键要素,是支撑总体国家安全的重要力量和物质技术基础。从领导干部、科技工作者,到一般国民都应该提高国家安全意识,认识国家科技安全的重要性,自觉维护国家科技安全。由于科学技术在生产经营及整个社会各个方面的广泛渗透,科技安全已不仅是科技人员的事情,也不仅是国家安全工作人员的事情,还成了全体国民的事情。因此,每个人都应该树立起科技安全意识,认识到维护国家科技安全就是维护国家利益,也就是维护企业利益,维护我们每一个人自己的利益。

国家安全意识和科技安全意识的树立不是短期内能形成的,这需要长期的国家安全教育和法制教育。一些人对国家科技安全的重要性认识不足,总觉得我国在科学技术方面落后,没有什么秘密可保,对于这类思想,应当坚决予以纠正和教育,使其认识到国家科技安全的重要性。而有的人为了自己或小集团的私利,不惜泄露国家科技秘密,对于这类人应当坚决运用法律武器,给予应当的惩罚,并将其作为案例进行宣传,形成对不法分子的威慑,增强人们对科技泄密案件的自觉警惕。

增强国家安全统筹能力,还要深刻意识到科学技术作为"第一生产力"和"核心战斗力",还对其他领域的安全发挥着重要的支撑作用。要理解科学技术与国家安全其他领域间的密切联系,并能从国家大战略高度协调相关系统,统筹各种资源,确保我国科技系统的优化运行和安全,并不断提升科技手段对国家安全和发展的支撑能力。

在此过程中,要以国家利益为最高宗旨,以国家科技战略为基础,为国家综合安全服务。同时,在国家科技战略中也要充分考虑并体现科技安全的要求,制定有效的战略目标以及确保战略目标实现的具体战略方针,在积极参与全球治理的同时,增强国家安全。

构建国家科技安全战略,必须尽快创建国家科技安全体系。一要发挥中央政府的宏观调控作用;二要把科技安全纳入国家的中长期科学和技术发展规划,通过重点领域、前沿技术和基础研究的规划发展,推进关系国家安全关键技术的发展;三要完善科技安全法规制度建设,建立政策法规系统;四要建立能够满足国家安全需要的科学研究与技术开发系统。

2. 集中力量突破重点安全领域

国家对科学技术的需求构成国家的科技利益。国家的科技利益主要表现为科学技术是决定国家生存与发展的一些至关重要的领域的支撑。科技进步是经济增长和全球化的动力,是国家安全和国防建设的基础。必须重视科技发展对国家安全各方面的推动和促进作用,集中力量突破对国家安全有重大影响的关键领域。在利用科学技术促进国家安全的同时,也要小心防范科学技术发展可能带来的风险。科学技术是把双刃剑,如果运用不善或发展不当,短期内不显著的科学技术问题长期下去很可能成为新的社会问题,影响社会秩序平稳运行。为此,需要正视科学技术的双面性,既能发挥出科技的正向力量,使其成为一种可被利用的资源,又能及时预测和规避可能造成的安全风险。

(1) 生物安全

科技创新在维护国家生物安全中起到根本的支撑作用。要牢牢掌握国家生物安全的主动权,科技创新这一国之重器不可或缺。在领导抗击新冠疫情的斗争中,习近平总书记深刻指出,要最终战胜疫情,科技是关键,"纵观人类发展史,人类同疾病较量最有力的武器就是科学技术,人类战胜大灾大疫离不开科学发展和技术创新"。生物安全涉及一系列高尖端的科技,为有效防控生物安全风险,科技是强大支撑。

纵观全球,虽然我国在生物安全领域科技投入日益加大,产出了一系列重要科技成果,但总体上看,目前我国生物安全技术水平与西方发达国家尚有较大差距,且在一些核心技术领域常受制于人。因此,大力发展生物安全技术,优化科技创新模式,已成为形势之需。

习近平总书记强调,要立足于自主创新,尽快形成核心技术联合攻关的新型举国体制,打造一支维护国家生物安全的战略科技力量,提升战略储备能力,推进生物科技创新和产业化应用,进而实现生物安全领域科技自立自强,"生命安全和生物安全领域的重大科技成果是国之重器,一定要掌握在自己手中"。

生物技术的健康发展需要构建全社会参与的多元协同规范,发挥政府、企业和公众等主体的力量。要充分发挥市场在资源配置中的决定性作用,研发成果由市场检验。同时,需要以法律规范的形式明确政府在生物技术监管方面的义务,以维护公共利益为目标,规范市场主体的行为,同时为市场发展提供良好的营商环境。

另外,公众是生物风险的直接利害关系人,社会公众的知情权、选择权和相关公共事务参与权应当得到充分尊重。要建立行之有效的沟通机制,而不能仅仅做形式上的、"装饰性"的意见征询,确保公众依法享有参与生物安全管理工作的权利,包括参与相关决策和规则制定、审批和监督等活动的权利。

此外,中国在大力研发生物技术的同时,也要关注其潜在风险,开发生物风险管理系统,推进生物技术风险评估机制建设,实现生物安全治理效能的最大化,增强中国生物技术的整体实力。

(2) 数字安全(信息安全)

随着全球化浪潮席卷全球和信息技术的快速发展,信息跨国传播速度明显加快,加快传播的信息一方面可以实现更大范围的利益共享,另一方面信息的自由开放对国家安全也造成强烈冲击。信息技术的飞跃发展,导致主权国家的可渗透性及其内部事务的透明程度剧增,其他国家或非国家行为体可以利用信息技术"穿透"传统的主权屏障,蓄意影响其国内政治和社会,由此,国家在内外事务,特别是在人权、国内政治体制选择、军备建设、武器及其技术输出、财政政策等事务上做出决定并加以贯彻的自主权越来越遭到侵蚀和削弱。在信息时代,国家还不得不面对信息战、其他国家和非国家行为体以信息技术窃取事关本国国家安全的情报以及网络时代信息霸权的威胁。

此外,对于国家而言,互联网不仅是信息传递的工具,而且是社会控制系统的中枢。国防设施等传统安全方面的设施要靠网络指挥,非传统安全方面,诸如油气管道、电力网、国家资金转移系统等设施系统也越来越离不开信息传输系统。当前,黑客、计算机病毒、网上恐怖活动等无疑正在给世界各国国家安全带来新的挑战,其中最为突出的就是网络恐怖主义。

针对全球化下突出的数字安全问题,要大力发展信息技术,着力构筑我国数字安全防御体系。

第一,我国必须着力发展电子政务以及国民经济中诸如金融、银行、税收、能源生产储备、交通运输、邮电通信、商业贸易等关键信息基础设施,摆脱在信息技术上对西方发达国家的依附。提高警惕,研判科技革命和相关技术发展新趋势,从各领域封堵漏洞,增强防范化解重大风险的能力。

第二,要大力发展包括入侵防御检测技术、网络安全预警应急响应技术、安全评估技术等信息安全技术,重视信息安全技术的创新,利用新技术维护和塑造国家安全,始终保持对新技术发展趋势的了解和掌握,警惕敌对势力利用新技术对我国国家安全造成威胁。

第三,应重视信息技术在国家安全事务中的作用,着力构筑我国数字安全的防御体系,引导科技安全特别是网络安全产业发展提质增速,培育一批核心网络安全公司,谋划产学研用多层次布局,推动国家安全、公司效益、个人发展靶向一致,共同提升。为应对未来可能爆发的信息攻防战以及西方发达国家利用信息技术在意识形态和舆论领域对我国的威胁,要从根本上确保我国的信息安全,防范化解新科技革命背景下的国家安全风险。

（3）语言安全

在国家的建构和治理过程中,语言作为重要的要素工具和战略资源均内嵌其中,其经济属性、文化属性、政治属性和社会属性等分别对应着经济安全、文化安全、政治安全和社会安全等诸多安全领域,因而语言作为国家安全要素、重要领域、安全工具和安全资源,在维护国家安全中的地位举足轻重,并已成为现代国家治理和经济社会发展的重要安全保障。

语言是信息的载体。信息的传递首先要以语言的互通作为前提。在互联网时代,信息安全问题往往与语言安全问题密切相关。因此,也应重视起我国的语言安全治理问题。

### 6.3.3 构建人类命运共同体的中国科技实践路径

科学技术是全球化的动力,而全球化本身也包括了科技的全球化。科技全球化的特征主要表现为:科学研究活动日趋全球化,跨国公司研究开发的全球化程度不断加深,企业间战略性技术联盟迅速发展和区域科合作不断增强。科技全球化在更深层次上推动了世界整体的全球化进程。

在国际科技合作的新趋势下,我国国家安全面临着很大的挑战,世界共同安全也面临种种危机,所以必须加强国家安全层面的思考,站在战略高度上审视国家安全。目前,国际局势风云变幻,大国博弈加剧,要共建人类命运共同体,倡导共同安全,需要我国发挥负责任的大国力量和大国担当。因此,我国要想提高自身在国际社会上的地位,把握国际竞争的主动权,就要根据自身发展情况,对国际新形势做出正确判断,通过相关政策和具体行动,适应国际发展,化解国家安全面临的种种风险。

1. 积极开展中国特色大国科技外交,破解新形势下美西方的"科技武器化"行为

当前,中国已成为国际科技竞争的焦点。复杂的国际局势以及当代科技面临的颠覆性、剧变式发展趋势,特别是近年来美国对我国科技发展采取十分严苛的系统性限制政策措施,将科技优势武器化使用,引发了一系列关涉我国科技安全的重大问题,给我国国家安全带来严峻挑战。

早在 2018 年,美国国会便通过立法,对先进机器人和人工智能等新兴技术实施出口控制,加强对外国企业在美国投资的审查。进入 2020 年后,中美科技冷战不断加码,美国政府连续采取单方面行动,阻止所谓中国高科技行业对美国国家安全的"威胁",并通过出更多非关税措施限制中国获得美国技术。美国商务部于 2020 年 5 月 15 日发表声明称,出于保护美国国家安全的需要,限制华为购买和使用用美国技术及软件制造的芯片,并给予 120 天的缓冲期。时任美国总统特朗普于 2020 年 5 月 29 日发布公告,不允许与中国军方有牵连的中国公民持学生或学

者签证进入美国大学攻读研究生或从事博士后研究。2020年6月30日,美国联邦通信委员会(FCC)正式认定,华为和中兴对美国国家安全构成威胁,禁止美国公司利用政府资金购买这两家公司的设备。在美国政府这一系列"切割"动作的作用下,相比贸易和产业领域,中美科技领域的"脱钩"来得更为迅疾,对中美关系的破坏力也更强。

在美国政府强势干预下,中美"科技脱钩"渐成"开弓之箭",美国对华关键技术和核心零部件的封锁进一步加剧,并将向基础研发等更广泛的领域渗透,给中美之间的科研数据共享、学术软件应用、科技人员交流、重大科技创造基础设施建设等方面制造更多的障碍,两国科技生态中的技术、资金、市场、数据、标准和人才等多重环节面临断裂危险。

同时,受美国政府影响,中国与欧盟、日本等发达经济体之间的"科技脱钩"也开始显现。目前,美国已联手欧盟、日本出台投资和出口管制等措施,限制关键技术流向中国,尤其在集成电路、通信技术、人工智能和物联网等关键基础设施投资领域加强与欧盟、日本合作,试图共同应对中国竞争。一方面,美日欧通过建立多边对华出口管制、制裁与加强商业情报共享,保持其对华的技术领先态势;另一方面,通过采取协调发展战略性新兴产业、军民融合、联合研发与技术人员培养等手段,提高创新能力。这将对中国与西方国家之间的科技合作空间造成严重挤压,并将损害全球开放式创新氛围,侵蚀冷战结束后国际科学技术合作的机制性成果。

面对以美国为首的"科技武器化"打压,我们要正确应对,就需要做到清晰认识当前我国的科技发展局势,努力弥补目前科技创新领域存在的漏洞,应对"科技脱钩"带来的一系列挑战。同时也要看到"脱钩"可能带来的机遇,倒逼国内科技创新升级,努力做到"化危为机"。我们并不需要刻意强调"脱钩"对于中国社会经济发展的严重性。美国在一系列科技领域对中国素有程度不一的限制,根据这些领域过去20年的发展来看,只要中国的战略路线得当,并没有解决不了的问题,甚至可能将一些挑战转化成发展机遇。

此外,要认清现状,放弃幻想。要看到中美之间爆发"结构性"的冲突是大概率的,美国很可能长期地把科技优势"武器化",这几乎不以中国社会渴望合作的诚挚态度为转移。对此,我们要做好长期准备,加快中国工业与科技创新知识生产体系的内向整合,这样才能继续主动利用全球化来推动开放式创新。

应对美国强制进行的"科技脱钩",要如同提出"产业链安全"一样,明确提出

"维护科技安全"。努力推进"卡脖子"技术的国产替代工程,着力攻克"卡脖子"的核心技术、关键原材料和零部件,维护国家科技安全,有效遏止美国的技术封锁。

第一,聚焦重点,组织国家力量聚力攻关。特别是要把解决芯片与软件这一"缺芯少魂"问题当作新时代"两弹一星"工程对待,使我国信息科技和人工智能科技进度不因与美"脱钩"而遭受重创。中央政府要统一协调重大政策、重大计划、重大项目,统一调动所需的人、财、物等创新资源,凝聚形成合力。

第二,在关键技术领域进一步尝试"换道超车"。美国与中方强行"科技脱钩"之后,为中方"模仿式"与"跟随式"科技创新制造了阻碍。如果中方不去"主动变道"或者"换道超车",中国在关键技术领域的差距只会越拉越大。因此,必须主动尝试改变技术路线,突破传统思维,"换道超车"。

第三,更加注重与欧洲以及其他国家的科技往来,开展中国特色大国科技外交。尽管美国一再敦促其全球伙伴及盟友跟进,一起打击所谓"中国技术转移战略",但收效并不如设想的那么明显。因为在与中国对外科技交流与合作中,大多数国家享受到"双赢"的好处,因此并未对中方在科技交流、合作与引进方面设置新障碍。与此同时,国际上一些体量虽小但科技实力非常强的国家,亦是拓展我国科技交流合作的重点关注对象。"一带一路"沿线国家,虽然整体科技实力并不是很强,但在不少关键领域亦有"一招鲜",同样应该予以重视。

2. 站在科技全球化的一边参与国际科技交流与合作

科技全球化的潮流是不可逆的。互联网的发展增强了科技全球化的动力,拓宽了科技全球化的渠道,加大了对全球科技力量的集聚作用,并引起科技全球化本身的深刻变革。在新一轮科技革命的推动下,在大多数国家关系层面,在各国科学家、民间企业、科技人才的相互交往层面,科技全球化潮流更加汹涌而强劲。

全球化的趋势不可逆转,人类的命运日渐相连。为了应对人类共同面临的挑战,如气候变化、粮食安全、能源安全、网络安全、流行疾病、核聚变能开发等课题,世界各国开展国际科技交流合作的需求日益迫切。世界上任何国家都不可能在所有科技领域全面领先,都会有各自的短板。世界各国通过国际交流合作相互取长补短的迫切需要成为推动技术全球化的根本动力之一。

我们要正确理解科技全球化和国家安全主权化的矛盾,从人类命运共同体出发,意识到世界共同安全问题越来越成为世界各国国家安全面临的安全问题,要紧紧抓住、用好科技全球化机遇,防止中美关系"全面敌对化",防止中美科技竞争"军备竞赛化"。要看到美国等国家采取的国家安全主权化行为给科技全球化造成的混乱、分裂、肢解绝不可能阻挡科技全球化这一主流。面对世界种种共同安全问题,我们需要站在科技全球化的一边,积极参与国际科技交流合作,着力推动这些世界安全问题的共同解决。

第一,要实事求是地评估我国科技发展水平,谦虚地向技术先进国家学习,努力发展同欧、日、韩等科技先进国家的关系。应客观评估日本作为世界第二科技大国的地位,进一步加强与日本的科技合作,并努力扩大与欧洲各国的科技合作,同时防止欧、日成为美国对我进行科技围堵的两环,争取将欧、日成为中国科技发展的重要合作伙伴。

第二,利用开源创新解决面临的技术难题。当今世界,前沿科技尤其是信息技术与人工智能技术的创新范式已经发生了巨大变化,开源创新已成为全球化背景下创新的一种基本范式。中国要尽快利用网络信息化时代的技术优势,依托互联网,建立自主可控的开源创客空间,自下而上,发动全球范围内科技力量共同开展科学研究。这种组织模式不仅能够部分破解国家原始创新能力不足、关键技术受制于人的难题,还能破解我国科研自我循环、科研体系与国际主流割裂的困局,对于重塑国家科技创新生态具有重要的战略意义。

第三,深化重点领域国际技术合作,推进建设共同安全。以更加开放和负责任的态度参与全球应对气候变化、保护生物多样性、核安全等领域的国际协调,推进碳中和与能源转型、生态环保、清洁生产、绿色制造、无废城市的开放合作。以低碳技术、绿色工艺、环境标准、新一代绿色基础设施建设为重点,搭建互利合作网络、新型合作模式和多元合作平台。拓展国际研发资源边界,鼓励企业和科研机构整合国际创新资源,加大高端科技创新人才的引进力度,与国外顶级研发团队联合开展攻关,加强与世界创新强国、有关国际组织在知识产权保护领域的国际协调,多渠道宣传中国知识产权保护的积极进展和成果。

此外,美国等国家对于其科技安全的重视,不是只停留在口头上,而是通过一系列具体措施来实现的。我们也可以学习包括美国等西方国家在内的其他国家在维护和保障国家科技安全方面的有益做法,用以改善我们自己的科技安全工作。

### 3. 以自主创新抢占全球数字安全制高点

自美强制与中方进行"科技脱钩"以来,中国高科技发展及高科技企业发展已经不同程度遭遇困难与障碍。在此关头,坚定科技自立自强的战略自信与战略定力,显得尤为重要。要知道实现科技安全的核心是自主创新,美对华"科技脱钩",同时也给了中国自主创新发展高科技的绝好机会。自主创新是国家经济社会自主发展的基础,是把国家命运掌握在自己手里的根基,是生存发展须臾不可或缺的生命线。掌握科技发展的主动权是实现科技安全的根本,而只有极大地提高自主创新能力,掌握关系国计民生重要领域的核心技术,才能掌握科技发展的主动权。

自主创新不但是立足之本,还是争夺科技制高点的重要武器。数字化浪潮推动了全球互联互通,数字技术革新和数据的全球流动加速着全球大融合。现在的安全正从地缘安全向数缘安全转变。随着人类社会日益进入数字化时代,国家间竞争的焦点开始从能源、土地、市场等传统资源的争夺,转向以信息、数据等为主体的"数字主权"的竞争。在当前数字时代的大国博弈中,部分传统霸权国家将互联网塑造为地缘政治工具,在网络空间推行强权政治以及零和博弈,世界安全面临网络空间军事化、技术竞争政治化、网络空间治理阵营化等新挑战。此外,全球数据主权竞争也反映着数据、算法、技术等新型生产要素日趋重要的战略价值。随着5G、物联网等新技术和应用不断发展,这些新型资源战略地位的上升速度不仅不会减缓,甚至还会持续加速。

为了抢占数缘安全制高点,积极参与数字时代的全球安全治理,促成全球数字治理新秩序,就需要加大科技自主创新。实施以自主创新为主要特征的科技发展战略,着力提升我国科技竞争力,这是加强我国科技安全的根本举措。

实施自主创新战略,就是牢固树立以我为主的思想,以掌握核心技术、发展壮大知识产权储备为宗旨,正确处理引进先进技术和自主创新的关系。我国必须针对跨国公司的技术转移策略和技术扩散的新动态,制定自己的技术发展战略,增强外资的技术扩散效应,有效整合创新资源,全面提高自主创新能力,提升我国科技竞争力。要坚持有所作为的原则,掌握有关国家经济建设和国防安全的核心技术,加强国家安全关键技术攻关,致力于突破涉及国家经济、社会发展和武器装备现代化的关键技术,增强以科技手段维护国家经济安全、政治安全、文化安全、数字安全和军事安全的能力。

同时,面对日益激烈的知识产权争端,固然要加强对知识产权保护的意识,做好市场调研工作,搞清相关国家有关知识产权的具体情况,但更重要的是形成自己的知识产权。要进一步完善知识产权制度,保护我国的知识资产,建立、健全我国技术标准系,高度重视创造和依法获得原创性技术专利,不断加强知识产权保护,加强知识产权建设。知识产权建设的根本在于加强对产权的管理。在国际科技合作的新趋势下,我国必须适应科技全球化进程,从提高国际竞争力的角度加强对知识产权制度以及环境的建设,不断完善相关法律和制度,不仅要增强对知识产权的管理,而且重要的是要增强创造产权、保护产权、运用产权的能力。另外,还要加大培养知识产权人才的力度,做好信息系统的建设工作,以此来创建良好的知识产权环境。需要加强知识产权的国际合作,不断深入交流,尽最大可能在国际产权、规则方面打下良好基础。

最后,在市场应用中不断完善与激励自主可控技术。用好规模巨大的国内市场来支撑自主创新能力,发挥我国能够定义产品和标准的市场优势,通过进一步完善政府采购、首台套政策、强制性标准等政策工具,以及产业链、供应链安全评估制度,扩大国产自主可控技术和产品的规模化应用。哪怕性能低一点,也要把自己的产品用起来,在应用中完善。当前,特别要坚定不移地推广国产自主可控芯片与操作系统的替代,为其创造一个完整的创新生态。

# 第七章　企业科技创新主体地位与国际竞争力

## 7.1　中国企业科技创新主体地位和国际竞争力的确立

中国一直处于计划经济向社会主义市场经济体制的转轨时期,政府-市场关系与成熟市场经济国家存在较大差异。面向加快建设创新型国家,全面支撑新发展格局的目标,探讨中国情景下的企业主体问题是转变经济发展方式的关键。

技术创新主体地位研究经历了规范研究和经验研究两个阶段。

第一,规范研究主要回答谁是技术创新主体的问题。国内学术界对技术创新的主体问题,存在企业家主体、企业主体和多元组合主体等不同的观点[1],代表性学者包括连燕华[2]、陈士俊和关海涛[3]、郭树东等[4]。

第二,经验研究主要回答企业是否已经成为技术创新主体的问题。相关学者从研发经费、研发人员、专利申请授权量等方面对我国技术创新主体问题进行了考察,代表性学者包括吴忠泽[5]、孙玉涛和刘凤朝[6]等。

---

[1]　杜伟.关于技术创新主体问题的理论分析与实证考察[J].经济评论,2004(3):32-35.

[2]　连燕华.试论企业是技术创新的主体[J].科学管理研究,1994,12(5):1-6.

[3]　陈士俊,关海涛.技术创新主体的合理确定及其评价指标分析[J].科学管理研究,2005(2):23-26.

[4]　郭树东,关忠良,肖永青.以企业为主体的国家创新系统的构建研究[J].中国软科学,2004(4):103-105.

[5]　吴忠泽.大力推动企业自主创新,加快建设创新型国家[J].中国软科学,2006(5):1-4.

[6]　Sun Y T, Liu F C. A regional perspective on the structural transformation of China's national innovation system since 1999[J]. Technological Forecasting and Social Change,2010,77(8):1311-1321.

相关理论研究结果和"使企业成为自主创新的主体"的政策导向,已经回答了关于企业技术创新主体地位的两个基本问题。

中国科技体制改革的目标是"建立以企业为主体的技术创新体系"。在市场化条件下,企业应该是技术创新的主体。在全球化条件下,发达国家是全球创新的领导者,掌握着全球创新价值链的利益分配权,发展中国家由于长期依赖外部技术引入,本土企业逐步失去了技术自生能力,沦为发达国家装备产品的车间、排放污染的场地、提供人才的技校和倾销商品的市场,跨国公司逐步成为发展中国家创新体系的重要组成部分,企业尚未真正成为技术创新的主体。

在市场化和全球化条件下的中国,确立企业在我国科技创新体系中的主体地位意义是什么? 企业在我国科技创新中主体地位的确立过程是什么? 企业真正成为技术创新主体的内涵是什么? 企业成为技术创新主体的实践情况如何? 企业在技术创新主体方面的全球竞争力如何? 这些都是我们急需研究的议题。

### 7.1.1　确立企业在我国科技创新体系中主体地位的意义

提升企业自主创新能力意义重大、任务紧迫。当今世界正经历百年未有之大变局,我国正处于实现中华民族伟大复兴的关键时期,提升企业自主创新能力,对于统筹国内国际两个大局,加快构建新发展格局,实现更高质量、更有效率、更加公平、更可持续、更为安全的发展,具有十分重要的意义。

提升企业自主创新能力是推动经济社会高质量发展的必由之路。习近平总书记指出,"新时代新阶段的发展必须贯彻新发展理念,必须是高质量发展"。当前,我国社会主要矛盾已经转化为人民日益增长的美好生活需要和不平衡不充分的发展之间的矛盾,发展中的矛盾和问题集中体现在发展质量上。高质量发展本质上是体现新发展理念的发展,"创新"居新发展理念之首。抓住了创新,就抓住了牵动经济社会发展全局的"牛鼻子"。企业是创新活动的承载主体,自主创新是企业的生命,是企业爬坡过坎、发展壮大的根本,也是企业的核心竞争力。只有加快提升企业的自主创新能力,努力实现更多"从 0 到 1"的突破,才能更好地推动经济高质量发展,实现中国制造向中国创造转变,实现我国经济由大到强的战略性转变。

提升企业自主创新能力是抢抓新一轮科技革命历史机遇的迫切需要。当前,全球新一轮科技革命和产业变革加速演进,云计算、大数据、物联网、人工智能、区块链等新技术迅猛发展,并向经济社会各领域扩散应用。新一轮科技革命与我国质量变革、效率变革、动力变革形成历史性交汇,为我国在更高起点上进入国际科技前沿地带,实现换道超车,提供了千载难逢的机会窗口。必须充分利用各种有利条件,厚植企业自主创新基础,大力提升企业自主创新能力,把竞争和发展的主动权牢牢掌握在自己手中,在新一轮国际竞争中赢得优势。

提升企业自主创新能力是构建新发展格局的内在要求。构建以国内大循环为主体、国内国际双循环相互促进的新发展格局,是党中央审时度势作出的重大战略部署。习近平总书记指出,构建新发展格局最本质的特征是实现高水平的自立自强。要大力提升自主创新能力,尽快突破关键核心技术,这是关系我国发展全局的重大问题,也是形成以国内大循环为主体的关键。关键核心技术是要不来、买不来、讨不来的。只有把关键核心技术掌握在自己手中,掌控产业发展主导权,增强国内大循环、国内国际双循环相互促进,才能在波谲云诡的国际形势中立于不败之地,才能从根本上保障国家经济安全、国防安全和其他安全。

### 7.1.2 企业在我国科技创新中主体地位的确立过程

从 1956 年三大改造基本完成,确立社会主义基本经济制度开始,我国对确立企业科技创新主体地位的政策一直在逐步发展与加强,初步整理后具体过程如表7.1 所示。

表 7.1 企业在我国科技创新中主体地位的确立过程

| 时　间 | 主要事件 |
|---|---|
| 1956—1988 年 | 科学技术发展规划体现了从重视科学研究到强调实现生产力的演变过程,并未提及企业,也并未对企业定位有明确表述 |
| 1992 年 | 《国家中长期科学技术发展纲领》提出,"随着经济体制改革的深入,要逐步使行业和企业成为技术开发的主体"。《1991—2000 年科学技术发展十年规划和"八五"计划纲要》指出,"企业是国民经济的主体,是科技与经济的结合部,企业的技术开发和科技成果的应用是企业进步的源泉" |
| 1998 年 | 《科技教育发展专项规划》指出,要"形成以企业为主体,科研机构、高校、中介服务机构和政府机构相互联动的创新网络及运行机制" |
| 2006 年 2 月 | 《国家中长期科学和技术发展规划纲要(2006—2020 年)》指出,要支持鼓励企业成为技术创新主体;实施激励企业技术创新的财税政策;支持企业培养和吸引科技人才 |

| 时　间 | 主要事件 |
| --- | --- |
| 2006 年 10 月 | 《国家"十一五"科学技术发展规划》在"突出企业主体,全面推进中国特色国家创新体系建设"部分,提出"以建设企业为主体,市场为导向,产学研结合的技术创新体系为突破口;重点实施'技术创新引导工程',采取若干重大措施,鼓励企业成为创新主体"的发展思路 |
| 2011 年 | 全国科技创新大会提出"着力强化企业技术创新主体地位" |
| 2012 年 | 中共中央、国务院印发的《关于深化科技体制改革加快国家创新体系建设的意见》指出,要加快建立以"企业为主体、市场为导向、产学研用紧密结合的技术创新体系,充分发挥企业在技术创新决策、研发投入、科研组织和成果转化中的主体作用" |
| 2015 年 | 《中国制造 2025》指出,要"完善以企业为主体、市场为导向、政产学研用相结合的制造业创新体系",并加强关键核心技术攻关环节,强调要"强化企业技术创新主体地位""加强关键核心技术研发" |
| 2016 年 | 《"十三五"国家科技创新规划》在"强化企业创新主体地位和主导作用"一章中,指出要"深入实施国家技术创新工程,加快建设以企业为主体的技术创新体系" |
| 2020 年 | 党的十九届五中全会通过的"十四五"规划提出"完善技术创新市场导向机制,强化企业创新主体地位,促进各类创新要素向企业集聚,形成以企业为主体、市场为导向、产学研用深度融合的技术创新体系" |
| 2021 年 | 全国两会政府工作报告提出,强化企业创新主体地位,鼓励领军企业组建创新联合体。"组建创新联合体开展联合攻关,是实现科技自立自强的重要途径,五指并拢成一个拳头打出去才有力。"由龙头企业当盟主,各相关企业、科研单位及投资机构共同参与,研发关键共性和前沿核心技术 |

资料来源:前瞻产业研究院,个人收集、添加与整理。

### 7.1.3　企业技术创新双重主体地位的内涵

目前,企业技术创新主体地位的研究主要关注企业相对于大学和研究机构在创新体系中的位置,也就是市场化进程中的企业技术创新主体地位问题。随着全球化日益增强,跨国公司逐步成为国家创新体系的重要组成部分,企业群体的所有制结构发生了较大变化,关注全球化进程中各种所有制企业在技术创新体系结构中的位置,能够深入理解中国的创新实际。

1. 市场化进程中的企业技术创新主体地位

20 世纪 80 年代后期,国家创新体系理论成为领域研究的热门议题。以经济合作与发展组织国家为主体的发达国家率先提出了国家创新体系的概念,试图从系统的视角理解创新过程,其实践背景是日本、美国和欧洲等成熟市场经济体。为了缩小与发达国家的技术差距,实现技术追赶,发展中国家也引入了国家创新体系的概念,试图通过国家创新体系建设提升国家创新能力。1999 年中国政府提出建设富有中国特色的国家创新体系,其实践背景是从计划经济向社会主义市场转轨的混合经济体制。国家创新体系实践背景的中西差异,造就了创新体系研究的中国情境。[①] 发达国家的创新体系理论建立在市场经济基础之上,不存在计划经济向市场经济转轨的市场化过程,企业自然就是市场经济活动和创新活动的主体。

由于存在市场失灵问题,发达国家政府通过营造良好的创新和创业氛围,加强公共研发机构与企业之间的联系,促进企业创新绩效。而对中国来说,在计划经济体制下,政企不分,企业完全行政化,研发和生产力量相互分离,创新资源集中在大学和政府研究机构。企业作为政府所有和所属的生产单位,既没有创新资源投入的主动权和积极性,也没有实施创新的技术能力。中国的创新体系建立在转轨时期的混合经济体制之上,社会主义市场经济体制还不成熟,企业尚没有成为市场经济活动的主体,政府主导的研究机构和大学在创新活动中扮演着重要的角色。在市场化进程中,使企业成为技术创新的主体,包括创新资源的投入主体、创新组织的实施主体、创新产权的占有主体和市场价值分配的决定主体,需要实现的是政府、企业、大学和研究机构在社会经济活动中职能的合理定位和运行的整体协同。为了加强科技和经济的融合,中国政府从 1985 年开始启动科技体制改革,先后出台了《关于科学技术体制改革的决定》(1985 年)、《关于进一步推进科技体制改革的若干规定》(1987 年)、《关于深化科技体制改革若干问题的决定》(1988 年)、《关于加速科学技术进步的决定》(1995 年)等一系列重要文件。转变科技工作运行机制、改革研究机构的拨款制度、研究与开发机构转制、建设技术市场、促进产学研合作等一系列改革措施的主旨,均为突出企业的主体地位,促进科技与经济融合。

2. 全球化进程中的企业技术创新主体地位

在全球化的背景下,基于降低 R&D 成本、扩展新兴市场、利用东道国人力资本优势等方面因素,很多跨国经营的公司开始进行 R&D 国际化。从东道国的角度而言,外资公司已经成为国家创新体系的重要参与者,外国直接投资(FDI)的大量流入对于本国产业部门产生了巨大的冲击,很大程度上改变了传统创新体系中

---

① 周元,王海燕.关于我国创新体系研究的几个问题[J].中国软科学,2006(10):15-19.

企业、大学、政府和科研机构之间的关系。而就国家地域范围而言,国家创新体系包含了两种不同性质的企业(内资企业和外资企业),进而形成了两种不同的创新体系,Tang 和 Hussler[①] 将其定义为基于外国直接投资的创新体系和自主创新体系。自主创新战略是中国应对全球科技和产业竞争,争取全球价值分配主动权和主导权的国家战略,所以真正意义上的企业主体地位是全球化进程中本国企业的创新地位。后发国家的企业要嵌入跨国公司主导的全球创新网络,可以选择向内嵌入或者向外嵌入的方式。中国主要采用向内嵌入的方法,通过外国直接投资、技术引进、并购等方法,本土企业可以从价值链低端切入全球生产、研发和营销网络,外资企业可以以技术和产品优势参与创新体系,进入国内市场。高技术产业发展就是中国创新体系国际化的缩影。中国绝大部分的高技术产品进出口与本土企业无关,外资企业在高技术产品进出口中的份额居高不下。外资企业凭借其对核心技术的掌控,赚取了高技术产品进出口形成的主要利润,中国只是提供廉价的原材料、初级劳工,同时还付出了沉重的环境代价。改革开放 40 多年的实践证明,虽然向内嵌入使中国本土企业进入了跨国公司主导的全球生产和研发体系,然而本土企业仍然长期处于价值链低端锁定状态,徘徊在全球创新网络的边缘。企业相对于科研机构和大学已经成为创新的主体,但是本土企业创新能力仍然薄弱,外资企业通过技术和品牌等渠道控制了本国市场,所以使企业真正成为技术创新主体必须考虑企业所有制结构。

### 7.1.4　中国企业成为技术创新主体的实践

1. 市场化及全球化中的相关指标及数据情况

从价值链的角度看,技术创新是一个从研发到产业化的完整过程,其中创新资源的投入、创新产权的形成和市场利润的获取及占有等是关键环节。基于知识生产函数的"投入-产出"框架,可以从创新价值链的三个环节入手,提出技术创新衡量指标体系(见表 7.2)。从表 7.2 可知,技术创新投入指标选择研发人员全时当量和研发经费内部支出,技术创新产出指标则包括产权指标和收益指标,其中产权指标选择有效发明专利,收益指标选择专利所有权转让及许可收入。有效发明专利既包括了专利的数量又包括了专利的质量,主要用于衡量企业的技术创新产出。在建立指标体系的基础上,还需要进一步讨论确定企业技术创新主体地位的标准。目前,学术界和管

---

① Tang M F, Hussler C. Betting on indigenous innovation or relying on FDI: The Chinese strategy for catching-up[J]. Technology in Society,2011,33(1/2): 23-35.

理层主要关注规模标准,即采用企业创新投入和产出规模在创新体系中所占比重来判断企业的技术创新主体地位。实际上,企业创新不仅体现在创新活动的规模上,还需要考虑将投入转化成产出的效率。实践表明,中国企业创新规模远远超过高校、科研机构,但是企业创新能力仍然比较薄弱,尚没有确立其主体地位。

**表 7.2　技术创新衡量指标体系**

| 一级指标 | 指　标 | 单　位 |
|---|---|---|
| 投　入 | 研发人员全时当量 | 人年 |
| | 研发经费内部支出 | 千元 |
| 产　出 | 有效发明专利 | 件 |
| | 专利所有权转让及许可收入 | 万元 |

根据《中国科技统计年鉴 2021》所统计的 2020 年中国科技相关数据,可以总结出表 7.3。从表 7.3 可以看出,在市场化进程中,企业在科技投入和产出方面除了有效发明专利占比低于 70% 外,其余投入、产出指标占比均超过 70%。在专利所有权转让及许可收入方面,企业占比更是高达 91.425%。此外,高等学校的研发人员全时当量占比高于研发经费内部支出占比,并且差距很大,而研究与开发机构的内部支出占比大,但人员占比小;高等学校的有效发明专利占比仅次于企业但专利所有权转让及许可收入却是最小的。这些数据说明各个部分市场化联系并不紧密,科研人员和科研经费不成比例,科研的成果和市场化变现与实施也不成正比,存在较为明显的倒挂。

在全球化进程中,内资企业在各个数据上占比较大,除了专利所有权转让及许可收入占比为 79.84% 外,其他指标占比均超过 80%,港澳台商投资企业在有效发明专利方面和外商投资企业占比相近,但在专利所有权转让及许可收入方面却明显低于外商投资企业,存在明显的倒挂(见表 7.3)。

**表 7.3　基于规模占比的企业技术创新主体地位**

| 类　型 | 投　入 | | 产　出 | |
|---|---|---|---|---|
| | 研发人员全时当量 | 研发经费内部支出 | 有效发明专利 | 专利所有权转让及许可收入 |
| 市场化进程中的企业主体地位 | | | | |
| 企业 | 74.21% | 76.553% | 68.31% | 91.425% |
| 研究与开发机构 | 6.88% | 13.975% | 7.25% | 3.935% |

| 类 型 | 投 入 | | 产 出 | |
|---|---|---|---|---|
| | 研发人员<br>全时当量 | 研发经费<br>内部支出 | 有效发明专利 | 专利所有权转让<br>及许可收入 |
| 高等学校 | 16.87% | 7.717% | 19.42% | 1.986% |
| 其他 | 2.05% | 1.755% | 5.02% | 2.654% |
| 全球化进程中的企业主体地位 | | | | |
| 港澳台商投资企业 | 9.120% | 8.23% | 7.18% | 2.02% |
| 外商投资企业 | 9.552% | 11.41% | 7.62% | 6.12% |
| 内资企业 | 81.328% | 80.36% | 85.19% | 79.84% |
| 国有企业 | 1.099% | 1.03% | 1.43% | |
| 集体企业 | 0.065% | 0.04% | 0.05% | |
| 股份合作企业 | 0.082% | 0.05% | 0.05% | |
| 联营企业 | 0.015% | 0.02% | 0.01% | |
| 其他有限责任公司 | 23.636% | 27.91% | 24.98% | |
| 股份有限公司 | 11.891% | 14.20% | 17.23% | |
| 私营企业 | 44.445% | 36.98% | 37.14% | |
| 其他企业 | 0.095% | 0.12% | 0.04% | |

资料来源：国家统计局.中国科技统计年鉴2021[M].北京：中国统计出版社,2021.后经个人处理。

2. 我国企业自主创新能力迈上新台阶[1]

党的十八大以来,我国企业自主创新的主体地位明显增强,企业创新实力、创新成果和创新环境取得长足进步,有力支撑了经济高质量发展,企业逐步成为技术创新"主角"。

当前,我国企业在技术创新中形成"3个75%"的格局,即企业研发投入占全社会研发投入比重超过75%;在国家重点研发计划中,企业参与实施比例达到75%;企业研发人员全时当量占三大执行部门的比例超过75%。

"十三五"期间,相继建成的动力电池、增材制造等17家国家制造业创新中心,全部由企业牵头组建。规模以上工业企业研发经费投入比"十三五"初期增长27.7%,投入强度由0.94%提高至1.43%,超额完成规划预期1.26%的目标,企业创新主体地位不断增强。

在被誉为我国"创新之城"的深圳,呈现出"6个90%"现象：90%以上的研发

---

① 梁志峰.切实提升企业自主创新能力[EB/OL].（2021-03-26）[2022-05-10].http://www.qstheory.cn/dukan/hqwg/2021-03/26/c_1127258668.htm.

机构设立在企业、90％以上的研发人员集中在企业、90％以上的研发资金来源于企业、90％以上的职务发明专利出自企业、90％以上的创新型企业是本土企业、90％以上的重大科技项目由龙头企业承担。

企业创新实力显著增强。2020年,我国企业入围国际组织认定的全球研发投入2500强的达507家,进入《财富》世界500强榜单的有133家,上榜福布斯全球数字经济百强企业榜单的有14家。

2020年,我国发明专利授权53万余件,国际PCT专利申请量27.59万件,位居世界第一,拥有有效发明专利的企业达24.6万家。创新主体不断壮大,我国科技型中小企业、高新技术企业的数量突破20万家,累计培育省级以上"专精特新"中小企业超过3万家,专精特新"小巨人"企业1800多家,制造业单项冠军近600家,国家技术创新示范企业665家。

企业创新成果竞相涌现。世界知识产权组织发布的全球创新指数显示,我国排名从2015年的第29位,跃升至2020年的第14位。2020年,全国技术交易市场已超1000家,登记技术合同50多万项,成交金额2.8万亿元。

"十三五"期间,我国专利转让、许可、质押等达到138.6万次,知识产权质押融资总金额达7095亿元,其中企业作为专利受让人、被许可人以及质押出质人的比例超过90％。一批关键技术和产品取得重大突破,"嫦娥"揽月、"胖五"飞天、"天问"启程、北斗组网、双龙探极、国产航母、第三代核电等标志性成果鼓舞人心,C919大型客机用材、平板显示基板玻璃等新材料实现突破,动力电池单体能量密度大幅提高,国产中央处理器(CPU)与国外先进水平差距缩小,第11代液晶显示器生产线投产,语音、图像和人脸识别等人工智能重要领域专利数量全球领先。

企业创新环境不断优化。财税金融支持创新力度进一步加大,企业研发费用加计扣除比例从50％提高到75％;设立科创板并试点注册制,科创板总市值超过3万亿元;国家科技成果转化引导基金、国家集成电路产业投资基金、国家制造业转型升级基金、国家中小企业发展基金等相继成立,有力促进产业链、创新链、资金链深度融合。强化企业创新服务,持续培育国家小微企业双创示范基地、众创空间、大学科技园、产业技术基础公共服务平台和国家中小企业公共服务平台等载体和平台。推动创新资源开放共享,4000余家高校和科研机构等单位、10多万套大型科学仪器和80多个重大科研基础设施被纳入开放共享网络。加快探索有利于激发企业积极性和能动性的新型模式,比如工业和信息化部组织开展的新一代人工智能产业创新重点任务揭榜工作,让更多有实力的企业得到参与公平竞争的机会,极大地激发了企业创新活力。

企业创新有力支撑经济高质量发展。在创新驱动下,"十三五"期间我国工业增加值由 23.5 万亿元增加到 31.3 万亿元,年均增长 5.9%,远超世界同期平均水平。战略性新兴产业加快发展,高技术制造业、装备制造业增加值占规模以上工业增加值的比重分别达到 14.4% 和 32.5%,成为带动制造业发展的重要力量。绿色制造体系初步建立,规模以上企业单位工业增加值能耗累计下降超过 15%,单位工业增加值用水量累计下降 27.5%。供给体系质量不断提高,传统产业加快改造升级,2019 年,技术改造投资占工业投资的比重达到 47.1%。工业互联网加快发展,网络、平台、安全体系化推进,融合应用覆盖 30 余个国民经济重点行业,一批数字化车间和智能工厂初步建成。数字经济蓬勃发展,电子商务和移动支付交易额均居世界首位。大数据、云计算、物联网、人工智能等广泛应用于经济社会发展,催生出大量新业态、新模式。

### 7.1.5　企业科技创新全球竞争力

从各国近 24 年的研发强度(R&D/GDP)占比变化情况(见图 7.1)来看,中国的研发强度有了显著提升,占比从 1996 年的 0.5% 左右上升至 2019 年的 2.3% 左右,占比和法国相近,但对比日本、德国、韩国、美国,仍有不小差距。其中,韩国研发强度上升速度最快,2019 年占比也最高,高达 4.6% 左右。

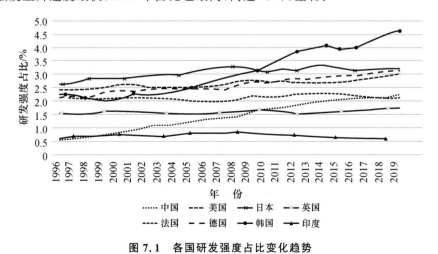

图 7.1　各国研发强度占比变化趋势

资料来源:国家统计局.中国科技统计年鉴 2021[M].北京:中国统计出版社,2021.

从 ESI 论文数量及论文引用率情况(见图 7.2)来看,中国 ESI 论文数量位居世界第二,仅次于美国,但论文引用率方面中国则属于后置位国家,仅高于印度和巴西,这反映出我国 ESI 论文数量大但引用率不高的情况。

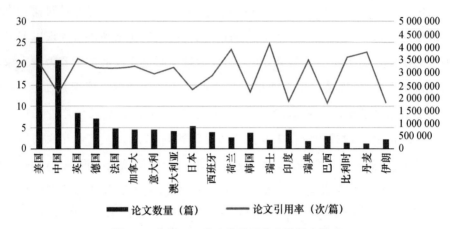

**图 7.2 各国 ESI 论文篇数及论文引用率情况**

资料来源:国家统计局.中国科技统计年鉴 2021[M].北京:中国统计出版社,2021.

从 PCT 专利申请量(见图 7.3)来看,中国 PCT 专利申请量在近 20 年间取得了飞速的发展,在 2019 年超越美国,并在 2020 年位居世界第一,这反映了我国在专利申请方面的活跃度一直在上升,并且逐步领先于世界。

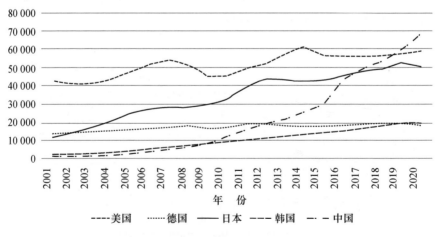

**图 7.3 PCT 专利申请量在 1 万件以上的国家情况**

# 7.2　地方政府的政策实践创新

　　企业是市场经济的主体,技术创新活动在本质上是一个经济过程。因此,离市场最近的企业,对市场的需求、产业的发展,自然拥有比一般高校和科研机构更直接、更深切的感受。一般而言,高校和科研机构的研究相对更注重学理,因此离市场相对更远一些。增强企业科技创新主体地位,可以更好地适应市场需求,也能更好地直接将科研的优势科技成果转化为经济优势。

　　在政策实践中,关于如何增强企业科技创新主体地位和国际竞争力,以及切实有效地保障相关措施落到实处,中央各部委和地方各级政府根据不同区域的具体情况有针对性地出台了一系列实施细则。相关主管部门的领导在公开谈话中提出许多有价值的意见,通过对这些来自政府视角的观察进行梳理提炼,我们能够得到很多有益的启示。

## 7.2.1　健全科技创新治理机制,吸纳企业参与科技重大任务设计与重大决策

　　国务院印发的《“十三五”国家科技创新规划》要求转变政府职能,合理定位政府和市场功能,重点支持市场不能有效配置资源的基础前沿、社会公益、重大共性关键技术研究等公共科技活动,积极营造有利于创新创业的市场和社会环境,加快建立科技咨询支撑行政决策的科技决策机制,推进重大科技决策制度化。完善国家科技创新决策咨询制度,定期向党中央、国务院报告国内外科技创新动向,就重大科技创新问题提出咨询意见。同时,发挥各类行业协会、基金会、科技社团等在推动科技创新中的作用,健全社会公众参与决策机制。

　　科技部部长王志刚在 2022 年 2 月国务院新闻办公室举行的科技创新有关进展新闻发布会上表示,在科技重大顶层设计、重大决策方面,企业应该参与进来。同时,企业也是研发投入的主体,也应该是项目组织的主体,同时也是科技成果转化的主体。科技部将在项目形成、项目投入、项目组织、项目评价方面,进一步加强企业的参与度、话语权。2021 年,国家重点研发计划立项的 860 余项中,企业牵头或参与的有 680 余项,占比高达 79%。

## 7.2.2　建立合理完善的财政补助与税收优惠政策

　　要把研发投入和技术创新能力作为政府支持企业技术创新的前提条件。

浙江省探索建立企业研发后补助制度。对按规定可享受研发费用加计扣除所得税优惠政策的企业实际研发投入，企业所在市、县（市、区）政府可按一定比例给予补助。省财政对研发投入占主营业务收入比例列全省前 500 名的规模以上工业企业所在市、县（市、区）给予一定奖励，由市、县（市、区）对相关企业给予补助。长春市《关于大力推进科技创新的实施意见》提出运用财政补助机制激励引导企业普遍建立研发准备金制度。对已建立研发准备金制度的企业，根据经核实的企业研发投入情况对企业实行普惠性财政补助。鼓励企业与国内外高校和科研机构共建研发中心，对新获批的国家级企业技术中心，按投资额的 30％给予最高不超过 500 万元的资助。

浙江省《关于补齐科技创新短板的若干意见》明确要求落实创新财税激励政策。着力落实国家支持企业技术创新的研发费用加计扣除、高新技术企业所得税优惠、固定资产加速折旧、股权激励和分红、技术服务和转让税收优惠等激励政策。以支持中小微企业技术创新为导向，引导市、县（市、区）加大财政科技资金整合力度，深化完善普惠制科技创新券制度。在市级层面，杭州市人民政府《关于扶持我市十大产业科技创新的实施意见》要求落实国家税收优惠政策。支持十大产业领域的企业申报认定国家重点扶持的高新技术企业、技术先进型服务企业，认定后享受减按 15％的税率缴纳企业所得税的优惠政策。对十大产业领域的企业开发新技术、新产品、新工艺的研发投入，享受 150％加计抵扣所得税的政策。

海南省《关于加快科技创新的实施意见》强调落实国家支持企业技术创新的研发费用加计扣除、高新技术企业所得税优惠等税收优惠及分红激励政策。李雪松在《经济日报》发表的一篇文章认为，对企业投入基础研究实行税收优惠，实施更大力度的研发费用加计扣除、高新技术企业税收优惠等普惠性政策，完善激励科技型中小企业创新的税收优惠政策利于企业提高研发投入和技术创新能力。[①]

对企业重大科研创新活动提供政府支持，奖励重大科技创新成果。杭州市支持重大科研创新活动，对十大产业领域的企业研发具有自主知识产权的项目，市重大科技创新专项资金将按项目研发经费的 25％给予资助。同时，鼓励企业承担重大科技项目，特别是鼓励十大产业领域的企业承担重大科技项目。对承担国家、省重大科技项目的企业，杭州市科技经费按国家、省下拨经费总额的 30％给予资助

---

① 李雪松. 坚持创新在现代化建设全局中的核心地位［EB/OL］.（2021-04-21）［2022-05-20］. http:// paper. ce. cn/jjrb/html/2021-04/21/content_442149. htm.

配套。

### 7.2.3　完善科技创新金融服务,完善科技金融结合机制

国务院印发的《"十三五"国家科技创新规划》要求,发挥国家科技成果转化引导基金、国家中小企业发展基金、国家新兴产业创业投资引导基金等创业投资引导基金对全国创投市场培育和发展的引领作用,引导各类社会资本为符合条件的科技型中小微企业提供融资支持。

杭州市在完善科技金融结合机制方面进行了探索。优化市科技经费使用方式,办好市创投服务中心和杭州银行科技支行。综合运用创业投资、产业投资、知识产权质押、科技担保、科技保险等科技金融结合工具,支持十大产业领域的企业开展科技创新活动。

建立科技金融风险补偿机制。长春市对风险投资机构股权投资本市科技企业的,按行权后投资额的 5% 给予科技企业后补助,最高不超过 100 万元;对金融机构、担保、保险机构为科技型中小企业提供债权融资发生的损失给予适度补偿,最高不超过 30 万元;对开展科技担保业务的担保、保险机构给予一定的后补助,最高不超过 30 万元。引导金融机构开展专利权、商标权、版权等知识产权质押贷款业务。

### 7.2.4　完善科技成果交易体系,推进技术资源市场化

1. 探索科技创新券政策

四川省专门出台文件支持探索科技创新券。《关于进一步加强推广应用科技创新券实施意见》明确创新券是由市(州)科技部门面向科技型中小微企业、创新团队和创业者无偿发放,用于向科技服务机构购买科技服务并抵扣一定比例服务费用的记录凭证。上海普陀区支持科技创新实施意见中也有关于科技服务券的规定,对符合条件的中小微科技企业、创业团队、科技园区、众创空间等,经认定的,发放一定额度的科技服务券,可用于购买会计、法律、标准化等专业服务,按规定使用后予以兑现。

长春市《关于大力推进科技创新的实施意见》强调要探索实行科技创新券政策,支持企业购买本地机构提供的知识产权、技术转移、体系认证、研发检测等科技中介服务;试行创新产品政府约定购买制度,围绕全市经济社会发展重大战略需求

和政府购买实际需求,政府委托第三方机构向社会发布购买需求,通过政府购买方式确定创新产品与服务提供商,并在创新产品与服务达到合同约定的要求时,购买单位按合同约定实施购买。

海南省《关于加快科技创新的实施意见》中也强调,要开展科技创新券政策试点工作,鼓励企业向科技服务机构购买技术成果等科技创新服务,充分调动企业的创新主体意识,培育和引进高新技术企业。

**2. 鼓励科研设备开放共享**

长春市完善大型科研仪器设备开放共享机制。对重点实验室、大型科研仪器设备开放共享的提供方,经认定分别给予 3 万元、6 万元、9 万元奖励;对属地内企业、单位使用重点实验室、大型科研仪器设备,经认定按合同额 10% 给予补助,最高不超过 30 万元;对从事技术交易的属地内高校、科研机构、单位和企业,按技术交易额的 1‰ 给予双方奖励,单方最高不超过 100 万元。

**3. 发挥政府采购支持创新作用**

浙江省《关于补齐科技创新短板的若干意见》要求发挥政府采购支持创新作用。负有编制部门预算职责的各部门在满足机构自身运转和提供公共服务基本需求的前提下,应当预留年度政府采购项目预算总额的 30% 以上,专门面向中小企业采购。在同等条件下,鼓励优先采购科技型中小企业的产品和服务。

**4. 推进科技成果产权交易服务发展**

2021 年,中共中央办公厅、国务院办公厅印发《建设高标准市场体系行动方案》,明确提出支持上海技术交易所建设国家知识产权和科技成果产权交易机构,在全国范围内开展知识产权转让、许可等运营服务,加快推进知识产权交易服务发展和共享。

山东省科技厅、济南市政府 2018 年联合共建山东省技术成果交易中心(济南),打造省级技术交易市场,在此基础上打造济南科技成果转化"1+6+N"平台①,搭建全流程的科技成果转化服务体系,加快科技成果向现实生产力转化,助推"科创济南"建设。同时,将加快建设黄河流域技术转移中心,搭建集评估、交易、数据库管理、政策搜索、结算于一体的综合性交易平台,汇聚全流域优质科技资源,

---

① 所谓"1+6+N",是以山东省技术成果交易中心(济南)"1"为核心,以科技成果评估鉴定服务、挂牌交易服务、知识产权服务、科技金融服务、园区落地服务、技术经纪业态培育"6"项服务为支撑,聚集服务"N"家高校、科研机构、新型研发机构、重大创新平台。

打造黄河流域"1+9"技术转移服务体系,服务沿黄9省科技成果转化。

深圳发布的《深圳市国民经济和社会发展第十四个五年规划和二〇三五年远景目标纲要》提出,加快建设全国性知识产权和科技成果产权交易中心,探索完善知识产权和科技成果产权市场化定价和交易机制;探索开展可大规模复制和推广的知识产权证券化新模式,支持金融机构开展知识产权质押融资和保险业务;建立覆盖交易、评估、咨询、投融资、保险等知识产权运营服务体系,建设涉外专利特区;到2025年,PCT专利累计申请量达8万。

河南也正加快推动科技创新全链条布局。2021年河南技术合同成交额已超过600亿元,且郑州技术交易市场内活跃着一批技术经理人,成为打通成果转化最后一公里的"探路者"。

### 7.2.5　深化产学研协同创新机制,推动创新资源向企业集聚

国务院印发的《"十三五"国家科技创新规划》要求,坚持以市场为导向、企业为主体、政策为引导,推进政产学研用创紧密结合。在战略性领域探索企业主导、院校协作、多元投资、军民融合、成果分享的合作模式。允许符合条件的高校和科研机构科研人员经所在单位批准,带着科研项目和成果到企业开展创新工作和创办企业。开展高校和科研机构设立流动岗位吸引企业人才兼职试点,允许高校和科研机构设立一定比例流动岗位,吸引有创新实践经验的企业家和企业科技人才兼职。试点将企业任职经历作为高校新聘工程类教师的必要条件。健全科技资源开放共享制度,加强国家重大科技基础设施和大型仪器设备面向企业的开放共享,加强区域性科研设备协作,提高对企业技术创新的支撑服务能力。

浙江省在省级层面支持企业建设高水平研发机构。该省企业牵头承担国家工程实验室、国家重点实验室、国家工程(技术)研究中心、国家企业技术中心、国家地方联合工程研究中心、国家制造业创新中心等国家级重大创新载体建设任务的,予以最高3000万元支持。研究制定支持省级制造业创新中心的优惠政策,鼓励建设高水平研究机构,在龙头骨干企业布局建设企业国家重点实验室等。支持有条件的企业开展基础研究和前沿技术攻关,推动企业向产业链高端攀升。

天津市科技局局长戴永康关于天津在"十四五"时期如何提升科技创新能力接受采访时提到,在推动科技成果转移转化方面,一要全面推动大学科技园建设,使其成为成果转化"首站"和区域创新创业"核心孵化园";二要提升成果转化产业化

服务能力,探索赋予科研人员职务科技成果所有权或长期使用权,推动科技成果评价的社会化、市场化和规范化。

完善科研人员创新创业机制。长春市在完善科研人员创新创业机制方面的实施细则包括：改进科研人员薪酬和岗位管理制度,符合条件的高校、科研机构科研人员经所在单位批准,可带科研项目和成果到企业开展创新工作或创办企业,在3年内保留人事关系,与原单位其他在岗人员同等享有参加职称评聘、岗位等级晋升和社会保险等方面的权利;国有企事业单位对职务发明完成人、成果转化重要贡献人员和团队的奖励,计入当年单位工资总额,不作为工资总额基数;组织开展"长春工匠"评选活动,举办"工匠之星"技能大赛,大力弘扬工匠精神。

### 7.2.6 鼓励大企业发挥引领支撑作用,强化科技型中小企业孵育,组建创新联合体

部分大企业周围有一批高校、科研机构、科技型中小企业,这些机构与大企业一起就一些重大领域、重大问题以及产业链、供应链的重大挑战,从科技的维度切入,提出科技的方法、科技的成果、科技的答案,支撑我们国家经济社会高质量和可持续发展。国务院印发的《"十三五"国家科技创新规划》提出要形成创新型领军企业"顶天立地"、科技型中小微企业"铺天盖地"的发展格局。

杭州市积极组建产业技术创新战略联盟,鼓励十大产业领域的企业组建产业技术创新战略联盟,在组织模式、运行机制等方面先试先行。市财政在科技发展专项资金中安排资金用于支持产业技术创新联盟建设,实现上下游企业间的协作配套,重点解决产业链中共性关键技术难题。杭州市还将创建自主知识产权品牌作为重点,支持十大产业领域的企业打造具有自主知识产权和国际竞争力的名牌,加大对名牌产品、品牌企业的扶持与奖励力度。其中,对从事三大领域研发生产企业的产品,优先推荐申报中国专利奖。长春市在鼓励企业开放合作方面规定,企业引进购买国内外先进技术并获得自主知识产权的,按照合同额的一定比例,给予最高不超过200万元的奖励。

《北京市"十四五"时期国际科技创新中心建设规划》计划实施研发投入倍增计划,撬动企业加大研发投入,吸引更多增强项目落地,形成领军企业集群,扩大产业带动力与核心竞争力。打造统一的科技投资平台,组建中关村科学城科技投资基金,支持一批高精尖产业项目。

《人民日报》刊文表示,强化企业创新主体地位,还要牵住"牛鼻子",聚焦产业发展的关键环节,支持领军企业牵头组建创新联合体。企业技术创新的"卡脖子"技术,只靠一个企业单打独斗是难以完成的。广东省科技厅厅长龚国平提出,广东要积极扩大国际科技合作"朋友圈",重点拓展与"一带一路"沿线国家的科技合作。

### 7.2.7　央企带头、民企参与,形成科技创新企业双核驱动局面

1. 发挥央企"龙头"带动作用,加强对落实创新驱动的考核

将科技创新作为"头号任务",集中资源、集中力量,坚决把中央企业打造成为国家战略科技力量。努力打造科技攻关重地,针对产业薄弱环节,组建创新联合体,尽快解决"卡脖子"问题。努力打造原创技术策源地,加大原创技术研发投入,布局一批基础应用技术,突破一批前沿技术,锻造一批长板技术。努力打造科技人才高地,培养急需紧缺的科技领军人才和高水平创新团队,坚持特殊人才特殊激励,激发创新创造活力。努力打造科技创新"特区",在政策支持上坚决做到能给尽给、应给尽给,积极推行科研项目"揭榜挂帅"、项目经费"包干制"新型管理模式,营造良好的创新环境。

在加强人才培养、优化创新市场环境的同时,完善科技创新评估体系,特别是以科技创新驱动高质量发展的评估体系。比如,构建能够反映投入产出、质量效益、基础动力、民生福祉、经济风险等多个领域情况的指标体系,发挥科技进步对高质量发展的重要作用。建立政府参与设计、市场自主形成的标准体系,为高质量发展提供技术参考。借鉴国际相关经验,设计标准规范的统计分类体系,完善统计数据的共享机制,大力提升统计能力和服务质量。

提高企业科技创新能力,做强做大做实科技创新风险基金,激励企业发挥科技创新主体作用,围绕产业链部署创新链,围绕创新链部署资金链,加大企业研发投入,使企业真正成为科技创新的源头活水。

国资委主任郝鹏表示,国有企业要当好科技创新主力军。一大批"国之重器"彰显了新型举国体制优势,由大企业牵头并带动促进中小微创新企业成为新的创新来源,从而形成整个产业链上中下游、大中小企业的融合创新,把科技创新的力量壮大集聚起来。

要加强对创新驱动政策和任务落实情况的考核,特别是要加大技术创新在国

有企业经营业绩考核中的比重。国务院印发的《"十三五"国家科技创新规划》提出,建立健全国有企业技术创新的经营业绩考核制度,落实和完善国有企业研发投入视同利润的考核措施。

2. 支持民企开展基础研究和牵头"卡脖子"技术攻关

科技部部长王志刚表示,现在我国全社会研发投入中,企业投入占 76%,但在结构方面,在基础研究方面要少一些,在不同类型企业之间还不够平衡。

国家发展改革委网站以《浙江深化科技资源配置改革　强化民企创新主体地位》为题介绍地方改革经验,认为浙江省企业技术创新能力稳居全国第三位,涌现出万向研究院、吉利汽车研究院、华为浙江研究院等一批高端民营科研机构,民营企业已经成为浙江重要战略科技力量。主要经验有以下四点。

第一,探索"需求牵引、应用导向"机制,支持民企开展基础研究。鼓励民营企业参与基础研究和重大创新平台建设,构建新型实验室体系。省政府、浙江大学、阿里巴巴集团共同出资组建混合所有制事业单位之江实验室,将企业化的管理运营方式引入实验室运行机制。支持阿里巴巴达摩院牵头建设浙江省实验室(湖畔实验室),面向世界数据科学与应用领域最前沿方向,开展基础研究和颠覆性技术创新。在关键行业领域的重点民营企业部署建设省级重点实验室 23 家。

第二,探索"揭榜挂帅"机制,支持民企牵头"卡脖子"技术攻关。制定《浙江省重点研发计划暂行管理办法》《产业链关键核心技术与进口替代攻关办法》等政策,推行清单制、联合制、协同制,迭代梳理产业链断供和进口替代清单 233 项,实行"揭榜挂帅""谁能干就让谁干",支持龙头企业牵头集成优势企业、高校、科研机构的创新资源,组建创新联合体开展协同攻关。

第三,探索滚动淘汰"赛马"机制,支持民企参与应急科研攻关。

第四,探索市场化引才机制,支持民企引进高端创新人才。加大对海内外高层次人才和团队的政策支持力度,累计引进"海外工程师"402 人、领军型创新创业团队 118 个,其中民营企业引进占 87%。

### 7.2.8　其他措施

除了上述措施以外,各级政府在实践中还采取了探索市场化引才机制、创建自主知识产权品牌、加强共性技术平台建设等措施。此外,有学者指出,应当弘扬企业家精神,强化企业的创新主体地位,切实发挥企业家在技术创新中的重要作用,鼓励企业加大研发投入。[①] 长春市颁布的《关于大力推进科技创新的实施意见》中也包括类似内容,要求大力弘扬创新文化,充分运用各类媒体,宣传重大科技成果、典型创新人物和企业,培育宣传企业家精神和创客文化,不断激发全社会的创新创业激情,让大众创业、万众创新在全社会蔚然成风。

## 7.3 学术研究成果与效益

学术界对增强企业科技创新主体地位和国际竞争力进行了广泛、深入的研究,通过梳理和分类,主要有以下措施可供参考。

### 7.3.1 通过技术创新获得国际竞争力的过程

高新技术企业通过技术创新获得国际竞争力主要包括两个过程:在第一个过程中,高新技术企业将研发投入转变为技术创新产出;在第二个过程中,高新技术企业通过技术创新产出占有市场优势,提升国际竞争力。[②]

市场需求结构路径提升产业国际竞争力的作用最为明显,要以消费者的需求为立足点,进行充分的市场调研,加强研发部门在企业各项活动中的参与程度。同时,要加强采购、销售等部门对高技术产业市场信息的全面了解,不能跟风生产,利用技术创新促进产品差异化、提高产品质量,满足消费者的多样化需求。[③]

企业需要适应经济全球化和研发国际化的要求,成为技术追赶的主体。企业不仅需要能够作为技术引进者立足本土向内嵌入全球创新网络,而且还需要能够走出国门从事跨国研发和全球经营。全球化不是简单的技术和资本的流动,其核心在于国家之间的垂直分工不断细化,先行者制定了全球化的规则并且选择了有利于自己的位置,后来者在网络中的位置易被固化。从相对封闭的经济体向全面开放的经济体转变,迫切需要中国企业承担起技术追赶主体和国际竞争载体的责任,积极争取在全球创新网络中扮演核心角色,在全球价值分配体系中居于支配地

---

① 李雪松. 坚持创新在现代化建设全局中的核心地位[EB/OL]. (2021-04-21)[2022-05-20]. http://paper. ce. cn/jjrb/html/2021-04/21/content_442149. htm.

② 朱兰亭,杨蓉. 研发投入、技术创新产出与企业国际竞争力——基于我国高新技术企业的实证研究[J].云南财经大学学报,2019,35(7):105-112.

③ 汪芳,夏湾.技术创新提升高技术产业竞争力的路径——以湖北省为例[J].科技管理研究,2019,39(3):107-113.

位。企业技术创新的活力和效率,很大程度上取决于创新环境的建设者能否为企业技术创新努力提供激励。

### 7.3.2 直接的财政补贴与金融支持政策存在弊端

#### 1. 直接干预的政策工具存在诸多弊端

财政补贴和无偿资助等直接干预的政策工具存在诸多弊端:一是直接财政补贴和无偿资助是政府主导体制下利益相关者忘不了的权杖,政府制定规划发展新技术、新产业的时候,优先考虑的政策工具就是财政补贴和无偿资助——节能补贴、光伏产业补贴、光电子产业补贴等。与政府(或者政府官员)关系越密切的企业能够获得的补贴越多,政策后果是创新不足、产能过剩。二是直接无偿资助扭曲了技术创新的市场激励机制。获得资助的企业已经将获得资助作为企业经营行为的主要激励,部分企业是为了补贴和资助而开展生产经营活动,借助补贴而盈利的企业更不在少数。没有获得资助的企业面对来自政府资助企业的不正当竞争,会优先考虑如何从政府获得资助而不是从市场竞争中获得优势。三是发达国家的经验已经表明,营造良好的市场氛围是比政府直接支持更有效的政策工具。美国和德国近30年的生物技术发展路径已经充分表明,长期通过联邦项目直接支持生物技术发展的德国在创新绩效方面远远落后于联邦政府几乎没有直接支持的美国。

直接的政策支持工具抑制了企业技术创新的市场激励。当我们批评企业患上"政策依赖症"的时候,更需要反思的是企业为什么会患上此症,甚至难以治愈,需要反省的应该是政府的政策行为。直接的支持政策只是为了实现短期的经济目标甚至政绩目标,并不能从根本上转变经济运行机制问题。通过间接政策不断地完善市场运行机制,让市场成为资源配置的基本方式才是实现创新驱动发展的基础。实际上,企业成为市场经济活动的主体才是确立技术创新主体的前提和基础。[①]

#### 2. 部分金融支持政策可能产生负向影响

区域创新系统各主体之间在协同创新过程中,政府的科技资助显著地提高了区域创新绩效,且企业与高校的联结以及企业与科研机构的联结从长期来看亦有益于区域创新绩效的提升,而金融机构的科技资助则产生显著的负向影响。[②] 从

---

① 孙玉涛,刘凤朝.中国企业技术创新主体地位确立——情境、内涵和政策[J].科学学研究,2016,34(11):1716-1724.

② 白俊红,蒋伏心.协同创新、空间关联与区域创新绩效[J].经济研究,2015,50(7):174-187.

总体上看,协同创新的总效果在长期过程中亦对区域创新绩效产生显著的正向影响。

需要优化金融机构的科技资源配置功能。从政策层面来讲:一是鼓励政府进一步加大对科技创新的投入,充分发挥政府的资助与引导功效,将有助于区域创新绩效的提升。二是加强协同创新平台建设,努力完善协同创新的制度环境,充分调动各创新主体参与协同创新的积极性,并使各自优势得到充分发挥,亦有利于区域创新绩效的提高。三是通过建立多元化和竞争性的金融中介体系,进一步优化金融机构的科技资源配置功能,使金融机构的科技信贷资金真正流向最具效率的企业和研发投资项目,这也将有益于提升区域创新的生产绩效。

### 7.3.3　由企业牵头组建创新联合体,提升科技成果转化率

1. 价值共创与企业创新网络

面对不确定性环境和资源约束,创新型企业只有携手共进,深化利益联结机制进行价值共创,才能提升即兴应变能力和组织韧性。基于资源依赖理论,创新型企业成长过程中不可避免地与关键资源拥有者联结,尤其是非常重要的关键资源拥有者。面对资源约束,获取竞争优势的关键是将异质性资源整合的内生性和外生性相结合,并有序、动态地逐步构建能力资源集合体来创造更多价值。[①]

企业通过契约、协议、社会关系等纽带与大学、研究机构、政府、资本市场以及中介机构等主体连接形成合作组织,可将组织内外部创新资源整合起来。基于网络集成进行合作创新的方式迅速成为全球企业普遍采用的模式之一。

从实践的角度来说,企业以网络合作的方式进行创新是时代发展下的必然产物。[②]

2. 创新联合体须由企业牵头组建

如何实现科技研发供给与产业技术需求的有效对接,是一个世界性难题,对中国而言尤其如此。习近平总书记指出,科研和经济联系不紧密问题,是多年来的一大痼疾。这个问题解决不好,科研和经济始终是“两张皮”,科技创新效率就很难有一个大的提高。总体上,我国科技成果仅有10%～30%应用于生产,其中真正形

---

① 王琳,陈志军.价值共创如何影响创新型企业的即兴能力?——基于资源依赖理论的案例研究[J].管理世界,2020,36(11):96-111+131.

② 鲁若愚,周阳,丁奕文,等.企业创新网络:溯源、演化与研究展望[J].管理世界,2021,37(1):217-233+14.

成产业化的科技成果仅占 20% 左右,与美国、日本 80% 的科技成果转化率以及英、法、德等国家 50% 以上的科技成果转化率相去甚远。[①]

### 7.3.4　深化科技体制改革,加强企业知识产权保护

建立并完善符合新型商业模式形态下的知识产权保护法。积极推进知识产权交易和运营机制,形成针对知识产权的快速维权援助机制,缩短知识产权审查处理周期,使创新产品、技术、专利等得到有效保护,激发企业创新热情。[②]

营造鼓励创新宽容失败氛围。[③] 营造有利于科技创新主体成长的友好型社会环境,通过政策引导企业进行创新性竞争,避免同质性竞争。

深度参与全球科技治理。主动、积极参与国际科技合作与规则的制定,不断完善国内创新政策与国际竞争规则的协调性,逐步提升中国在全球科技治理中的位置和影响力。

日本、韩国是后发赶超成为创新型国家的成功典范。在日韩的科技体制与创新治理体系中,日本经产省和韩国科技部在协调各方利益,推动实施重大项目,实现以牺牲短期利益换取长期发展方面发挥了关键性作用。[④] 部分研究者将国家发展的目标与需求、世界科技发展的前沿与趋势看作是中国科技体制演变的两大主要动力来源,国家科技重大专项可以看作是运用新型举国体制加快科技创新的典范。

### 7.3.5　技术赶超的激励结构与能力积累:中国高铁经验及其政策启示[⑤]

国有企业科技创新动力不足,多数国有企业还不是完整意义上的市场主体。企业高管人员迫于短期业绩考核压力,大多不会选择投入大、周期长、风险高且往往是“前人栽树后人乘凉”的创新道路。一些行业竞争过度,以及一些行业由于存在垄断而竞争不足,都限制了以竞争来刺激逼迫企业创新的作用。此外,法治环境

①　卢现祥,李磊.强化企业创新主体地位提升企业技术创新能力[J].学习与实践,2021(3):30-44.
②　谷丰,张林.强化企业的技术创新主体地位[J].宏观经济管理,2017(3):82-85.
③　苏继成,李红娟.新发展格局下深化科技体制改革的思路与对策研究[J].宏观经济研究,2021(7):100-111.
④　蔡跃洲.中国共产党领导的科技创新治理及其数字化转型——数据驱动的新型举国体制构建完善视角[J].管理世界,2021,37(8):30-46.
⑤　贺俊,吕铁,黄阳华,等.技术赶超的激励结构与能力积累:中国高铁经验及其政策启示[J].管理世界,2018,34(10):191-207.

不完善,知识产权保护不到位,使创新产品、技术、专利等得不到有效保护,企业不敢创新。[①]

中国铁路这样一个以国有企业为主体、长期存在政府强力干预的传统部门,事实上却发生了非常高效率的、全产业链的高铁技术赶超。为了理解这种"非典型"现象,必须对中国高铁背后的微观激励结构和能力发展路径进行细致观察和分析。

在给定市场机会和技术机会的前提下,自主创新活动的发生和技术能力的发展需要创新主体具备特定的激励。有效的激励结构必须解决三个方面的问题:一是需求方为高水平创新成果进行支付的激励问题;二是创新主体进行专用性技术投资,从而形成高水平创新成果供给的激励问题;三是创新主体之间开展技术合作的激励问题。中国高铁在特定制度基础上形成的激励结构同时满足了以上三个方面的要求,使得各方主体很快围绕自主创新和技术赶超形成了新的均衡。

高铁经验可以为中国其他产业的技术赶超提供难得的借鉴。然而,试图将中国高铁经验简单复制到其他产业却是不当的,甚至是危险的。按照标准的微观经济学理论,市场化的经济学内涵应当包含定价机制和市场结构两个层面的内容。政府集中控制虽然常常可以保证以我为主的自主创新战略导向,但诸如国家重大科技专项、863 计划等政府集中控制的科技攻关项目中的不少项目并没有形成成功的自主创新绩效。可见,政府集中控制也不是自主创新成功的充分条件。中国高铁技术赶超的经验显示,政府强力干预促成合意的技术创新绩效至少要满足以下三个条件。

第一,将复杂产品系统的技术赶超作为一项系统工程,需要在顶层具有明确的、既有能力又有动力组织项目集中攻关的最终责任人,且最终责任人的权力(控制权)和收益(收益权)要尽可能匹配。[②] 因此,原铁道部或中国铁路总公司都是经济学意义上恰当的最终责任人。反观国内其他的重大科技攻关和产业化项目,最终责任人缺失、权责错配等治理因素常常是其"雷声大、雨点小"的主因。以国家重大科技专项为例,科技部设立的重大专项办公室仅为重大专项的管理、评估机构,并不是项目的最终责任人,也不享有资金的分配权力,项目资金实际上由各个专项的承担单位在参与成员之间进行分配。各专项虽然设有具有相对独立身份的总项

---

①　陈宇学.强化企业技术创新主体地位[J].理论视野,2016(5):55-58.

②　无论是原铁道部基于行政命令还是后来的中国铁路总公司基于采购订单,作为政府的代理机构,二者都具有组织项目集中攻关、协调各主体创新活动的能力;同时,原铁道部或中国铁路总公司也能够获得足够的中国高铁快速发展所带来的政治和经济利益。

目师,但总项目师仅承担项目的咨询义务,并不承担项目失败的责任,也不享有项目成功的收益。

第二,复杂产品系统技术攻关项目的最终责任人和主要的创新主体要具有"可靠的"自主创新承诺。责任人和创新主体的自主创新承诺可能来自坚定的政治决心,但更需要在特定制度基础上形成激励结构,使得自主创新切实成为责任人和相关创新主体的激励相容的理性选择。

第三,政府集中资源不能抑制创新主体之间的创新竞争。虽然高铁的运营环节是原铁道部或中国铁路总公司垄断的,但高铁装备制造的各个供应链环节都是竞争性的。[①] 虽然 2015 年原中国南车和中国北车合并为中国中车,但由于历史原因,中国中车对下属公司的管控主要限于战略管控,而非财务管控和运营管控,因此四方、长客和唐车 3 家高速动车组整车企业之间的竞争仍然是比较充分的。[②] 不过更重要的是,由于原铁道部或中国铁路总公司不是通过研发补贴而是通过采购订单的分配来促进竞争的,因此企业的技术创新从一开始就注重产品的工程化开发以及产品创新背后的研发组织体系建设,从而为企业技术能力提升提供了必要的产品载体和组织基础。

## 7.4　国际企业科技创新主体的经验与做法

在这一节我们将总结回顾国外对于"如何增强企业科技创新主体地位与国际竞争力"这一问题的研究成果,其结论涉及文化、人力资本、市场制度、法律体系、政府行为以及其他因素等方面。总结了解国外的研究成果有利于我们对研究的问题形成更为深刻的认识,进而提出有效的措施。具体来说,可分为以下几个方面。

### 7.4.1　文化与企业科技创新主体地位和国际竞争力

在这一小节我们将讨论一个国家、一个地区、一个企业的文化背景对企业的创

---

① 在 2004 年技术引进之前,由于机车车辆采购权向各铁路局的下放以及前 4 次铁路大提速的拉动,通过引进或自主开发形成了四方、唐车、株机厂、长客、浦镇、戚墅堰厂、大连厂、大同厂 8 家机车车辆企业研制生产的"中华之星""蓝箭""神州""中原之星""先锋"等 20 多个高速或准高速机车车型。

② 仅整车领域,在网络控制、制动系统等高铁的关键系统和零部件方面,原铁道部或中国铁路总公司都尽可能地培育和促成 3 家左右的"有控制的竞争"格局的形成,这样的产业组织结构有利于创新主体既保持足够的竞争压力,又能够获得必要的利润回报以进行持续的研发投入。

新动机和创新行为的效率有怎样的影响。因为创新是一个长期且有风险的行为，需要耐心、毅力和冒险精神，因此，文化背景就在创新过程中显得尤为重要。

包容性制度，即提供广泛的经济机会，而不是以牺牲多数人的利益而偏袒少数人的制度，会对企业创新有积极影响。学者 Donges、Meier 和 Silva 利用德国不同地区的专利数据研究发现金融发展与自由的社会规范对创造创新环境、激励企业创新有着积极作用。[①]

一些负面的社会文化，例如贿赂、腐败，也会影响创新积极性。利用来自 57 个国家的大量中小规模企业的数据，学者 Ayyagari、Demirgüç-Kunt 和 Maksimovic 研究发现创新型企业比非创新型企业行贿更多，且这些贿赂并没有给企业的创新带来任何收益，这一点在官僚监管盛行、公司治理薄弱的欠发达国家尤为明显。[②]因此，发展中国家的腐败对创新有着消极影响。

积极的企业文化会对创新有促进作用。在一篇开创性的论文中，学者 Manso 研究发现，激励创新的最优激励方案需要容忍早期的创新失败，并对长期的创新成功给予奖励。因此，对创新失败宽容、对创新成功给予奖励的企业文化对企业的创新行为有促进作用。[③] 此外，学者 Tian 和 Wang 研究发现，在失败容忍度更高的风险投资支持下的 IPO 企业生产的专利和专利被引用的次数更多。因此，想要让新成立的企业更具有创新性，早期的主要投资者应该具有一种风险承受力的文化。[④]

### 7.4.2 人力资本与企业科技创新主体地位和国际竞争力

因为创新活动的成功至关重要地取决于研究团队及其管理者的能力、经验、努力和士气。因此，在这一小节我们将讨论在一个经济体的劳动力中或者一个企业的核心创新员工中，人口（年龄、学历、技能）和创新的关系，即人力资本和团队精神对创新效率和成果的影响。

学者 Derrien、Kecskes 和 Nguyen 对美国当地劳动力人口结构，特别是通勤区

---

① Donges A，Meier J A，Silva R. The impact of institutions on innovation[J]. SSRN Electronic Journal，2017(1)：1-82.

② Ayyagari M，Demirgüç-Kunt A，Maksimovic V. Bribe payments and innovation in developing countries：are innovating firms disproportionately affected？[J] Journal Financial and Quantitative Analysis，2014,49(1)：51-75.

③ Manso G. Motivating innovation[J]. The Journal of Finance，2011，66(5)：1823-1860.

④ Tian X，Wang T Y. Tolerance for failure and corporate innovation[J]. Review of Financial Studies，2014，27(1)：211-255.

年龄结构对美国企业创新的影响进行了研究。他们发现在通勤区和公司层面,更年轻的劳动力产生了更多的创新,这可以从更多的专利计数和引用中看出。此外,年轻人通过劳动力供给渠道而不是通过融资供给渠道或消费需求渠道会产生更多的创新。[①] 学者 Anelli 等也研究了工人年龄对企业创新的影响。他们预测年轻工人的减少会影响当地新企业的创建,并进一步对创业和创新都产生负面影响。[②] 通过利用意大利当地劳动力市场移民的变化,他们发现了与上述预测一致的证据。进一步的研究表明,移民驱动的劳动力外流主要影响由年轻人和创新行业的人创办的公司并阻碍创新。

学者 Bianchi 和 Giorcelli 利用意大利 1958—1973 年的数据,研究了创新者的 STEM(科学、技术、工程和数学)背景如何影响他们未来进行创新的可能性和风格。具体来说,学者利用了意大利的一项教育改革。该改革导致 1961 年 STEM 毕业生的供应突然增加,这首次允许工业学生而不是学术学生注册大学 STEM 专业。研究表明,具有 STEM 学位的人数的这种外源性增长,使创新类型倾向于化学、医学和信息技术,而不是力学或工业过程。此外,这项教育改革使得具有 STEM 背景的个人在企业层级中可以达到最高职位,并更多地参与企业创新过程,进而促进企业创新。[③]

还有文章研究了具有外国背景的熟练劳动力是否以及如何有助于创新过程和绩效。学者 Hunt 和 Gauthier-Loiselle 研究了美国的技术移民是否有助于其提高创新能力,在这些技术移民中,有很大一部分拥有科学和工程学位。他们利用美国一个州 1940—2000 年的数据研究发现,移民的大学生人口比例每增加一个百分点,人均专利数量就会增加 9%~18%。[④]

学者 Zachia 分析了不同企业的发明者之间的互动如何影响知识溢出和创新活动。他构建了一个由上市公司组成的网络,其中每一个环节都是两个公司的发明者先前相互合作的相对比例函数。利用这一衡量标准研究发现,这种除了团队

① Derrien F, Kecskes A, Nguyen P A. Labor force demographics and corporate innovation[J]. HEC Research Papers, 2018: n. pag.

② Anelli M, Basso G, Ippedico G, et al. Youth drain, entrepreneurship and innovation[J]. Temi di Discussione (Economic Working Papers), 2019: n. pag.

③ Bianchi N, Giorcelli M. Scientific education and innovation: from technical diplomas to university STEM degrees[J]. Journal of the European Economic Association, 2020, 18(5): 2608-2646.

④ Hunt J, Gauthier-Loiselle M. How much does immigration boost innovation? [J]. American Economic Journal Macroeconomics, 2009, 2(2): 31-56.

合作之外的跨公司合作也会对企业的创新活动起到很大的促进作用。[①]

### 7.4.3　市场制度与企业科技创新主体地位和国际竞争力

在这一小节我们将讨论市场制度对于企业创新的作用。市场制度对于提高企业科技创新能力、发挥其创新主体地位、增强其国际竞争力具有很大的影响。其中,市场制度包括但不限于信贷市场、产品市场、金融市场。具体来说,有以下几点。

学者 Hsu、Tian 和 Xu 研究了金融市场的发展如何影响企业创新。他们利用涵盖 32 个发达国家和新兴国家的数据集,采用固定效应法进行了研究。结果表明,股票市场较为发达的国家,会更依赖外部融资且高科技性质的企业会有更多的创新。相比之下,发达的信贷市场似乎阻碍了这些企业的创新。[②] 此外,学者 Moshirian 等人探索了金融市场自由化对技术创新的影响。他们以 20 个经历过股票市场自由化的经济体为样本进行了研究。结果显示,在自由化之后,经济体表现出更高水平的创新产出,而且这种效应在更具创新性的行业中不成比例地更强。[③]

还有文章研究了信贷市场,特别是银行市场对创新的特征、过程和结果的影响。学者 Benfratello、Schiantarelli 和 Sembenelli 利用意大利 20 世纪 90 年代的数据,研究了地方银行发展如何影响企业创新。他们发现,更发达的银行体系会促进流程创新,特别是在小型或高科技公司以及更依赖外部融资的行业,这种现象更明显。但是,银行体系对产品创新的积极作用要弱得多。[④] 还有一些研究利用美国银行活动的交错放松管制来考察银行发展对企业创新的影响。学者 Amore、Schneider 和 Žaldokas 研究发现,州际银行业放松管制对制造业企业创新产出的数量和质量都有显著的正向影响,尤其是那些高度依赖外部资本且在地理位置上靠近新扩张银行的企业。[⑤] Bian 等人比较了国有银行和民营银行对企业创新的影

① Zacchia P. Knowledge spillovers through networks of scientists[J]. Review of Economic Studies,2020,87(4):1989-2018.

② Hsu P H,Tian X,Xu Y. Financial development and innovation:cross-country evidence[J]. Journal of Financial Economics,2014,112(1):116-35.

③ Moshirian F,Tian X,Zhang B,et al. Stock market liberalization and innovation[J]. Journal of Financial Economics,2021,139(3):985-1014.

④ Benfratello L,Schiantarelli F,Sembenelli A. Banks and innovation:microeconometric evidence on Italian firms[J]. Journal of Financial Economics,2008,90(2):197-217.

⑤ Amore M D,Schneider C,Žaldokas A. Credit supply and corporate innovation[J]. Journal of Financial Economics,2013,109(3):835-855.

响。通过对德国信贷关系的大样本研究,他们发现,从国有银行获得更多融资的企业创新活动较少。与此同时,从民营银行获得更多融资的公司产生了更多的专利。[①]

学者 Dang 和 Xu 从理论和实证两方面考察了市场情绪对企业创新的影响。利用 1985—2010 年间 6 139 家美国上市公司的数据,他们发现公司层面的创新活动与总体股市情绪呈正相关关系。[②] 此外,他们的研究表明,在市场情绪高涨时,财务受到约束的公司比财务没有受到约束的公司更有可能发行股票和投入更多的研发,这与融资渠道一致。

学者 Brown 和 Martinsson 利用 20 个国家的国际数据,研究了一个国家的总体信息环境对创新的净效应。他们发现,一个国家的整体透明度水平对研发投资率和专利申请率有积极影响,尤其是在相对更依赖市场融资来源(如股权)而不是银行债务的行业。横向结果表明,透明度通过降低与独立融资相关的信息成本来鼓励创新。相反,他们没有发现透明度对有形资产投资的显著影响。[③]

一些文章研究了产品市场竞争对创新的影响。学者 Spulber 从理论上说明了竞争和知识产权保护在激励创新方面的互补作用。他发现,当知识产权可以被占有时,发明市场就会形成,而相应的竞争压力增加会促进创新激励。相反,当知识产权不能完全被占有时,发明市场的空间就很有限,这就减少了竞争压力并抑制了创新的动机。[④]

学者 He 和 Tian 的研究表明被更多金融分析师分析的企业创新产出会降低。[⑤] 他们利用由经纪公司合并和关闭产生的分析师覆盖率的外生变化以及工具变量法进行研究。结果表明,金融分析师是资本市场上重要的信息生产者,他们对管理者施加了太多的压力,要求他们实现短期目标,这实际上阻碍了企业从事创新活动。

① Bian B, Haselmann R, Vig V, et al. Government ownership of banks and corporate innovation[J]. Working Paper, 2017.

② Dang T V, Xu Z. Market sentiment and innovation activities[J]. Journal of Financial and Quantitative Analysis, 2018, 53(3): 1135-1161.

③ Brown J R, Martinsson G. Does transparency stifle or facilitate innovation? [J]. Management Science, 2019, 65(4): 1600-1623.

④ Spulber D F. How do competitive pressures affect incentives to innovate when there is a market for inventions? [J]. Journal of Political Economy, 2013, 121(6): 1007-1054.

⑤ He J, Tian X. The dark side of analyst coverage: the case of innovation[J]. Journal of Financial Economics, 2013, 109(3): 856-878.

学者 Luong 等人研究了外国机构投资者对企业创新的影响。研究表明,外国投资机构所有权对创新具有积极的促进效应,其主要是由于以下三种机制:积极的监督、防范创新失败的保障和促进高创新经济体的知识溢出。[1]

### 7.4.4　法律体系与企业科技创新主体地位和国际竞争力

在这一小节我们将研究法律体系与企业科技创新主体地位和国际竞争力之间的关系。一个经济体的法律体系,特别是管理创新过程中各个关键方面的法律设计和实施,对企业创新的过程与结果都会产生深远的影响,例如专利法、商标法、知识产权保护法等。

学者 Fang、Lerner 和 Wu 探讨了知识产权保护如何在中国这种法律和金融机构匮乏的环境下影响创新的问题。他们发现,国有企业私有化后,创新能力有所提高,而且这种效应在知识产权保护力度较强的城市更明显。[2] 他们认为知识产权保护和所有权结构共同决定了创新的有效性。

学者 Gao 和 Zhang 研究了美国州级就业非歧视法案(ENDAs)对企业创新的影响。这些法律禁止基于性取向和性别认同的歧视。通过对 1976—2008 年间 58 009 家美国上市公司的研究,他们发现 ENDAs 可以使创新产出显著增加。[3] 他们的论文认为,ENDAs 是通过将创新公司与支持同性恋、双性恋和变性者的员工相匹配来提高创新能力的。同性恋、双性恋和变性者更有可能成为更好的发明家,因为他们往往更年轻、受过更好的教育、更宽容、更开放、更敢于冒险,拥有更多样化的背景并表现出更强的意识形态自由主义。

学者 Brown、Martinsson 和 Petersen 研究了在国际环境中一个国家的法律制度如何影响公司层面上的创新投资,特别是股东保护的程度和由此产生的股票市场准入所产生的影响。经过研究发现,更有力的股东保护和更好的股市融资渠道促进了研发投资,而不是普通的资本支出,这一点在小公司的研发投资上体现得尤

---

① Luong H，Moshirian F，Nguyen L，et al. How do foreign institutional investors enhance firm innovation？[J]. Journal of Financial and Quantitative Analysis，2017，52：1449-1490.

② Fang L，Lerner J，Wu C. Intellectual property rights protection，ownership，and innovation：evidence from China[J]. Review of Financial Studies，2017，30(7)：2446-2477.

③ Gao H，Zhang W. Employment nondiscrimination acts and corporate innovation[J]. Management Science，2017，63(9)：2982-2999.

为显著。<sup>①</sup>

还有一些研究探讨了劳动法对企业创新行为的影响。学者 Acharya、Baghai 和 Subramanian 发现，错误解雇法（wrongful discharge laws），即保护员工免受不公正解雇的法律，可以刺激创新和新公司的创建。<sup>②</sup> 该研究建立了一个模型，在模型中，错误解雇法限制了企业扣留员工的可能性，诱导员工进行更多的创新努力，从而增加了企业层面的创新产出。利用美国各州错开实施的错误解雇法，学者还找到了模型预测的实证支持。他们此前也对此问题进行了初步研究，通过对不同国家解雇法的严厉程度进行分析，发现更严格的劳动解雇法律会鼓励创新，特别是在创新密集型产业的公司里。<sup>③</sup>

### 7.4.5　政府行为与企业科技创新主体地位和国际竞争力

在这一小节我们将研究创新如何受到政府行为即法规和政策的影响，包括有关市场竞争（例如反垄断政策）、企业和个人税收、政府提供补贴和对创新活动的财政激励、政府支出、政治不确定性、反腐败运动、基于地方的政策，以及影响创业公司 IPO 过程的政策。

学者 Cai、Chen 和 Wang 考察了税收对企业创新行为的影响。他们利用中国税制改革的数据（即将企业所得税的征收从地方税务局改为国家税务局，从而减少10％的有效税率），采用回归不连续设计，最后发现降低税率提高了企业创新的数量和质量，特别是对那些财务约束企业和逃税行为较多的企业，这种影响更明显。<sup>④</sup>

还有其他研究聚焦于政府提供的补贴和对创新活动的财政激励如何影响企业创新的动机、过程和结果。学者 Howell 评价了政府研发补贴对创新的影响。通过使用美国能源部小企业创新研究资助项目排名申请人的数据，她发现，早期资助可以增加创新活动的融资、成功和盈利能力，而且这种效应对于面临更多财务约束的

---

①　Brown J R, Martinsson G, Petersen B C. Law, stock markets, and innovation[J]. The Journal of Finance, 2013, 68(4): 1517-1549.

②　Acharya V V, Baghai R P, Subramanian K V. Wrongful discharge laws and innovation[J]. Review of Financial Studies,2014, 27(1): 301-346.

③　Acharya V V, Baghai R P, Subramanian K V. Labor laws and innovation[J]. The Journal of Law and Economics, 2013,56: 997-1037.

④　Cai J, Chen Y, Wang X. The impact of corporate taxes on firm innovation: evidence from the corporate tax collection reform in China[J]. NBER Working Papers, 2018.

初创企业更为明显。[①] 还有的学者,例如 Cheng 等人,利用中国雇主员工调查的数据检验了政府补贴对创新的影响。他们发现,国有企业,尤其是有政治关系的企业,在获得此类补贴方面享有优先权,而获得补贴的企业在中国国内产生了更多专利,更有可能推出新产品。[②] 这项研究的结论是,中国对创新补贴的分配效率低下,而且没有鼓励突破性创新的政策。此外,学者 Huang、Jiang 和 Miao 通过随机前沿分析考察了政府补贴对企业创新效率的影响。这一研究解决了此前文献中关于创新产出与政府补贴之间关系的不确定性问题。研究发现,当政府对企业的补贴规模较小时,由于企业将补贴用于探索性创新项目,而探索性创新项目不能立即产生绩效,所以企业创新效率会下降;而当政府补贴规模较大时,企业的创新效率会提高,因为此时企业会更多地进行开发性创新,而开发性创新直接受益于探索性创新,会产生新产品,从而可以提高创新绩效。因此他们认为政府补贴与企业创新效率之间存在 U 形关系。[③]

利用跨国数据,学者 Bhattacharya 等人探讨了政策本身还是政策不确定性对技术创新更重要的问题。他们采用固定效应的方法进行识别,发现政策不确定性而不是政策本身对一个国家的创新活动会产生深刻影响。具体来说,政策的不确定性损害了国家创新的动力,从而降低了创新的数量、质量和原创性。[④] 此外,学者 Wen、Lee 和 Zhou 调查研究了 2007—2019 年中国新能源行业 A 股上市公司,进而对财政政策不确定性与企业创新投资之间的关系进行了新的阐释。主要的实证结果有三个方面:① 财政政策的不确定性显著降低了新能源企业的创新投资,其不利影响主要是由于政府对创新投资支持的激励作用下降了。② 产品的市场竞争降低了财政政策不确定性对创新投资的不利影响,说明战略增长选择理论在一定程度上是成立的。③ 银行信贷约束是财政政策不确定性制约创新投资的机

---

① Howell S T. Financing innovation: evidence from R&D grants[J]. American Economic Review, 2017, 107(4): 1136-1164.

② Cheng H, Fan H, Hoshi T, et al. Do innovation subsidies make Chinese firms more innovative? Evidence from the China employer employee survey[J]. NBER Working Papers, 2019.

③ Huang Q, Jiang M S, Miao J. Effect of government subsidization on Chinese industrial firms' technological innovation efficiency: a stochastic frontier analysis[J]. Journal of Business Economics and Management, 2016,17(2): 187-200.

④ Bhattacharya U, Hsu P H, Tian X, et al. What affects innovation more: policy or policy uncertainty? [J]. Journal of Financial and Quantitative Analysis, 2017,52(5): 1869-1901.

制。[①] 总体而言,尽管财政政策不确定性对创新的影响机制可能存在差异,但实证证据一般不支持所有权差异的观点。在控制内生性和进行一系列稳健性检验后,以上结论继续成立。

学者 Akcigit、Baslandze 和 Lotti 利用意大利企业和员工的数据,研究了政治关系如何影响企业动力、创新和创造性破坏。研究发现,企业层面的政治联系对就业、收入和生存能力有积极影响,但对生产率增长和创新努力有负面影响。[②]

学者 Tian 和 Xu 利用中国国家高科技技术开发区的交错设立和双重差分法研究了政府政策对企业创新活动的影响。结果表明,这种以地方为基础的政策对地方创新产出和创业活动具有积极影响。进一步分析发现,该政策促进创新创业的可能机制有三种:更容易获得融资、更大程度地减轻行政负担和国家高新区对人才培养的促进。[③]

学者 Tan 等人探究了中国国有企业的部分私有化对企业创新的影响。他们发现,部分私有化的预期对企业创新有积极的影响。[④] 可以更好地协调政府代理人与私人股东之间的利益以及改善股价信息,是这种影响的两个可能的潜在机制。此外,学者 Yu、Song C J 和 Song Z J 以中国民营企业为研究对象,将国有资本作为重要的政治资本,实证检验了国有资本对民营企业技术创新的影响。研究发现,国有企业持股对企业技术创新具有显著的促进作用。国有企业通过提供财政补贴来支持企业的创新资源,引进更多的研发人员,从而增加了企业对创新活动的投入。与此同时,部分国有可以有效提高企业的创新产出。此外,在经济发展水平较高的地区,国家所有制对技术创新具有显著的正向影响;在经济发展水平较低的地区,两者之间没有显著的关系。[⑤]

学者 Cong 和 Howell 以中国偶尔暂停 IPO 为研究背景,研究了延迟进入公开

① Wen H, Lee C C, Zhou F. How does fiscal policy uncertainty affect corporate innovation investment? Evidence from China's new energy industry[J]. Energy Economics, 2022(105): 767.

② Akcigit U, Baslandze S, Lotti F. Connecting to power: political connections, innovation, and firm dynamics[J]. NBER Working Papers, 2018.

③ Tian X, Xu J. Do place-based policies promote local innovation and entrepreneurial finance? [J]. Review of Finance, 2021(3): 3.

④ Tan Y, Tian X, Zhang X, et al. The real effects of privatization: evidence from China's split share structure reform[J]. SSRN Electronic Journal, 2015.

⑤ Yu H, Song C, Song Z. Impact of state ownership as political capital on the technological innovation of private sector enterprises: evidence from China[J]. Asian Journal of Technology Innovation, 2020(1): 1-20.

市场是否会影响创新。研究发现,由 IPO 暂停引起的临时上市延迟降低了受影响公司的创新产出(以专利结果衡量)。[①] 他们认为,产生这种效应的两个主要机制是延迟上市的公司所面临的高度不确定性,以及由于无法及时获得公共股权资本而导致的融资限制。

学者 Jiao 等人研究了中国法律环境、政府效能对企业创新行为的影响。该研究利用世界银行对中国企业的数据检验了政府所有权的缓和影响,并检验了他们关于当地法律环境和政府效率对企业创新影响的假设,研究发现文章的假设部分得到了支持。经过实证分析,该研究的结论主要是法律环境对产品创新、技术创新、工艺创新和管理创新具有显著的正向影响。在这些创新中,地方法律环境对工艺创新的积极影响最大。此外,政府效能对产品创新、技术创新、工艺创新和管理创新具有显著的正向影响。其中,政府效能对管理创新的积极影响最大。[②]

### 7.4.6　其他影响企业科技创新主体地位与国际竞争力的因素

除了上述因素以外,还有一些其他因素也会影响企业的科技创新,例如企业所选择的创新策略、企业组织创新与科技创新之间的关系、进出口因素以及外部的宏观经济形势等。

学者 Tavassoli 和 Karlsson 以劳动生产率为指标,分析了企业创新战略对企业未来绩效的影响。他们利用瑞典创新的五次浪潮,追踪了企业 10 年(2002—2012 年)来的创新行为。该研究将 ISs(innovation strategies)定义为简单或复杂两种。具体来说,当企业只进行熊彼特式四种创新类型中的一种时,将其称为简单的IS(简单的创新战略),即产品、过程、营销或组织创新;而当企业同时从事一种以上的创新类型时,称其为复杂的 IS(复杂的创新战略)。研究结果表明那些选择并承担得起复杂创新战略的公司在未来生产力方面比那些选择不创新的公司(基础群体)和那些选择简单创新战略的公司表现得更好。这些企业是"有机"企业,在技术(产品和过程)和非技术(营销和组织)创新之间有良好的平衡,并享受"创新的双核模式"。其中,自下而上的技术创新与自上而下的非技术创新相结合,可以产生更

①　Cong L W, Howell S T. IPO intervention and innovation: evidence from China[J]. NBER Working Papers, 2019.

②　Jiao H, Koo C K, Cui Y. Legal environment, government effectiveness and firms' innovation in China: Examining the moderating influence of government ownership[J]. Technological Forecasting and Social Change, 2015, 96(jul.): 15-24.

高且被放大的企业绩效。此外,通过更详细地研究组成这些创新组织的创新组合,发现过程和组织创新对产品创新生产率的影响有调节作用。最后,研究结果可能会促使创新政策关注更复杂的战略,而不是通常追求的简单战略。[①]

学者 Haned、Mothe 和 Nguyen-Thi 分析研究了组织创新是否有利于技术创新的持续性。他们利用法国企业层面的创新数据,实证研究了组织创新的持续模式,并检验了组织创新的潜在影响。研究结果表明,组织创新对技术创新持续性具有正向影响。此外,这种影响对复杂创新者更重要,即那些在产品和过程中都进行了创新的人。[②] 结果突出了管理组织实践的复杂性与企业的技术创新之间的关系。通过从更广泛意义上关注经常被遗忘的创新维度,该研究增加了人们对创新持续性驱动因素的理解。

学者 Montégu、Pertuze 和 Calvo 研究了进出口活动对企业创新行为的影响。具体而言,他们分析了进口活动对智利技术创新和非技术创新的影响。他们通过假设和测试进口活动可以促进新兴市场企业的产品、流程、营销和组织创新的引进,综合使用了两项经济调查。这些调查包括了 1 347 家智利公司。为了检验假设,他们应用了 Crepon-Duguet-Mairesse(CDM)模型的一个变体,该模型同时考虑了技术和非技术创新产出两方面。具体而言,则是采用四个创新产出指标来衡量产品创新、过程创新、市场创新和组织创新的引入。研究结果表明,进口活动对技术创新和非技术创新均有正向影响。进口商在引进产品、营销和组织创新方面表现出显著优势。进出口公司(即双向贸易商)在引进新的或大幅度改进的产品方面具有更大的优势。他们论证了进口活动与技术和非技术创新之间的关系,这种研究是非常新颖的,特别是在新冠疫情给新兴市场企业带来巨大经济挑战的历史时刻。[③] 疫情造成的贸易中断使一些政府倾向于采取保护主义政策,但该研究者警告说,对进口设置壁垒可能会阻碍当地企业的创新成功。

学者 Kaszowska-Mojsa 研究了不同的经济形势对企业创新行为的影响。他们分析了制造业企业在经济扩张和经济放缓期间创新战略的差异,结果表明,实施创

---

① Tavassoli S, Karlsson C. Innovation strategies and firm performance: simple or complex strategies? [J]. Economics of innovation and new technology, 2016(25): 631-650.

② Haned N, Mothe C, Uyen N. Firm persistence in technological innovation: the relevance of organizational innovation[J]. Economics of Innovation and New Technology, 2014, 23(5-6): 490-516.

③ Montégu J P, Pertuze J A, Calvo C. The effects of importing activities on technological and non-technological innovation: evidence from Chilean firms[J]. International Journal of Emerging Markets, 2022, 17(7): 1659-1678.

新的可能性随着宏观经济条件的恶化而变化。在波兰,不同制造业企业的创新活动是不同的。对创新战略指标和创新概率的联合分析使研究者能够确定创新活动分别为顺周期、反周期和非周期的企业群体。这项研究对波兰国家创新体系的建设具有特别意义。虽然在大多数情况下,企业的创新活动是顺周期的,但也有一些企业是挑战者,即在经济增长放缓甚至危机时期引入创新并动态地进行创新活动。[①]

改革开放以来,我国在科技领域取得了令世人瞩目的成就,但与世界主要发达国家相比仍有许多短板。因此,本节旨在以世界科技强国的成功经验与失败教训为依据,为我国的科技发展提供借鉴。本节分别从美洲、亚洲、欧洲选取了美国、日本、德国三个享誉世界的科技强国作为案例,总结其共性与特性。

### 7.4.7 美国的经验与做法

美国作为老牌工业强国,自第二次世界大战以来,在科技领域独步全球。总体而言,美国的创新是以企业为主体的创新。联邦政府在科研领域投入的资金仅占总企事业研发资金的 10% 左右,与之相比,企业的科研投入则占到了总企事业研发资金的 80%。

#### 1. 金融支持

作为世界首屈一指的资本主义国家,美国在金融领域深耕多年,在促进科技创新方面更是不遗余力地提供资金相关的支持。第二次世界大战后,美国凭借其独特的优势吸纳了来自世界各地的优秀人才。同时,美国政府并未停下其对科学技术的探索,在科研经费方面的投入一直保持在发达国家前列。据统计,2009—2018年的 10 年间,美国科研经费投资占 GDP 的比重虽然相对较低,但投资总量位居世界榜首。凭借其在科研方面的深厚积累与大量投入,美国的论文产出能力与专利数量也遥遥领先于其他国家。[②] 就具体支持企业创新方面而言,美国提供了多轮利好企业创新的金融政策。

第一,美国自 20 世纪 80 年代以来,相继推出了多种财政政策,对中小企业提供直接的资金扶持。其中,具有代表性的则是美国于 20 世纪 80 年代与 90 年代推

---

① Kaszowska-Mojsa J. Innovation strategies of manufacturing companies during expansions and slow-downs[J]. Entrepreneurial Business and Economics Review,2020,8(4):47-66.

② 原帅,何洁,贺飞.世界主要国家近十年科技研发投入产出对比分析[J].科技导报,2020,38(19):58-67.

出的小企业创新研究计划（Small Business Innovation Research，SBIR）与小企业技术转让计划（Small Business Technology Transfer，STTR），这些计划旨在为高新技术领域的中小企业解决项目在资金方面所遇到的问题，支持企业创新。① 小企业创新研究计划规定凡美国联邦政府内的十一个联邦机构研究与开发经费超过1亿美元的，需将最低2.5%的研发经费用于鼓励中小企业的创新。2017年，该计划将该比值进一步提高到3.2%，为中小企业的创新发展添砖加瓦。② 小企业技术转让计划则重点落脚在加强中小企业与相关科研机构之间的联系上，实现技术的商业化应用，促成"商业-科技-商业-科技"的良性循环。用项目创始人 Roland Tibbetts 的话来说："为一些最好的早期创新想法提供资金——这些想法无论多么有希望，对包括风险投资公司在内的私人投资者来说风险仍然太大。"小企业技术转让计划与小企业创新研究计划采用类似的方法来扩大小企业与美国非营利研究机构之间的公共/私营部门间的合作伙伴关系。二者的主要区别在于，小企业技术转让计划要求公司拥有一个合作研究机构，且该研究机构必须获得至少30%的总拨款资金。

第二，税收作为美国政府财政收入的重要来源，为鼓励中小企业创新，依旧为其大开方便之门。为减免美国中小企业的财税负担，美国联邦政府在税收减免、税收抵扣、税收优惠等多方面做了努力，连续出台了如《经济复兴税法》《国内税收法》《经济稳定紧急法案》等多重法案，并且美国税法规定，将科研机构划归为"非营利机构"，豁免其纳税义务。

第三，除直接投资以外，美国政府还会向具有创新能力的中小企业提供优惠折扣的低息贷款。美国中小企业在尝试向两家贷款机构申请贷款无果后，可与中小企业管理局联系，由管理局出面协调沟通，再度无果后，若申请公司符合条件，管理局便会向其提供最高15万美元的低息贷款。

2. 法律支持

为鼓励美国企业科研创新，美国政府出台了一系列法律法规，其中就包括小企业创新研究计划与小企业技术转让计划的基石——《小企业创新发展法案》和《加强小企业研究与发展法》。除此以外，为避免个别企业一家独大，《反垄断法》应运

---

① SBIR. About SBIR[EB/OL]. [2022-05-28]. https://www.sbir.gov.

② Wikipedia. Small Business Innovation Regearch[EB/OL]. [2022-05-28]. https://en.wikipedia.org/wiki/Small_Business_Innovation_Research.

而生；为鼓励企业创新，美国联邦政府出台了《联邦采购法》来规范政府采购行为；为保障企业的知识产权，解决其后顾之忧，《拜杜法案》《创新法案》应运而生。这些法律法规的背后是美国为激励本国企业创新科学技术所做的有益尝试，更是为促进技术从实验室向市场过渡的努力。

美国政府为促进产学研三者间的有机结合，特颁布了《国家竞争技术转移法》。该法案修正了《史蒂文森-怀德勒技术创新法》，允许政府拥有或者承包经营实验室，参加合作研究与开发协议。通过立法，加强联邦政府及研究机构对推广转化的责任，去除制约推广转化的不合理障碍。通过加速联邦资助技术成果的推广转化，提高美国经济的国际竞争力。

3. 体系支持

为支持中小企业的创新，美国在全美建立起以服务中小企业创新的区域聚集体系，主要可分为以下三步。

第一，改善区域创新发展宏观环境。政府制定的一系列法律法规、财政政策，引导和激活了金融机构及中介服务机构。它们充分利用天使投资和风险资本为企业发展提供了大量资金支持，满足了初创企业的融资需要，大大提高了区域内企业创业成功率。建立了较为完善的创新创业服务支撑体系，支持和推动企业、大学等发展壮大。大学和科研机构则积极开展科技成果转化，为企业提供丰富的创新成果。

第二，提升区域创新主体协作水平。美国区域创新主体协同发展促进法规及政策的制定实施，将政府、企业、个人等各创新主体的积极性融合起来，并使之与市场各要素对接，提高了区域创新水平，促进了生产效率的提升并成为经济增长的动力源泉。美国区域创新主体协作比较重视知识分享。以硅谷区域为例，政府、企业、大学、科研机构、金融机构、中介服务机构等各类创新创业主体和要素彼此协作、互相促进，推动硅谷创新创业生态系统良性循环、不断进化。硅谷及其周边区域内形成了人才培养、技术研究、成果转化、理论实践一整套循环发展的互利体系。当地政府的积极参与为中介服务机构及创新主体提供了必要条件。专业化中介机构促进了区域协作体系的正常运行。区域内创新合作意识浓厚，各主体乐于开展合作，努力尝试新技术、新产品。采用高薪、技术入股等方式，鼓励广大科技人员，吸引全球人才聚集。

第三，促进区域创新发展。创新创业主体、资源、环境等要素的全面协同、良性发展改善了整体创新创业环境,构建了自组织发展的创新创业生态系统。工作岗位和创新加速器挑战赛在 2011 年和 2012 年资助了 20 个州的创新集群,总资助金额达 3 700 万美元,累计创造了 4 800 个新工作岗位和 300 家新企业,帮助保留了近 2 400 个工作岗位,培训了约 4 000 名工人,促进了区域经济社会创新发展。

### 7.4.8 日本的经验与做法

日本坐拥丰田、索尼、三菱、东芝等一众享誉世界的科技公司,在高新技术领域尤其是制造业具有深厚基础。虽然自《广岛协议》之后,日本进入了"失去的二十年",但日本如今在许多高精尖技术领域仍把持着近乎垄断的地位,如日本企业几乎独占了作为多媒体关键元器件的激光器的世界市场,在作为最关键的半导体设备的分步重复曝光机的世界市场中占有 70% 的份额,在高技术机床的世界市场上占有 70%~80% 的份额。此外,模具、轴承、机器人、平板显示器(用作计算机荧光屏)等都具有其他国家难于与之匹敌的竞争力。因此,日本在鼓励企业创新,促进以企业为主体的科技创新方面对我国具有相当的借鉴意义。

#### 1. 战略指导

第二次世界大战以后,日本秉持着加工贸易的指导方针,经济迎来了发展的春天。但随着日本同欧美国家的技术差距日渐消失,"吸收型"的加工贸易立国发展战略越来越不适应突飞猛进的科技发展和激烈的国际竞争的需要。因此,从 20 世纪 70 年代中后期开始,日本政府及各界人士就日本科技发展前景及经济发展出路进行了广泛讨论,从而逐步明确了"科技立国"的新思路。

1980 年,日本通产省(现为经产省)产业结构审议会发表的《80 年代通商产业政策构想》(简称《产业构想》)指出:"科技立国是日本的奋斗目标。有效地利用智力资源进行创造性的技术开发,提高竞争能力和经济实力是日本的唯一道路。"1981 年,日本政府又就"科技立国"制定了两个重要制度,即"推进创造性科学技术制度"和"研究下一代产业基础技术制度"。根据这两个制度,20 世纪 80 年代科学技术发展的重点将放在电子技术、能源技术、生命科学、材料科学、宇宙开发、海洋开发等高科技领域,为新世纪的划时代技术革新做好准备。

由此可见,日本科技立国发展战略的核心,就是把发展创造性的科学技术提到国家经济发展战略的高度,而发展创造性的科学技术的关键还在于抓基础研究,这恰恰是日本原来"吸收型"战略的不足之处。目前,日本科技立国战略的提出并在

20 世纪 80 年代的实施,已经取得了初步成效。日本已初步形成以微电子技术为主导的新技术群。

1994 年 6 月,日本政府提出"新科技立国"政策,11 月又发表了《科技白皮书》,决定将用于高新技术领域的经费增加一倍,并采取措施加强基础研究和政府对科研投资的力度。为了适应 21 世纪经济、科技的发展潮流,目前日本从整个社会结构出发,以国家的科研机构、大学以及民间科研设施为重点,加强了对科技发展的宏观调控,及时地将最新的科技成果运用到生产中去。

2. 企业创新

《广岛协议》签署后,日本经历了短暂的繁荣期,随后泡沫破裂,日本进入了"失去的二十年"。但泡沫经济崩盘的数十年间,日本的技术仍在向前进步,这与日本企业的努力紧密相关。

在这几十年间,日本的环保与生命科学等绿色产业逐渐占据了支柱地位。重金属处理、水处理、垃圾处理环保技术以及资源综合利用技术领先世界,绿色创新成为许多企业的研发重点。电子产业开始向新时代靠拢。日立将信息技术与电子产业有机融合,实现了向智能城市、医疗等社会基础产业的转型,松下集中发展电子核心部件、燃料电池、汽车电子系统,成为中间产品的供应商。尖端基础材料工业处于领先地位。日本一直致力于新材料的生产和研发,为下游新产品开发提供了保障。日本的碳纤维占全球市场份额的近 60%,最大的生产企业东丽是由一家传统纺织企业发展而来的,其碳纤维材料技术已领先世界约半个世纪。此外,机器人产业快速发展。日本的工业机器人生产数量居世界第一。

日本的国家创新体系虽然不像美国那样具有活力,但也具有鲜明的特点,如重视跟踪学习世界先进技术,善于利用"逆向工程";鼓励注册专利,但专利保护期相对较短;企业之间相互持股或企业间组成系列企业集团,形成主银行制度和固定交易关系;官产学间的合作关系密切等。这些特点促使日本社会向渐进式创新靠近。

日本企业在泡沫破裂前的成功与三大制度密不可分,分别是终身雇佣制、年功序列制、企业工会制。终身雇佣制让应届毕业生终身服务于一家企业,年功序列制依据从业人员的工作年限来增加工资和提升职务,企业工会制保障在职职工的会员资格。三大制度将员工与企业捆绑在一起,企业为员工提供保障和安全感,员工也愿意与企业同舟共济。这些制度激发了企业员工的工作和创新积极性,也有利于企业人力资本的长期积累。

日本企业格外重视独有技术的开发，走专业化发展道路。大企业会在核心产业和核心技术的基础上，利用综合实力发展相关多元产业。如旭硝子利用核心技术差异化战略，从一家传统平板玻璃企业，发展成为集生产玻璃、电子、化学、工业陶瓷为一体的大型综合材料服务提供商。东丽利用核心技术、基本技术和业务平台发展具有长期竞争力的业务。

日本中小企业也是如此。有一类中小企业是在大企业的支持和培养下发展起来的，他们成为大企业的配套企业，与大企业共同进步。还有一类中小企业拥有独有技术，有的成为行业隐形冠军，其中不少是百年企业，他们在细分领域利用长期积累的知识和经验不断创新。

丰田公司对日本渐进式创新起了榜样和推动作用。丰田最早提出"改善"的管理思想，发明了丰田生产方式，核心思想之一就是通过全员参与改善来不断提高生产管理效率和技术水平，减少各种看得见和看不见的浪费，降低生产成本。该生产方式在 20 世纪 70 年代末成为日本企业和世界企业的学习榜样，其核心理念和方法在日本制造业以外的行业也被广泛应用。随着智能化时代的来临，丰田生产方式本身也在"持续改善"。

日本企业普遍重视全员参与创新。佳能公司原总裁御手洗对全员创新的认识在日本具有代表性。他认为人并非成本要素而是知识主体，因此，为了发挥人的创造性，佳能取消了生产线，采用了单元生产方式，让每个人都成为"万能工匠"，实现生产的持续改善和自我革新。实践证明，通过全员持续改善提高的生产效率不低于新设备引进提高的生产效率。日本汽车工厂不断地对老生产线进行技术改进，不仅使生产效率大大提高，还实现了多品种定制化生产。全员创新让日本企业获得了软实力。

日本形成了以企业为主体的创新体系。企业充分调动内部创新资源，不仅包括企业自身的创新资源，还包括大企业集团合作关联企业的资源。如旭硝子属于三菱系，它的新产品开发就可以利用三菱系统的资源。日本通过主银行制度、相互持股、技术和人才交流等方式，形成了企业战略联盟，即所谓的三菱系、丰田系等大企业集团。创新内在化是日本企业创新体系的重要特征。

企业重视上下游合作创新。在新产品、新技术开发上，上下游企业往往紧密合作，这种关系形成于 20 世纪 60 年代。上下游合作创新，可以降低研发成本，缩短研发时间。上下游企业之间建立长期的合作关系，有利于加快产业转型升级。

3. 顺应时代

随着全球化和新经济的发展,日本的创新也面临诸多挑战。开放性不够让日本失去了很多发展机会,未来技术越来越复杂,依靠内部资源已不能解决问题。同时,老龄化、少子化降低了日本的创新活力。教育改革又雪上加霜,自 2004 年国立大学实现独立行政法人化改革以来,政府财政预算骤减。由于大学经费供给的严重不足,学术和教育质量受到影响。2013 年,日本人均学术论文发表数已从世界第 17 位降至第 35 位,工学、临床医学、物理学和生命科学等优势学科呈现退步现象。

加大开放式创新是日本企业发展的新趋势。日本很多大企业认识到,未来产业的发展越来越需要跨界合作,需要开放式创新。一些企业紧跟新技术潮流,直接与颠覆式创新企业开展合作,如丰田、松下和旭硝子与美国特斯拉进行了生产合作,丰田提供了汽车生产制造技术,松下提供了关键部件——燃料电池。一些企业对创新体系进行了改革,如东丽在加强内部创新资源整合的同时,进一步加强了开放式创新体系的建立,建立了集中的研发平台,成立了基本技术联络讨论会,通过与世界领先企业建立战略合作、建立官产学创新联盟、与重要客户建立创新基地、利用外部工程师创新技术这四种开放式创新方式,有力促进了企业创新。

### 7.4.9　德国的经验与做法

1. 资金扶持

创新是德国工业制造业保持世界领先地位的关键,在工业 4.0 时代,创新的作用更加突出。无论是提高数字化程度,还是拓宽企业融资渠道,德国政府都将提高企业创新能力和研发水平看作获得政府资助的衡量标准之一。中小企业是德国经济保持世界领先的重要基础,但是随着新一轮产业变革的到来,德国中小企业也面临着巨大挑战。

中小企业由于规模小、抗风险能力低、经营不确定性高,获得外部资金的难度较大,再加上德国金融市场本身偏向保守,风险投资并不活跃。为此,德国政府通过投资补贴和减税的方式降低投资人的成本和风险,并建立示范平台评估中小企业资质,减少企业与投资人之间的信息不对称,提高社会资本的参与意愿。

对银行业的调整也是德国促进中小企业创新发展的又一举措。德国商业银行体系主要包括商业银行、储蓄银行、合作银行等,这些银行除承接德国复兴信贷银行的"转贷"外,还积极进行产品和服务创新,是支持创新型中小企业信贷融资的主力军。据统计,德国的商业银行贷款约占德国中小企业信贷市场的七成,比德国复兴信贷银行多四成。

尽管德国的大型商业银行(如德意志银行、德国商业银行等)并不是中小企业信贷市场上的主力(约占13%),但由于机构数量少,每家商业银行的贷款额度并不低。近年来,德国的大型商业银行更加重视对创新型中小企业的贷款,通过产品创新加大支持力度。

设立引导类投资基金对创新型中小企业进行股权支持是德国复兴信贷银行和担保银行的重要支持手段。我国在此方面与德国不同,我国银行参与政府引导基金出资在资管新规出台后已大幅减少,且已基本形成规模较大的各级政府投资基金和国有企业投资基金体系,近年来在支持创新创业中发挥了重要作用。

### 2. 模式创新

弗劳恩霍夫协会成立于1949年3月26日,是德国也是欧洲最大的一家具有跨学科结构和跨学科研究方法的创新研究智库。弗劳恩霍夫协会为企业、政府等部门,特别是为中小企业开发新产品、新技术、新工艺,帮助企业解决在创新发展过程中遇到的组织与管理问题方面作用显著。经过多年发展,协会形成了一套极具创新又灵活有效的发展模式,成为将科学研究与产业发展有机对接的一个典范。该模式是面向具体应用和成果的一种特殊的企业创新模式,其使命在于为市场提供具有较高产品成熟度的科研创新服务。由此,科技成果能够迅速转化为市场化产品,在德国享有着"科技搬运工"的美誉。弗劳恩霍夫创新模式可以概括为以下五种。

### (1) 全球化服务

截至2020年年末,弗劳恩霍夫协会在德国各地设有1个总部和75个研究所与研究机构,同时在欧洲、美洲、亚洲及中东地区设有研究所和代表处,拥有2.9万多名员工,其中大多数为科研人员和工程师。

### (2) 科研服务产品化

弗劳恩霍夫协会主要采取"合同科研"的方式对外提供科研服务。企业将具体的技术需求,如技术改进、产品开发或者生产管理环节的需求委托给弗劳恩霍夫协会,要求进行对应的研发工作并支付研发费用。这种"合同科研"的模式可以使客户借助弗劳恩霍夫协会的科研能力,得到量身定做的科研解决方案。而弗劳恩霍夫协会不但获得了收入,也进一步增强了自身的科研能力,把科技创新变成了产业链上的单独环节,为企业研发提供了有力支持。

（3）经费管理制度化

为提高资金使用效率,弗劳恩霍夫协会鼓励下属各研究所积极争取合同收入,但又避免过度市场化而忽略基础研究。弗劳恩霍夫协会对政府经费的发放模式进行了探索,形成了一套自有的经费发放标准。一是固定金额制,主要用来确保前瞻性和基础性研究工作。二是灵活配比制,按照各研究所当年经营预算的12%来划拨,其余部分则根据各研究所上年度的合同科研收入按比例分配。当研究所合同收入占全部收入的比重低于25%或高于55%时,分得的财政拨款比例为上年度研究所合同收入的10%;当占比在25%～55%之间时,分得的政府财政拨款比例为上年度研究所合同收入的40%。

（4）灵活的人才管理模式

弗劳恩霍夫协会拥有2.9万多名研究人员,人员结构呈现年轻化和多元化。研究所多设置于高校内部,约40%的科研人员为在校高年级学生,同时协会也会向社会吸纳各类专业人员。在人才管理方面,大多采取项目制,即以项目需求为基础。协会会跟新员工签订与项目周期同步的3～5年工作合同。合同到期或项目完成后,员工可选择离职或申请进入其他项目组。只有工作十年以上的专业技术人员才可获得终身工作资格。这种制度不仅使员工更符合项目要求,也大大降低了人员培养成本,还使得队伍能够持续不断地保持优胜劣汰和更新。

（5）协同创新

协同创新的关键是形成以行业协会为发起组织,高校、企业、科研机构为核心要素,政府、金融机构、中介组织、创新平台等为辅助要素的多元主体协同互动的网络创新模式。通过MP3音频压缩的创新发明,我们发现弗劳恩霍夫的运行机制是一种成功的协同创新制度设计。在MP3的创新过程中,由弗劳恩霍夫研究所承担连接大学与企业的中间主体角色。通过与大学紧密合作以及与企业部门的"合同科研",技术创新各参与主体协同互动,资源获得有效配置与整合。MP3的发明,不但是弗劳恩霍夫协会前瞻性研发工作的典型成果范例,而且是弗劳恩霍夫协会研究机制有效推动基础研究理论创新变为现实技术以及广泛商业应用的成功代表,对弗劳恩霍夫协会的影响也是非常巨大的。迄今为止,MP3专利仍是给弗劳恩霍夫协会带来收益最多的专利之一。

# 7.5 增强企业科技创新主体地位与国际竞争力

企业是集聚科技创新要素的天然载体,是开展科技创新工作的实施主体,担负着科技创新主要需求者、积极推动者、要素集成者和重要管理者等多重角色。发挥企业科技创新主体作用,要以满足产品发展为目标,以服务产业发展为原则,坚持需求导向、结果导向、应用导向,强化科技创新主体的能力建设,重点加强科技创新识别评估能力、科技创新协同能力、科技创新管理能力建设。

提升企业自主创新能力是推动经济社会高质量发展的必由之路,是抢抓新一轮科技革命历史机遇的迫切需要,是构建新发展格局的内在要求。增强企业科技创新主体地位与国际竞争力,必须以问题为导向,以需求为牵引,充分发挥有效市场和有为政府的作用,解决好"由谁来创新""动力哪里来""成果如何用"等问题,切实提升科技企业国际竞争力。

## 7.5.1 明确一个核心任务,增强科技创新国际竞争力

无论是宏观层面的科技创新治理机制顶层设计,还是微观层面的实施细则制定,一切活动都应该以"是否能够增强科技创新国际竞争力"为衡量标准,减少技术创新的盲目性,使科技创新活动真正取得成效,转化为国家核心竞争力。以"增强科技创新国际竞争力"这一核心任务为导向,合理定位政府和市场功能,重点支持市场不能有效配置资源的基础前沿、社会公益、重大共性关键技术等领域的研究,吸纳企业参与科技重大决策。发挥各学科重点单位的领军作用,监测重大科学问题和"卡脖子"技术,制定重大前沿科学问题研究清单,开展面向新一轮科技革命的前沿态势深度分析。

财政补助、税收优惠要以是否能够真正提升企业科技创新力为分配标准。政府制定规划发展新技术、新产业的时候,优先考虑的政策工具就是政府补贴和无偿资助,然而直接的政策支持工具抑制了企业技术创新的市场激励,有可能扭曲技术创新的市场激励机制。获得资助的企业已经将获得资助作为企业经营行为的主要激励,部分企业是为了补贴和资助而开展生产经营活动的,借助补贴而盈利的企业更不在少数,没有获得资助的企业面对来自政府资助企业的不正当竞争,会优先考虑如何从政府获得资助而不是从市场竞争获得优势。这样的后果是创新不足、产

能过剩。要把研发投入和技术创新能力作为政府支持企业技术创新的前提条件，探索建立企业研发后补助和成果导向激励制度，奖励重大科技创新成果，将研发费用加计扣除所得税优惠政策、固定资产加速折旧等税收优惠用到实处。财政补助也应该根据经过核实的企业研发投入实际情况进行分配和发放。

完善科技金融结合机制，使金融支持政策产生正向作用。有研究表明，金融机构的科技资助对科技创新能力可能产生显著的负向影响，因此必须优化金融机构的科技资源配置功能。具体来讲，可以通过建立多元化和竞争性的金融中介体系，进一步优化金融机构的科技资源配置功能，使科技信贷资金真正流向最具效率的企业和研发投资项目，增强科技创新国际竞争力。

### 7.5.2　发挥两大优势，释放制度红利

1. 发挥我国超大规模市场与完备产业体系优势

我国拥有的超大规模市场总量优势为企业科技创新提供了有效支撑。规模经济效应可以为科研投入提供足够的利润回报，为新技术、新产业、新业态、新模式、新产品等新经济发展，提供足够规模的市场实现条件，分摊企业研发成本，形成我国技术创新的低成本优势。

从具体措施层面提出以下建议：① 完善科技创新券政策，面向科技创新企业特别是专精特新企业、创新团队、科技园区、众创空间等无偿发放。② 加快科技成果产权交易服务全国统一大市场建设，完善知识产权和科技成果产权市场化定价和交易机制，探索可大规模复制和推广的知识产权证券化新模式，支持金融机构开展知识产权质押融资和保险业务。③ 鼓励大企业发挥引领支撑作用，强化科技型中小企业孵育，组建创新联合体，聚焦产业发展的关键环节，领军企业牵头组建创新联合体攻克"卡脖子"技术。④ 利用我国产业体系完备优势，积极扩大国际科技合作"朋友圈"，重点拓展与"一带一路"沿线国家科技合作。

2. 发挥我国新型举国体制优势

西方学者研究认为，日本、韩国是后发赶超成为创新型国家的成功典范。而在日韩的科技体制与创新治理体系中，日本经产省和韩国科技部在协调各方利益，推动实施重大项目，实现以牺牲短期利益换取长期发展方面发挥了关键性作用。此外，过度的政府干预又可能影响企业科技创新。中国高铁这样一个以国有企业为主体、长期存在政府强力干预的传统部门，事实上却实现了高效率的、全产业链的

技术赶超,从中可以总结出以下成功经验:① 复杂产品系统的技术赶超作为一项系统工程,需要在顶层具有明确的、既有能力又有动力组织项目集中攻关的最终责任人,且最终责任人的权力(控制权)和收益(收益权)要尽可能匹配。② 复杂产品系统技术攻关项目的最终责任人和主要的创新主体要具有"可靠的"自主创新承诺。③ 政府集中资源不能抑制创新主体之间的创新竞争。具体而言,应以战略管控为主,而非财务管控和运营管控,通过采购订单的分配而非研发补贴来促进竞争。

此外,不断完善创新产品政府约定购买制度和政府采购支持创新制度。围绕经济社会发展重大战略需求和政府购买实际需求,政府委托第三方机构向社会发布购买需求,确定创新产品与服务提供商,并在创新产品与服务达到合同约定的要求时,购买单位按合同约定实施购买。发挥政府采购支持创新作用。负有编制部门预算职责的各部门在满足机构自身运转和提供公共服务基本需求的前提下,应当预留年度政府采购项目预算总额的相当比例,专门面向中小企业采购,并在同等条件下,鼓励优先采购科技型中小企业的产品和服务。

### 7.5.3 弘扬三种精神,提供物质保障

人无精神则不立,国无精神则不强。应当重点弘扬企业家精神、科学家精神和工匠精神这三种精神,在全社会营造科学技术创新的良好氛围。同时,应当精神和物质两手都要抓,两手都要硬。

弘扬企业家精神,强化企业的创新主体地位。切实发挥企业家在科技创新中的重要作用,鼓励企业加大研发投入,大力弘扬创新文化,充分运用各类媒体,宣传重大科技成果、典型创新人物和企业,培育宣传企业家精神和创客文化。弘扬科学家精神和工匠精神,将"科魂"和"匠心"进行有机结合,使之不仅成为对广大科技工作者和工人群体的普遍要求,也成为大众崇尚和培养的时代精神,以营造出崇尚创新、重视伦理要求的社会氛围。营造鼓励创新宽容失败、有利于科技创新主体成长的友好型社会环境。

同时,从科研行为机制与科技人员对精神与物质的追求角度出发,充分满足科技人员追寻社会和科学共同体认可的精神需求与改善收入待遇的物质需求。要努力打造科技人才高地,培养急需紧缺的科技领军人才和高水平创新团队,坚持特殊人才特殊激励,激发创新创造活力。还应提升成果转化产业化服务能力,探索赋予

科研人员职务科技成果所有权或长期使用权,推动科技成果评价的社会化、市场化和规范化。此外,应完善科研人员创新创业机制,改进科研人员薪酬和岗位管理制度,国有企事业单位对职务发明完成人、成果转化重要贡献人员和团队应予以奖励并落到实处。

### 7.5.4　强化四方面支持,为企业科技创新保驾护航

#### 1. 强化战略支持

日本在科技创新方面曾经走在世界的前列,但当前日本科技创新面临诸多挑战,老龄化、少子化降低了日本的创新活力,教育改革又雪上加霜。自 2004 年国立大学实现独立行政法人化改革以来,政府财政预算骤减,大学经费供给的严重不足使得学术和教育质量受到影响。因此,政府应当为企业科技创新提供战略层面的支持,保障良好的大环境。

#### 2. 强化财政支持

美国自 20 世纪 80 年代以来,相继推出了多种财政政策,对中小企业提供直接的资金扶持。通过小企业创新研究计划、小企业技术转让计划等,为高新技术领域的中小企业解决项目在资金方面所遇到的问题,支持企业创新。除直接投资以外,美国政府还会向具有创新能力的中小公司提供具有优惠折扣的低息贷款。

#### 3. 强化法律支持

为鼓励美国企业科研创新,美国政府出台了一系列法律法规,其中就包括小企业创新研究计划与小企业技术转让计划的基石——《小企业创新发展法案》和《加强小企业研究与发展法》。此外,为促进产学研三者间的有机结合,特颁布《国家竞争技术转移法》,允许政府拥有或者承包经营的实验室参加合作研究与开发协议。通过立法,可以加强联邦政府及研究机构对推广转化的责任,去除制约推广转化的不合理障碍。通过加速技术成果的推广转化,提高国家科技创新的国际竞争力。

#### 4. 强化金融支持

引导银行机构加强对技术、资本密集型产业中长期贷款和知识产权质押贷款的支持。发挥多层次资本市场作用,加强创新型中小企业上市培育。创新激励约束机制,引导创投机构投早投小,发挥政府产业引导基金、中小企业发展基金作用,带动社会资本聚集到新技术、新产业、新业态上来。此外,还可以探索设立创投服务中心和商业银行科技支行。

### 7.5.5　针对五大因素,营造科技创新良好环境

**1. 营造良好的社会文化环境对创新至关重要**

建设一个包容性的制度和舆论环境,提供广泛的经济机会,会对企业创新有积极影响。一些负面的社会文化,会对企业科技创新造成不良影响,应当密切关注相关舆情动向。积极的企业文化也会对创新有促进作用,激励创新的最优激励方案需要容忍早期的创新失败,并对经过长期探索的创新成功给予奖励。实践证明对创新失败宽容、对创新成功给予奖励的企业文化对企业的创新行为有促进作用,有研究也发现在失败容忍度更高的风险投资支持下,IPO 企业生产的专利和专利被引用的次数更多。

**2. 建立完善市场制度有利于企业科技创新**

相关研究结果表明,更发达的银行体系可以促进流程创新,特别是在小型或高科技公司以及更依赖外部融资的行业,而银行体系对产品创新的积极作用要弱得多。比较国有银行和民营银行对企业创新的影响,发现从国有银行获得更多融资的企业创新活动较少,而从私人银行获得更多融资的公司产生了更多的专利。

**3. 政策的确定性与政策本身对科技创新而言同样重要**

有研究发现,政策的不确定性而不是政策本身对一个国家的创新活动产生了深刻影响。具体来说,政策的不确定性损害了国家创新的动力,从而降低了创新的数量、质量和原创性。财政政策的不确定性可能降低企业的创新投资,其不利影响主要是由于政府对创新投资支持的激励作用下降。

**4. 进出口活动会影响企业创新行为**

有研究结果表明,进口活动对技术创新和非技术创新均有正向影响,进口商在引进产品、营销和组织创新方面表现出显著优势。进出口公司(即双向贸易商)在引进新的或大幅度改进的产品方面具有更大的优势。在新冠疫情席卷全球的背景下,由于疫情造成贸易中断,一些政府倾向于采取保护主义政策,对进口设置壁垒可能会阻碍本国企业的创新成功。

**5. 人力资本是企业科技创新的重要保障**

人力资本是推动企业自主创新成果产生、引领与实现经济高质量创新发展的第一战略资源。研究发现,人力资本在企业层面对创新的影响是多层次的。人力资本的积累与人力结构的配置将共同作用于创新,且人力资本的作用会随着其他

创新要素的投入不同而变化。[①]　此外,我国大中型工业企业人力资本和自主创新成果之间耦合协调度总体上呈增长趋势,企业人力资本水平是促进自主创新成果产生的重要原因。[②]

### 7.5.6　"政产学研用金"六位一体,突出企业主体地位

加强"政产学研用金"深度融合,在政府、企业、高校、科研、用户、金融的组织边界更加模糊化的情境下,解决各个脱节、条块分割、协调困难、权益纠纷等产学研合作中的诸多常见问题,实现资源整合和优化配置。在战略性领域探索企业主导、院校协作、多元投资、军民融合、成果分享的合作模式,支持企业建设高水平的研发机构,在龙头骨干企业布局建设企业国家重点实验室,允许高校和科研机构设立一定比例的流动岗位,吸引有创新实践经验的企业家和企业科技人才兼职。

---

① 裴政,罗守贵. 人力资本要素与企业创新绩效——基于上海科技企业的实证研究[J]. 研究与发展管理,2020,32(4):136-148.

② 何菊莲,刘聪,陈郡. 企业人力资本科技水平与自主创新成果的耦合效应研究[J]. 财经理论与实践,2021,42(5):132-138.

# 第八章 构建融合科技、教育、产业、金融的创新体系

## 8.1 融合创新的理念

构建融合科技、教育、产业、金融的创新体系战略设计,从国家创新发展战略与创新要素特征出发,规划战略定位和发展目标,提出战略重点。

### 8.1.1 战略定位

构建融合科技、教育、产业、金融的创新体系战略定位是:在持续推进创新驱动发展战略,强调提高自主创新能力,建设创新型国家的战略背景下,以服务国家发展战略为宗旨,支撑国家创新体系提升整体效能,以强大的创新体系效能支撑现代化经济体系建设,将制度优势转化为创新治理效能,构建社会主义市场经济条件下的新型举国体制。健全原创导向、活力释放、一体化发展的创新生态系统;完善内外联动、协同高效的融通创新机制;加强要素联动,丰富创新模式,构建融合科技、教育、产业、金融四大要素,充分激发各类主体和人才积极性的国家创新体系。

### 8.1.2 发展目标

构建融合科技、教育、产业、金融的创新体系核心发展目标是:促进各类创新主体紧密合作、创新要素有序流动、创新生态持续优化,提升体系化能力和重点突破能力,增强创新体系整体效能。基于创新体系构建的视角,考察金融与产学研合

作和创新之间的联系,理顺金融支持创新型经济增长的逻辑,指导金融支持下产学研创新网络的构建,形成高效、协同、开放的国家创新体系,保障协同创新的长期持续稳定开展。

在此过程中,创新体系可实现自身创新效能的提高,并统筹提升科技、教育、产业、金融四大要素的创新能力与协作水平。

强化前端科技支撑能力。科技支撑国家安全和战略急需的长期积累和应变能力不断增强,与教育、产业、金融等各领域的融合程度不断加深,改善基础研究投入总量和结构,成为科创关键领域的"领跑者",完善进入科创"无人区"的激励机制。

培养壮大高等教育和高层次人才队伍。参照国际标准,进一步加大科教投入,强化科研创新的正向激励,提升科创领域的攻关能力、原始创新能力,提高知识生产、转化和应用的能力及效率。强化激励科技人才竞相涌现的政策落实,解决我国科技人才存在一定结构性矛盾、战略科学家仍然缺乏、青年人才后备军的培养使用措施还不完善等问题。

构建产学研科技创新网络。突出企业在创新体系中的主体地位,健全鼓励和支持企业开展创新的市场机制。企业通过和高等学校或相关科研机构进行合作,加速开展具有行业前瞻性的重点技术项目的共同研究开发,分担创新过程当中的风险,降低创新成本,提升资源配置效率,提高重点产业企业的资源整合能力和创新水平,促使全社会科技创新成果高质高效转化为实际经济产出。

提高科技金融服务能力。科技金融通过支持科技创新实践,丰富国内市场的不同业务模式和金融产品,形成资本充足、治理规范、内控严密、运营安全、服务优质、资产优良的科技金融服务体系,不断提高综合、多元的科技金融服务能力。通过弥补市场失灵、提供公共产品、提高社会资源配置效率、熨平经济周期性波动等独特优势和作用,助力科技创新在关键领域取得重大突破,科技基础力量持续加强,支撑引领作用显著增强,科技开放合作不断拓展,科技创新效能大幅提升。

### 8.1.3　战略重点

构建融合科技、教育、产业、金融的创新体系战略重点是:以创新管理、创新主体、创新阶段为切入点,统筹构建具有金融要素支撑的产学研创新网络。

### 1. 从创新管理层面保障政策制度建设

健全和改善创新合作的制度环境,规范市场,明确规则,以尊重和鼓励创新为导向,充分调动各参与主体的积极性,建立符合创新规律的制度框架,是保障创新制度环境日趋完善,创新体系更深地融入全球创新网络的重要基础。

加强政府科技管理职能,有效发挥政策性措施和法规管制作用。政策性措施和法规管制是政府使用次数最多的两大环境型政策工具。合理地组合使用一系列不同的政策工具,由此使其实施效果得到进一步提升,以最大限度提高产学研协同创新各创新主体的积极性,对于产学研协同创新的发展具有极大的促进作用。就产学研协同创新而言,法规管制是介入效果最明显的,应重点降低"搭便车"和技术外溢对研发合作的负面影响,进一步健全和完善知识产权保护的执法体系,提高知识产权执法力度,以此提高知识产权案件的处理效率,减少知识产权侵权事件,从而保障市场力量对产学研合作创新的有效促进,形成"谁创新、谁受益"的内生性激励机制。

创新使用金融工具和税收工具,最大限度地激起产学研协同创新的积极性。虽然政策性措施和法规管制介入效果明显,但是经过一定的阶段之后,单一使用法规管制效果可能会适得其反,还应适度使用金融工具和税收工具,多管齐下,最大限度地激起产学研协同创新的积极性。同时,应重视政府补贴对市场竞争机制的扭曲。尽管市场竞争可以有效促进绝大部分企业展开产学研合作,但高额的政府补贴则阻碍了市场机制发挥作用。因此,政府在制定创新政策和产学研支持政策时,应减少政策因素对市场机制的扭曲。为此,可以考虑减少直接的资金补贴,而更多采取优化企业营商环境、提高知识产权保护力度、建立和完善技术交易平台等不会破坏市场竞争机制的创新支持方式。

发挥政府作用与尊重市场规律相结合,推进创新经济持续快速发展。一方面,中国产学研合作起步较晚,以政策支持弥补创新活动的"市场失灵",推进产学研合作进程显然是必要的。但另一方面,市场作为创新活动的根本导向,其对产学研合作的重要影响在长期以来被忽视了。应充分重视市场力量对产学研的重要影响,维护并促进市场经济的良性竞争,破除不必要的行业垄断,特别是破除行政垄断和地方保护,让市场充分发挥力量,以此激励企业主动参与到产学研创新当中,并加速产学研合作的市场化进程。加强政府的管理职能,需要政府进行权责明确、公平公正、透明高效、法制保障的市场监管,维护好市场秩序,把握该做什么和不该做什么的边界,切实解决政府职能越位、缺位、错位的问题,建立统一开放、竞争有序、诚信守法、监管有力的现代市场体系。

2. 从创新主体层面强化四大要素功能

创新主体主要包括科技要素中的科研机构主体、教育要素中的高等学校主体、产业要素中的企业主体,以及金融要素中的金融机构主体。创新无论采取哪种模式,自始至终都是各主体要素协同参与的结果,需培育创新能力突出、形态多样的创新主体,明确各自的创新功能,协同提升创新效能。

增强科研机构国家使命导向,提升高等学校科研组织的体系化水平。增强科研机构和高等学校的科技攻关能力和原始创新能力,积极引进优质科技资源,联合共建创新载体,鼓励国内高等学校与世界名校共建创新载体,共建研发机构等。强化团队式引进人才,"带土移植"高新技术项目,开发创新资源配置新模式。加强高等学校学科建设,优化科技资源组合,以此推进产业结构升级,推动经济和社会进步。另外,还需进一步完善科技力量动员组织机制,提升资源配置效率,以此产出有效支撑国家发展的高质量科技成果。

大力支持重点科技创新型企业,推动科技成果转化及产业化。科技创新型企业是将科技成果转化为生产力的主体力量。科技创新型企业是以高新技术及产品的研制开发、生产转化和销售经营为主体业务的企业,是一种知识、技术、人才密集型,并以追求创新为核心的企业实体。科技创新型企业以自主知识产权为核心资产,以技术创新能力为核心竞争力,并具有轻资产、高投入、资金需求大的特征。其技术水平在行业中处于领先地位,并能通过新型管理模式在激烈的竞争浪潮中拔得头筹。科技创新成果的工程化、产业化和市场化是科技创新的最终目标。科技创新成果需要由企业把各种生产要素组织起来,把创新成果转化为现实的生产力,并进行规模化生产。相较于科研机构等,科技创新型企业作为参与市场化竞争的主体,能在市场竞争和价值规律的推动下把技术创新的成果迅速转化为生产力和商品,具备承担风险的能力和从事技术创新的能力,在产业结构调整、加快经济发展方式转型中发挥着重要作用。

激发科技金融活力为产学研创新赋能,主要围绕资金投入、融智服务和成果转化三方面展开。围绕重大科技项目,通过加大资金投入力度、创新融资方式和发挥社会资本引导作用拓宽本地科技创新投入,强化科技创新的经费支持。发挥人才和经验优势,筛选科技创新潜力较优项目,参与项目规划工作,优化科研方向引领和过程设计,提高科技创新成果质量。参与构建科技创新成果转化机制,为项目企业和相关平台提供融资支持和引导社会资本进入,对接区域科技创新成果转化、特色产品规模化发展与外部市场需求。科技金融需从破解科技创新型企业融资难题的角度出发,对符合政策性目标和盈利性目标的科技型中小企业、高新技术企业、科技小巨人企业、技术先进型服务企业进行重点培育。充分发挥政府和市场两类主体作用,以"四台一会"债权融资为基础融资模式,叠加选择投贷联动综合服务、供应链金融等支持方式。以此构建"科技型企业梯形融资模式",为处于发展各阶段的科技创新型企业提供差异化融资服务。

3. 从创新阶段层面明确体系构建进程

国家创新综合实力在很大程度上取决于创新体系的创新能力和运行效能,建设世界科技强国,主要战略任务之一即建设与科技强国相适应的国家创新体系。因此,在建设世界科技强国的目标驱动下,需结合国家创新体系各个阶段任务,制定未来的战略重点。

国家创新体系的建设及相关研究经历了引入期、探索期、发展期和新时期四个阶段。自20世纪90年代以来,伴随着我国科技体制改革的不断深入,国家创新体系的建设重点发生了较为显著的变化,具体表现为:由引入期(1993—1997年)对国家创新体系内涵与功能的初探;到探索期(1998—2006年)对知识经济时代国家创新体系建设的深入分析并进一步确立了企业在国家创新体系中的主体地位;到发展期(2007—2012年),建设自主创新的国家创新体系成了研究热点与战略目标,强化自主创新体系建设研究;直到新时期(2013年—2018年)创新驱动发展战略下关于创新能力与开放合作的研究。

未来应从内外要素互动、提升体系支撑作用等维度设计体系建设路径。结合以往建设创新系统的主体系统与我国推进创新型国家与科技强国建设的需求,未来应在以下维度布局战略重点:一是国家创新体系内部要素互动维度,强调建设同类主体、不同主体、子系统间互动的高效协同的国家创新体系,到更深层次的举国体制国家创新体系;二是国家创新体系与外部要素互动的维度,关注从与系统外部进行要素交换的开放合作的国家创新体系到与系统外部互相影响的转型发展的国家创新体系;三是国家创新体系的支撑作用维度,重点关注如何在充分推动国家创新体系内外部要素互动的基础上,提升创新能力,从而充分发挥国家创新体系的支撑作用,保障国家安全,建设安全可控的国家创新体系。

专栏 8-1　国家创新体系的研究阶段历程

（1）引入期：1993—1997 年。这一阶段正是中国科技体制改革走向全面推进的新阶段。1993 年，党的十四届三中全会通过的《中共中央关于建立社会主义市场经济体制若干问题的决定》为这一阶段的经济体制改革运用市场机制提供了重要依据。1993 年，八届全国人大二次会议通过《中华人民共和国科学技术进步法》，首次以法律的形式明确了科研机构和科技人员的权利与义务，强调要保障科技发展，发挥科技促进经济、社会发展的作用。1995 年党中央、国务院召开了全国科技大会，会后中共中央、国务院发布了《关于加速科学技术进步的决定》，正式确立了"科教兴国"战略，并再次提出要"深化科技体制改革，建立适应社会主义市场经济体制和科技自身发展规律的新型科技体制"。随着我国科技体制改革如火如荼地进行，1995 年，由国家科委和加拿大国际发展研究中心（IDRC）联合指定的国际专家组对我国的十年科技改革进行了回顾，专家组研究报告指出，中国应关注"国家创新体系"这一分析模式，以此作为辨认未来科技系统改革的需要、确定科技系统与国家整个经济和社会活动关系的手段。自此，国家创新体系正式进入中国政策界的视野，但短期内还未在学术界引起广泛关注。在引入期，学者们从各个角度入手，对国家创新体系的概念与框架进行了不同程度的探讨分析，并初步明确了国家创新体系的构成与功能，为该概念的进一步发展应用奠定了良好基础。本阶段学者为国内的政策研究带来了国家创新体系的启蒙，并试图阐明国家创新体系的内涵。

（2）探索期：1998—2006 年。该阶段是中国科学院启动并全面推进知识创新试点工程的重要阶段，对进一步深化我国科技体制改革积累了经验，也产生了一系列深远的影响。1998 年 6 月，中共中央、国务院做出建设国家创新体系的重大决定，由中国科学院开展知识创新工程试点，形成高效运行的国家知识创新体系及运行机制。随着知识创新工程的实施，建设国家创新体系成为政策语言。1999 年，中共中央、国务院颁布的《关于加强技术创新，发展高科技，实现产业化的决定》提出要"推进国家创新体系建设"。2003 年，党的十六届三中全会通过的《中共中央关于完善社会主义市场经济体制若干问题的决定》更是明确指出,要改革科技体制,加快国家创新体系建设。2005 年制定的《国家中长期科学和技术发展规划纲要(2006—2020 年)》将全面推进中国特色国家创新体系建设作为一项重要任务,并提出五个子体系:以企业为主体、市场为导向、产学研相结合的技术创新体系;科学研究与高等教育有机结合的知识创新体系;军民融合、寓军于民的国防科技创新体系;各具特色、优势互补的区域创新体系建设四类创新体系;以及构建社会化、网络化的科技中介服务体系。在这种背景下,建设知识经济时代具有中国特色的国家创新体系成为政策界与学术界共同的焦点。探索期不仅是我国新一轮科技体制改革的热潮,也是我国国家创新体系研究发展的重要时期。国家创新体系国内研究不仅从理论上进行了更为深入的探讨,明确了企业在国家创新体系中的核心与主体地位,更以知识创新试点工程为基础,从实践上对我国以建设国家创新体系为核心的科技体制改革提出了建议。然而,虽然该阶段我国学者对国家创新体系进行了大量研究,但还未形成一个完整的理论体系,也没有共同的学术规范以及适用边界。该阶段国家创新体系的研究开始爆发性增长,主要聚焦于企业、知识经济、科技体制改革、创新体系建设等主题。

(3) 发展期:2007—2012 年。这一阶段是国家实施自主创新战略的起步与完善阶段,中国科技体制以《国家中长期科学和技术发展规划纲要(2006—2020 年)》(以下简称《规划纲要》)的颁布与实施为标志,实现了重大战略转变,进入自主创新与全面建设国家创新体系阶段。《规划纲要》强调要以自主创新为基点,增强国家创新能力。在这一阶段,政策界与学术界均认识到我国自主创新能力不强,国家创新体系发展存在多方面制约,这也成为该阶段相关研究的重点关注主题。在发展期,我国学者开始关注自主创新战略背景下的创新体系建设问题,更全面地刻画了国家创新体系各主体的职能,也更深入地理解了自主创新导向的国家创新体系内涵。该阶段国家创新体系的国内研究主要聚焦于创新体系建设、自主创新等主题。

(4) 新时期:2013—2018 年。2012 年党的十八大提出实施"创新驱动发展战略"以后,我国推行了系统、全面、深入的科技体制改革。2015 年,中共中央、国务院制定出台的《关于深化体制改革加快实施创新驱动发展战略的若干意见》强调市场在资源配置中的决定作用,形成"人才、资本、技术、知识自由流动,企业、科研机构、高等学校协同创新"的新格局。2016 年颁布的《"十三五"国家科技创新规划》更是从创新主体、创新基地、创新空间、创新网络、创新治理、创新生态六个方面提出了建设国家创新体系的要求。自此,新时期国家创新体系的建设目标基本形成。创新驱动发展战略的实施标志着我国进入中国特色社会主义新时代,需要在新时代背景下思考如何建设国家创新体系。新时代的学者们意识到,要建设开放的、融入全球化进程的国家创新体系,创新能力是基础,开放合作创新是重要途径。该阶段关于国家创新体系的研究已经趋于稳定发展,主要聚焦于创新能力、开放合作创新等主题。

综上所述,国家创新综合实力在很大程度上取决于创新体系的创新能力和运行效能,建设世界科技强国,主要战略任务之一即建设与科技强国相适应的国家创新体系。因此,在建设世界科技强国的目标驱动下,我国学者还需对国家创新体系进行更加深入的研究。

## 8.2　创新体系构架

构建融合科技、教育、产业、金融的创新体系,是统筹各构成要素主体开展实践的"骨架"。应以科技要素中的科研机构主体、教育要素中的高等学校主体、产业要素中的企业主,以及金融要素中的金融机构主体为重要支点,以产学研创新网络构建与科技金融为体系建设的两大重要抓手,在政府机构协同作用下构建创新体系(见图 8.1)。

企业作为创新系统中最活跃的主体,联结技术开发和市场需求,是科研成果转化为现实生产力的载体,可带动体系整体创新水平的提升。企业可以利用体系中各主体的知识、人才、制度优势,探索新技术、开发新工艺。然而,并非所有企业都可作为创新的主体。作为创新主体的企业是指现代企业制度意义上的企业,它们具有创新的动力和能力,是创新投入、活动和收益的主体。科技创新型企业投资相比于传统产业投资,能获得较高的预期回报,代表产业优质化现代化发展方向,预示着投资新动能逐步壮大,有利于未来新的经济增长点的培育和形成,但企业特殊风险制约其融资活动。科技创新绝不能仅依靠重大科技项目和财政资金"输血"，而应培育其"造血"功能，重点科技创新型企业则是重要突破点。但由于大部分科技创新型企业具有轻资产、高投入、高风险的特点，企业的融资难度较高，需要科技金融的介入扶持。

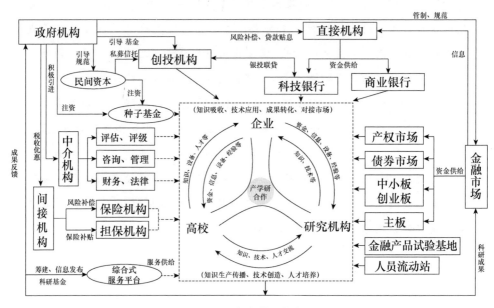

**图 8.1　创新体系构架**

高等学校和科研机构作为知识生产、技术创造的核心载体，是企业开展研发活动理想的合作伙伴。高等学校和科研机构主要为企业提供技术，在体系中发挥先导作用。在一个经济体的创新系统中，高等学校和科研机构掌握知识发展的前沿，是技术创造、人才培养的摇篮。对于高等学校和科研机构而言，与企业合作可以获得资金支持，利用企业的实验设备在实践中对理论成果进行检验，实现创新主体的有机结合，从而获得应用价值。合作的强度和效率直接决定创新系统升级的速度，并进一步影响国家的发展。

产学研合作机制构建的核心，是努力构筑企业与高等学校、科研机构等主体间的高效沟通桥梁。产学研网络是由参加新技术发展和扩散的企业、高等学校、科研机构及中介组成的，是创造、储备及转让知识、技能和新产品的相互作用的网络系统。产学研合作可以帮助企业开拓新市场或形成差异化以抵御竞争压力，因而市场竞争可以提高企业参与产学研合作创新的动力。与企业自身创新的渐进性、应用性特征不同，高等学校和科研机构的创新成果普遍具有更强的激进性和突破性，因而企业参与产学研合作的重要目的在于,借助产学研合作的突破性创新成果以开拓全新的细分市场或形成竞争对手难以模仿的差异化优势。当市场竞争程度上升,企业更可能寄希望于开拓新市场或形成差异化以在激烈竞争中脱颖而出,而这意味着企业更加需要产学研合作创新。对于创新系统而言,使创新主体有机结合并带动创新资源高效利用的产学研合作,是驱动系统升级的关键。可通过组织产学研合作领导小组,构建常态化对接机制,加强顶层设计与制度保障,搭建综合式服务平台等,形成信息共享、机制融合、战略联合的长效合作协同服务。

科技金融服务体系构建的核心,在于提升机构自身科技金融服务能力。金融作为经济运行的基础性资源,对创新和经济增长意义重大,金融发展能显著促进研发创新和经济增长,并且金融对经济的支持有近一半是通过创新渠道实现的。金融机构的介入,能够很好地解决协同创新资金不足的问题,而且能够对创新过程中的风险进行有效识别和管理,因此金融机构也作为创新主体参与创新活动就显得尤为必要和紧迫。可通过统筹规划科技金融整体布局、明确金融支持科技创新的范围、积极探索新型融资模式和金融产品、落实严格高效的审批管理制度、建立差异化优惠激励机制、加强风险控制和业务管理等,形成资本充足、治理规范、内控严密、运营安全、服务优质、资产优良的科技金融服务体系。此外,金融中介作为独立于创新系统的第三方机构,可以发挥监督、激励的功能,缓解信息不对称,增进信任,促成合作。另外,金融集聚可通过带动信息、知识、人才、技术、资金、企业等创新主体和创新资源的集聚以及强化社会经济网络对产学研合作施加影响。

政府协同创新体系构建的核心,在于解决政府政策和市场机制之间发展不配套、不协调的问题,提升创新体系各要素协作水平。政府在强化企业的创新主体地位、支持企业及科研机构技术创新、推进企业及科研机构关键核心技术攻关等方面具有较强话语权与助推力,因此主要服务于企业、科研机构及高等学校,为其创造良好的创新环境。另外,政府等可通过引导不同阶段的科技主体寻求不同层次的资本市场、协助建立健全转板制度和退市制度、推动债券交易市场建设、支持地方知识产权交易市场建设等推进市场建设与保障;通过合作构建科技信用建设平台、建设信用担保、建立四方风险分担机制、构建企业诚实守信的激励约束机制等推进信用建设与保障;通过推动建立健全科技金融监管法律法规、建立科技金融专营制度、完善科技金融信息披露的社会制度、完善对科技金融机构的考核评价制度、推动担保机构与企业的法人结构与管理制度完善等推进制度建设与保障,从而促进科技金融领域整体供给质量和资源配置效率的有效提升。

综合以上分析,高等学校和科研机构、企业、政府、金融机构这些创新主体要素可通过互动和联动,在产学研创新网络和科技金融的支撑下实施创新活动,有效完成创新体系建设的目标,推动创新发展。

# 8.3 体制机制创新

## 8.3.1 明确政府定位,整体引导产学研深度融合

由于"市场失灵"、信息不对称、市场均衡条件不具备等,政府应在创新活动中发挥作用,促进产学研深度融合。

第一,在创新环境营造、创新政策引导、创新要素组织协调等各方面发挥重要作用。产学研深度融合过程中涉及多个创新主体和支持组织,各主体构成的创新生态系统是一项跨组织、跨领域的复杂系统工程,其成功实施与顺畅运行需要政策、法律、资金、市场机制等因素共同作用,政府不可避免地要在其中起到引领、组织、协调等作用,这是其他任何机构均无法承担的重任。

第二,协调相关机构帮助承担创新的不确定性风险。随着技术发展复杂化,创新的不确定性增大,技术研发过程中的风险巨大。不仅研发过程有风险,创新成果向产业化转化的阶段也有高风险,包括企业对创新成果产业化应用必需的各种检验、设计,还包括产业化后的市场表现情况,这项巨大的风险仅靠个人和企业很难独自承担,需要强有力的公共机构辅助承担,这就需要政府在其中组织协调。

第三,规范市场秩序,提高创新效率。在市场经济条件下,企业之间的竞争关系不仅体现在市场竞争上,还体现在创新领域的竞争,企业看到有前景的行业往往会一致决定投资建厂,大量企业对同一产品、同一领域进行投资,会造成重复研发、投资分散的状况,不仅降低了投资收益和创新收益,也减弱了创新投入水平。例如液晶面板行业,在地方政府支持下,许多不具备半导体显示行业经验的企业纷纷投资建厂,市场呈现无序发展的局面,导致后续产业发展乏力。因此,需要政府规范创新市场秩序,避免创新资源浪费,提升创新效率。

第四,组织攻关战略性重大科技专项。我国在产业经济发展中,常常出现关键技术、核心技术受制于人的"卡脖子"现象,部分共性技术、关键技术、战略性技术对

产业发展意义重大,一旦突破能够带动一系列相关技术连续突破,推动企业在国际市场竞争中占据优势地位。但这种技术往往研发周期长、资金耗费巨大,企业没有意愿或没有能力进行,这就需要政府介入,采用多种措施促进高等学校、企业进行合作研发,例如计算机芯片行业等。

### 8.3.2　完善人才培养机制,发挥社会组织协调功能

科技创新离不开人才的培养。以往的人才培养模式是产学研各方各自培养自身所需的专业人才,但由于各主体自身的限制,人才培养类型比较单一。建立人才培养新机制,充分利用产学研合作主体不同的教学环境和资源以及各自优势,将先进的技术与教育相结合,将传统课堂教育与生产实践相结合,培养出全方位、符合科技时代的复合型人才新培养模式势在必行。

第一,各地区科协可通过召开培训会方式,为企业培训一批能够熟练应用专利信息的工程技术人员,解决重复劳动和研发起点低等诸多问题,帮助企业获取核心技术竞争优势,提升企业自主创新能力,服务经济建设。

第二,发挥科协引导作用。一方面做好校企协调工作,引导大学深入产业的创新活动中,将大学的创新知识进行转移与扩散,促使技术革新和创造发明,加强协同创新中各主体之间的良性互动。学生可以根据企业和生产实际,有选择性地学习知识,提升和优化知识储备。另一方面建立健全企业在培养科技人才方面的激励措施,调动技术开发机构与专业人员投身科技创新的积极性,激发其潜能。

第三,可以依托相关平台,促使大学与企业联合创办人才和技术交流中心,进一步优化人才配置,把系统教育同实践教育相结合,缩小社会、企业对人才的需求和大学、科研机构对人才培养之间的差距。例如,在科协的协调促进下,大学可在企业建立专门的实习基地,而企业也可以在大学设立研发实验室等。此外,大学还可以邀请优秀企业家、专业技术人员开展移动课堂,实现师资互换,提升教学水平。

科技创新与人才培养仍需加强国际交流。科技创新离不开对外科技交流与合作,这是促进科技成果转化的有效途径。利用社会组织承办区域科技合作论坛、国际科技研究论坛等,广泛开展科技合作与交流,可提高自主创新能力。科技社会组织应充分发挥其行业影响力,利用团体会员、合作单位的联系渠道,积极与国内外社会组织合作举办大型论坛、博览会。通过合作,不同社会组织可利用联合申请、共同举办等形式开展活动,比如课题调研、项目申请、国内外学术会议等,并可在此

基础上争取国际资源。构建线上交流平台或组织交流经验分享会的形式也会促进社会组织之间对管理、运营经验的学习和交流。区域社会组织交流会议的举办，对于整合区域社会资本，提高社会组织总体水平将有莫大帮助。重视国内外各大社会组织的影响力，利用组织间的合作交流，将国内外科技联盟、科研机构、社会组织、企业联系在一起，将大大提高社会组织之间进行经验交流、资源共享的深度与广度。我们要充分认识到自身的不足，借鉴国内外先进社会组织的运营经验，因地制宜，针对性地改进科技创新工作，提高社会组织在科技领域的话语权。

### 8.3.3 畅通信息沟通渠道，对接各方主体需求

第一，加强顶层设计与制度保障。政府组织科技金融机构、重点企业等，共同分析当地经济状况、区域特点和资源情况，协商决策、统筹科技金融规划及政策制定。对于政府投资的项目，可通过前期参与编制融资规划、与财政部门共同梳理重大项目库、科技金融机构早期介入融资模式设计等，明确项目还款来源及地方财政的支出责任，根据财政实力滚动拟订政府类投资项目的融资计划。科技金融机构再据此制定相应实施方案，确定合适规模的专项信贷计划，专门用于地区科技创新发展。

第二，建立领导小组常态化工作机制。定期召开银政企合作领导小组工作联席会议，由政府组织，各相关企业和各金融机构参加，在会议上通报近期银政企合作落实情况、企业融资需求及银行资金情况等，总体把握下一阶段银政企合作方向。举办专项对接活动，促进科技项目或企业与金融机构深度对接，并可根据需要每年不定期组织 2～3 次专题对接活动，如对符合对接范围的企业，实行一次性集中对接；根据企业规模、行业、融资需求及各金融机构的相关金融产品，实行专项对接；根据企业所在区域进行划分，针对不同区域的企业实行区域对接等。

第三，合作搭建市场化的投融资主体。对于融资主体不明确的科技项目、基础设施等，在政府主导、科技金融机构推进下，可多方合作建立市场化的科技平台公司，作为建设和融资主体。转变科技固定资产投入模式，由科技平台公司聘用专业团队负责区域科研设备的购置和管理。完善国有资本科技投入产权机制，建立现代化法人治理结构。

### 8.3.4 完善研发创新激励机制，激发主体创新动力

构建合理有效的激励机制是推动创新体系有效运转的重要环节。在构建创新

体系的激励机制时,应当注意物质激励和精神激励相结合,充分分析各参与主体的利益关系和动机,有针对性和有侧重点地运用适当的激励手段,以形成较好的激励效果。最主要的激励机制来自政府部门的激励手段和有关政策,政府部门应该优化有关激励措施来实现要素资源的合理配置,对创新体系的各方参与主体进行激励。对愿意参与到创新体系之中的高等学校、企业以及金融机构给予一定的优惠政策,比如对愿意提供资源的企业可以实行一定程度上的税收减免政策,积极鼓励各参与主体真正融入创新体系的构建当中。同时,高等学校可以通过情感教育、优化高等学校中的奖惩机制、创新课程的学分设置等措施来激励学生创新创业的热情,并且高等学校还可以通过校园网络文化的功能构建等课堂以外的方式来构建创新创业的激励机制。企业内部也可通过建立一套完善的企业内部激励机制来提升创新效果与避免"委托-代理"问题,如推行股票激励、限制股票奖励以及员工持股计划等期权激励机制,调整企业结构,完善内部晋升制度等实现企业的研发人员、职业经理人与企业长期战略利益的紧密联系,激发企业凝聚力和创造力。

### 8.3.5　构建风险控制和绩效评估机制,消解技术转化过程风险

完整的风险控制流程包括从风险识别到风险诊断,然后实时监控进行风险跟踪,最后采取相应的风险控制措施等环节。该过程能有效降低产学研协同创新过程中的契约风险、技术研发风险、成果转化风险、成本共摊风险、资金风险及由市场信息不对称引起的信用风险。具体而言,政府采取的风险控制措施的实践包括:① 对科技创新团队组建、创新项目进展、产业发展、高科技联合攻关等过程进行全方位监控,深入挖掘市场信息,建立技术保护体系,有效降低创新主体在研发项目选择、资源投入和市场推广等方面的风险。② 建立贡献评估体系,监督指导设计合理、公正的产学研协同创新契约,规范各创新主体的责、权、利。政府、企业、高等学校和科研机构等应该通过合理的风险共摊和消纳机制,积极分担创新风险,有效降低各个创新主体的风险损失。具体而言,在知识创新阶段和共性技术创新阶段,依托协同创新体系中的高等学校、科研机构,可以详细了解企业需求,研究人员可以参与全程跟踪指导,针对性地解决成果设计缺陷、性能不优和成本控制不合理等各种问题,让创新技术和企业生产无缝对接,从源头上努力克服技术"水土不服"的困局。协同创新体系因中介机构的加入,可以就技术的成熟度、适用性、先进性、市场应用前景等方面展开深入了解,对技术成果的应用价值和市场价值进行客观评

价,有效降低技术市场转化的风险。无论是末端治理技术创新、工艺创新,还是产品创新均涉及对生产材料、设备的更新,需要充足的资本来作为保障,金融机构可以积极协助高等学校、科研机构等学研机构和企业对接风险投资,为技术转化争取更多的社会资本资金支持,实现创新链与资金链有机融合。

第一,建立并完善科学的产学研协同创新绩效评估体系。合理、有效的绩效评估机制要符合科学性、系统性和可操作性三大指导性原则。科学性原则要求从产学研协同创新体系中各创新主体间的实际关系出发,构建能客观反映实际应用的绩效评估指标体系;系统性原则要求从产学研协同创新完整的创新过程出发,全面详细地分析协同创新系统中企业、高等学校、科研机构、金融机构和科技中介的协同绩效,构建具有整体性且有关联性的评估指标体系;可操作性原则要求绩效评估机制不能单一化,要在定性研究的理论分析基础上结合定量研究,构建可量化和可操作的评价指标体系。产学研协同创新绩效评估机制的具体实践可从创新环境、创新成本、创新收益等方面进行综合评价和分析。

第二,促进建立四方风险分担机制,共同监督化解融资风险。建立银行、政府、担保机构和企业间的联合监督机制,防范信贷风险和廉政风险。借助企业信息促进会以及融资平台数据库的信息共享功能,及时了解科技企业及项目经营动态情况。落实逃废债务黑名单同业共享信息机制和同业联合制裁制度,定期约谈逃废债企业及项目负责方。通过建立高效的金融合作工作组织体系和运行机制,开展与城市商业银行、城市信用社、农村信用社等金融机构的金融战略合作,提升金融整体竞争力和维护金融安全,不断满足经济建设与创新发展的融资需求。弘扬诚实守信的社会风气,共同建立健康的金融生态环境。

第三,合作构建企业诚实守信的激励约束机制。在信用建设过程中,科技金融机构应与政府、助贷机构等合作,倡导并推动建立企业信用激励与约束机制,共同营造良好的制度环境。一方面,建立中小企业信用征集系统和信用评价(打分)系统对中小企业的信用等级评价结果进行运用、公示,增强中小企业守信意识;另一方面,根据履约状况和信用等级对诚实守信的企业进行贴息和降息优惠,对违约企业进行级别处罚并视情节轻重向社会公布其失信行为乃至开除信用促进会。通过信用激励机制建设促使企业加强信用管理。

### 8.3.6 扩大创新成果需求市场,培育产业创新融资环境

第一,引导不同阶段的科技主体寻求不同层次的资本市场。从科技金融市场

全局出发,明晰不同类型资本市场的层次定位,发挥市场导向作用。对于已进入规模化生产的成熟类科技企业,应对其持续培育并支持其在主板市场融资。对于已度过危险阶段的发展期高新企业,鼓励其在创业板融资,规范公司制度安排和管理架构设计,有序进行股份制改革,提高经营效率。对于尚未能满足上市标准、处于成长初期的中小微科技企业,推动其在新三板市场和区域性股权交易市场寻找融资困局突破口。

第二,协助建立健全转板制度和退市制度,形成对挂牌企业的激励、惩戒机制。科技金融机构可协助政府推动建立区域性股权交易市场,尽早建立和完善挂牌企业转板制度和退市制度,建立区域性股权交易市场和其他更高层次市场优势互补、错位发展的对接通道。遵循挂牌企业"升板自愿、退市强制"的原则,符合转板标准的企业可以申请转板,不符合挂牌标准的企业将被责令停牌、摘牌,甚至退市。激励挂牌企业改善经营管理,规避被退市风险,以及进入更高层次的资本市场进行融资。

第三,推动债券交易市场建设,拓宽企业直接融资渠道。选择债券融资方式的科技项目和企业较少,科技资本在债券交易市场活跃性较低。推动完善科技债券市场的结构设计和交易制度,重点分析企业债券发行可能性,支持高评级的大型科技企业发行企业债筹措资金,中小科技企业可选择集合债券方式或单企业发债、多企业捆绑证券化等形式填补资金敞口,并通过债券投资和债券承销给予支持。

第四,支持地方知识产权交易市场建设,促进科技成果的经济效益转化。知识产权管理部门与科技金融机构应严格管理知识产权,共同创造和维护知识产权市场,促进知识产权交易,实现知识产权价值。积极支持具有知识产权运用保护意识的企业,基于知识产权的价值提供融资,切实帮助企业和创新主体申请、维护产权和降低成本。通过融资推动,完善企业内部知识产权制度,支持企业通过知识产权获得融资。加大支持科技型企业间的并购重组并支持国有企业、有实力的民营企业收购本行业内创新型企业的创新成果,实现知识产权和生产能力的整合,助力创新型企业的知识产权通过并购行为实现创新收益。

第五,推动信用担保建设,提高担保机构担保能力。当前的信用担保资金,主要来源于财政拨款和部分社会资金,资金来源有限且规模较小,极大地限制了信用担保机构的担保规模和担保能力。信用担保制度不完善、市场发育不完全使得商业性金融不愿意涉足担保领域。科技金融机构可以依靠国家信用,通过与政府合作,在政府承诺并落实财政补偿、建立损失补偿机制、增强还款能力的情况下,向担保机构发放长期贷款,用于补充担保资金,以增强信用担保机构担保能力,为更多科技融资主体提供信用担保。

### 8.3.7 科技创新体系建设的经验考察

1. 技术引进型创新体制建设——日本

与西方发达国家相比,日本在经济发展初期的基础薄弱,科学技术的研发力量不足,缺乏欧美那样搞自主创新的现实条件。更何况,如今科学技术的发展日新月异,发挥学习效应,引进而非独立开发不失为日本这样的后发国家的明智之选。因此,日本的区域创新体系具有技术引进的突出特征。

"模仿-反刍"式技术创新。第二次世界大战后的最初几年,由于基础科学相对薄弱,日本采取了"引进技术为主"的战略模式,这种模式与美国重视基础研究,通过科学创新技术,最后运用到生产的"科学-技术-生产"的创新模式有着本质不同,它是先通过购买、引进技术,再针对生产过程进行改造的"生产-技术-科学"的一种创新模式。即在工业最新技术方面绕过基础理论研究和应用研究,完全在引进外国先进技术的基础上,经过"过程创新"实现国产化,并形成规模经济,从而达到实现工业化的目的。我们把这种以吸收先进技术为主导的过程创新称为"吸收型创新"。建立在技术引入基础之上的创新使日本企业在技术进步上的起点很高。日本企业重视新产品开发,引进的技术被日本稍加创新即生产出新的产品,并且这些新产品很快反过来被出口到技术引进国,赚得的外汇又可以用来引进新的技术成果,然后再创新,如此循环。所以,日本企业的发展往往投资少、效益快、质量高。值得一提的是,日本技术创新模式的本质内涵是"模仿-反刍"式技术创新,即首先大规模地引进被模仿企业的专利技术,甚至流水线生产技术,然后进一步采用"反刍"式技术创新。也就是说,企业通过引进技术专利或者关键性技术生产要素,先植根在企业生产线中,然后像牛反刍那样,再将这些引进的技术放在企业的创新平台上进行分解剖析,针对国内市场化的方向,对关键性技术进行再次改造,改变技术的组合方式以适应市场的需求。通过信息的不断反馈,反复调整生产结构,进行"反刍"式消化吸收,以保证该产品的生产线能够很好地与市场需求同步。在这种技术创新模式的推行过程中出现了这样一个很有趣的现象,即日本许多行业的专利技术虽然都来源于欧美,却通过二次反刍创新,使得日本企业的技术竞争力远远超过被引进的欧美企业。但在 20 世纪 90 年代之后，缺乏创新原动力的弊端在日本日益显现。虽然通过技术追赶在短期内可以带来高速增长，但是长期以来，过度依赖对外来技术的模仿和吸收，会导致在基础研究方面的投入不足，而使日本的自主研发能力越来越弱，最终削弱日本的国际竞争力。因此，从 20 世纪 90 年代中期开始，日本的创新战略发生了变化。1995 年 11 月，日本国会通过了《科学技术基本法》，明确地将基本国策确定为"科学技术创新立国"，从此日本的创新战略从"技术立国"战略变为"科学技术创新立国"战略。二者的不同在于前者主要通过引进和转化来追赶欧美的先进技术，而后者更加注重基础研究和自主创新技术研究。

龙头企业发挥主要作用。日本技术创新体系有一个特征，即大企业在其中起主要作用，中小企业的地位与欧美各国的中小企业相比较低。在日本的民间企业中，研发费用的接近 40% 都被前 10 大企业所占据。从研发费用的金额看，日本技术创新体系中大企业的作用依然很大。日本大企业的研发大多是利用公司内部的研究所等丰富的内部研究资源进行的，因此大企业对于包括产学研合作在内的外部合作，往往是比较消极的，因为企业之间以及企业与大学之间研究人才的交流还不够活跃，跨越组织的研究协作及网络还没有建立。但是，最近这种以大企业为中心的日本技术创新体系也发生了变革，即大企业也开始积极探索与外界展开研发方面合作的有效渠道，而且这种动向有日益增强的趋势。随着经济全球化的发展，韩国和中国这样的东亚国家对技术的追赶使得技术创新的竞争日益激烈，大企业想要在自己公司内部进行所有的研发也变得困难起来。随着高新技术的进步，医药品产业的研发过程也发生了相应的变化，研发中科学知识的重要性日益提高，这也是促使企业积极展开外部合作的重要原因之一。

以产业为主导，实现产业发展与政府协作。以产业为主导是日本技术创新模式的又一大特征，产业界在 R&D（研究与试验发展）资金投入的来源和使用方面都承担着主要作用。1989 年，日本全国研究开发经费总额中产业界投入的比重超过 70%，而美国、英国与法国产业界的研究开发经费均只占到全国的 50% 左右，这表明日本产业界在技术创新活动中有明显的主导地位。从政府承担的 R&D 支出比重来看，日本相对于其他发达国家而言较低，政府对产业 R&D 活动的资金投入较低，对研发活动的支持力度不大，产业界是研发活动的主要执行者。在以产业为主导的技术创新体系下，日本的研发活动更直接地与市场需求相连，在产业化过程中，强调研发活动要能尽快对市场需求做出反应，从而不断扩大市场份额，增强产品的国际竞争力。这种研发模式通常被称为市场驱动型研究与开发,与依赖于内部发现和发明创造的发现驱动型研究与开发活动相比较,市场驱动型研究与开发活动则强调有选择地引进对市场需求适应性较强的国外先进技术。在政府与企业关系方面,日本政府主要是对企业的技术创新活动进行诱导、扶植与保护,企业和政府之间保持紧密协作,这与欧美国家政府与企业之间的契约关系是不同的。政府负责协调和管理企业的技术创新活动,主要体现在以下三个方面:一是对企业采取直接的协调性干预;二是制定产业政策来引导企业未来的发展方向;三是提供相关的信息服务来促进技术创新活动的开展。如 1983 年,在通产省(经产省)的干预下,日本的八家大型电器公司联合起来成立了"新世纪电子计算机技术开发机构",使日本的电子计算机研究有了重大突破。与此同时,日本的产、学合作却一直不发达,直到 1983 年日本政府才允许国立大学与工业界进行合作研究。

2. 政府主导型创新体制建设——印度

与其他国家相比,印度的区域创新体系中的政府推动作用特别突出,这与印度落后的发展中国家身份不无关系。印度经济的快速发展已经引起了全世界的高度关注,高新技术产业在其中的作用不容小视。近 20 年来,印度政府一直非常重视信息、生物和材料这三个高新技术产业领域的发展。印度政府的国家发展战略以发展高科技、提高综合国力为核心,经过几十年的努力,已显现成效。

正确定位竞争优势。印度的软件业位居世界前三名,在当今没有任何一个发展中国家能够与之相比。截至 2010 年,印度已在全国建立了 18 个软件技术园,其中有 6 228 家注册企业,累计出口 96.31 亿美元,其中软件出口额达 43.59 亿美元,占全国软件出口额的 74%。印度区域创新体系的代表——班加罗尔已经成为全球第五大信息科技中心,到 2001 年已经拥有 4 500 家高科技企业,更吸引了 250 多家跨国公司(如 IBM、Motorola、Cisco 等)在此驻足。印度之所以让政府在区域创新中主导,主要是因为市场、技术和基础设施的落后,而选择软件业作为创新的突破口,正是发挥其软件人才竞争优势的体现。20 世纪 70 年代,计算机在印度工业界得到应用,那时候计算机还仅仅是作为一种生产工具。经过十几年的发展,到 20 世纪 80 年代中期,印度在发展计算机软件方面的优势和潜力渐渐凸显出来。印度政府意识到了这一点,于是在 1986 年出台了"计算机软件出口、开发和培训政策",以鼓励印度软件业的发展,这一政策的实施效果十分明显,它为印度培养了大量的优秀软件人才。但总体来说,印度仍然是一个落后的发展中国家,其基础设施、市场制度和政策环境仍存在不足,这就使得软件业的发展缺乏独立发展的物质基础和市场条件,在营造良好的市场环境和政策环境方面,政府的责任当仁不让。今日印度已成为发展中的科技大国。

产业政策支持技术进步。印度政府积极鼓励发展信息产业,采取了一系列有效措施,如对信息产业进行政策扶植、合理规划高新技术产业带、对知识产业实行税收等方面的优惠待遇等。印度积极引进外资,通过鼓励外国企业前来印度投资,吸引本国的外籍人归国投资等途径来发展信息产业。另外,印度政府还通过实行私有化来促进信息产业间的良性竞争,以提高信息产业的生产效率和资源利用率。在税收政策方面,印度政府规定:对用于进出口的软件产品免征双重赋税;完全出口软件的营业所得税可以免除。在金融政策方面也做出了调整:以前印度对软件企业的银行贷款是通过评估企业资产进行的,现在改为合同评估;另外,软件企业可以比其他企业优先享有银行贷款。在投资政策上规定:在政策性的金融机构设立专门的软件产业风险投资资金,加强对软件产业的资金支持力度,鼓励和促进符合条件的软件企业公开上市募集资金,以缓解软件企业的融资问题。上述种种优惠政策使印度软件业成为受政府干预和管制最少而得益最多的行业。

重视人力资源的培育和储备。政府不拘一格,大力培养人才。印度的软件人才库在世界上排名第二,拥有软件人才 34 万人,仅次于美国。印度的基础教育十分落后,但政府长期以来都十分重视高等教育,注重尖端人才的培养,由政府拨款的教育经费约占 GDP 比重的 4%,大大高于同为发展中国家的我国,其中教育经费的 1/3 投向了高等学校。印度政府主要通过以下四种途径开展人才培养:① 设立各种公立院校。20 世纪 60 年代,印度第一任总理尼赫鲁按美国麻省理工学院的标准,指示政府建立了 6 个印度理工学院。如今这些理工学院毕业生质量可与美国麻省理工学院相媲美。仅每年理工学院毕业生,就可为印度增添 7.3 万名新软件技术人员。② 发展私营的商业性培训机构,这已成为人才培养的重要补充。这类培训机构已超过 1 000 家,每年能够培养数万名专业人才。③ 吸引海外留学人员回国创业和工作。政府鼓励人才自由流动,这些人才只要能够回印工作就能带来相关的经验和技术。④ 通过院校与外国大公司联合办学,如一些理工院校同微软、英特尔等公司联手办学,着力培养高质量人才。

3. 市场主导型创新体制建设——瑞士

瑞士的国家创新体系强调市场主导、私人部门优先。瑞士的劳动力、资本、商品及服务均以市场竞争为导向,市场的对外开放度高,灵活性强,接受新事物、新知识的速度快。大企业因为承担维系着高等学校、中小企业和服务商等多边网络的责任,在瑞士的国家创新体系中扮演着主体角色。瑞士的大企业平均研发投入比重约为36%,大企业的创新活动为社会创造了大量高质量的岗位和培训机会。通过积极引进外来知识、加强高等学校和本地企业合作及开展国际技术转移等措施,强化本地科研网络,推动瑞士国家创新体系的有效发展。

独特的学徒制人才培养体系。瑞士通过积极搭建特色分明、有机融合的高等教育体系,为创新体系的发展提供高质量的人才储备,并成为承担基础研究的主力军。瑞士教育制度的特点是多层次、高质量,形成了2所联邦理工大学领军、10所州立大学支撑和7所高等专科学院辅助,品牌效应强、国际化程度高的高等教育体系,既注重培养高层次科学家,同时也注重培养工程师,良好的居住和工作环境使瑞士社会对国际人才有很强的吸引力。瑞士有较为独特的学徒制人才培养体系,这一体系的核心是"干中学"的理念,注重对实际技能的培训。没有学历的青年人有机会进入实际操作性较强的工种,与资深工程师或技术人员形成"师徒"关系,通过实践活动的开展促进理论学习的深入领会,经过若干年的实践和学习,最后也可以有机会获得学位。瑞士学徒制教育理念延伸了教育的外延,使教育不再"唯学历",而是注重动手能力和创新能力的提升,培养的人才具有很强的实践能力和动手能力。

优越的基础保障和支撑体系。瑞士多种语言文化并存的文化特征,为多元主义和谐共存奠定了基础。通过加强不同地区与文化亲缘的邻国间技术与人才的交流,使各类型的社会组织能够蓬勃发展,积极参与到科技创新活动中来。瑞士为创业者和科研人员提供了全球领先的保障和支撑体系,包括完备的基础设施、较低的企业税负、稳定的政治和法律环境、高质量的生活水平等。同时,国家管理简洁而高效,对知识产权的保护规定非常完善,极大地保护了企业和个体的创新积极性,并吸引了全球顶尖人才汇聚瑞士。

积极的国际合作战略。瑞士通过积极参与国际合作推动开放创新。在2004年与欧盟国家签署第一批双边协议后,瑞士作为联系国积极参与欧盟研究框架相关项目和教育项目,包括欧盟研究框架项目"愿景2020"及教育和青年项目"Erasmus+"(2014—2020)。此外,瑞士还积极与欧洲以外的国家开展科技合作,现有合作伙伴包括中国、日本、韩国、印度、南非和巴西等。瑞士通过境外使领馆建立外部网络,设立了5家瑞士科技文化中心(Swissnex),主要用于支持瑞士高等学校、科技企业和科研机构开展国际化相关工作。

4. 网络集群型创新体制建设——美国

与瑞士主要依托大企业引领国家创新体系建设理念不同,美国更加重视由政府主导的创新组织机构建设。1990年美国成立总统科学技术顾问委员会(PCAST),该委员会由来自大学、企业和非政府组织的专家组成,从宏观层面上为美国国家科技政策的制定提供咨询和建议。1993年美国又成立了国家科学技术委员会(NSTC),致力于打造全国制造业创新研究网络(NNMI),由联邦政府出资10亿美元,在10年内创建了15个制造业创新研究所(IMI)。2015年,美国国家科学基金会投入2500万美元实施"创新军团计划",并投入600万美元支持"从实验室走向市场"的跨机构网络化合作。

政府大规模科研经费投入。美国是全球的高科技中心,很多国际领先的科学技术都源于这个国家,这与美国每年巨大的研发投入是密切相关的。"曼哈顿工程"的实施,奠定了美国国家创新体系的基础。进入21世纪后,美国政府更加重视对创新文化的推动,通过增加政府预算、税收优惠政策、专利保护等多样化措施来鼓励科研和创新。例如,2009年奥巴马政府通过了一个经济复苏法案,投入超过1 400亿美元,加大对美国创新、教育和基础设施建设的支持力度。据美国国家科学研究委员会的报告显示,2017年美国的年科研投入已经达到4 960亿美元,占据全球总研发投入的26%,相较于2006年1 340亿美元的科研经费投入,有较大幅度的提升。

高等学校、企业和政府形成紧密的三螺旋形态创新联盟。对于关乎国家发展战略的重大科研项目,美国政府牵头成立政府、高等学校和企业合作的研发团队,其中高等学校主要承担基础研究领域的研发,企业专注于将基础研究领域的成果向生产力转化,政府提供资金和政策支持。通过三螺旋结构创新联盟的建立,调动了高等学校和企业的研发积极性,既能促进原始创新,又能提升企业的创新活力。

多元化的人才培养模式。美国为不同人群的教育需求制定了分级清晰的教育体系。美国的高等学校分为3个层次:社区大学、一般性州立大学和高水平研究型大学,能够满足不同层次人才的教育需求。近年来,美国实施STEM工程,加大对科学、技术、工程和数学领域人才的培养,美国政府累计投入2.4亿美元来扶持STEM计划的开展。通过建设多层次的人才培养体系,美国为创新体系提供了强大的人才支撑。

空间集群促进知识共享与创新发展。通过将创新要素汇聚到一个相对集中的区域,形成创新空间集群,是美国创新体系建设的一个重要特征。空间集聚式创新能够大幅度提升创新效率,促进知识在创新主体间的快速流动,为美国产业集聚和创新集群建设发挥积极的推动作用。比较具有代表性的创新空间集群之一是美国旧金山湾区。旧金山湾区是美国西部第二大都市区,位于沙加缅度河下游出海口的旧金山湾四周,占地面积 1.8 万平方千米。2017 年湾区的总人口为 773 万,人均GDP 高达 10.8 万美元。20 世纪末,旧金山湾区抓住信息产业腾飞的机遇,迅速发展以互联网产业为核心的信息经济,在很短的时间内涌现出 Google、Apple、Facebook、Twitter 等创新型大型企业,奠定了其全球创新中心的地位。湾区的产业以科技为主,依托信息产业带动了金融、旅游和其他服务业的发展壮大,最终发展成为全球人均 GDP 最高的世界级城市群。从就业结构看,湾区计算机、数学、商业、金融和管理等行业的从业人员占比明显都要高于美国其他地区。科技人才和科技型企业的不断汇聚、政府创新政策的大力推动以及区域内部的有机协同,为湾区科技产业的迅速发展提供了重要保障。

# 8.4 政策法规保障

### 8.4.1 搭建创新配套政策

科技部要为科技创新体系建设提供政策支持。科技政策是创新政策中不可或缺的一部分,在追求创新驱动的过程中,需要把重心放在创新政策上,追求创新政策与科技、产业、财政、税务、金融和教育等各项政策的相互融合,并促进政用产学研创新链条各环节的政策相互协调。

加大对科技创新体系建设的直接资金支持力度,并且支持对科技创新资金分门别类。例如,按照项目分类,可以分为基础类项目和竞争型项目;按照阶段分类,可以分为启动阶段、研发阶段、中试阶段和产业化阶段;或者按软件和硬件类别进行分类,给予资金投入。这样不仅可以确保每个阶段或每个环节都有充足的运行资金,还能使资金投入发挥最大功效,避免资金浪费。

制定合理的人才优惠政策,引进高质量研发人才。对于高级技术研究人员,着重提高其薪资待遇,重视住房、交通、子女教育问题;对于基层工作人员,也要适当提高其薪资待遇,保证行业从业人员数量。创新与全世界范围内知名高等学校、科研机构的交流、合作机制,例如医药产业,探索医药产业人才发展新路径,结合生物医药产业创新发展所需,鼓励高等学校和科研机构加强人才培养,共同探索与企业联合培养模式,扩大适应市场需求的生物医药类人才培养规模。

加快国家高新区建设,发挥高新区在城市创新系统建设中的带动性作用。总结我国高新区建设经验,有序扩大国家高新区建设范围,充分考虑地方科技与经济发展差异,避免单一化、一概而论的一元化做法,倡导多元化发展战略。坚持因地制宜、一地一策的原则,提高我国高新区建设模式的包容性与灵活性。进行有效的跟踪评价与监测,及时调整园区建设方案、功能定位与配套措施,发挥高新区建设对城市创新的带动作用。

加强对企业创新活动的引领和支持,激励企业积极开展研发创新活动。在实施补贴政策的过程中,政府应当在一定程度内向具有发展潜力的低效率企业倾斜,引导低效率企业合理规划投资,推动企业规模合理扩张,促进企业全要素生产率提升。但在这一过程中,要合理判别企业发展潜力,避免对僵尸企业沉淀成本的打捞。研发是企业全要素生产率提升的直接驱动力量,应当通过补贴缓解企业研发活动所面临的资金约束,对具有市场前景和发展潜力的研发领域给予更高额度的研发补贴,引导企业研发投资方向。要提高政府补贴政策的透明度,降低补贴过程中的信息不对称,警惕企业在申请补贴过程中的弄虚作假和投机行为,有效约束和防止补贴过程中的寻租和腐败行为,切实提高政府补贴对企业研发活动的激励和引导作用。此外,要防止政府与国有企业间"父爱情结"对补贴政策的干扰,避免国有企业产生"补贴依赖症";也要避免过分依据经济指标制定国有企业补贴政策的行为倾向。应当合理评估国有企业在推动宏观经济创新发展中的责任和外部性作用,综合考量其在经济社会发展中的战略性地位及其经济价值,科学制定和实施相应的补贴措施。

### 8.4.2 强化法律保障支持

国家对科技创新体系建设的顶层设计需要靠法律制度作为保障。《中华人民共和国知识产权法》是基于《中华人民共和国著作权法》《中华人民共和国商标法》《中华人民共和国专利法》《计算机软件保护条例》等法律的集合。由于颁布时间较早,而且多个法律有可能出现相互冲突的地方,因而要根据经济和科技发展特点设计完善知识产权法律法规体系,适应不断创新的产学研合作形式,保障各方利益。应该完善科技立法,专门为政用产学研科技创新体系进行专项立法,将该链条涉及的所有主体和主体之间的权利、义务和关系加以整合规范,营造良好的法律环境。

通过立法规范市场竞争和科技创新活动,规范政府各机构、各部门的职责履行与协同合作。政府的责任是引导用户健康消费,因此要在法律中对用户的消费行为进行规范,引导用户给市场和企业发出正确的需求信号,促进绿色的政用产学研科技创新体系建设。有了明文法律后,更重要的是有效执法和严格司法,保证在执法过程中与司法相衔接。政府要明确自身在政用产学研科技创新体系建设中的执法内容和范围,比如在知识产权保护的行政执法过程中,时刻进行执法程序和执法标准的审查,并保证在行政执法的各个环节中都能够向司法标准看齐。

### 8.4.3 完善金融保障制度建设

第一,推动建立科技金融专营制度。科技金融专营制度是指政府将科技金融政策的落实指派给专门的金融机构。鼓励区域内银行等金融机构丰富科技金融专营部门,支持银行依托高新区、企业孵化器等新设或者改造部分支行成为专门从事科技金融服务的科技支行,申报设立以服务科技型中小企业为主的民营银行、新的金融租赁公司、企业财务公司、担保基金、政策性银行等。

第二,完善科技金融信息披露的社会制度。基于科技金融机构的社会性,建立科学的评价指标、披露标准与方法,对目标完成请款、财务情况、风险、治理结构及其他重大事项进行披露。强化信息披露监督,实行核心披露与补充披露相结合的制度,确保信息的真实性和完整性。引入外部审计制度,让社会中介机构承担信息披露真实性的审计和分析责任,引导市场对其做出合理评价。改进信息披露手段,建立专门网站,为相关人员服务,使相关人员及时获取披露信息,更准确地掌握开发性银行的经营状况。此外,可以改进发言人制度,及时做好突发或重大事件的解释工作。

第三,推动建立健全科技金融监管法律法规,强化不同类型科技金融机构的功能区分。建立专门的法律法规体系,运用立法确定不同科技金融机构在区域从事科技创新金融活动的性质定位、运营规则,明确开发性银行、商业性银行和中央银行的关系以及政府的支持方式、监管模式等。实行依法经营,依法监管,使科技金融机构依法履行职责,维护权益,构建自己的风险管理体系和绩效评价体系。监管部门明确监管工作,形成合理的监管体系,对商业性银行和开发性银行实行不同的监管模式。

完善特许经营制度。重大科技项目和重大科技基础设施的科技创新产出中,公共产品性质较强,政府资本和管理扮演着重要角色。实际转化为生产力时,政府仍要履行公共资产与运营监管的职责,如市场准入、项目运营、设施安全、价格调控等,建立监管工作机制。这就需要对公共产品的运营管理权进行特许授权,对经营者提供有偿商业服务、公共管制服务、生命安全服务、享有运营收益等相关制度进行界定。科技金融机构应通过具体实践,协助完善特许经营制度,制定市场主体获取特许经营权的基本原则、经营责权利划分等。

完善对科技金融机构的考核评价制度。科技金融机构的经营目的是实现社会效益与经济效益的统一,即在经济效益的基础上实现科技发展目标,因此考核评价也应从这两方面考虑。在社会效益方面,可由上级主管部门设立评价委员会,成员可来自外部监管部门、同行、科技金融扶持对象、相关领域专家等,具体分析科技金融在实现重大科技专项、促进科技创新中的作用;在经济效益方面,可参考商业银行的评价标准,包括产品销售情况、服务满意程度和经营业绩等领域的指标,同时,服务于国家战略类、合规经营类和风险管理类的指标权重应该高于指标。

推动担保机构与企业的法人结构与管理制度完善。科技金融机构在与信用担保机构进行合作的同时,可参考原有经验提出其内部控制制度的改进和完善意见,强化担保机构内部风险控制。除了为企业提供资金支持和担保支持外,科技金融机构可以利用专业优势和信息优势,通过组织业务交流、培训、课题、论坛等形式,提供业务培训、财务顾问、信息咨询等服务,帮助企业建立科学的风险测评、风险监控和风险化解手段和方法,提高从业人员的业务素质,增强企业的管理意识和管理观念。通过信用评价体系将法人治理结构、管理制度等作为衡量企业信用等级的重要参数,推动企业法人治理结构和现代化制度体系的建设。

### 8.4.4　规范政府参与行为

完善政府官员激励与约束机制。应当加强对地方官员发展观念的引导,树立创新发展理念。地方官员是主导地方政府行为的核心主体,而官员所面临的激励与约束机制一定程度上决定了官员的行为,并进一步影响政府在创新活动中的职能发挥。在晋升锦标赛机制下,地方官员会过度重视经济规模,忽视经济发展质量、效率和水平。因此,应当树立地方官员的创新发展理念,培育正确的政绩观念,使得地方官员在思想上重视创新,在行动上着力推动创新。要完善地方政府推动科技创新的绩效考核机制,将地方创新发展水平、创新发展质量和效率纳入官员绩效考核标准,对于创新驱动发展战略实施有力的地方政府官员予以适当表彰与提拔,提高地方官员参与和支持创新活动的积极性。要加强对地方官员参与创新活动行为的监督,对于地方官员重生产、轻创新,重数量、轻质量,重规模、轻效率的错误政绩观和经济治理观念予以批评和纠正,对于创新发展战略执行不力的地方官员予以约谈甚至处分。

提高政府官员专业素养,促进政府行政效率和水平提升,提高政府创新政策的科学性和合理性。科学合理的创新政策和高效的公共服务是高效发挥政府作用、推动地方经济实现创新发展的重要保障。而只有地方官员重创新、懂创新,才能够有效地推创新、促创新。因此,加强地方官员专业素养是提高创新政策科学性和合理性以及政府公共服务质量和效率的重要前提。应当提高官员,尤其是科技部门官员的专业素养,定期组织国家创新政策学习班,加强专业培训和技能考核,提高官员科技素养。要加强地方政府之间科技创新政策的经验交流与分享,借鉴和推广成功做法与典型经验。在不确定性较高的政策实施前,要坚持试点先行,做到逐步完善和有序推广。要逐步推行轮岗制度,保证政府科技部门官员具有更加宏观的视野,培养全能型科技官员,提高地方创新政策的高度和水平。

加强对政府创新支出行为的监督,降低寻租和腐败对财政支出行为的扭曲。寻租和腐败是创新系统运行的绊脚石,会扭曲政府财政支出行为,抑制政府参与区域创新系统建设效果,不利于区域创新系统建设和创新水平提升。因此,应当进一步加强反腐力度,警惕企业寻租和官员腐败对区域创新系统运行的破坏性作用,加强对政府财政支出过程的审计与监督,提高政府在配置创新资源行为方面的透明度,对科技创新过程中的寻租和腐败行为采取零容忍态度,加大科技领域腐败惩戒力度,深挖创新驱动发展战略背景下的反腐红利。要加强对政府科研项目设立过程和审批过程的监管和审查力度,提高项目审批过程的透明度,进一步规范化、制度化科研项目设立、申报、审批和结项流程,防止项目滥设、虚设,提高科技项目承担方落实政府项目的积极性和主动性,严把项目质量关,减少甚至杜绝"突击花钱"等抑制创新资源使用效率的行为,提高政府科技项目质量和效率。应当努力构建良好的政商关系,保障政府创新资源配置的合理性,警惕地方官员与企业高管之间勾结和相互寻租的行为,降低甚至杜绝不正当的政商关联对政府科技支出行为的影响。

# 8.5　服务平台搭建

## 8.5.1　构建多主体的科技金融服务平台

坚持以市场为导向、企业为主体、政策为引导,融合科技投入机制和人才培养机制,拉动投资主体多元化,推进产业金融快速发展,构建多方参与的科技金融服务平台。其主要组成部分有参与科技金融活动的企业、科研机构、高等学校、政府部门、金融机构、社会中介机构以及必要的基础设施等,依托平台有效整合各主体方,促进科技研发成果的产业化、金融化,帮助金融要素与科技要素跨区域结合。建立高等学校和科研机构人才库,构建优势产业融资需求数据库等平台数据库。建立高科技产业信息、人才信息、金融支持信息共享平台,以此为基础积极推进科技金融为产学研赋能。

应积极准备,制定一批专门针对产学研与科技金融结合的政策法规。对开发性金融机构管理、担保制度、贷款管理、风险投资基金管理等方面进行细化管理,使一体化平台的发展有法可依、有章可循。

应发挥政府财政性资金的引导和催化作用。引导科技金融平台内创新型企业增加对研究开发经费的投入,积极宣传引导投资机构、证券公司、担保公司、行业协会、高科技园区、科研机构、中介机构以及企业等各主体加入科技金融平台;鼓励、吸引商业银行以及社会闲散资金向科技金融平台创新创业的投入,引导金融机构增强对科技型企业的关注度,带动金融资本更多地投向创新融合产业,以保障相关科创领域的持续资金支持;扶助中介服务机构的发展,并为相关主体提供税收优惠、奖励金等政策支持。

政府要给予科技金融人才培养项目及高等学校、科研机构一定的资金支持和政策引导。复合型人才培养和人才队伍建设是科技金融平台是否成功的决定性因素,需要政府来引导企业、高等学校等主体相互协同,以促进各类人才的相互合作、优势互补。

开发性金融机构应积极对接政府、行业协会等多发主体,利用快速发展的信息技术,联合构建基于大数据、区块链的科技信用平台,建立覆盖多行业、多部门的企业数据库,整合企业全链条数据,打破信息壁垒,便于受理、筛选、评审、推荐最终融资主体。金融机构在政府引导下积极参与科技创新金融市场的发展建设,为处在不同发展阶段的科技型中小企业速配合适的金融服务方式,为科技企业提供个性化金融服务。科研机构与科技型企业在政府引导下进行有效对接,为企业提供前沿技术服务,实现研发一体化融合。科研机构与政府有效结合,推进政府决策的科学化和合理化,优化政府服务职能。

科技金融服务平台可以挖掘大量的科技、金融、企业数据资源,降低信息的不对称性,通过专业化的技术植入和撮合服务,降低科技金融产业的交易成本,提高交易效率。借助平台充分利用各主体方的合作关系以及政策信息,综合考察企业及项目的资信情况、技术水平以及发展潜力。与投资机构合作,对于融资企业或项目进行具体分析测评。加强开发性金融机构与政策性融资担保机构等的合作,为符合条件的科技创新型企业融资提供增信服务,建立风险分担机制,管控风险。

合作搭建市场化的投融资主体。对于融资主体不明确的科技项目、基础设施等,在政府主导、金融机构推进下,多方合作建立市场化的科技平台公司,作为建设和融资主体;转变科技固定资产投入模式,由科技平台公司聘用专业团队负责区域科研设备的购置和管理;完善国有资本科技投入产权机制,建立现代化法人治理结构。

建立专门的科创金融事业部,并对其进行独立核算。秉承"着眼全局,适当盈利"的原则,在不良率等方面探索实行差异化目标,按照配套融资规划体系对科技创新进行系统性部署和支持。以实施"十四五"科技规划为契机,改变过去单个项目的贷款条件,构建成系统、成地区、成产业链、成社会的符合贷款条件的项目体系。

### 8.5.2 国外科技金融平台模式的对比分析

1. 自发形成的科技金融平台:美国硅谷

美国的科技金融创新模式是最全、最多的,也是世界上最为先进和成熟的,主要模式包括科技工业园区、企业孵化器、工业-大学合作研究中心(IUCRC)、工程研究中心(ERC)等,被各国广泛借鉴。美国政府在搭建创新平台的过程中始终把各主体需求作为基本出发点,积极地提供政策平台,调动各方创新主体的积极性,实行高等学校主导或企业主导的多元参与管理,如 1951 年创建的美国最早的科技工业园区——斯坦福研究园和著名的波士顿 128 号公路科学工业园区等。尤其是在斯坦福研究园的基础上建立起来的硅谷,目前已发展为全世界最大、最著名的微电子工业中心,成为美国乃至世界科技创新的典范。1983 年硅谷银行成立,硅谷银行的成立推动了美国科技金融的发展。硅谷银行是一家随着美国高科技产业的发展而发展起来的银行,是美国 SVB 金融旗下以提供专业科技金融为目的的子公司。硅谷银行提出了独特的经营理念,并将经营理念都落实到运行机制中,创新出具有实用性的客户群、业务实行流程及产品服务、风险控制等方面的运营模式。美国的"硅谷模式"是以大学或者科研机构为中心,进行生产与科技创新相结合,将科研成果迅速转化为商品或生产的一种高技术综合体形式。主要表现为以下四点。

第一,美国政府对科技金融创新平台提供良好的支持,加大与国家实验室的合作,尝试探索新计划,为各项工作的开展奠定了良好的基础。例如,美国提出的"新一代汽车合作伙伴计划""半导体研究协会计划""人类基因组计划"等,灵活利用各类计划推进技术发展,注重高新技术的研发,通过科学技术来推动经济增长。从多个角度分析可以看出,美国政府对科技金融合作创新产生了良好的推动作用,如美国硅谷的发展呈现出自然的过程,政府为其提供了一个良好的发展环境,优化市场秩序,消除阻碍因素。

第二,美国高等学校与企业端积极开展合作,深入进行探索,在发展过程中共同研究课题,并利用其技术优势将现阶段的研究成果合理应用在企业中,实现完整对接,保证研发效果。例如,美国部分高等学校与企业建立完整的合作研究中心,在发展过程中积极吸引相关的机构利用金融手段进行融资,提供资金支持,对相关的技术进行创新,针对行业存在的技术性问题开展探索,深入进行研究,将成果技术应用到各个领域中,为行业提供优质的人才。

第三,建立完善的知识股权制度,利用制度的优势进行创新,促使现阶段的发展环境得到优化,满足实际发展需求。例如,美国的证券交易商自动报价系统使股票市场具有良好的融资环境,为科技金融的创新发展奠定了良好的基础,提供技术、资金支持。有许多科研部门都获得了美国政府的支持,并加强与企业之间的合作,鼓励学校与企业在技术发展上进行合作创新,同时促使企业同学院为主、大学为辅的新源头与产业需求之间形成良好的创新环境,加强创新体系与人才的互动,满足现阶段的产业发展需求。

第四，美国硅谷地区在不断的发展过程中已经形成一种深厚的鼓励创新的文化。以人才为基础，硅谷许多传奇创业故事都发生在较为平凡的场所，如家里、仓库等，并不是在高楼大厦中，由此可见，创新是以人为本，而不是靠物。

2. 以科研带动的科技金融平台——英国

英国的科技金融平台则更重视加强高等学校教育与企业端的联系，增强高等学校面向生产实际开展教学和科研的积极性，在此基础上积极实施了一系列计划，如"法拉第合作伙伴倡议"等。英国政府也充分发挥引导和保障职能，起到了重要的推动作用，鼓励企业投资高新技术，重点支持中小型科创企业。从 1975 年开始，英国政府采取了一系列举措来加强科学和经济发展间的相互协调，实施了"教学公司计划"等多个鼓励高等学校与企业进行合作的计划，大大提升了企业的技术创新和管理水平。

英国在金融科技平台发展方面也在不断进行创新，产生了较大的发展动力，其在形式上与日本存在一定的相似性，展现出独特的官方色彩，其特点主要表现在以下三个方面。

第一，政府发挥了积极的促进作用。鼓励企业进行研发，推进高新技术企业发展，并出台相关的政策，有力地推动了现阶段的科技金融合作，实现整体转移流动，促使科技成果转化及产业化。

第二，注重中小企业的发展。以高等教育为基础，加强教育之间的合作，促使现阶段的经济竞争力得到提升。注重对中小企业的扶持，促使企业呈现出发展活力，活跃在各个领域中，满足现阶段的发展需求，提升技术水平。

第三，出台相关政策。近年来，英国不断地开展创新，以自身的经济发展趋势为基础，针对性地出台了科技创新推动政策，如制定"沃里克模式"。该模式是以沃里克大学为基础开展的治理模式，鼓励大学教授创业，以学术带动产品创新，加强各方面主体的参与，深化推进科技创新，以满足现阶段的发展需求。

3. 政府主导型的科技金融平台——日本

日本经过多年探索，形成了具有自身特色的创新模式，如共同研究中心制度、委托研究制度等。与其他国家相比，日本的政府主导色彩更浓，高等学校和企业的活力不及美英德等国，实行政府推动的单一管理。日本通过建立中介机构，搭建起了高等学校、科研机构和企业合作的平台。几十年的实践证明，依靠政府主导，通过利用金融赋能科技创新带动发展之路，是实现日本经济振兴、跃居世界经济强国前列的重要途径。具体来说,其特点主要表现在以下四个方面。

第一,日本政府对科技金融的支持力度较大,出台了许多政策,加强科研力量,并不断优化研究经费与课题。通过充足的资金支持来促使现阶段的研发不断深入,以政府为主导,全面开展研究,如生命科学领域、情报通信、能源、航空航天等,推动日本全面发展。

第二,日本大学与企业相合作,共同研究。尤其是现阶段,日本突破了传统的制度限制,促使大学与企业进一步合作,如委托研究制度、委托培训、捐赠等,促使各项研究有效开展。通过各项制度的开展推进各项合作研究逐渐深入,创新现阶段的研究成果。

第三,日本政府出台相关的《大学技术转让促进法》,促使相关研究成果合理转化,支持科技创新模式,满足现阶段的发展需求。例如,在日本的部分修正法案中明确规定,现阶段民间企业在国立大学以及国立试验研究机构建立相关的研究设施,其土地费用将给予一定的优惠。

第四,日本创办了相关的中介机构,利用机构的专业性优势,来促使现阶段的科研成果得到转化,并促使大学科研成果逐渐转向民间企业,形成全新的发展市场,针对现阶段进行优化,保证各项工作有序地开展。

上述几个国家的科技金融平台模式都是根据其所处的环境和实际情况发展起来的,是行之有效的。相比之下,美国既大而全,形式多种多样;英国更强调高等学校教育与企业界的联系;日本政府主导特色显著,视产学研协同创新为基本国策。

### 8.5.3　科技金融服务平台的运行机制

科技金融平台中各主体间具有复杂的相互关系和作用,是一个典型的关系错综、结构复杂、目标功能多样的开放性复杂系统,可以将其看作是一个包括多种主体在内的庞大整体,其中的各个子系统也可以看作是一个整体。由于科技金融平台这个整体中包含巨大的信息量和相互作用关系,所以需要处理好平台建设和运行过程中存在的各种矛盾,建立各主体间的相互协调配合机制,以使其内部各主体朝着共同的目标发展,这对科技金融平台的建设和推进科技创新的进程具有重要意义。

1. 促进合作:产学研结合机制和风险共担机制

产学研结合是由产业、高等学校、科研机构相互合作,优势互补,形成集研究、开发、生产于一体的强大系统,并能够在运行中发挥出明显的综合优势,推进科技成果转化的有效途径。科技金融平台将产业、高等学校、科研机构三个主体综合在一个系统内,这就为产学研的结合机制奠定了基础。这就要求既要激发科研机构和高等学校提升科技创新能力,又要使承担风险利益的主体企业愿意投入资金。科研机构和高等学校是重要的服务主体,它为科技金融产业提供创新成果。同时,科研机构和高等学校也是资金和设备的需求主体,需要政府和企业积极投入。政府在该链条中,仍然起到调控和协调者的作用。政府需要通过政策引导和调控,鼓励科研机构和高等学校创新,吸引企业投资,促进企业与科研机构之间紧密结合,以此确保科技成果转化率维持在较高水平。

风险共担机制可以通过相关参与者的共同努力,达到资源和优势互补,减少创新的不确定性,从而缩短创新周期,降低创新风险。针对我国风险投资运用不足的状况,应建立有效的风险投资机制,这涉及投资主体、投资对象、相关的中介服务机构、风险资本撤出渠道、政府的监管体系等方面。在科技金融平台中,风险投资机制的运行需要风险投资机构、企业、政府、科研机构、高等学校以及中介服务机构等多个主体的参与。政府在坚持引导、扶持和有限参与的基本原则下,出台鼓励和引导风险投资的法律法规和优惠政策;风险投资机构应建立完善的内部激励机制和约束机制,为科技成果转化提供资本金支持以及经营管理等方面的支持;相关中介服务机构应充分发挥好咨询、监督、评估等方面的重要作用,为风险投资提供具有针对性和特殊性的专业化服务。

2. 注入动力:激励机制

科技金融平台是一个庞大的复杂性系统,需要行之有效的激励机制来促进各系统要素间的协作。激励机制可以提高科技金融平台中各主体的参与热情与投入程度,吸纳更多的高端技术、人才、资本和信息资源。由于各主体间的利益错综复杂地相互交织在一起,所以此处讨论将科技金融平台视为一个整体,然后通过多种方式的激励来提高科技金融平台整体的运行效果。主要包括:一是股权激励。与传统的股权激励相比,科技金融平台内的股权激励范围更广,将平台内的高等学校、科研机构和企业都纳入在激励对象范围内,且采用的方式更为多样。二是目标激励。科技系统方制定一定时期内的科技发展目标以及所需的资金预算,金融系统方根据该目标制定资金供给等相应的目标,两种目标体系结合共同激发科技系统方与金融系统方实现目标的动力和积极性。三是创新激励。对取得重要创新成果的科技人员以及对重大金融产品或制度创新做出贡献的金融机构人员,根据其贡献大小,给予不同程度的精神和物质奖励。

3. 提供保障:科技投入机制和人才培养机制

在科技金融平台发展过程中,为保障平台内各主体间协同合作的顺利进行,需要资金方面的支持以及人才的供给。

科技投入涉及多种投入资源的配置和各主体要素间的相互协调。投入要素主要指资金的投入,同时还包括技术、物资、人才、信息、政策及管理等方面的投入,主体要素包括政府、企业、金融机构、个人等投资主体。一般而言,在科技活动的研究和开发阶段,政府是科技投入的主要力量之一,而在应用阶段则要引导企业、金融机构和个人的积极参与,从而避免风险累积和产业结构同质化问题。因此,应发挥政府财政性资金的引导和催化作用,引导科技金融平台内高新技术企业、民营科技企业增加对研究开发经费的投入;发挥金融资本的杠杆作用,吸引、鼓励社会闲散资金向科技创新创业的投入;探索基金制、贷款贴息、创业投资风险补偿等多种投入方式带动金融资本更多地投向科技产业。

科技金融人才选择和人才队伍建设是科技金融平台是否成功的决定性因素。高等学校和培训机构是科技金融人才的主要供给主体,科技型企业以及科研机构是科技金融人才的主要需求主体。科技金融平台将大力培养和提供科技型企业所需要的,包括创业辅导、咨询、评估、投资、技术、信息、法律等领域在内的各类人才,以满足企业在成长各阶段的需求。为了避免人才的供给与需求脱节,一方面,需要政府的正确引导和对市场需求拉动的准确把握;另一方面,人才的需求方与高等学校和相关培训机构之间应积极合作,以确保科技金融人才的培养具有较强的市场导向性。此外,企业应努力提高企业专业技术人员的比例;高等学校和科技金融培训机构也要提高教育水平,创新教育方法,确保所推送的人才均能胜任相关岗位。

### 8.5.4 对我国的启示

科技进步与金融服务的相互作用和协同发展对于提高国家的科技创新能力和经济发展水平起着日益重要的作用。对比分析其他国家搭建科技金融平台的模式,参考行之有效的科技金融平台运行机制,对于我国的启示主要有以下五点。

1. 明确科技金融平台的功能

科技金融平台是科技创新与金融体系相结合,共同促进科学研究、技术开发、科技成果转化和科技产业化发展的一系列科技政策、金融政策、金融工具、金融制度、金融服务的系统性安排。应以贯彻国家科技金融政策和推动科技创新与成果转化为己任,以促进科技与金融、产业深度融合,提升科技协同创新能力和优化产业布局为目标,确定金融支持科技创新和产业发展的范围。依据国家的产业政策、区域发展政策和开发性金融机构的信贷政策要求,考虑偿债能力等因素,选定贷款项目。建立联合监督机制,防范信贷风险和廉政风险。打破人才市场信息壁垒,以需求端拉动供给端,鼓励高等学校建立新型人才培养机制。平台各参与主体及其运作环境之间应形成有效融合、相互影响、相互作用的连锁关系,这是科技金融平台职能实现的前提和保障。

2. 探索新型合作模式和金融产品

平台应吸纳大量的科技信贷银行、科技保险公司、风投机构、科技企业以及其他相关服务机构,诸如资产评估机构、律师事务所、会计师事务所等机构,为科技项目与金融服务的对接提供全方位服务。

借助"四台一会"等模式机制与政府及其他主体展开多层次沟通配合。构建科技企业项目数据库,借助信息化手段降低科技金融体系信息不对称。建立市场化项目及基础设施投资建设主体,通过发债包销等方式多样化支持融资操作平台。完善现金流建设与信用建设,整合资源以覆盖贷款本息,提供合格担保。创新信贷模式并综合运用融资工具,构建"专项债券＋融资""投贷联动""投贷债租证"的多渠道融合服务机制。积极进行服务创新,为科创企业提供诸如人才培训、管理咨询、技术援助、商业信息、网络开发以及协调与战略伙伴的关系等一系列支持性服务。

3. 落实严格的审批管理制度

在项目评审中,落实对项目的规划、立项、环境保护评价、土地审批手续以及资本金来源的严格要求。在选择合作伙伴时,需要以一定的评价标准,综合考虑合作对象的资金实力、管理水平、资历以及口碑等。在对投资企业进行选择时,通过科学的评价体系,确定企业授信等级和授信额度。在有效控制风险的前提下,简化审批程序,提高贷款审批效率,加大银行基层行和信贷员的贷款权限,在一定的范围内允许有自主审查发放贷款的权利。

4. 建立差异化优惠激励机制

提高对中小企业的支持力度,扩大信贷规模,优化信贷结构,降低中小企业贷款门槛，更大程度地发挥经营优势和金融服务功能，弥补审批权限集中的不足，提高经营效益。对科技创新重大科技项目、重点科技创新型企业、重大科技基础设施等，在风险可控且符合客户准入条件的情况下，在授信控制边界、信用结构、还款来源、贷款用途等方面给予差异化倾斜和适当调整。引入更多的正向激励机制，对于业绩良好、按期还款的主体给予一定的贴息优惠，适当放宽贷款限制，探索实行会员贷款制。将信贷人员的收入与其贷款效益与质量等绩效考核挂钩，合理划分信贷人员失误和失职的责任，做到责权明确，奖惩分明。

5. 加强风险控制和业务管理

建立"投贷债租证"各类产品之间的收益分享和风险分担机制，促进集团层面更紧密的合作，建立全面风险管理体系。依托企业信用建立信用结构，在依法合规、风险可控的前提下，可采用保证担保、固定资产抵押、股权质押、知识产权质押、碳排放权收益质押等一种或多种组合担保方式。

完善平台管理制度以及业务操作流程，加强对"四台一会"的管理，合规管理和风险管理部门对实操部门的业务操作进行定期或不定期检查或稽核，防范过程中的操作风险以及道德风险，建全内部控制机制、业务操作规范、风险管理措施等，并对相关业务人员加强管理制度和业务知识的培训。

# 第九章　科技人才培养与弘扬科学家精神

## 9.1　科技人才培养面临的"窗口期"

### 9.1.1　我国科技人才培养的现状和问题

中国共产党第十九次全国代表大会报告明确提出,"要培养造就一大批具有国际水平的战略科技人才、科技领军人才、青年科技人才和高水平创新团队"。习近平总书记在十九大报告中强调,"创新是引领发展的第一动力,是建设现代化经济体系的战略支撑"。创新驱动的实质是人才驱动,由此,人才和创新成为习近平新时代中国特色社会主义建设的重要内容。

2020 年 9 月,习近平总书记在科学家座谈会上强调,"科学成就离不开精神支撑。科学家精神是科技工作者在长期科学实践中积累的宝贵精神财富。新中国成立以来,广大科技工作者在祖国大地上树立起了一座座科技创新的丰碑,也铸就了独特的精神气质"。[①] 2021 年 9 月 27 日,习近平总书记在中央人才工作会议上强调,"青年人才是国家战略人才力量的源头活水,要把培育国家战略人才力量的政策重心放在青年科技人才上,给予青年人才更多的信任、更好的帮助、更有力的支持,支持青年人才挑大梁、当主角"。[②] 新时代的科学家精神正是以爱国、奉献、育

---

① 习近平.在科学家座谈会上的讲话[N].人民日报,2020-09-12(2).
② 习近平.深入实施新时代人才强国战略加快建设世界重要人才中心和创新高地[J].求是,2021(24):1-4.

人为代表的人文精神和以创新、求实、协同为代表的科学精神,二者在新的历史条件下的辩证统一,是源于实践又指导实践的理想信念。

科学家精神作为中国共产党人精神谱系中重要的一种精神力量,集中展现了我国科学家为国为民、攻坚克难的优秀品质。习近平总书记强调,"人无精神则不立,国无精神则不强。唯有精神上站得住、站得稳,一个民族才能在历史洪流中屹立不倒、挺立潮头"。[①] 科学家亦需正确的思想引领,坚定的信仰支撑才能使研究工作在符合社会利益的条件下有所建树。在新时代进一步弘扬爱国、创新、求实、奉献、协同、育人的新时代科学家精神,促进科学精神与人文精神融合发展,对处于"两个变局"中的广大科技工作者和青年一代牢固树立正确价值观念,做出科学的价值判断和价值选择,在科教报国和社会主义现代化建设的征程中勇担大任、行稳致远具有十分重要的意义。

1. 科学家精神的内涵

科技人才的定义随着时代的发展而发展,在探索阶段,通常将科学家、专业技术人才都看作科技人才,并以知识分子作为统称。[②] 1987年出版的《人才学辞典》上曾对"科技人才"做出如下界定:"科学人才和技术人才的略语。是在社会科学技术劳动中,以自己较高的创造力、科学的探索精神,为科学技术发展和人类进步做出较大贡献的人。"科技人才的概念应当大致包含四个要点:具有专门的知识和技能;从事科学或技术工作;较高的创造力;对社会做出较大的贡献。科技人才是建设科技强国的核心战略资源,是提升国家核心竞争力和保持经济可持续发展的关键因素。

科学精神的核心是求真求实,强调科技工作者在从事科学研究过程中必须遵守的价值规范和道德要求[③],是他们内化于心、外化于行的行为准则;人文精神的核心是求善求美,坚持以人为主体,为了实现人的自由而全面的发展并追求理想的道德品质,强调在实践中通过对人的本质属性、信念追求以及价值时间的思考,从而达到人性真善美的提升。新时代的科学家精神是以爱国、奉献、育人为代表的人文精神和以创新、求实、协同为代表的科学精神在实践基础上的辩证统一,是源于实践又指导实践的正确价值观念。

2. 我国科技人才培养现状

(1)我国科技人才政策的历史变迁(见表9.1)

① 习近平.在全国抗击新冠肺炎疫情表彰大会上的讲话[N].求是,2020-10-16.
② 王少,琚砚函,李丹阳,等.我国科技人才观内涵探析——基于70年科技人才政策的考察[J].科学管理研究,2020,38(3):132-137.
③ 宋雨.新时代科学家精神的理论内涵、生成逻辑与培育路径[J].科技传播,2022,14(7):6-10.

表 9.1　1978—2017 年五个阶段科技人才政策的关键点

| 比较项目 | 恢复调试阶段（1978—1984） | 初步确立阶段（1985—1994） | 积极推进阶段（1995—2001） | 深入推进阶段（2002—2011） | 全面创新治理阶段（2012—2017） |
|---|---|---|---|---|---|
| 战略背景 | 改革开放：1978— | 科技体制改革：1985— | 科教兴国战略：1995— | 人才强国战略：2002—；创新型国家：2006—；人才优先发展战略：2010— | 创新驱动发展战略：2012—；全面深化改革：2014— |
| 典型政策 | 《1978—1985 年全国科学技术发展规划纲要》：1978—1985 | 中共中央、国务院《关于科学技术体制改革的决定》：1985—；中共中央、国务院《关于加强技术创新，发展高科技，实现产业化的决定》：1999— | 中共中央、国务院《关于加速科学技术进步的决定》：1995—；中共中央、国务院《关于加强技术创新，发展高科技，实现产业化的决定》：1999— | 《国家中长期科学和技术发展规划纲要（2006—2020 年）》：2006—2020；《国家中长期科技人才发展规划（2010—2020 年）》：2010—2020 | 《国家创新驱动发展战略纲要》：2016—；《关于深化人才发展体制机制改革的意见》：2016—；《"十三五"国家科技人才发展规划》：2017— |
| 人才定位 | 科学技术是生产力：1978—；知识分子是工人阶级的一部分：1978— | 科学技术是第一生产力：1988—；人才是科技进步和经济社会发展最重要的资源：1993— | 科技人才是第一生产力，是社会主义现代化建设的骨干力量：1995—；人才资源是第一资源：2001— | 科技人才是科技创新的关键因素，是推动国家经济社会发展的重要力量：2010— | 人才是创新的根基、创新驱动实质上是人才驱动，为建设创新型国家提供人才支撑：2017— |
| 目标人群 | 科研机构人员、专业技术人员、科技管理人员等 | 科研业技术人员、工程设计人员、科技管理人员等 | 科技领军人才，科学研究人员，工程设计人员，技术开发人员，科技管理人员等 | 科技领军人才，科学研究人员，工程技术人员，产业技能人才，科技管理人员，科技服务人员，科技创业人员等 | 科技领军人才、科学研究人员、战略性新兴产业人才、工程技术设计人员、技术开发人员，科技服务人员，科技创业人员，科技管理人员等 |
| 重大计划（工程） | 国家技术发明奖：1978—；国家科学技术进步奖：1984— | 留学人员科技活动项目择优资助：1985—；国家自然科学基金：1986—；"863"计划：1986—；国务院政府津贴：1994—；中科院"百人计划"：1994—；国家国际科学技术合作奖：1994— | 国家百千万人才工程：1995—2004；长江学者奖励计划：1996—；"973"计划首席科学家：1997—；跨世纪优秀科学技术人才培养计划：1997—；国家最高科学技术奖：2000—；中科院创新团队国际合作伙伴计划：2001— | 高层次留学人才回国资助计划：2002—；新世纪百千万人才工程：2004—；留学人员回国创业启动支持计划：2006—；高校学科创新引智计划：2006—；海外高层次人才引进计划：2008—；海外赤子为国服务行动计划：2009—；创新人才推进计划：2010—；青年拔尖人才支持计划：2011—；长江学者奖励计划（新）：2011— | 万人计划：2012—；优秀青年科学基金：2012— |

注："—"表示政策实施的起始时间。

资料来源：刘忠艳、赵永乐、王斌. 1978—2017 年中国科技人才政策变迁研究[J]. 中国科技论坛，2018(2)：136-144.

　　科技人才政策日趋符合国家战略发展要求,有力彰显了科技人才在推进经济社会发展中的效能和作用。科技人才政策聚焦点在时空演进过程中彰显出鲜明的情境特征,与政策出台的特定历史背景和经济社会发展条件存在一定的关联性。指导科技人才发展的战略体系日趋完善,由初期在改革开放战略指导下开展的科技体制改革逐步向科技强国、人才强国、创新驱动发展战略递进和完善,当前形成了多重国家战略叠加的机遇期。政策体系由对宏观科技管理关注逐步向微观专项科技人才发展的政策细化领域迈进;政策关照的目标人群日趋丰富和细化;人才定位由早期注重政治身份逐步转向经济效应、创新效应的功能转变;重大科技人才扶持项目表现出政出多门、多元激励、注重高端的趋势化特征。伴随各阶段科技人才政策的传递、创新、扩散,政策体系得以深入革新和完善。

　　(2)科技人才规模

　　据《中国科技人力资源发展研究报告(2018)》显示,近年来,我国科技人力资源总量持续增长,截至2018年年底已达10 154.5万人,稳居世界首位。[①]　如图9.1所示,我国研究与试验发展(R&D)人员十年内总体呈上升趋势。增速呈先下降后上升趋势,2015年增速最小,为1.3%;增速最大的年份为2011年,增长速度为12.9%;近五年增速持续增长,从2015年的1.3%,增至2019年的9.6%。2019年R&D人数是2009年的2.09倍。

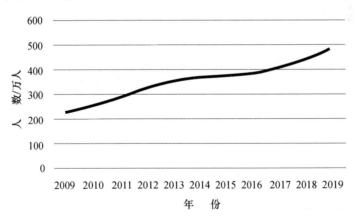

**图 9.1　全国研究与试验发展(R&D)人员全时当量统计**

资料来源:国家统计局.中国科技统计年鉴2020[M].北京:中国统计出版社,2020.

---

　　① 中国科协调研宣传部,中国科协创新战略研究院.中国科技人力资源发展研究报告(2018):科技人力资源的总量、结构与科研人员流动[M].北京:清华大学出版社,2020:13.

R&D人员地区分布情况如图9.2所示,我国R&D人员主要集中在东部经济发达地区,其次是中部地区,西部和东北地区人员较少。人员分布情况总体与我国经济发达程度呈正向相关关系,同时和该地区高等学校数量有关。东部沿海地区科研人员人数占全国科研人员总人数的半数以上。

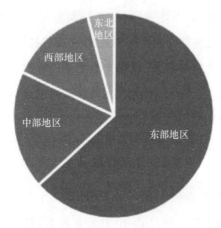

**图9.2  2019年研究与试验发展(R&D)人员地区分布**

资料来源:国家统计局.中国科技统计年鉴2020[M].北京:中国统计出版社,2020.

丰富的科技人力资源为科技创新与经济发展提供了必要的人才保障,但科技人力资源并不等同于科技人才,还需要对其加以开发。国际上通常以R&D人员指标来比较各国科技人才情况,表9.2展示了我国2019年R&D人员数量情况。每万名就业人员中R&D研究人员数量是衡量科技人力资源层次与质量的重要表征。我国R&D研究人员总量(全时当量)在2010年超过美国之后,一直位列世界第一,2018年达到186.6万人。但其中,高等学校R&D人员和高等学校R&D研究人员总量仅占我国R&D人员和研究人员的9%和19%,我国高等学校R&D人员数量尚不到美国的1/2。同时,R&D研究人员密度(每万名就业人员中R&D研究人员数量)与发达国家相比仍存在较大差距。

**表9.2  按执行部门划分的2019年研究与试验发展人员(R&D)数量**　　　　单位:人

| 项　目 | R&D人员 | 全时人员 | 博士毕业 | 硕士毕业 | 本科毕业 |
|---|---|---|---|---|---|
| 企　业 | 5 177 353 | 3 853 366 | 39 811 | 339 893 | 2 430 235 |
| 研究与开发机构 | 485 322 | 380 983 | 95 919 | 179 858 | 148 762 |
| 高等学校 | 1 233 180 | 538 572 | 453 261 | 473 456 | 264 539 |
| 其　他 | 233 401 | 87 248 | 18 219 | 44 906 | 48 019 |

资料来源:国家统计局.中国科技统计年鉴2020[M].北京:中国统计出版社,2020.

3. 我国科技人才培养面临的问题

(1) 研发人力投入较低,缺乏高技术人才

从科技人力资源总量上来看,我国科技人力资源规模虽已位居世界第一,但研发人力投入的强度在国际上仍处于落后水平,高技术人才缺乏仍是制约我国科技创新发展的重要因素。[①] 以人工智能(AI)领域为例,《2019 全球 AI 人才报告》显示,全球 AI 论文发表的学者中 44% 是在美国获得博士学位的,我国本土培养的博士数量是其 1/4;同时,AI 人才流动性很强,美国仍是对全球顶尖人才吸引力最大的国家。

(2) 我国现有技术水平与国际差距还很明显,且发展受到发达国家技术限制

虽然我国技术也在不断进步,但和欧美等地区的发达国家技术水平还有很大的差距。包括芯片制造、AI 算法在内的高精尖技术始终掌握在发达国家手中,而拥有国际多项先进技术的美国还对中国实行技术封锁政策。

(3) 中国教育方式思维固化,创新思维意识相对滞后

科技的发展需要创新,科技人才需要创新思维,而应试教育、"高考工厂"只能创造照本宣科的"考试机器"。中国传统应试教育理念下,中国家长教育孩子时奉行"唯分数论";学校的老师面临升学压力和绩效考评,教授学生应试技巧,学生掌握技巧后不求甚解;学生过分重视分数,出现"高分低能",填鸭式教学使得很多学生习惯遇到困难时向外界求助,学习现有的知识,没有创新思维。

(4) 我国的高级科技人才吸引政策不及国际水平

相比发达国家人才吸引福利,我国科学家还在单单用热情和情怀来从事科研研究,薪酬福利制度远不及欧美国家甚至日本。2020 年 6 月《纽约时报》曾指出:"截至 2018 年,在美国获得博士学位的中国公民中,有 90% 的人在毕业后会继续留在美国至少 5 年,这些数字没有下降迹象。"直观来看,我国科技人才流失现象严重,而且我国在科技尖端领域的拔尖人才培养与发达国家相比仍有很大差距,大多数人出国的初心是为了深造,不少人才在美国等其他科学技术强国成长为一流科学家。

### 9.1.2　我国科技人才培养的国际环境

国际竞争,实质上是科技和科技创新人才的竞争。在社会的各种资源中,人才

---

① 胡蝶,王嵩迪.中美高校科技人才规模与质量比较研究[J].中国高教研究,2021(7):50-54.

是最宝贵、最重要的资源。高素质的科技创新人才作为人才队伍的重要组成部分，在知识经济时代的作用尤为突出。[①]

1. 国际环境中的机遇

（1）第四次工业革命使世界科学中心面临转移

当前，交叉学科和技术群迸发的新一轮科技革命正在孕育，世界科学中心面临全面转移。[②]横跨信息、物理和生物三大领域的第四次工业革命正重塑全球科技新格局，科技创新呈现出大科学装置化、全球化写作、数字化赋能、速度加快等特征，人工智能的发展直接影响了人才需求和培养方式。以全球价值链中高端和若干世界级先进制造业集群为导向的产业调整需要产业高端人才、高水平技术专家、高熟练度专业技能人才与之相匹配。大数据、人工智能等新一轮科学技术浪潮和第四次工业革命催生以大数据、人工智能为核心的劳动方式变革。这种以创新为引领的技术变革将引发人才素质和能力的"升级换挡"，需要一大批具有国际水平的战略科技人才、科技领军人才、青年科技人才和高水平创新团队。[③]

世界正处在新一轮大变革、大调整中。美国国家情报委员会撰写的《全球趋势2030：变换的世界》认为，新一轮科技革命将引发国际产业分工重大调整，重塑世界竞争格局，全球科技创新力量开始从发达国家向发展中国家扩散。2001—2011年，美国研发投入占全球比重从 37% 下降到 30%，欧洲从 26% 下降到 22%。中国、印度、巴西、俄罗斯等新兴经济体已成为科技创新活跃地区，对世界科技创新的贡献率快速上升。

（2）能源转型、气候变化、数字化、人工智能等为国际科技交流合作带来了新机遇[④]

随着电气化的增长、可再生能源的发展、天然气市场的全球化以及石油产量的动荡，全球能源结构正在发生变化，能源的未来尚未定型。但全球能源供应多元化、清洁化已成为必然趋势，以低碳为标志的新一轮能源革命已然兴起，新能

---

① 姜建明.高校培养科技创新人才的思考[J].教育评论,2009(4):21-24.

② 洪志生,秦佩恒,周城雄.第四次工业革命背景下科技强国建设人才需求分析[J].中国科学院院刊,2019(5):522-531.

③ 周琪,杨露.习近平新时代人才创新思想的现实基础、内涵与实践要求[J].北京教育学院学报,2019(2):64-69.

④ 杜吉洲,李群.国际科技交流合作助推世界一流示范企业建设的思考[J].北京石油管理干部学院学报,2020,27(5):3-7.

源得以快速发展,正在推动全球步入一个以绿色能源为主的"后碳"时代,越来越多的国家、能源公司将发展新能源作为能源战略转型的重要组成部分。油气行业气候倡议组织(OGCI)提倡交流合作新模式,正在积极践行《巴黎协定》,应对气候变化。随着工业 4.0 的蓬勃发展,油气行业正在步入一个充满新机遇的数字化时代,新一代信息技术已成为推动能源行业变革的加速器,国际上各大石油公司都纷纷将数字化转型作为未来发展的战略方向之一,并将引领行业实现颠覆性技术创新。数字化技术正在成为国际油气行业创新技术的主角。培养数字化人才、研发新技术、提供充足的清洁能源,为创新交流合作新使命带来了新机遇。

2. 国际环境中的挑战

(1) 关键技术"卡脖子"问题突出[①]

中美经贸关系由"合作大于竞争"向"竞争大于合作"转变,双方竞争格局发生变化,美国从贸易、科技、人才等多方面对我国进行全方位打压。关键技术与国外差距过大加上国外封锁我国高级技术的获取渠道,给我国科技进步和科技人才培养带来极大挑战。

(2) 地缘政治变化莫测

俄乌战争使全球地缘政治格局深刻重塑。俄乌战争爆发后,美国、欧盟、日本、英国、加拿大等 30 余个经济体对俄罗斯实施制裁。2022 年 2 月中俄发布《联合声明》,美中俄一种新的格局正在形成,国际合作形式也会发生深刻变革,对我国科技人才的培养也是一大挑战。

(3) 留学环境复杂

从最近几年的国际局势来看,少数西方国家的对华态度显得相当强硬,并且其政府以及国内媒体都在积极地炒作相关话题。在这样的情况下,这些国家境内出现了反华氛围。中国留学生遇害、拒绝为中国留学生办签证、限制中国留学生申请科技相关专业等种种歧视中国学生的行为,让我国留学生面临的求学环境更加复杂。

---

① 郑永和.重视基础教育拔尖人才培养,解决我国"卡脖子"问题[J].科学与社会,2020(4):22-24.

### 9.1.3 我国科技人才培养的国内环境

#### 1. 经济环境

中国经济进入新常态,面临产能过剩、结构失衡、创新能力不强、重大领域科技创新人才匮乏等突出问题。当前阶段为中国经济新旧发展动力转换的关键期,经济发展动力摇动要素驱动、投资驱动转向创新驱动。近年来,我国经济始终保持正增长,2020年受新冠疫情影响,我国 GDP 增速跌至 2.35%,虽然增速放缓,但我们依然维持着正的增长趋势。

我国财政教育支出逐年提高。据教育部、国家统计局和财政部发布的全国教育经费执行情况统计公告显示,2020年全国教育经费总投入为 53 033.87亿元,较上年增长 5.69%。其中,国家财政性教育经费 42 908.15亿元,较上年增长 7.15%,占 GDP 比例为 4.22%。

我国高等学校科研经费持续上涨。如表 9.3 所示,各高等学校 2021—2022 年科研经费预算基本都有不同程度的增长。

表 9.3　我国部分高等学校科研预算总经费　　　　　　　　　单位:亿元

| 高等学校 | 2021 年经费 | 2022 年经费 |
| --- | --- | --- |
| 清华大学 | 317.28 | 362.11 |
| 浙江大学 | 228.16 | 261.03 |
| 北京大学 | 221.34 | 219.29 |
| 上海交通大学 | 175.65 | 204.20 |
| 中山大学 | 198.55 | 193.05 |
| 复旦大学 | 141.62 | 171.55 |
| 哈尔滨工业大学 | 108.03 | 144.18 |
| 北京航空航天大学 | 113.44 | 142.84 |
| 中国科学技术大学 | 73.00 | 133.85 |
| 西安交通大学 | 114.68 | 133.72 |
| 山东大学 | 118.08 | 130.65 |

| 高等学校 | 2021 年经费 | 2022 年经费 |
| --- | --- | --- |
| 华中科技大学 | 116.33 | 129.84 |
| 同济大学 | 107.04 | 119.51 |
| 东南大学 | 113.92 | 119.03 |
| 武汉大学 | 106.44 | 118.93 |
| 北京理工大学 | 101.59 | 115.90 |
| 四川大学 | 101.76 | 110.12 |
| 厦门大学 | 86.81 | 107.10 |
| 西北工业大学 | 101.43 | 105.99 |
| 吉林大学 | 98.36 | 103.93 |
| 北京师范大学 | 87.85 | 98.97 |
| 中南大学 | 87.70 | 96.00 |
| 南京大学 | 86.39 | 93.47 |
| 华南理工大学 | 83.18 | 92.20 |
| 天津大学 | 76.01 | 84.55 |
| 大连理工大学 | 72.16 | 82.25 |
| 中国人民大学 | 78.06 | 79.99 |
| 重庆大学 | 67.21 | 75.47 |
| 电子科技大学 | 71.48 | 72.86 |
| 华东师范大学 | 65.17 | 67.35 |
| 湖南大学 | 58.44 | 64.17 |
| 中国农业大学 | 60.05 | 63.47 |
| 东北大学 | 54.49 | 62.04 |
| 南开大学 | 57.74 | 60.52 |

2. 政策环境

(1) 科技人才引进

设立千人计划、百人计划、长江学者奖励计划等系列人才引进计划,吸引高层次创新、创业人才回归,是我国人才政策中的一项重要举措。鉴于我国的高层次人才培养能力与国际先进水平仍存在较大差距,短时期内着力引进海外高层次创新、创业人才回国或来华服务仍将是我国人才工作的一个重要着力点。今后在实施人才计划的过程中要：① 明确各人才引进计划的政策目标，避免目标重复，恶性竞争；② 加强管理工作，对要引进的华裔和外籍科学家进行全面、严格的评价，做好事前把关；③ 在引进人才时，必须和引进机构的优势学科和团队建设挂起钩来，引进的人才须能带动引进机构优势学科的进步和后备人才的培养。

（2）移民制度

我国自 1985 年 11 月第六届全国人大常务委员会第十三次会议通过《外国人入境出境管理法》以来，先后颁布了《外国人在中国就业管理规定》《外国人在中国永久居留审批管理办法》《引进海外高层次人才暂行办法》《关于为海外高层次引进人才提供相应工作条件的若干规定》和《关于海外高层次引进人才享受特定生活待遇的若干规定》等，建立起了基本的技术移民法律制度，即中国的"绿卡"制度。这些制度已经在"外专千人计划"的实施过程中发挥了重要的作用，截至 2014 年 5 月，在上述法律框架下，已经有 1 306 名外籍专家及其家属获得"绿卡"。此外，近年来随着我国经济和科技实力的提升，高等学校和科研机构在吸引留学生方面也有了很大的进展：2010 年，中美之间签署了"十万强计划"双边协议，美国将输送 10 万留学生来中国学习；2012 年，"中国-东盟科技伙伴计划"启动，中国与东盟十国之间建立了合作关系，大量的东盟学生进入中国的大学与研究机构学习；中、日、韩之间通过"亚洲校园"计划，促进三方学生的校际流动。今后，随着我国综合国力、大学全球声誉的进一步提升，来华的外籍人员会越来越多。这需要我国建立完善的技术移民制度，进一步提升对外国人的服务和管理水平；也需要我国建立一些特殊的制度，能够使留学生学成后留下来，服务于我国的经济和科技发展。[1]

3. 教育环境

从某种程度上说，高等学校是国家创新体系的重要组成部分，起作用于国家创新体系建设的每个环节，是社会发展的重要影响因素。人才培养是扩大科技人才队伍规模、提高科技人才质量的基础，大力培养科技人才已成为世界各国赢得国际竞争优势的战略选择。而高等学校自然科学与工程学专业的博士生培养规模突出展现了一国高层次科技人才的储备情况（见图9.3）。[2]

根据 2022 年 THE 世界大学排名，中国共有 10 所高等学校跻身 100 强，其中

---

① 杨善友，乌云其其格. 国外科技人力资源政策及启示[J]. 中国高校科技，2018(12)：34-37.
② 胡蝶，王嵩迪. 中美高校科技人才规模与质量比较研究[J]. 中教文摘，2021(7)：50-54.

内地有 6 所,中国香港有 4 所,分别是清华大学(16 名)、北京大学(16 名)、香港大学(30 名)、香港中文大学(49 名)、复旦大学(60 名)、香港科技大学(66 名)、浙江大学(75 名)、上海交通大学(84 名)、中国科学技术大学(88 名)和香港理工大学(91名)。与发达国家相比,我国科研经费投入不足,科研基础条件以及科技资源共享机制相对薄弱,存在重复建设和资源浪费的问题,应当加大经费投入力度,着力营造有利于创新人才成长的政策环境。[①]

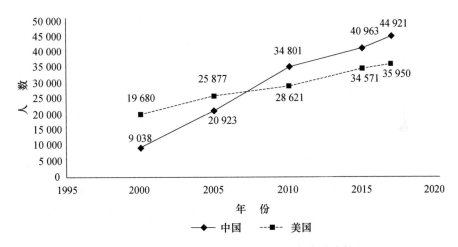

**图 9.3　自然科学与工程学博士授予数中美比较**

资料来源:教育部统计数据,美国国家科学基金委,NCSES,Science & Engineering Indicators。

### 9.1.4　我国科技人才培养的时代要求

中国特色社会主义进入新时代,坚持科技自立自强,是实现高质量发展的内在要求,是遵循科技发展规律的必然选择,是应对百年大变局的迫切需要,也是实现中华民族伟大复兴的必然要求。

1. 拥有一大批世界一流人才

(1) 拥有一批世界一流水平的科学家、科技领军人才、工程师和高水平创新团队

在人类的科学研究和技术发明中,人才是最关键、最核心的要素。有什么水平的人才,就可能研发出什么水平的科技成果。到 21 世纪中叶,我们要建成世界科技强国和世界制造业强国,就需要拥有世界水平的科学家、科技领军人才、工程师

---

① 姜建明.高校培养科技创新人才的思考[J].教育评论,2009(4):21-24.

和高水平创新团队。为培养造就世界一流科学家,建议制订我国"诺贝尔奖"计划。自然科学领域的诺贝尔奖是国际社会对基础研究领域最高层次的评价和奖励之一,是当今世界公认的科学成就最高象征,获得者的数量一直被看作是衡量一个国家科技水平和科技人才队伍水平的重要指标。在未来 30 年,我国应通过教育体制、科研体制、人才体制、财政体制、分配体制的改革和人才成长环境的创新,培养造就 10~15 名诺贝尔科学奖获得者,以此促进世界水平的科学家和科技领军人才队伍建设。

(2)拥有一批在世界上颇具影响力的高水平哲学社会科学家和人文学科专家

其中,应包括经济学家、政治学家、文化学家、社会学家、生态学家、战略学家、管理学家、历史学家、哲学家、文学家、艺术家、教育家,等等。培养造就社会科学和人文学科具有世界水平的专家型人才,是我国建设社会主义现代化强国的迫切需要。实现这一现代化,不仅要求全面提升国民素质,同时也迫切需要培养造就各个领域具有世界水平的专家型人才。通过这些人才的创造性研究,探讨各个领域的发展规律,并通过各个领域科学理论和科学知识的传播普及,提高整个国家的科学文化素养,实现人的现代化,以此推动"五个文明"建设,使我国到 21 世纪中叶进入世界最先进国家的行列。

2. 具有吸引和凝聚高端人才特别是世界一流人才的能力①

具有较强的吸引和凝聚高端人才特别是世界一流人才的能力,是世界一流人才强国的一个重要标志。当前,国际人才竞争越来越激烈,竞争的焦点是高端创新型人才,包括高端专业技术人才、高端管理人才以及高端人才的后备力量。谁能吸引和凝聚更多的高端创新型人才,谁就拥有更强的国际竞争力和更大的国际竞争主动权。具有较强的人才吸引力和凝聚力,不仅能够把自己培养造就的高端人才留住,还能够吸引和凝聚更多的海外高端人才。相反,一个国家如果具有很强的高端人才培养能力,但对高端人才吸引力和凝聚力不强,势必导致高端人才的大量流失,人才强国建设也必然随之付诸东流。进入新时代,为了建设世界一流人才强国,我国必须提高国际人才竞争力,既要凝聚和留住我们自己培养的高端人才,又要吸引和凝聚更多的海外高端人才。

3. 要推进科技体制改革,形成支持全面创新的基础制度

健全社会主义市场经济条件下新型举国体制,充分发挥国家作为重大科技创

---

① 薄贵利,郝琳.论加快建设世界一流人才强国[J].新华文稿,2021(5):9-12.

新组织者的作用。重点抓好完善评价制度等基础改革,坚持质量、绩效、贡献为核心的评价导向。拿出更大的勇气推动科技管理职能转变,让科研单位和科研人员从烦琐、不必要的体制机制束缚中解放出来。改革重大科技项目立项和组织管理方式,实行"揭榜挂帅""赛马"等制度,让有真才实学的科技英雄有用武之地!

4. 把握产业革命机遇,实现换道超车

在大多数传统科技领域,我国虽有后发优势,但往往难以全面赶超。如果能抓住新一轮科技革命和产业变革机遇,聚焦一些战略性创新领域,集中力量加以突破,则有可能迅速实现换道超车和创新引领。要加强原创性、引领性科技攻关,坚决打赢关键核心技术攻坚战。基础研究要勇于探索、突出原创,更要应用牵引、突破瓶颈,弄通"卡脖子"技术的基础理论和技术原理。科技攻关要坚持问题导向,奔着最紧急、最紧迫的问题去。创新链与产业链融合,关键是要确立企业创新主体地位。大力加强多学科融合的现代工程和技术科学研究,形成完整的现代科学技术体系。要强化国家战略科技力量,提升国家创新体系整体效能。国家实验室、国家科研机构、高水平研究型大学、科技领军企业都是国家战略科技力量的重要组成部分,要自觉履行高水平科技自立自强的使命担当。

## 9.2　科技人才培养"组合拳"

### 9.2.1　国内外科技人才培养的比较

1. 美国

美国具备完善的科研资助体系,形成了政府、产业界与基金会三驾马车为主体的科技资助体系,将科研项目与青年创新人才培养结合起来,划拨专项经费资助,重点激发科技人才对原创性科学研究的孜孜追求,形成了严谨的逻辑思维和执着的成就动机。[1]

美国的青年科技人才资助体系主要包括三个层次:一是以总统名义设立的科技奖励,其在政府设立的科技奖励中占主要地位,包括国家科学奖、国家技术奖、费米奖、青年科学家与工程师总统奖。二是美国政府相关组成部门、国家科学院、工

---

① 方阳春,黄太钢,薛希鹏,等.国际创新型企业科技人才系统培养经验借鉴——基于美国、德国、韩国的研究[J].科研管理,2013,34(S1):230-235.

程院以及一些国家级学术机构、基金会所设立的科技奖励。美国国立卫生研究院（NIH）专门为职业生涯早期的科研人员设置了事业发展基金 Career Development Award（K 系列），最常见的为 K01。K01 用于资助刚完成专科训练和博士后训练的医生和研究人员，在导师的指导下，进一步发展自己的事业，在 3～5 年的时间内，过渡为完全独立的研究人员。三是美国私人基金对青年科学家提供的大量资助，这是全美科学研究资助体系的重要组成部分。这些私人基金会宗旨各异、数目繁多，通过多种方式支持科学事业，对美国科学事业产生了积极作用和深远影响。

美国还通过实施工作签证和技术移民等人才引进制度，集聚了一批来自世界各地的高素质创新创业人才。给具有特殊专业才能的外国人 H-1B 签证，通过实施留学优惠政策和"绿卡制"留住世界各地的优秀留学生，成为美国经济社会发展的主要人力资本。

美国许多领域正面临人员老化、年轻学者潜力得不到发掘等问题。随着青年科学家培养和晋升周期延长，研究人员数量的增加速度超过了资助金额的增加速度，使得政府针对青年科学家的资助金额增长缓慢，许多青年学者缺乏充分的资金支持。《科学》(Science) 杂志一项研究显示，与 1980 年相比，2015 年 37 岁以下申请到美国国立卫生研究院 R01 基金（研究计划基金，资助科学家个人的研究项目，是美国国立卫生研究院资助的主要方式）人员的数量从原来的 2 500 人下降到 500人。在一些研究机构内，非终身教职教授数量的增加、研究岗位的激增，都加剧了竞争和获取资助的难度。青年科技人才获得资助难度逐年递增，获得资助的比率整体降低。

2. 日本

日本建立了政府、民间团体和企业多主体、多层面、多元化的资助奖励体系。近年来，日本对青年科技人才给予政策倾斜和科研扶持激励，扩大了面向青年科技人才的资助面和资助力度，确保优秀青年科技人才有独立领导科学研究项目的机会。面向青年科技人才大幅度扩充竞争性研究资金。通过完善体制，扩充资助计划，更好地支持青年科技人才潜心研究，同时设立多种科研交流的平台和渠道，支持青年科技人才成长。例如，日本经产省设立了国际科学奖励基金，实施科研国际化政策，支持青年科技人才国际交流。

为吸引世界顶尖人才，日本采用"日本版外国高级技术人才绿卡"，设立特别研究员制度，开展国际合作特别是与中国合作共同开展研究项目，启动了创新综合战略 2019、"亚洲校园"计划、30 万留学生计划、科学技术人才培养综合计划、240 万科技人才综合开发计划、21 世纪卓越研究基地计划、日本青年科学家资助项目、日本科研早期资助项目、日本科学技术基本计划,设立了日本文部科学大臣青年科学家奖、"Nice Step Researchers"奖。日本学术振兴会设立了特别研究员制度和青年学者研究项目,支持青年人才成长。其中,"(一般)特别研究员"和"特别研究员"制度提出资助年龄在 33 岁以下的博士毕业生或有同等以上研究能力者,以培养将来能够担当日本科学研究重任的具有创造性的青年科学研究工作者。

日本营造良好的研究环境,构建了职业发展体系模式和终身雇佣制度。对于青年科技人才,日本要求采用任期制的录用方式,让他们作为独立研究者,然后经过严格审查,通过终身雇佣制度,将他们任用到无任期制的职位上,并完善职业发展路径。日本政府要求各大学和研究机构积极采取措施,如设置托儿设施、配备助手等,支持女性科研人员兼顾研究活动和养育子女。

3. 欧洲各主要国家

欧洲研究理事会(ERC)在第七框架计划期间,先后设立了多个人才专项计划,培养和吸引了大量欧洲及世界其他国家处在不同阶段的高水平研究人员。欧盟还设有"原始创新计划",致力于吸引最具聪明才智的科学家,增强欧洲竞争力,支持有风险和高影响力的研究,促进新兴和具有快速影响力的领域达到世界级科学研究水平。该计划设立两项基金,一个是针对年轻学者的启动基金,支持事业初期的创业者;另一个是针对事业有成的领军研究人员,支持卓越、前沿的研究项目。此外,欧盟还设立"人力资源计划",通过与外国科学家的合作来加强欧洲研究,通过研究人员的流动建立持久的联系,具体由"玛丽·居里人员流动和培训行动计划"实施,主要内容是研究人员的初期培训、终身培训和职业发展,通过人力资源引进和输出达到国际传播的效果,支持为研究人员提供纯欧洲劳动市场的特殊行动。

欧盟积极促进本国青年科技人才与其他国家、地区科研人员的合作交流并提供相应的平台,这种合作和交流不局限于欧盟内部,也涉及其他国家。合作的主体也较为广泛,包括大学、科研机构、企业、社会组织和其他类型中的科研人员、科技人才等。① 这种合作使青年科技人才更加具有国际化的视野,从而保持他们的创新力和国际竞争力。

---

① 石秀华.美欧科技人才队伍建设经验及对湖北的启示[J].科技进步与对策,2011,28(24):187-189.

2007 年德国设立的"洪堡教席奖"是德国高端人才战略的重要举措之一,旨在吸引全世界顶尖的科学家到德国进行长期研究工作。该奖项为理论研究或实验研究提供 350 万或 500 万欧元的资助。为加大对青年科技人才的资助力度,英国政府支持沃尔森基金会和英国皇家学会合作设立"高级人才奖学金项目",用来资助杰出的科学家。此外,英国还设立了"牛顿国际人才计划"、伊丽莎白女王工程奖等,不断激励青年科技人才投身基础研究,开展原创性研究。英国移民署在高层次人才和高素质技能劳动力人员签证方面逐渐完善机制。英国脱欧过程中,英国科学界对涉及科技创新的主要问题进行了一系列详细调研,提出英国要继续参加欧盟的框架计划、加强与欧盟的研发合作、简化人才签证手续、继续参与欧盟重要制度的制定和实施、共享研发基础设施等建议,以保证英国能够继续保持一流创新国家的地位。

法国的科研等级相对较严,吸引年轻人做科研、防止法国优秀科研人员流失海外,成为法国政府科技工作的一大重点。政府首先采取的方法是给年轻人增加从事科研工作的机会,并提高他们的待遇。2008 年年底法国推出了"优秀人才居留证"政策,吸引海外优秀人才。此外,法国外交部还会与大企业集团联合培养外国留学生。法国还针对中国设立了专项引才计划,如"蔡元培项目""法国科研创新人才计划",吸引中国青年科技人才。

4. 印度

印度政府为吸引本国海外人才特别是青年科技人才回国,大力兴建科技园。对于科技型人才,印度不仅提供具有世界一流水平的研究环境,还出台一系列吸引其回国发展的优惠政策、激励机制和优厚薪酬。如印度的 IT 行业,原来是单纯以软件外包业务为主,现在需要发展为综合业务,经验丰富的海外人才便成了市场的"宠儿"。印度于 2012 年开始推出"海外印度人卡"计划,其本质是一种移民签证,旨在允许居住在国外、拥有外国国籍的印度裔人士长期在印度居住。同年,印度政府中有关部门还推出了"学习印度"计划,目的是为海外印度裔子女提供进入印度高等学校进修的机会,并提供基本生活费和差旅费。印度的很多企业给"海归"技术人员提供的报酬相当丰厚,一些知名大公司的技术人员年薪增长率很高。

5. 中国

中国共产党在领导我国建设中国特色社会主义现代化国家的过程中高度重视青年科技人才的地位和作用,为培养、选拔、引进、任用青年科技人才建立了总体思路和依据。毛泽东高度重视青年的科学教育工作,在 1937 年为陕北公学成立题词时提出"这所学校要造就一大批人"。在社会主义建设时期,党在 1956 年开展"向科学进军"运动,不断激发青年广泛学习科学知识的热情。改革开放以后,邓小平在南方谈话中做出"把人民和青年教育好"的指示,"尊重知识、尊重人才"成为我党领导青年教育工作、人才工作、科技工作的重要国策。[1] 党的十八大以来,中国特色社会主义进入新时代,以习近平同志为核心的党中央将促进青年科技人才成长列为我国经济社会发展的重要战略。2017 年 4 月,中共中央、国务院印发《中长期青年发展规划(2016—2025 年)》,明确提出要"在重点学科领域培养扶持一批青年拔尖人才""鼓励和支持青年人才参与战略前沿领域研究,着力培养一批青年科技创新领军人才"。党的十九大报告专门强调青年培养的重要性,"青年兴则国家兴,青年强则国家强""青年一代有理想、有本领、有担当,国家就有前途,民族就有希望"。习近平总书记十分重视青年科技人才的培育和成长机制,提出"终身之计,莫如树人",他还多次强调要按照人才成长规律培育具有创新活力的青年科技人才,尤其发挥广大院士领路人的作用,"肩负起培养青年科技人才的责任""不断发现、培养、举荐人才,为拔尖创新人才脱颖而出铺路搭桥"。2021 年 5 月召开的两院院士大会上,习近平总书记强调"要更加重视青年人才培养,努力造就一批具有世界影响力的顶尖科技人才,稳定支持一批创新团队,培养更多高素质技术技能人才、能工巧匠、大国工匠",并引用"才者,材也,养之贵素,使之贵器"这句古语强调青年科技人才发现、培养工作的重要性。

党中央、国务院高度重视人才工作,不断强化顶层设计和系统部署。近年来,各部门、地方、单位积极落实中央决策部署,陆续推出了一系列改革力度较大、含金量较高的政策措施(见表 9.4),不断优化青年科技人才成长环境,加大对优秀青年科技人才的发现、培养、激励、引进和使用力度,对激发青年科技人才创新创造活力起到了积极促进作用。推动青年人才拓展国际视野,提升国际化能力,进一步完善博士后制度。国家重大科技专项围绕国家确定的战略目标,集中全国优势力量协同攻关,凝聚和培养了一大批科技人才,形成了一批具有较强创新能力、领衔国家重大任务的青年领军人才和创新团队。科技人才计划以培养和引进高层次创新人才为目标,尊重创新规律和人才成长规律,培养了一批锐意进取的青年科技人才。

---

基本科研业务费加大对青年科技人才的支持力度,完善青年科技人才发现评价机制。

表 9.4　我国科技人才相关政策

| 类　型 | 政　策 | 主要内容 |
|---|---|---|
| 科研经费 | 国家自然科学基金委员会设立青年科学基金(1987) | 专门资助青年科研人员 |
| | 科技部设立国家重点基础研究发展计划(973 计划)(1997) | 设立针对 35 岁以下青年科研人员的青年科学家专题 |
| | 财政部印发《中央高校基本科研业务费专项资金管理暂行办法》(2009) | 基本科研业务费实行项目管理,重点支持"青年教师、青年拔尖、创新团队、基础研究、重要方向、交叉集成" |
| | 财政部印发《中央级公益性科研院所基本科研业务费专项资金管理办法》(2016) | 对 40 岁以下青年科研人员承担的科研工作重点予以经费支持 |
| 选拔与激励机制 | 中央组织部、人事部设立中国青年科技奖(1987) | 造就一批进入世界科技前沿的青年学术和技术带头人 |
| | 国家杰出青年科学基金(1994) | 促进青年科学和技术人才的成长,鼓励海外学者回国工作,加速培养造就一批进入世界科技前沿的优秀学术带头人 |
| | 中共中央、国务院印发《国家中长期人才发展规划纲要(2010—2020 年)》(2010) | 专门设立"中青年科技创新领军人才"项目 |
| | 中央组织部组织实施"青年拔尖人才支持计划"(2011) | 重点培养支持国内 35 周岁以下的优秀青年人才 |
| | 优秀青年科学基金(2012) | 加强对创新型青年人才的培养 |
| 评价体系 | 中共中央印发《关于深化人才发展体制机制改革的意见》(2016) | 建立同行评价、市场评价、社会评价多元评价体系;根据人才特点突出能力和业绩导向;加强评审专家数据库建设,建立评价责任和信誉制度;适当延长基础研究人才评价考核周期 |
| | 中共中央办公厅、国务院办公厅联合印发《关于深化项目评审、人才评价、机构评估改革的意见》(2018) | 不断完美以品德、能力、业绩为主要指标的综合评价体系;通过专家推荐、创新创业大赛选拔等多种方式构建完善的人才遴选机制,做到积极发现、大胆任用、有效激励 |
| | 国务院印发《关于优化科研管理提升科研绩效若干措施的通知》(2018) | 开展"唯论文、唯职称、唯学历、唯奖项"问题集中清理,突出品德、能力、业绩导向,推行代表作评价制度,注重标志性成果的质量、贡献、影响 |
| | 中共中央、国务院印发《深化新时代教育评价改革总体方案》(2020) | 突出质量导向,坚持分类评价,探索长周期评价 |

6. 国内外人才培养比较与启示

近年来,我国积极借鉴国外科技人才培养的先进经验,结合中国特色社会主义的制度优势,在中央的大力支持和帮助下,涌现出一大批举世瞩目的科技成果,两弹一星、载人航天、杂交水稻、高铁、青蒿素……每一个科技成就的背后都是一个个杰出的科学家和科研团队的辛勤付出和勇于探索。但是不可否认,作为一个拥有14亿人口的大国,我国的科技创新人才数量远不及只有3亿多人口的美国,科研成果数量和转化率差距更大。要提高我国的科技创新能力,重中之重是要培养和聚集一大批科技创新人才,并通过有效的激励措施最大限度地激发人才的创造力。以美国、英国、德国和日本为首的科技创新大国无一不是科技人才大国,其培养和管理人才的方法对我国创新驱动下的人才队伍建设具有重要的参考价值,值得我们系统地研究和借鉴。

第一,增强科技人才培养的顶层设计。随着科学技术的飞速发展和其在经济社会中的作用日益凸显,各国纷纷将科技创新置于国家发展的战略高度。科技创新人才作为科技创新事业发展的引擎,在世界大国之间的争夺日益激烈。[1] 2000年,英国政府发表《卓越与机遇:21世纪的科学和创新政策》白皮书,全面阐述了英国面向21世纪的科学和创新政策,强调国家科研机构、大学与企业的密切合作,发挥人才在知识积累和技术创新中的重要作用,建立适合科技创新的环境和体制,形成良好的科研创新环境。进入21世纪后,日本开始强调"建立国际水平的教学科研基地",提出了"21世纪COE"(Center of Excellence)项目,通过对卓越研究基地的重点资助,利用第三方评估制度引进竞争机制,提高大学竞争力。2002年,加拿大在《追求卓越:投资于民众、知识和机遇》和《知识至关重要:加拿大人的技能与学习》两份文件中均指明了创新发展的路径和目标是政府教育和创新型人才的培养。2006年,美国在《美国竞争力计划》(American Competitiveness Initiative,ACI)中提出知识经济时代教育的目标之一是培养具有STEM(科学、技术、工程、数学)素养的人才,并称其为提升全球竞争力的关键。现阶段,我国对科技人才支持的顶层设计较为薄弱,缺乏让科技人才快速成长的系统安排,科技人才在国家重大科技研发任务中发挥的作用不够。科技人才培养没有反映出各类科研活动规律的特点,例如对于基础研究类,应重在长期稳定支持

---

① 李强,王晓娇,段黎萍.国内外促进青年科技人才成长的政策比较及相关启示[J].中国科技人才,2021,(2):23-30.

经费,使其潜心研究;对于工程应用类研究,则应重在采用让其承担重要任务形式,促进其融合团队快速成长。由此导致高质量科技人才队伍不够、储备不足的问题。欧洲研究理事会早在2007年就设立了多项资助基金,专门支持处于研究初期的青年学者。这样的措施确实行之有效,欧洲研究理事会2021年的评估结果显示,参与评估的199项青年项目中,43项被认为有"科学突破性",99项被认为有"重大进展"。

第二,善用科技人才培养的激励政策。科研教育经费的保障是科技创新的基础,也是创新人才培养和发挥才能的基础。许多发达国家不仅将科研教育经费作为本国研发的保障,还将其作为吸引外国科技人才的一种方式。美国作为世界首屈一指的科技创新大国,其研究与试验发展(R&D)经费投入也位列世界第一,2012年R&D经费占GDP的2.81%,教育经费投入一直维持在GDP总量7%~10%的水平上,成为世界上教育经费支出最多的国家。美国拥有各类基金会近5万个,为各类科研活动提供资金支持。美国政府、民间基金会和学校对年轻的创新型科技人才还给予特别的支持。如此多元的教研经费来源,为科学研究创造了有利条件,为培养创新型人才提供了充裕的资金保障、优越的物质条件和育人环境。提供高薪、红利、配股等复合式的资金回报也是一种直接有效的激励方式。英国政府与沃尔夫森基金会以及皇家学会合作,每年出资400万英镑,资助研究单位高薪聘请世界顶尖级的研究人员。美国一流大学教授的平均年薪在15万美元左右,科研经费中有相当大的比重是用来为科研人员发工资和福利的,有的大学明确规定教授每年可从科研经费中获得3个月的工资。芬兰对掌握先进技术的高收入外国人实行特别税率制度,征税率为35%,远低于该国所得税最高率60%的规定。法国政府于1999年颁布的《技术创新与科研法》明确提出科研和教学人员可以参与企业的创建,或拥有创新型企业的少量股份,或成为企业的行政或业务主管。在我国,青年科研人员是我国科研界的主力,却长期面临职称、科研、收入等多重困境,被称为"科研民工"。目前,我国高等学校和科研机构基本上实行三元工资体系,即基本工资+岗位津贴+绩效工资。基本工资这部分由国家下拨,微薄但较为固定,一般为一两千元。另外两部分则主要来自承接科研项目的工作收入,这里的科研项目是指国家下拨经费的纵向课题和企事业合作单位提供经费的横向课题。这直接导致了科研人员工资收入依赖科研经费的程度太高,很多科研人员必须花费大量的时间和精力争取科研课题,有时甚至疲于奔命。不少科研人员因为争取不到科研项目,收入微薄,最终只能离开科研岗位,另谋生路。另外,受到科技评价、激励机制的影响,评价导向过多,科技人才忙于追"帽子"、申项目,难于心无旁骛地进行研究,不利于科技人才的成长。青年科技人才处于职业发展起步阶段,经济压力较大,收入较低等问题很大程度上制约了他们全身心地投入研究工作。据2014年上海市科技两委调研发现,入职10年左右的青年科技人才主要面临的压力是住房(53%)、户籍社保(22%)、配偶工作及子女入学(17.8%)等生活问题。一项问卷调查结果显示,心无旁骛、潜心科研最需要强化条件保障,80%左右的青年人才表示需要稳定的基本科研经费支持,近50%的青年人才表示生活压力大,急需必要的生活保障。

第三,加大人才发展的专门支持。美国自2006年提出STEM计划后,在STEM教育方面不断加大投入。STEM教育逐渐成为美国教育发展的主流趋势。STEM计划通过实施相关教育政策,鼓励学生主修科学、技术、工程和数学领域的学科,培养学生的理工科素质和能力。在美国本土教育中,STEM教育的目标之一是在学生比较小的年纪就激发其对数学、科学、工程类理工学科的学习兴趣,并鼓励女孩和少数族裔的学生也进入该领域。为此,美国政府投入了大量的专项研究资金,提供了丰富的STEM教育资源。通过发放高额奖学金、提高课题经费和制定移民政策来吸引STEM专业人才。目前,获得STEM学位的人数已经成为国际教育评比的一个重要指标。作为鼓励科技创新最简单、最直接的激励手段,设立科技荣誉奖励被世界各国广泛运用。美国国家科学基金会设立了许多荣誉奖励,如"青年科学家总统奖""总统工程创造奖""国家技术奖"等,获奖者可获得高达50万美元的奖金。而且上述奖项的外籍候选人会在基金会的帮助下"入籍"或是拿到"绿卡"。德国联邦政府设立的"国际研究基金奖"的最高奖金额度为500万欧元,用于表彰所有在德国工作且其研究工作处于世界领先地位的各学科杰出科学家,并资助获奖者在德国高等学校进行为期5年的孕育未来的研究活动。近年来,我国虽然强调国家科技计划、自然科学基金等项目的实施向青年科技人员倾斜,但是国家重点研发计划、自然科学基金等本身承担着完成国家使命和任务的目标,人才培养并不是其主要目标,而且在这些计划或基金中设置青年项目,使两者目标相互混淆,加剧了青年项目的人才"帽子"倾向。比如"杰青""优青",本身是遴选一批青年科技人员进行培养,但是实际上成为对这些青年人员的评价,成为"帽子",违背了培养的初衷,而实际上针对青年科技人才需要的培养却难以得到持续支持。为了进一步支持青年研究人员,美国国家科学院前院长 Bruce Alberts 建议广泛推行创新基金资助机制、自上而下地立项,设立专区,减小竞争压力,从而提高申请成功率。

第四,建立公平的评价机制。公平的评价机制是对科研资源合理配置、人力资源合理调度的基础,可以长期保障科技人才的创新活力。英国企业已形成比较完善的科技评价体系,评价机构实行严格的科技评价制度,充分重视评价过程中的公平问题。日本企业实施开放型研究评价体制,评价活动过程规范,评价结果公开透明且可以被合理使用。知识产权保护是科技创新发展的法律基础,能够给科技创新人才从事研发提供安全感和价值回馈。美国的知识产权体系建设始于《独立宣言》中提到的"重视保护个人的私有权利和私有财产"。目前,美国已建立起一套完整的知识产权法律体系,通过对其知识产权在全球范围内实施保护,为创新人才的智力开发和科技企业的研发推广营造了安全的环境,推动产业技术创新和科研成果产业化,既维护了科技创新人才的利益,也维护了国家创新成果的权益。学术自由是对科技创新人才最大的支持和鼓励。1915 年,美国大学教授协会成立并发布了关于学术自由和终身聘任制的原则声明,明确提出保护学术自由的原则,后又在 1940 年和 1958 年相继通过了一系列保护学术自由与终身聘任制原则的声明。100 年来,美国的学术自由思想和道德准则已经深入人心并以制度化的形式加以保障,通过建立学校(或研究机构)董事会的基本决策模式、开放流动的全球青年精英人才政策、终身教授制度、严格设计的同行评议资源分配依据,为学术自由提供保障。在学术自由原则的保护下,科技创新人才不仅可以免受政治、宗教、经济和职业安全的困扰,还获得了相对独立于科技资源的分配权利,免除了后顾之忧,有利于将全部精力集中放在科研创新上。在我国,科研机构高度的行政化打击了青年科技人才的积极性,很多青年科技人才无法得到应有的重视,难以获得项目启动需要的科研资源,科研项目经费大多来自政府部门。在 2017 年的第四次全国科技工作者状况调查中,72.4% 的科研人员认为项目经费报销程序复杂,71.7% 的科研人员认为预算编制要求过细、过严。科研项目申报的过度行政化还表现在预算执行时不能自主调剂、经费审计流程复杂、项目限定人员费用比例太低、申报周期太长、基础研究不受重视、申报手续复杂等方面。过度行政化导致青年科技人员真正用来研究的时间大大缩水,无法静心开展研究。同时,我国在鼓励创新和转化的体制机制方面也不完善,经科研人员反映,有些成果在国内没有受到重视,一些专利也得不到应有的保护,"山寨版"不断泛滥,成果转化得不到应有的回报。我国开展科技项目评估已有几十年,至今尚没有一部明确的法律规章制度来规范科技管理部门,科技评估主体缺乏有效的制度安排,缺乏对信用的经济制裁、法律约束等强制性的外在约束。2016年12月11日,科技部、财政部和发展改革委三部委联合颁布了新的《科技评估工作规定(试行)》。该《规定》分总则、评估内容及分类、组织实施、质量控制、评估结果及运用、能力建设和行为准则、附则共7章35条,但在操作层面上一时也难以从根本上解决上述问题。

值得注意的是,以西方发达国家为首的科技创新大国的人才政策是在自由主义文化和资本运作的背景下,充分发挥个人和企业在人才培养、聚集和管理之中的主观能动性,以个人价值实现和资本回报为主要激励方式,并通过完善的保障措施来为科技创新人才提供良好的创新环境。而中国的科技创新人才政策是建立在社会主义集中力量办大事的背景下,以义务教育和高等教育为培养核心,以覆盖高等学校、科研机构的编制体系为主要人才管理方式。应该认识到,随着全球科技创新格局的不断发展,一些人才政策已经不符合时代发展的要求,体制创新已经成为党和国家在重要会议上反复提出的内容。创新科技人才体系要在系统学习外国人才体系建设的基础上,充分认识中外制度环境的差异,借鉴那些适应中国实际情况的经验,并进行本土化开发和利用。

### 9.2.2　我国科技人才培养的总体思路

1. 总体战略

面向未来,超前部署。十年树木,百年树人。人才培养是一个长期过程,必须把握世界科技发展未来趋势,超前谋划人才培养大计,牢牢把握科技创新主动权。科学、系统、有序地实施科技人才培养计划,把科技人才培养与开发作为科技创新的先导,为民族复兴和国家发展提供源源不断的创新动力。

面向需求,优化结构。牢固树立将支撑和引领经济社会发展、促进科技进步作为科技人才队伍建设的根本出发点和落脚点。围绕经济社会发展的迫切需求,确定科技人才队伍建设的目标和任务。市场配置与宏观调控相结合,根据市场需求,促进科技人才顺畅有序流动,根据区域、产业和社会发展的需求,推动科技人才结构实现战略性调整。

以点带面,点面结合。整体推进与重点突破相结合,在国家重点发展和战略性新兴产业领域优先培养造就一批世界水平的科学家、科技领军人才和优秀创新团队,培养一大批企业科技人才。充分发挥高层次创新型科技人才的引领和带动作用,统筹推进各类科技人才队伍的建设,促进科技人才创新能力大幅度提升。

以育为主,引育结合。人才引进与培养使用相结合,突出自主培养核心支撑作用,不断创新我国科技人才培养模式,充分发挥学校教育在科技人才培养中的基础性作用。积极引进海外高层次科技人才,畅通海外各类创新型科技人才流动渠道,打造形成全球人才集聚高地。

2. 培养目标

习近平总书记强调要坚持党管人才,坚持面向世界科技前沿、面向经济主战场、面向国家重大需求、面向人民生命健康,深入实施新时代人才强国战略,全方位培养、引进、用好人才,加快建设世界重要人才中心和创新高地,为 2035 年基本实现社会主义现代化提供人才支撑,为 2050 年全面建成社会主义现代化强国打好人才基础。

加快建设世界重要人才中心和创新高地,必须把握战略主动,做好顶层设计和战略谋划。我们的目标是:到 2025 年,全社会研发经费投入大幅增长,科技创新主力军队伍建设取得重要进展,顶尖科学家集聚水平明显提高,人才自主培养能力不断增强,在关键核心技术领域拥有一大批战略科技人才、一流科技领军人才和创新团队;到 2030 年,适应高质量发展的人才制度体系基本形成,创新人才自主培养能力显著提升,对世界优秀人才的吸引力明显增强,在主要科技领域有一批领跑者,在新兴前沿交叉领域有一批开拓者;到 2035 年,形成我国在诸多领域人才竞争比较优势,国家战略科技力量和高水平人才队伍位居世界前列(见表 9.5)。

## 表 9.5 科技人才培养的战略目标

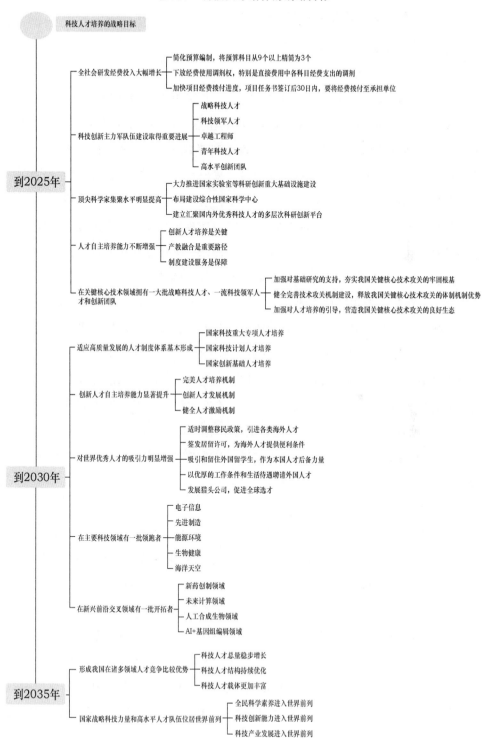

### 9.2.3 我国科技人才培养的路径选择

1. 建设高质量科技人才队伍

（1）着力培养战略科学家

立足国际高端和全球视野，坚持实践标准、长远眼光，依托国家重大人才工程，以重大科学问题和关键核心技术突破为导向，重点选拔和培养引领世界科技前沿、善于整合科研资源的战略科学家。探索设立科学家工作室，鼓励科学家牵头实施重大科研项目和高水平科研基地建设项目。采取"一事一议、按需支持"的方式，开辟体制机制与国际接轨、管理自主权充分赋予、财政投入稳定持续的"科研特区"，支持科学家潜心开展探索性、创新性研究，努力实现重大突破。充分发挥战略科学家的领军作用，支持其围绕重点领域和产业需求，聚集创新群体开展长期协同攻关，带动形成一批多层次、多领域融合的高水平创新团队。

（2）培育壮大青年科技人才

完善优秀青年科技人才支持培养办法，培养一批具有未来发展潜力的世界顶级创新人才。加快建设一支以 35 周岁以下为主体、具有国际竞争力的高质量青年科技人才队伍。强化成长激励，在定岗进编、职称选聘、选拔任用、学术评比等方面适当向青年人才倾斜，构建个性化、多通道、递进式培养体系。探索青年人才长周期考核，鼓励青年人才瞄准重大原创性基础前沿和关键核心技术的科学问题，潜心研究、长期积累，努力实现重大突破。鼓励外国青年科技人才来我国创新创业。加大对科技人才出国（境）培训支持力度。

（3）聚力引进高精尖缺科技人才

抢抓海外人才回流的历史性机遇，实施更加积极、更加开放、更加有效的人才引进政策，大力推进"海外高层次人才引进计划"，对顶尖人才团队"一事一议""一人一策"，力争引进海内外科技创新人才团队 200 个、高层次科技人才 3 000 人。推进外国人来华工作许可省内互认，提供便利服务，高质量建设外国专家工作室，支持外籍人才深度参与科技创新活动。鼓励与海外高等学校、科研院所共建联合实验室、联合研发中心、国际人才"飞地"等，招引集聚海外人才。在各省成立海外人才创新创业联盟，举办海外人才创新创业大会，提升国际产学研合作论坛暨跨国技术转移大会、产学研合作对接大会、"揭榜挂帅"技术转移品牌活动等的影响力，持续打造人才、技术、项目交流对接平台。

（4）加快培养科技创新领军人才

聚焦战略性新兴产业需求和"卡脖子"关键核心技术，培养造就一批具有科技前沿引领力、科研资源集聚力、国际话语影响力的科技领军人才和创新团队。强化各省自然科学基金的原创导向，鼓励自主选题，稳定支持优秀科技人才持续从事基础研究和前沿技术研究。在重大科研平台、重大科技计划、重大人才项目中突出支持人才开展基础研究和前沿技术研究。

（5）大力培养科技创业领军人才

发挥企业家在技术创新中的重要作用，弘扬企业家精神，研究制定科技企业家队伍建设意见，加快培育富有创新精神、冒险精神、科学头脑和国际视野的科创型企业家队伍。[①] 推行科教、产业部门人才双向交流制度，遴选一批领军型科技企业家、产业园区负责人到高等学校、科研院所担任产业副校（院、所）长，选派一批高等学校、科研院所分管副校（院、所）长挂任产业园区管委会副主任。发挥高等学校、科研院所"身份"优势和地方服务优势，大力推进落户在高等学校、创业在园区的"双落户"制度。建立经常性的技术对话机制，鼓励高等学校、科研院所定期邀请科技企业家参与科研规划、成果论证、学生培养等相关工作，共同解决重大科技问题。

（6）统筹推进各类科技人才队伍建设

健全科技服务市场主体，着力引进培养一支业务精湛、创新服务能力强、规模适度的专职科技服务人才队伍，全面提升科技服务人才在研发设计、创业孵化、技术转移、科技金融、知识产权、科技咨询、检验检测认证、科学技术普及等方面的支撑服务能力。完善技术经理人培养和激励机制，培养各类技术经理人。深入推进"科技镇长团""科技副总""产业教授"选聘工作，推进应用型研究生培养"双导师制"。依托各省科技服务业特色基地建设，加快培养一批科技创新创业服务人才。鼓励高等学校、科研院所与地方共建培训基地，培养农业技术推广人才，服务乡村振兴。壮大科普人才队伍，鼓励科普创作并广泛开展科学普及活动，提升公民科学素质。

2. 深化科技人才体制机制改革

（1）深化科技项目管理改革

深入推进科技领域"放管服"改革，营造良好的人才发展环境。创新重大科技项目组织方式，探索实行"揭榜挂帅"、项目经理、"赛马"、定向委托等新模式，完善

---

① 高树昱.工程科技人才的创业能力培养机制研究[D].杭州：浙江大学，2013.

"企业出题、政府发榜、人才攻关"机制。推进基于信任的科学家负责制,赋予创新领军人才更大的技术路线决定权和经费使用权。在省级人才类和基础研究类科研项目中推行经费包干制,不再编制项目预算,项目负责人在承诺遵守科研伦理道德和作风学风诚信要求、经费全部用于与本项目研究工作相关支出的基础上,自主决定项目经费使用。项目承担单位可将省级科研项目的间接费用全部用于绩效支出,并向创新绩效突出的团队和个人倾斜。建立创新尽职免责机制,鼓励科研人员自由探索、勇于创新。

(2)健全科技人才分类评价体系

切实破除"四唯"倾向,加快建立以创新价值、能力、贡献为导向的人才评价体系。基础前沿研究更加突出原创导向、社会公益性研究更加突出需求导向、应用技术开发和成果转化评价更加突出企业主体和市场导向,灵活运用同行评价主导、团队评价融入、定性定量评价结合的科学评价方式,着力构建针对不同类型、不同领域的分类评价体系。科学合理设置评价考核周期,突出中长期目标导向,鼓励持续研究和长期积累,适当延长基础研究人才、青年人才评价考核周期。试行团队综合评价,鼓励团队合作,通过评价制度改革,挖掘培养更多人才团队。

(3)完善科技人才激励机制

以增加知识价值为导向,构建充分体现知识、技术等创新要素价值的收益分配机制,强化对创新人才、创新团队的鼓励激励。实施国家级人才贡献奖励,对符合条件的科技人才给予贡献奖励。推进全国各大高等学校和科研院所开展科研人员职务科技成果所有权或长期使用权改革试点,激发科研人才释放内在创新潜能,增强科研人员获得感。[①] 优化科技成果转化国有资产管理方式,试点单位可按有关规定对其持有的科技成果,自主决定转让、许可或者作价投资,通过省技术产权交易市场进行挂牌公示后,不需报主管部门、财政部门审批。进一步提高职务科技成果转化收益比例、科技奖励额度,推动科研人员收入与岗位职责、工作业绩、实际贡献紧密联系。

3. 打造高能级科技人才发展平台

(1)加快建设高能级人才载体

优化整合高水平研究大学、科研机构和科技领军企业力量,加快建设一批重大

---

① 王艳艳.科研院所科技人才激励机制研究[D].长春:长春工业大学,2014.

人才创新创业载体。[①] 加强战略资源布局,推进基地、人才、项目、资金一体化配置,支持各地实验室建设人才"科研特区"。深化与国内外一流大院大所战略合作,积极争取国际大科学计划、大科学工程和大科学装置在我国布局,培育建设国家级技术创新中心、产业创新中心、制造业创新中心、工程研究中心和医学中心等,梯次建设一批具有中国特色的高水平人才创新创业载体,优化重组重点实验室。推广各地产业技术研究院改革试点成果,实施更加灵活的政策机制,更大力度加强新型研发机构建设。

（2）打造高新区产才融合主阵地

发挥国家自主创新示范区、自由贸易试验区等优势,积极推进人才发展综合改革。坚持产业高地、人才高地、创新高地同步建设,推动项目、人才、技术、资本等创新要素向高新园区集中,打造一批产才融合示范基地。以高新区为引领,建设新型研发机构,开展共性技术研究、新兴产业孵化等融合创新。打造产才融合发展综合体,提升创业孵化、技术交易、人才金融、知识产权等服务职能。开展产业链和人才链对外依存度分析,同步规划产业发展和人才发展,同步开展招商引资和招才引智。加强新兴产业和未来产业发展趋势研究,超前储备引领未来发展的人才资源。

（3）突出企业承载科技人才主体地位

鼓励企业加强国际人才交流合作,在人才引进、培养、使用、评聘上赋予科创型企业更大自主权。支持龙头企业牵头组建创新联合体,以实体平台和研发项目为纽带开展产学研合作,壮大以高新技术企业为主体的创新型企业集群。加大对人才初创企业的支持力度,支持人才初创企业新产品、新技术、新服务优先进入应用推广目录。大力培育独角兽企业、瞪羚企业、单打冠军企业,鼓励产业链"链主"企业整合高端创新要素,建立科技服务、创业孵化、产业集聚、风险投资等平台型公司,带动产业链人才创新创业。

4. 营造人才活力迸发的发展环境

（1）强化科技人才创新创业金融服务

拓宽便捷高效的市场融资渠道,发挥政府引导作用,撬动市场要素支持人才发展。突出人才金融服务实体经济功能,持续做好"人才投""人才贷""人才保"

---

① 马吟雪.江苏省高层次科技人才引进政策评价研究[D].南京:南京航空航天大学,2015.

等人才金融产品。发挥政府投资基金、政策性担保资金作用,为人才发展提供支持。对人才产业化项目完善支持模式,探索人才项目给予"拨改投""拨改贷"支持。完善知识产权、技术等作为资本参股的办法,推行知识产权和股权质押融资。

(2)加强科技人才服务保障

推进科技人才立法和相关法律的修订,为科技人才发展提供更加坚实的法治保障。加强公益性、基础性公共服务平台资源集成,加快布局建设科技资源服务共同体,深化各省科技资源统筹服务中心、人才与创新资源对接平台建设,促进各类科技资源的汇聚、开放和共享,着力将科技资源优势转化为人才创新发展优势。完善科技人才医疗、住房、子女入学等配套服务。

(3)厚植新时代科技创新文化

强化科技人才"爱国·奋斗·奉献"精神培养,鼓励人才深怀爱国之心、砥砺报国之志,主动担负起时代赋予的使命责任。大力弘扬科学家精神,加大先进典型宣传力度,激励和引导广大科技人才追求真理、勇攀高峰,推动形成尊重劳动、尊重知识、尊重人才、尊重创造的浓厚氛围。完善全链条知识产权保护,建立跨部门、跨区域行政执法协作机制。强化科研诚信体系建设,坚持预防与惩治并举,打造诚实守信的科研环境。

## 9.3 科学家精神的当代价值

2020年9月11日,习近平总书记在北京主持召开科学家座谈会并发表重要讲话时指出:"科学成就离不开精神支撑。科学家精神是科技工作者在长期科学实践中积累的宝贵精神财富。"[①]古往今来,勤劳智慧的中国人民在长期的科学实践中逐渐形成了一种普遍的、集体的、知情意行有机融合、当代性与历史性兼具的精神信念、价值准则和行为规范,经过时间的检验和历史的冲刷,这种薪火相传、赓续不竭的传统在新时代下被凝练为以"爱国、创新、求实、奉献、协同、育人"为内核的科学家精神(见图9.4)。

---

① 习近平.在科学家座谈会上的讲话[N].人民日报,2020-09-12(2).

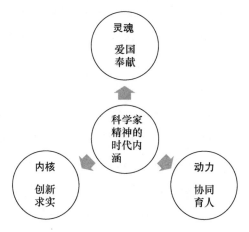

图 9.4　科学家精神的时代内涵

　　面对中美竞争日趋激烈、俄乌战争不断升级、欧洲国家潜图问鼎、非洲大陆摇摆不定这样纷繁复杂的国际局势,在共产党人的领导下,中国如何肩负起"为人民谋幸福,为民族谋复兴,为世界谋大同"的艰巨使命,如何在新的历史起点上继续推进创新驱动发展战略并在更多科学领域实现从"跟跑"到"领跑"的伟大目标？这需要广大人民深刻体悟科学家精神的时代内涵,尽量追溯科学家精神的历史渊源,并充分发扬科学家精神的多重当代价值。

### 9.3.1　科学家精神的时代内涵

**1. 愿得此身长报国,奉献终身永无悔(爱国,奉献)**

　　"科学无国界,科学家有祖国",在不胜枚举的爱国科学巨匠心里,国为重,家为轻,科学最重,名利最轻。回溯历史长河,在中华民族从"站起来""富起来"到"强起来"的艰难旅途中,无数科学家满怀拳拳赤子之心、不计较个人得失、甘心奉献时间乃至生命,前赴后继地投入"十年如一日"的科学研究之中,为祖国和人民做出彪炳史册的重大贡献,擦亮了科学家精神的爱国主义底色。

　　秉志"留美十余年,对祖国的萎靡不振,受列强逼凌,国家岌岌不保,忧惕愤激,最为痛苦"[①],其在留美期间创办了中国科学社和《科学》月刊;王选在我国计算机技术正处于起步阶段的 1956 年毅然决然地选择了"冷门"的计算数学,坚信"一个

---

　① 翟启慧,胡宗刚.秉志文存:第三卷[M].北京:北京大学出版社,2006:303-305.

人必须把自己的工作和国家的前途命运联系在一起,才有可能创造出更大的价值[①];钱伟长 29 岁出国深造时许下"此次西行不为功成名就,不为锦绣前程,只为救国!"[②]的报国之志,用短短 6 年时间解决了困扰力学界的多个难题,但他却抛下了国外的天价年薪,回国当起了月薪只够买 2 个暖壶的穷教授……

愿得此身长报国,奉献终身永无悔。爱国主义促使科学家将个人命运与祖国命运结为一体,将个人价值的实现寓于社会价值之中,将"小我"有机融入"大我",最后达到"无我"与"忘我"的崇高境界。在新时代,爱国主义作为科学家精神的灵魂,要求广大科技工作者胸怀祖国,心系人民,将自己穷极一生的科学追求与实现中华民族伟大复兴的中国梦融合起来,为人民的利益而奋斗,为群众的生活谋福祉。坚持国家利益和人民利益至上,以支撑服务社会主义现代化强国建设为己任,着力攻克事关国家安全、经济发展、生态保护、民生改善的基础前沿难题和关键核心技术。[③] 同时,科学家应具有淡泊名利、潜心研究的奉献精神,根据整个国家和社会的实际需要,选择攻坚克难的专业领域,无怨无愧地投身于科技事业之中,不见风使舵,不见利忘义,鄙弃拜金主义,摒弃浮皮潦草,兢兢业业,埋头治学,始终不忘初心,坚持正确导向,树立为科学奉献终身的正确意识和人格风范。

2. 勇攀高峰创新愿,求真求实必躬行(创新,求实)

创新是科研攻关的助推剂,是科研事业的生命线。从无到有,从 0 到 1,科学家的大胆创造与锐意创新是带来认知突破、推动社会进步最澎湃的力量。没有挺得起腰的科学家精神,很难有站得住脚的科学成果。[④] 从明朝医药学家李时珍身先士卒尝百草写就《本草纲目》、"两弹一星"元勋隐姓埋名使蘑菇云在戈壁腾升,到詹天佑临危受命修建中国第一条"人字形"京张铁路、刘永坦兀兀穷年用雷达为祖国筑就"海防长城",再到屠呦呦一生倾情青蒿素成功挽救世界众多疟疾患者、杨璐菡投身新兴基因技术为世人带来福音……每一次中国重大科技创新成果都是中国科学家不甘落后、敢为人先的生动体现,每一次中国科技事业实现从被侮辱到"跟跑""并跑"再到"领跑"都是中国科技工作者追求真理、严谨治学的深刻诠释。

勇攀高峰创新愿,求真求实必躬行。创新作为科学家精神的关键内核,引领新

---

① 丛中笑. 新时代科学家需要具备怎样的精神——论王选的成功因素[J]. 人民论坛,2020(9):70-73.

② 中国科学院力学研究所党委办公室. 钱伟长:国家的需要就是我的专业[J]. 中国科学院院刊,2022,37(3):264.

③ 段伟. 自觉践行新时代科学家精神[N]. 陕西日报,2019-08-29(9).

④ 何鼎鼎. 用科学精神激发科技创新[N]. 人民日报,2019-06-13(9).

时代广大科技工作者在诸多领域实现"从 0 到 1"的突破,向全世界交出了以微信、无现金社会、共享单车为代表的"中国名片",令中国人民在"两弹一星"、核潜艇、航空航天等高精尖技术领域挺直腰杆,助推中国在 5G、物联网、量子信息等信息技术领域实现中国科技的世界"领跑"。站在新的历史起点上,科学家们不仅要坚定敢为天下先的自信与勇气,勇做新时代科技创新的排头兵,而且还要传承信实不欺精神,坚守科学的伦理底线,不急功近利,不欺上瞒下,敢于破除迷信,勇于同谬误作斗争,结合时代发展最新趋势,面向世界科技前沿,用科学的逻辑论证不断提出新理论、开辟新领域、探索新路径,用严谨的钻研态度挖掘科学的深度、拓宽科学的广度、守住向善的维度。

3. 集智攻关无不成,奖掖后学提英才(协同,育人)

积力之所举则无不胜,众智之所为则无不成。科学研究从来都不是一个人的事情,需要科学家奉行集智攻关、团结协作的协同精神和甘为人梯、奖掖后学的育人精神。中国自主研发深海潜水器"蛟龙"号的团队把"互相补台、互不拆台"作为不可违背的工作原则,实现各个分系统整合后"天衣无缝"的衔接;载人航天工程指挥部一声令下,西安的火箭发动机、天津的飞船太阳帆板、河南的电连接器,一天就能送达北京总装车间;23 位"两弹一星"功勋奖章获得者中,有半数以上曾是"大师中的大师"叶企孙的学生;德高望重的崔崑院士和夫人朱慧楠教授向华中科技大学教育发展基金会捐款 400 万元设立新生助学金,为"功成不必在我,功成必定有我"的科学家精神写下生动注脚……作为科学家精神的源泉,协同、育人的"薪火相传",使中国的科技事业后继有人,使中国的科学发展形成一股强大的合力。

集智攻关无不成,奖掖后学提英才。在我国进入新时代的背景下,科学家们既要传承老一辈的精神血脉,又要蕴含鲜明的时代特点。一方面,现代新技术的研发涉及多学科的交叉融合和多技术、多产业的跨界融合,这就要求广大科技工作者各司其职,发挥所长,协同分工,集智攻关。另一方面,科学的无国界性及科学研究的实践性决定了新时代科学家精神的开放性特征,协同精神的内涵也包括新时代的科学家们应主动学习国外先进技术经验,加强合作交流。[①] 此外,科学家还要有识才的慧眼、爱才的诚意、用才的胆识、容才的雅量和聚才的良方,以"慧眼识英才、用英才"的伯乐之能,秉承"传帮带"的奉献精神和甘做"铺路石"的牺牲精神,破除裙

① 余德刚,龚松柏,余周唱晚.论我国科学家精神的时代价值[J].毛泽东思想研究,2018,35(6):151-155.

带关系,剪断利益纽带,反对门户偏见,打击"学阀"作风,主动肩负起培养新一代科技人才的重任,为科技创新的永续发展注入源源动力。

### 9.3.2 科学家精神的历史渊源

自希腊哲学家柏拉图、苏格拉底、亚里士多德等群起而立之时,西方科学家便始终如一奉行"不唯上、不唯书,只唯真、只唯理"的科学精神。与之不同的是,中国科学家精神的萌芽与形成随具体历史背景呈现出科学救国、科学报国、科学兴国和科技强国四个发展阶段(见图9.5)。

**图 9.5 科学家精神的形成过程**

**1. 科学救国,匹夫有责:洋务运动—新中国成立前**

自1840年西方的坚船利炮打开了闭关锁国的清政府大门,中国的"天朝上国"之梦便就此幻灭。从洋务运动到新中国成立之初,面对"亡国灭种"的压迫与威胁,中国无数仁人志士立下"科学救国"的宏图伟愿,历经"中体西用"的"器物学习"与"中西体用一致"的"制度学习"以及"会通中西"的"精神学习",终于完成了独具特色的中国科学家精神的初步探索。该时期的科学家精神主要以伟大的爱国主义精神为内驱力,以救亡图存、启发民智、富国强民为目的。

19世纪六七十年代兴起的洋务运动,以"中体西用"为纲,打出"师夷长技以制夷"的口号,破除了清政府自视清高、称西方科学技术为"奇技淫巧"的"贬西倡中"之误解,开始引进西方军事设备和民用设施,对西方器物制造理论进行批判性吸收,但鉴于"变器不变道"的自救运动实质,最终以甲午战争的惨败标志着洋务运动的彻底破产。甲午战败后,以康有为、梁启超、严复为代表的维新派人士意识到,只学习"长技"是远远不够的,还需要有科学制度的配合,才能将"技"尽其用。因此,康梁以公车上书拉开了百日维新的序幕。虽然维新运动在历史上仅是昙花一现,但其办报刊、兴学堂、办学会等措施对近代科学的传播可谓功不可没。

首批洋务运动期间赴美留学幼童目睹了中国的腐败落后和西方的开放先进,

以秉志为代表的赴美留学生创办了《科学》月刊和中国科学社,"以共图中国科学之发达"[①]作为办社宗旨,以期向国人传递和传播真正的科学知识和科学思想,从精神层面"会通中西"。以"民主"和"科学"为两面大旗的新文化运动和以"外争主权,内惩国贼"为口号的五四运动,将"科学救国"的浪潮推向顶峰,极大地改变了人们的文化观与价值观。这个时期的知识分子以"科学"为武器,猛烈批判儒家的三纲五常和"尊孔复古"的封建迷信,倡导以科学文化为基础的文学革命,主张造就"自主的、进步的、进取的、世界的、实利的、科学的"五四新人[②],这为 1921 年中国共产党的建立奠定了良好的思想基础,并为之培养了一批中坚力量。经过以张君劢为代表的玄学派和以丁文江为代表的科学派对"科学"与"人生观"的论战,中国共产党选择结合马克思主义理论,把文化批判与人生观、历史观同民族救亡图存与振兴联系起来,其中以"毛泽东思想"在抗日战争和解放战争中的实际应用最为典型。

2. 科学报国,鞠躬尽瘁:新中国成立—改革开放

新中国成立之初,百废待兴,但新中国成立的消息还是鼓舞了海外留学的莘莘学子冲破艰难险阻返回祖国,用所学的科学知识去实现"科学报国"的梦想。竺可桢曾说:"中国共产党领导的中国人民革命的胜利,使中国科学翻了身,科学工作者多年来建设自己祖国的愿望开始得到了实现。"[③]老一代科学家用几十年的时间,鞠躬尽瘁,为国效力,大大缩短了中国与西方科技水平间的差距,建成了中国科技独立自主的发展道路。胸怀祖国、无私奉献、勇攀高峰、协同攻关是"科学报国"时期科学家的显著特点,意味着具有历史性、集体性、知情意行有机融合的、具有鲜明中国特色的科学家精神基本成型。

1956 年,党中央提出"向科学进军"的号召,以"重点发展、迎头赶上"为战略方针,于 1958 年果断做出研制原子弹、氢弹和导弹的"两弹一星"国防科技战略决策。当时在国际上已享誉盛名的钱学森、钱三强、邓稼先、朱光亚等科学家甘心放弃国外天价年薪,回国远离亲友、隐姓埋名、十年如一日地坚守在戈壁之上,勇闯科研道路上的"娄山关""腊子口",无怨无愧奉献自己的青春、智慧、热血乃至生命,只为让中国拥有属于自己的核技术。在 20 世纪 60 年代,中国以成功研制出世界上第一个人工合成的蛋白质——牛胰岛素震惊世界,成为当年接近获得诺贝尔奖的重大成就。在这曲

①　卞毓麟.科学意识之呼唤与弘扬——重读《科学救国之梦》,兼庆中国科学社百年华诞[J].科普研究,2014,9(5):7-13.

②　陈独秀.独秀文存[M].合肥:安徽人民出版社,1987,4-8.

③　竺可桢.竺可桢全集:第 3 卷[M].上海:上海科技教育出版社,2004:98.

折前进的 30 年间,中国由一个以自然经济和手工业技术为主的落后农业国成长为工业种类较齐全、具有较完整体系的工业国,在原子能技术、火箭技术、石油化工、电子电力等领域取得了瞩目的成就。但"文化大革命"的十年动乱使我国的科技事业发展受到了严重影响,将与世界发达国家本来已经缩小的差距又逐渐拉大了。

3. 科学兴国,迎接春天:改革开放—十八大

1978 年 3 月,全国科学大会胜利召开,中国科学院院长郭沫若在书面讲话《科学的春天》中提到,"我们民族历史上最灿烂的科学的春天到来了"[1]。从改革开放到党的十八大召开,"科学技术是第一生产力"的论断、科教兴国的战略和科学发展观贯穿其中,呈现出注重科技创新、尊重人才培养的时代特点,推动中国特色的科学家精神在这一时期不断丰富发展。

历经"文化大革命"的十年浩劫,中国共产党深刻吸收闭关锁国导致列强入侵的历史经验教训,决定在改革开放初期不仅要坚持对外开放,而且还要引进和学习外国先进科学技术。20 世纪 80 年代,邓小平明确指出,"科学技术是第一生产力"。此时,科技创新已经成为关乎一个国家能否在国际竞争中占据主导地位的关键因素,对国家发展走势的影响举足轻重。为了促进我国经济建设,更好地贯彻新时期科学技术的指导方针,提高我国在国际上的影响力和话语权,国家科委在1986 年将全国科学技术工作分为三个层次,进行了国家科技攻关计划、"863 计划"、火炬计划、星火计划、基础研究计划、科技成果推广计划等诸多部署,推动我国生物医学、核物理、纳米研究、量子物理、地质勘探、航空航天、空间技术等基础学科与高端技术领域的全面发展。

1995 年 5 月 6 日,中共中央、国务院在《关于加速科学技术进步的决定》中首次提出科教兴国战略,以中国科学院作为中国科学研究事业的"火车头",于 1998 年实施知识创新工程,注重营造求真唯实、尊重人才和有利于人才脱颖而出的文化氛围,为祖国科技事业的发展提供了强有力的思想保障和精神动力。2003 年,胡锦涛总书记提出"坚持以人为本,树立全面、协调、可持续的发展观,促进经济社会和人的全面发展"的科学发展观,"统筹城乡发展、统筹区域发展、统筹经济社会发展、统筹人与自然和谐发展、统筹国内发展和对外开放"[2],进一步丰富了科学的时代

---

① 郭沫若. 科学的春天——在全国科学大会闭幕式上的讲话[N]. 人民日报,1978-04-01(3).

② 百度百科. 科学发展观[EB/OL]. [2022-05-14]. https://baike. baidu. com/item/%E7%A7%91%E5%AD%A6%E5%8F%91%E5%B1%95%E8%A7%82/317422? fr=aladdin.

内涵,为现代科学家精神增添了"利民、裕民、养民、惠民"的"以人为本"特色,更加注重维护人民利益、增进人民福祉,擦亮胸怀祖国、服务人民的爱国主义底色。

4. 科技强国,伟大复兴:党的十八大以来

2012年,胡锦涛总书记在党的十八大报告中提出实施创新驱动发展战略,坚持把创新作为引领发展的第一动力,将创新摆在国家发展全局的核心位置。站在继往开来的新的历史起点上,建设世界科技强国,实现社会主义现代化和中华民族伟大复兴,是百年来中国科学家的夙愿。此时的中国科技事业已实现从"跟跑""并跑"到"领跑"的跨越式发展,创新引领、复兴中华、培育人才、营造科学氛围已成为"科技强国"时代下的阶段特点。2019年6月11日,中共中央办公厅、国务院办公厅印发的《关于进一步弘扬科学家精神加强作风和学风建设的意见》中,将新时代科学家精神的内涵概括为"爱国、创新、求实、奉献、协同、育人"。弘扬新时代科学家精神,不仅希望科学工作者能够发扬求真求实、创新创造的科学精神,还希望其养成和坚守爱国为民、敬业奉献、协同合作、奖掖后学的道德品质,不仅做重大科研成果的创造者、建设科技强国的奉献者,还要做崇高思想品格的践行者、良好社会风尚的引领者。①

### 9.3.3 科学家精神的多重价值

科学家精神的多重价值体现在个人层面、社会层面、文化层面和国家层面(见图9.6)。

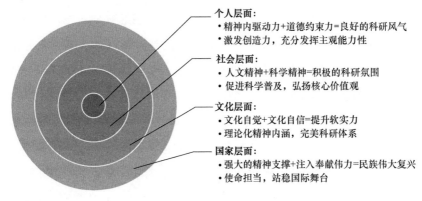

个人层面:
· 精神内驱动力+道德约束力=良好的科研风气
· 激发创造力,充分发挥主观能力性

社会层面:
· 人文精神+科学精神=积极的科研氛围
· 促进科学普及,弘扬核心价值观

文化层面:
· 文化自觉+文化自信=提升软实力
· 理论化精神内涵,完美科研体系

国家层面:
· 强大的精神支撑+注入奉献伟力=民族伟大复兴
· 使命担当,站稳国际舞台

**图9.6 科学家精神的多重价值**

① 孙炜,史玉民.秉志论"科学家之精神"及其现代价值[J].科学学研究,2020,38(10):1729-1734+
1810.

1. 个人层面：精神内驱力与道德约束力相辅相成，助于形成良好的科研风气

中国科学家精神是在中国科学家群体中内化形成的、特殊性与普遍性相统一、知情意行有机融合的精神成果，体现了广大科研工作者强大的精神内驱力和审慎的道德约束力，有助于充分发挥科研人员的主观能动性，激发其敢为人先的科学创造力，在科研团队中形成良好的作风学风。

中国科学家精神特指在内忧外患、国弱民穷的近代中国时期，在广大科研工作者兀兀穷年、至诚报国的科技事业中形成的，以家国情怀为底色的价值规范和精神风貌，与西方科学家从古希腊起便单纯求真唯理的传统截然不同，因此，中国科学家精神具有特殊性。伟大的科学家精神一经形成，便贯穿古今，不仅从古代科学技术中汲取实用性与本土化的养分，而且站在新的历史起点上蕴含了丰富的时代外沿。在中国科学的滥觞与赓续中，科学家精神也在继承与发展中指导实践，体现其普遍性。

高山仰止，景行行止。"不唯上、不唯书，只唯真、只唯理"是为"知"；"不忘科学报国初心，牢记科技强国使命"是为"行"；"鞠躬尽瘁，死而后已"是为"意"；"先天下之忧而忧，后天下之乐而乐"是为"情"。中国科学家精神历经"科学救国""科学报国""科学兴国"与"科学强国"四个发展阶段，从严复、秉志、詹天佑为解决内忧外患而融汇中西，救亡图存；到邓稼先、袁隆平、"三钱"为打破科技垄断，独立自主研发；再到南仁东、刘永坦、林俊德为实现科学兴国，坚持创新驱动，中国科学家在科研事业中将知情意行有机融合起来，将个人价值的实现寓于社会价值之中，体现出独特的个人魅力与高尚的道德情操。

从 2000 年起，国务院设立国家最高科学技术奖，相继有吴文俊、袁隆平、王选、屠呦呦等 20 余位科学家获此殊荣。[①] 该奖项不仅是对其科技贡献的充分肯定，而且是对科学家精神层次与道德品质的高度赞扬。传承科学家精神，有助于发扬中国科学家报国为民、躬耕不辍、淡泊名利、扎根群众的精神内驱力，推动科研工作者肩负起历史重任，做新时代的奋斗者；有助于培养科学家信实不欺、忠于所事、勤苦奋勉、严谨治学的道德约束力，推动科研工作者坚守求真底线，做科技强国的践行者；有助于激发科学家勇攀高峰、敢为人先、冲云破雾、革故鼎新的科研创造力，推动科研工作者立足国家需求，做国际竞争的冲锋者，最终在科研界形成良好的作风学风，推动国家科技共同体的有序建成。

---

① 李斌.百年复兴与科学家精神的形成[J].中国科学院院刊,2021,36(6)：692-697.

2. 社会层面：科学精神与人文精神相得益彰，利于形成积极的科研氛围

中国科学家精神是个人精神与集体精神有机结合、历史性与当代性兼备的时代产物，体现出科学家求真求实的科学精神特质和向善向美的人文精神本质，有利于推动科学普及工作，弘扬社会主义核心价值观，传播正能量，在全社会形成积极的科研氛围。

科学家精神是一种集体精神，反映科研工作者的整体风貌。科学家精神的作用发挥和功能表达依托广大科研工作个体观念和行为，是集体精神和个体精神的交织。以钱学森、邓稼先、赵忠尧为代表的海外留学生在新中国的召唤下回到故乡，集结大批专家和科技骨干，从全国各地奔向核武器研制与试验的第一线，在所有科研工作者心怀家国、无私奉献、协同合作、共克时艰的集体精神驱动下，在科研工作个体自力更生、艰苦奋斗、舍弃"小我"、顾全大局的个体精神汇聚下，1964 年和 1967 年的中国大地上终于绽开了原子弹与氢弹的蘑菇云，1970 年的世界也见证了中国第一颗人造卫星"东方红一号"的顺利升空。"两弹一星"精神、西迁精神、北斗精神、探月精神、载人深潜精神等科学家精神，都是广大科研工作个体将个人精神寓于集体精神的生动体现，是舍弃"小我"、凝聚"大我"，从而实现个人社会价值的有效途径。

科学家精神产生于特定的历史条件中，继承了勤奋好学、诚实坚毅的中华优秀传统文化和爱国爱家、自强不息的中华民族精神，具有历史意义。科学家精神彰显超越时空的持久魅力，成为中国科学家永恒的精神财富，具有当代价值。中国科学家精神在"科学救国"时期滥觞，于"科学报国"时期丰富发展并基本成型，在"科学兴国"和"科学强国"时期不断扩展其时代外沿，其塑造过程与中国近代侵略史、反抗史和自强史并驾齐驱，于中华民族内忧外患之时意识到振兴科技的必要性，于新中国刚成立、国弱民穷之时意识到科技在国际竞争中的重要性，于改革开放走向世界之时意识到创新对综合国力的决定性作用，于十八大民族复兴之时深化科技与科学家精神的相得益彰。科学家精神既是立足具体国情、回应社会需求的历史观照，又是站在新的历史起点、面对纷繁复杂的国际竞争局面、解决科技难题、在更多科技领域实现"领跑"的时代产物。

在大科学时代，科学家的责任已不再只是"扩充正确无误的知识"，"为人类谋福祉"也成了科学活动的一大目标。[1] 这不仅要求广大科研工作者在科研中追求

---

[1]　董鑫蕊. 中国科学家精神的历史演进与当代培育[D]. 北京：北京交通大学，2021.

认识的真理性，坚持认识的客观性和辩证性，守住求真求实的科学底色，而且要求科学家体现人文关怀，以"为人民谋幸福"为目标，注重"以人为本"，做到科学成果由人民共享，坚守向善向美的人文本质。传承和弘扬科学家精神，有益于推动科普工作的开展。科普工作不应局限于科学知识的普及，而应促进科学方法、科学思想的推广，唤醒公众对科学的参与意识，提升公众参与科学的能力，助力"全民科学素质行动计划"[①]的实施。在弘扬主流价值观的同时，引导全社会形成一种积极踊跃的科研氛围。

3. 文化层面：高度凝练的理论化精神内涵，益于形成完备的科研体系

中国科学家精神是理论与实践相辅相成、上升至文明文化层面的社会化表达，体现出科学共同体内部以科学家精神为核心内容的自身文化传承，有益于探寻科学家精神的思想基础，坚定国民文化自觉和文化自信，促进中国文化软实力的提升，最终形成完备的科研体系。

科学家精神是科学家在具体科学实践中表现出来的、经高度概括的理论成果，在薪火相传中指导具体科研活动的实施，又在科学实践中被一次次检验。当代科研工作者在传承老一辈科学家宝贵的精神时，随具体时代要求在不同方面有所侧重，例如"科学报国"时期重点强调在爱国主义精神的驱使下，远渡重洋的海外莘莘学子纷纷回国尽忠，运用所学知识初步建立中国的科研体系；而在"科学强国"时期，创新成为增强经济竞争力的关键和综合国力竞争的决定性因素，这要求科学家不断强化科技自立自强能力，在创新驱动发展战略的指导下，秉持勇攀高峰、敢为人先的创新精神去指导科研活动。

科学家精神实质上是科技界文化的核心价值凝练，对于科学家精神的弘扬和传播，可以看作狭义"科学文化"的社会化表达和接受过程。[②] 科学家群体作为中华民族优良传统的传承者和现代中国进取精神的实践者，其代代相传的科学家精神实质上是中华文化的一脉相承。中华文化中的真知灼见反映着中华民族的主流价值观，科学方面的有的放矢更是有针对地体现出科学文化价值的内核。因此，科学家精神的传播就是文化的传播，不应仅停留在传播科学知识、传授科学方法上，而应在社会上营造全方位、全景式的科学文化发扬氛围。

---

① 百度百科. 2049 计划［EB/OL］.［2022-05-20］. https：//baike. baidu. com/item/2049％E8％AE％A1％E5％88％92/4795568? fr＝aladdin.

② 刘萱，张旸. 科学家精神传播促进科学文化建设的机理与策略［J］. 中国科技论坛，2022（2）：5-8.

哈佛教授约瑟夫·奈在他最早提出的"软实力"理论中强调,文化软实力是国家软实力的核心因素。科学文化在中华文化中扮演着不可或缺的重要角色。在继承科学家精神的过程中,科学家既要以张岱年先生的"综合创新"论为指导,综合中西文化之长创造新文化,择善而从,为我所用,又要对科学文化的价值判断和价值选择进行反思和反省,坚定对科学的、大众的社会主义先进文化的文化自觉和文化自信,提升我国的文化软实力,在理论上逐步形成完整的科研体系。

4. 国家层面:强大的精神支撑,为民族复兴注入奉献伟力

纵观古今,中国历代科研工作者在强大的科学家精神支撑下,步履维艰地带领中华民族救亡图存,富国强民,使中国傲然屹立于世界大国之林。当下,国际局势瞬息万变,中美贸易竞争日趋激烈,俄乌战争不断升级,有人野心勃勃幻想雄霸世界,有人心怀鬼胎选择默默站队。面对以经济和科技实力为基础的综合国力的较量,中国在纷繁复杂的时代洪流中想要突破重重封锁、站稳国际舞台、实现民族复兴重任,就需要持续发扬科学家精神,增强科技强国的不竭精神动力。

当前,全球科技创新进入活跃期,国际创新格局的重塑与全球科技治理体系的优化需要掌握更深刻、更广泛的关键性要素和战略性资源。为促使我国经济实力稳步攀升,科技力量逐步增强,科学家便是其中掌握核心技术、推动科技变革、发挥贡献伟力的关键人物。在东亚逐渐成为全球创新密集区,创新资源的流动性与可用性不断增强的背景下,创新创业门槛被拉低,人云亦云、胡乱跟风导致社会浮躁不安、民众急功近利,越来越多的科技产业从业者对高投资、高风险、低收入、低回报的科研事业嗤之以鼻,丧失了老一辈科学家钻之弥坚的恒心与毅力。因此,大力弘扬科学家精神,有助于激发当代科学家的使命感与责任感,继承前辈胸怀祖国、无私奉献的家国情怀,孜孜不倦、持之以恒的坚毅品质,淡泊名利、信实不欺的科研信条,从而鼓舞广大科研工作者投身于全球科技创新战场,为实现中华民族伟大复兴的时代重任注入伟力。

## 9.4　弘扬科学家精神的措施

### 9.4.1　开展新时代科学家精神宣传教育

深化科学家精神的研究工作,深入解读胸怀祖国、服务人民的爱国精神,勇攀

高峰、敢为人先的创新精神,追求真理、严谨治学的求实精神,淡泊名利、潜心研究的奉献精神,集智攻关、团结协作的协同精神,甘为人梯、奖掖后学的育人精神等多方面重要内容。

创新宣传方式形式,适时实施科学家"网红"培育工程。充分发挥老一代科学家的精神力量,吸引一批退休老科学家参与互联网宣传工作,全面提升公民的科学素质和科学意识,净化当前互联网舆论氛围,促进社会形成团结和谐的局面。

开展老科学家宣讲教育活动。在各大中小学校部署开展一系列科学家宣传教育,通过现身说法、亲身示范,推动大中小学校形成崇尚科学的氛围,激励广大学子投身科学事业,继承和发扬老一辈科学家精神。

### 9.4.2 促进形成风清气正的科研环境

崇尚学术民主,推动学术争鸣。鼓励不同学术观点交流碰撞,倡导严肃认真的学术讨论和评论,排除地位影响和利益干扰。开展学术批评要开诚布公,多提建设性意见,反对人身攻击。尊重他人学术话语权,反对门户偏见和"学阀"作风,不得利用行政职务或学术地位压制不同学术观点。鼓励年轻人大胆提出自己的学术观点,积极与学术权威交流对话。

坚守诚信底线,完善诚信法规。科研诚信是科技工作者的生命。高等学校、科研机构和企业等要把教育引导和制度约束结合起来,主动发现、严肃查处违背科研诚信要求的行为,并视情节追回责任人所获利益,按程序记入科研诚信严重失信行为数据库,实行"零容忍",在晋升使用、表彰奖励、参与项目等方面"一票否决"。压紧压实监督管理责任,有关主管部门和高等学校、科研机构、企业等单位要建立健全科研诚信审核、科研伦理审查等有关制度和信息公开、举报投诉、通报曝光等工作机制。对违反项目申报实施、经费使用、评审评价等规定,违背科研诚信、科研伦理要求的,要敢于揭短亮丑,不迁就、不包庇,严肃查处、公开曝光。

反对浮夸浮躁、投机取巧。深入科研一线,掌握一手资料,不人为夸大研究基础和学术价值,不得向公众传播未经科学验证的现象和观点。论文所涉及的实验记录、实验数据等原始数据资料交所在单位统一管理、留存备查,不弄虚作假。参与国家科技计划(专项、基金等)项目的科研人员要保证有足够的时间投入研究工作,承担国家关键领域核心技术攻关任务的团队负责人要全时全职投入攻关任务。兼职要与本人研究专业相关,杜绝无实质性工作内容的各种兼职和挂名。高等学校、科研机构和企业要加强对本单位科研人员的学术管理,对短期内发表多篇论文、取得多项专利等成果的,要开展实证核验,加强核实核查。科研人员公布突破性科技成果和重大科研进展时应当经所在单位同意,推广转化科技成果时不得故意夸大技术价值和经济社会效益,不得隐瞒技术风险,要经得起同行评、用户用、市场认。

反对科研领域"圈子"文化。打破相互封锁、彼此封闭的门户倾向,防止和反对科研领域的"圈子"文化,破除各种利益纽带和人身依附关系。抵制各种人情评审,在科技项目、奖励、人才计划和院士增选等各种评审活动中不得"打招呼""走关系",不得投感情票、单位票、利益票。这类行为一经发现,应立即取消参评、评审等资格。高层次专家要带头打破壁垒,在科研实践中多做"传帮带",善于发现、培养青年科研人员,在引领社会风气上发挥表率作用,积极履行社会责任,主动引导教育大中小学生,传播爱国奉献的价值理念。

### 9.4.3　构建形成良好有序的科研生态

以体制改革释放创新活力。管理部门要抓战略、抓规划、抓政策、抓服务,树立宏观思维,倡导专业精神,减少对科研活动的微观管理和直接干预,切实把工作重点转到制定政策、创造环境、为科研人员和企业提供优质高效服务上。坚持刀刃向内,深化科研领域政府职能转变和"放管服"改革,建立以信任为前提、诚信为底线的科研管理机制,赋予科技领军人才更大的技术路线决策权、经费支配权、资源调动权。重点探索实施优化项目形成和资源配置方式,根据不同科学研究活动的特点建立稳定支持、竞争申报、定向委托等资源配置方式,建立健全重大科研项目科学决策、民主决策机制,对涉及国家安全、重大公共利益或社会公众切身利益的项目形成论证评估机制,建立完善分层分级责任担当机制。

充分发挥评价引导作用。改革科技项目申请制度,优化科研项目评审管理机制,实行科研机构中长期绩效评价制度,加大对优秀科技工作者和创新团队的稳定支持力度,大幅减少评比、评审、评奖,破除"唯论文、唯职称、唯学历、唯奖项"的倾向,不得简单以头衔高低、项目多少、奖励层次等作为前置条件和评价依据,不得以单位名义包装申报项目、奖励、人才"帽子"等。优化整合人才计划,避免相同层次的人才计划对同一人员的重复支持。支持中西部地区稳定人才队伍,发达地区不得片面通过高薪酬、高待遇竞价抢挖人才,特别是从中西部地区、东北地区挖人才。

大力减轻科研人员负担。加快国家科技管理信息系统建设,实现在线申报、信息共享。大力解决表格多、报销繁、牌子乱、"帽子"重复、检查频繁等突出问题。严格控制报送材料数量、种类、频次,对照合同从实从严开展项目成果考核验收。专业机构和项目专员严禁向评审专家施加倾向性影响,坚决抵制各种形式的"围猎"。高等学校、科研机构和企业等创新主体要切实履行法人主体责任,改进内部科研管理,减少繁文缛节,不层层加码。高等学校、科研机构领导人员和企业负责人在履行勤勉尽责义务、没有牟取非法利益的前提下,免除追究其技术创新决策失误责任,对已履行勤勉尽责义务但因技术路线选择失误等导致难以完成预定目标的项目单位和科研人员予以减责或免责。

### 9.4.4　营造尊重人才、尊崇创新的舆论氛围

加强对科学家的表彰和宣传。高度重视"人民科学家"等功勋荣誉表彰奖励获得者的精神宣传,大力表彰科技界的民族英雄和国家脊梁。推动科学家精神进校园、进课堂、进头脑。系统采集、妥善保存科学家学术成长资料,深入挖掘所蕴含的学术思想、人生积累和精神财富。建设科学家博物馆,探索在国家和地方博物馆中增加反映科技进步的相关展项,依托科技馆、国家重点实验室、重大科技工程纪念馆(遗迹)等设施建设一批科学家精神教育基地。

加强科学宣传阵地建设。主流媒体要在黄金时段和版面设立专栏专题,打造科技精品栏目。加强科技宣传队伍建设,开展系统培训,切实提高相关从业人员的科学素养和业务能力。加强网络和新媒体宣传平台建设,创新宣传方式和手段,增强宣传效果,扩大传播范围。

### 9.4.5　推动形成活跃的国际交流环境

主动融入全球创新网络。面向未来,积极主动地融入全球创新网络,共同推进基础研究,有利于科技创新领域优势互补,提升我国科技创新能力,提高我国科技领域的国际化水平和影响力。充分发挥科学基金的独特作用,瞄准我国经济社会发展的关键问题,主动设计和牵头发起国际大科学计划与大科学工程,研究设立面向全球的科学研究基金,吸引高素质、高技能的创新人才从事科学研究。

务实有序推进国际合作项目。在全球性问题面前,世界各国是不可分割的命运共同体。推进更加包容、紧密的国际科技合作,共同应对风险与挑战,统筹发展

和安全,务实推进全球疫情防控和公共卫生等领域国际科技合作,展开药物、疫苗、检测等领域的研究。聚焦气候变化、人类健康等问题,加强同各国科研人员的联合研发。

打造全球共享开放平台。探索科学平台制度型开放试点经验,探索创新监管方式,加快建设国际科技创新中心。支持在我国境内设立国际科技组织、外籍科学家在我国科技学术组织任职。积极"筑巢""搭台",推动建设国际创新资源开放合作平台、面向全球的技术转移服务中介等,利用科技打造文明交流互鉴之桥。

完善国际人才法律法规。不断完善本国人力资源开发的法律法规,推动包括国际劳工组织八项核心公约的批准进程,加强与国际劳工组织、联合国开发计划署、亚太经合组织、世界银行、亚洲开发银行等国际组织或机构建立人力资源领域的合作关系,积极发展与其他国家或地区的双边或多边人力资源交流与合作。推动在促进就业、完善社会保障制度、建立和谐劳动关系以及制定劳动法律法规等方面开展的一系列国际合作。

积极实施国际人才计划。实施更加开放的人才政策,努力拓宽留学渠道,积极吸引人才回国,为留学人员回国工作、为国服务、回国创业提供支持,创造良好的生活和工作环境,深化推进实施"中国留学人员回国创业启动支持计划"和"海外赤子为国服务行动计划",鼓励和吸引海外留学人员回国工作、创业。支持外国公民来华留学,积极利用国际教育培训资源培养人才,实施领导干部经济管理培训项目、高级公务员海外培训项目等培训计划。积极引进国外智力,设立专门的国际人才奖,大力提升"中国政府友谊奖"和"国际科学技术合作奖"的国际知名度。

# 第十章 推动科技创新体制改革

## 10.1 我国科技创新体制改革的演变历程

### 10.1.1 党的十八大以来我国科技创新体制的演变历程

2012年,我国劳动年龄人口首次出现下降,经济增长速率降至8%以下,预示着过往要素和投资规模驱动的发展模式是不可持续的。与此同时,为了抓住新一轮科技革命和产业变革的机遇,世界主要经济体纷纷出台相关规划政策。面临激烈的国际竞争,中国发展迫切需要加快转变经济发展方式。2012年11月,党的十八大正式提出实施创新驱动发展战略。

在2014年6月两院院士大会上,习近平总书记指出:"实施创新驱动发展战略,最根本的是要增强自主创新能力,最紧迫的是要破除体制机制障碍,最大限度解放和激发科技作为第一生产力所蕴藏的巨大潜能。"2015年9月,中共中央办公厅、国务院办公厅发布了《深化科技体制改革实施方案》,旨在建立技术创新市场导向机制,构建更加高效的科研体系,改革人才培养、评价和激励机制,健全促进科技成果转化的机制,建立健全科技和金融结合机制,构建统筹协调的创新治理机制,促进开放创新深度融合的创新格局的形成,营造激励创新的良好生态,推动区域创新改革等方面提出改革举措。

在2016年5月"科技三会"上,习近平总书记又强调:"要在我国发展新的历史起点上,把科技创新摆在更加重要的位置,吹响建设世界科技强国的号角。"中共中央、国务院同月发布《国家创新驱动发展战略纲要》,为中国科技创新未来发展提供了顶层设计和系统谋划,提出了三步走的战略目标,即到 2020 年进入创新型国家行列,到 2030 年跻身创新型国家前列,到 2050 年建成世界科技创新强国。《国家创新驱动发展战略纲要》还强调要坚持科技体制改革和经济社会领域改革同步发力,从产业技术体系、区域创新布局、军民融合创新、创新主体培育、重大科技项目和工程等方面进行全面系统部署。与此同时,国务院出台了《关于大力推进大众创业万众创新若干政策措施的意见》,推进科技创新与双创融合发展。

2017 年 10 月,党的十九大报告将创新定位为"引领发展的第一动力,建设现代化经济体系的战略支撑",并明确提出"加快建设创新型国家""深化科技体制改革,建立以企业为主体、市场为导向、产学研深度融合的技术创新体系"。2019 年10 月,十九届四中全会通过的《中共中央关于坚持和完善中国特色社会主义制度、推进国家治理体系和治理能力现代化若干重大问题的决定》,具体阐述了如何完善科技创新体制机制,指出"强化国家战略科技力量,健全国家实验室体系,构建社会主义市场经济条件下关键核心技术攻关新型举国体制"。2020 年 10 月,党的十九届五中全会通过的《中共中央关于制定国民经济和社会发展第十四个五年规划和二〇三五年远景目标的建议》就完善科技创新体制也有专门说明,提出"深入推进科技体制改革,完善国家科技治理体系,优化国家科技规划体系……改进科研项目组织管理方式,实行'揭榜挂帅'等制度……"这些都为"十四五"时期深化科技体制改革,推进科技创新治理体系和治理能力现代化指明了重要方向。

### 10.1.2　新发展格局下中国科技创新体制发展面临的问题与挑战

当今世界正经历百年未有之大变局,新一轮科技革命和产业变革深入发展,国际力量对比调整,全球科技创新发展的中长期态势也在发生重大变化。党的十九届五中全会强调,坚持创新在我国现代化建设全局中的核心地位,把科技自立自强作为国家发展的战略支撑,要求面向世界科技前沿、面向经济主战场、面向国家重大需求、面向人民生命健康,加快建设科技强国。对此,我们需要深刻研判全球科技创新趋势,立足于我国科技创新发展实际,以此力争在国际格局的深刻调整中赢得主动权。

1. 国际产业链和分工模式的转变

21世纪以来,随着全球化的深入发展,全球价值链不断进行着动态调整,地缘政治和经济格局也在不断变化,这一过程的突出表现就是产业转移。中国一直是产业转移的重要参与者。改革开放初期,外资企业作为资金投入者、先进技术提供者和市场机制承载者为中国经济的高速发展做出了重要贡献。然而,深度渗透发达国家主导的全球价值链分工和贸易体系导致的不可避免的副作用是,它既造成中国对全球供应链的深度依赖,还存在可能的脆弱性风险,也导致中国本土企业在突破重点产业领域关键核心技术创新方面面临发达国家的联盟式封锁和遏制。20世纪70年代以来,虽然全球产业链的利益博弈格局出现了相互制衡式的分散化和多样化现象,特别是部分发展中国家已经深深切入全球产业链体系中的低端生产、组装和制造环节,形成了新型全球产业链分工与贸易体系,但是发达国家和发展中国家之间的利益分布还是不均衡的。

其中一个愈发凸显的现象是,全球价值链的分工和贸易体系并未改变全球科技创新的"中心-外围"基本格局,发达国家的跨国公司在全球产业链中的科技创新自主能力日益强劲。在这种格局之下,无论是中国的多数传统制造业、高端制造业还是战略性新兴产业,都已经在相当程度上落入或被锁定在发达国家主导的全球价值链分工和贸易体系的低端环节,既造成众多产业链、产品链中关键核心技术创新环节集体掌握在发达国家手中,中国的全球供应链非市场化面临断供和断裂风险,极大地危害中国产业安全和国家利益,也从根本上制约和挤压了中国企业在特定产业领域实现关键核心技术创新突破的可能空间以及自主能力培育提升机会。更为重要的是,中国各地区各级政府一直在实施"以市场换技术"的引进外资战略,试图以此来促进中国本土企业自主创新能力的提升和全球核心竞争力的培育。但是大量事实表明,即使发达国家跨国公司对发展中国家进行直接投资,但其核心技术的研究与开发部门往往还设在母国。在核心技术产品化以后,再通过跨国公司的内部贸易转让给发展中东道国的子公司,发展中东道国子公司是无法掌握这些核心技术的。

最终在相当程度上,这会导致外资企业占据了中国众多高端产业部门的核心环节,进一步制约、束缚了中国本土企业自主创新能力培育和提升的空间。时至今日,随着中国经济实力显著增强和国内经济由高速发展向高质量发展的转变,中国正不断调整其在产业转移中的角色和定位,以更好地促进产业转移,在造福自身的同时,带动区域发展水平的整体提升。

2. 国际环境日趋复杂多变

目前,国际形势继续发生复杂深刻的变化,不稳定性和不确定性明显增加,使新时代的开放创新和国际合作面临新的挑战。在渠道和途径上,如何克服单边主义、保护主义、逆全球化及相应的霸凌行径对以国际法为基础的国际秩序构成严峻挑战。科技创新日益成为国家竞争力的核心内容,但在《瓦森纳协定》的制约下,中国一直不能获取西方最先进的技术。随着中国科技的迅猛发展,发达国家为了保持国际分工中的核心优势与地位,通过管控、封锁等各种手段打压、遏制中国高科技企业以及相关技术的发展。以美国为代表的西方发达国家制定并实施的制造业回流计划,以及特朗普政府时期美国对华持续升级的贸易摩擦导致中美经贸合作严重受阻。自 2018 年 4 月中兴事件后,中美贸易摩擦已逐步升级为科技战,美国政府在高科技领域时常采用产品禁售、实体清单等手段对我国进行封堵。种种行为间接引发了全球产业经济格局震荡。

2020 年新冠疫情的全球蔓延进一步加剧了逆全球化的趋势,一些国家试图改变多年来全球化所形成的国际供应链格局,人为拉起国家间的"技术铁幕"。在合作内容上,如何更好地适应新一轮产业革命的需求,进一步增强科技创新对高质量发展和现代化国家建设的支撑和带动能力成为严峻挑战。当前,中国的科技创新在很大程度上以跟踪模仿为主,尽管追赶模式可以带来后发优势,但摆脱不了强者愈强的马太效应。人工智能、大数据、区块链等高科技手段的发展与应用,在加速推进新一轮产业革命的到来,而这势必引发世界主要经济体实力的重新洗牌。因此,我国现有制度体系能否适应新一轮科技革命的发展需要也值得被高度关注。新技术的发展应用以及随之而来的产业变革将加剧我国现行教育、市场监管、法律法规等传统制度体系与新的生产力之间的矛盾。现有的基于传统产业发展模式形成的大量行业规章条款和监管方式,严重滞后于新兴产业发展的需要,导致新技术、新产品、新业态、新模式的市场化阻力重重。行业监管和相关法律法规在一些领域还存在"真空地带",不利于规范新兴产业中相关行业的发展秩序,甚至可能直接扼杀相关行业的发展。

3. 部分核心科技技术创新水平仍存在差距

2012 年以后,我国的科技发展水平相比改革开放初期有了显著提升,与欧美发达国家的差距大幅缩小,但是以往完全"跟跑"状态下由巨大技术落差带来的后发优势红利已经基本消耗殆尽,很多领域的技术研发开始进入无人区,没有太多先例可以借鉴,甚至技术方向都不甚明了,研发失败的风险大幅增加。在"并跑"和"领跑"领域开展科技创新,企业和科研机构需要直面研发阶段必须跨越的"死亡之谷"。发达国家持续走在创新前沿,与他们相比,我国的科技水平存在着明显的二元特点。这也就是说,我国既在某些领域已经取得重大突破,与发达国家的差距不断缩小,甚至走在了全球的创新前沿,比如说我国在第五代移动通信技术、载人航天、深海潜器、超级计算机、高速铁路、超级稻育种等领域取得了重大突破,为我国经济社会发展提供了有力支撑。同时也在更多领域,技术研发水平和成熟度仍处于"跟跑"阶段,与国际先进水平尚存在较大差距,关键核心技术受制于人的局面仍然没有得到根本改变。这既突出表现在包括传统制造业和战略性新兴产业部门的特定产业领域的先进高端生产设备、关键零配件、关键材料以及关键工艺等方面的自主研发、设计与制造能力严重不足,也突出体现在自主数据系统、关键操作软件系统等方面的自主研发设计能力长期缺失。

### 10.1.3 科技创新体制改革的顶层设计思路

1. 要构建和完善新型举国体制

举国体制作为党领导科技创新治理的重要手段,是我国集中力量办大事的制度优势在科技创新领域的具体体现。党的十八大提出创新驱动发展战略后,中共中央、国务院先后发布《关于深化体制机制改革加快实施创新驱动发展战略的若干意见》《国家创新驱动发展战略纲要》等文件,对深化科技体制改革进行了系统性部署。此轮科技体制改革以健全市场导向机制、强化企业技术创新主体地位为重点,同时也强调政府和市场合理分工,统筹配置创新资源、完善国家创新体系。一方面,在科技成果转化、科技人才薪酬结构、创新企业融资、研发经费申请使用等影响科技创新的重要环节,实施一系列市场化、普惠制的改革措施,增加对企业和个人的创新激励,包括修订《中华人民共和国促进科技成果转化法》、允许科研人员依法依规兼职兼薪、推动知识产权质押贷款、下放财政科研项目预算调剂权限等;另一方面,从中央层面加大对科技创新活动的统筹布局,围绕关键核心技术领域统一规划,组织实施重大科技专项,并大力整合各类中央财政科技计划,解决创新资源"碎片化"问题。伴随着此轮科技体制改革的推进,以有效市场与有为政府相结合为主要特征的新型举国体制成为新时代改善科技创新治理的有力工具。其中,国家科技重大专项可以看作是运用新型举国体制加快科技创新的典范。具体来说,体现在以下几点:① 在布局方向上,强调经济社会发展的重大需求和重大瓶颈问题,定位重大战略产品、关键共性技术和重大工程,旨在提升产业竞争力和综合国力,充分体现国家意志。② 重大专项的承担主体以企业为主,直接面向市场、面向应用,并以产业化为最终目标。③ 重大专项组织实施过程中,政府、高校、科研机构和企业均有深度参与,在政府引导推动下实现产学研的直接协同合作。

### 2. 要以增强体系能力为主线完善科技创新体制机制

我国科技创新总体上处于从量的积累向质的飞跃、点的突破向系统能力提升的重要时期,新形势下的科技创新体制机制改革既要适应这一重要阶段性特征,也要满足内外部环境变化的新要求,推动科技创新力量布局、要素配置,人才队伍进一步体系化、建制化、协同化,提升国家创新体系整体效能。推动科技体制改革从立框架、建制度向提升体系化能力、增强体制应变能力转变。

面向未来,要主动顺应创新主体多元、活动多样、路径多变的新趋势,把转变政府职能作为科技改革的重要任务。完善国家科技治理体系,加快补齐体系化能力短板,探索和优化决策指挥、组织管理、人才激励、市场环境等方面体制机制创新,强化跨部门、跨学科、跨军民、跨央地整合力量和资源,建立强有力的科技创新统筹协调机制和决策高效、响应快速的扁平化管理机制,构建能力强大、功能完备、军民融合、资源高效配置的国家创新体系,建立"顶层目标牵引、重大任务带动、基础能力支撑"的国家科技组织模式。

紧紧围绕"四个面向",从国家急迫需要和长远需求出发,凝练科技问题,布局战略力量,配置创新资源。以重大科技任务和重大工程建设为依托,强化项目、人才、基地、资金等创新要素的一体化配置。布局建设国家实验室等重大创新基地,优化重大科技基础设施布局,促进科技资源的开放共享,打造跨学科、跨领域、产学研用协同的高效科技攻关体系。通过持续优化调整,形成"战略需求导向明确、原创引领特征明显、科技基础厚实、战略科技力量健全、攻坚体系完备、跨学科多领域协同、平战转换顺畅"的科技发展新格局。强化与底线思维和领跑思维相适应的科技创新体制机制。

强化底线思维,就是要加快构建社会主义市场经济条件下核心技术攻关新型举国体制,尽快实现关键领域自主可控,提升对产业链和供应链安全稳定的科技支撑能力,把保障国家安全构筑在坚实可靠的科技创新基础之上。强化领跑思维,就是要构建基础前沿和颠覆性创新的遴选支持机制,坚持原创导向,在重要新兴技术领域加大布局力度,在构建新兴技术体系和技术轨道中抢抓先机,换道超车,构筑未来发展新优势。

# 10.2　中国科研经费资源配置变革

### 10.2.1　中国科研经费资源配置格局与经费管理体制的演变历程

近年来,政府高度关注科研机构的改革和发展,为我国科技创新及经济社会发展注入动力,科研机构发展呈现出机构简单化、高投入、高产出等特征。2012—2015 年间,国家通过科研项目资金全过程管理,整合科技计划,优化资源配置,完善了科研经费管理制度。2012 年,党的十八大提出创新驱动发展战略。在这个阶段,科研经费管理政策主题主要集中于两个方面:① 加强资源统筹和优化资源配置,逐步探索符合不同科研活动规律的评价、考核以及资金投入管理方式。② 加强科研项目资金的全过程管理,完善和规范从科研项目立项到项目结项资金结转涉及的项目资金使用流程,制定相应的计划和经费管理办法,明确资金使用违规行为,提高财政科技资金支出的透明性和使用安全。2016—2020 年间,国家通过创新激励机制和评估机制等优化资源配置,并通过扩大科研机构经费管理自主权、简化经费管理流程等加强以人为本的经费管理制度,使制度更好地服务于创新发展。创新驱动即人才驱动,我们要尊重人才,遵循人才发展规律。2016 年以来,国家科研经费政策更多地体现了以人为本以及简政放权的思路。

这一阶段的政策主要有四方面的举措:① 简化科研项目和经费管理流程,减少过程检查。② 扩大科研机构的经费自主权。③ 发挥科研项目资金的激励引导作用。④ 加强评估机制和绩效评估。这四个方面的举措不是孤立的,而是相互关联的。例如,充分发挥科研项目资金激励引导作用的前提是设立科学合理的科研评价考核体系,扩大科研机构自主权,同时也要求科研机构要落实法人责任,做到权责统一。这一阶段国家科研经费管理方式向结果管理转变,科研经费分配向质量和影响转变,政府在财政科研经费管理中的作用向制定宏观标准、创造创新环境转变,通过减少不必要的行政干预,给予科研机构更多的自主权。这些举措有利于激发广大科研人员的积极性、主动性和创造性,更好地为推动科技创新发展服务。

### 10.2.2 科技创新经费管理机制存在的问题

1. 监督体制不健全,职责不明确

在现行科研管理体制下,各部门及部门内职能机构往往同时承担着立项、管理及监督评价三重职能,这导致他们自身既当运动员,又是裁判员。由于业务繁忙,工作人员少,无暇顾及经费方面的监督工作,使监督工作难以最大限度地发挥应有作用。总体来看,监督工作体制机制不完善,有关措施落实不力,相关工作比较薄弱。在这种不健全的责权缺乏制衡机制下,可能滋生种种问题。比如在科研课题的立项决策上,凭经验和惯性管理,甚至个人偏好都可能影响最终决策,导致难免有"平衡"课题现象发生;在管理、监督和评价方面,难以始终坚持客观、公正的评判标准和立场,监督工作难以发挥应有作用。尽管在各大科研计划及专项资金的管理办法中,一般都规定了财政部门、归口管理部门或受托机构应当定期、中期、验收期或不定期,在计划执行的全过程中,对课题预算经费的使用与管理情况跟踪监督检查,并规定了财政部门、归口管理部门或受托机构是执行监督工作的执行主体。但是,部门内部没有明确的监督分工,部门内部的经费监督职责也不太明确,导致存在多重监督主体,最终会出现多头无序管理的局面。由此可见,问题在于监督执行主体不明确和监督工作的缺位。监督执行主体不明确容易产生监督的交叉重复问题,这又导致监督力度不够,相关规定执行难以切实到位现象的发生,最终让监督工作流于形式。

2. 监督制度不系统、不完善

现有的科技经费监督工作是分别依据各大科研计划和专项资金的相关管理办法进行的,由于缺乏一个统一的经费监督规定对科技经费的监督管理进行明确的规定,同时也缺乏一个具体的、可操作的监督实施细则,监督工作的随意性很大,缺乏规范性、经常性和科学性。此外,各计划及专项经费资金来源渠道不一,彼此之间的支出范围和预算科目也不统一、不规范,给使用单位进行日常经费管理和监督部门进行科技经费监督工作都带来了很大不便。具体来说,存在两个方面的缺陷:① 缺乏统一的监督规章。从课题制的相关规定到各个经费管理办法,都提及对经费使用的监督,但都没有从制度上规定如何实施和操作,如监督的责任主体、内容、范围、方法手段、监督报告的公开和使用,监督结果的处理等。② 缺乏配套的监督操作规范。经费监督应规范科学地进行,建立相应的监督和检查规范,如备案制度、报告制度、审计制度、检查制度和绩效考评制度等,其内容、范围、方法、时间和频度要求、报告格式等都需要规范。

3. 经费分配环节缺乏监督

在课题制管理规定和各类经费管理办法中,监督的对象均为"经费使用单位",均没有谈到是否要对经费的分配过程(包括立项)进行监督。目前,这一环节是大家关注的焦点,也是反映比较强烈的问题之一。对经费的分配和使用环节进行全面监督,并强化对经费分配的监督,对增强经费配置的科学性、合理性和使用的效益和效果,远较对经费使用本身进行监督要有效得多,可起到事半功倍的作用。实际上,对经费的分配过程进行监督,既符合当前权力需要制约、制衡的理念和需要,也符合加强党内监督、从源头预防和治理腐败的要求。

4. 科研人员薪酬制度较为僵化,不适应全球化条件下的科技人才竞争环境

由于我国从事科研工作的科研机构和大学都是国有事业单位,其人事制度、薪酬制度都遵循我国事业单位管理的一套程序和规范,较为偏重管理的规范性,而忽略了科学研究工作的特殊性。科研人员的工资薪酬没能体现科研人员劳动的价值,违背了科学事业发展的客观规律,在很大程度上限制了我国现有人力科学创新潜力的发挥,不利于一流科学人才的培养和引进。在当前国际化程度日趋提高的环境下,这很难让我国同发达国家在一个水平上竞争。针对这样的现实,我国高校和科研机构开展了很多制度创新,如以中科院"三元结构工资制"为代表的科研机构人员工资、协议工资制度,还有国家层面和机构层面的特殊人才引进计划等。但这些措施都未从根本上、整体上改变科研人员薪酬制度不合理的局面。一些特殊人才引进政策由于缺乏国家层面的统一规范和协调,随意性大,各类人才计划工资待遇差别较大,科研人员之间攀比严重,从而给科研经费的管理带来巨大压力。

## 10.2.3 科学基金的职能转变与组织结构改革创新

1. 建立健全监督机构,为经费监管工作提供组织保障

科研经费监督工作的开展,需要有健全的组织机构保障,这就要求有相对独立的监督机构明确监督职责,理顺与相关部门的关系,保障对科技经费的分配和使用进行监督和审计。在科研课题经费的监督管理组织构架上,要按照"决策—执行—监督"职能相互分离和独立的原则进行,这不仅符合现代行政管理的理念,而且还是行政管理"二次分离"的结果。按照这一思路,应将科研专项经费的决策和执行

权力配置于不同的部门,使其职责分明,相对分离,相互独立,互相制衡,达到内部制约和控制的目的。同时,还必须接受强有力的监督才能真正使规章制度发挥作用。一个完整的科研专项经费监督体系应当伴随着专项资金链,形成一个"监督链",并构成一个闭环。

2. 建立健全监督规章制度,为经费监管工作提供制度保障

要建立一个有效、多层次、全方位的制约和监督系统,解决好制度规范是核心和基础。制度既是内部制约有效发挥作用的基本要素,也是内部监督的基础。在科研经费监督制度设计中,要制定国家科研计划专项经费监督的相关管理办法,将管理办法作为制度核心,明确规定"监督链"各环节及相关部门的权责,规范监督的方式方法。为了更好地贯彻落实监督措施,还需要建立配套的制度和信息系统。配套的制度包括监督主体制度和监督辅助制度两部分。主体制度就是要制定并发布管理办法,全面指导和规范科研经费监管工作;辅助制度则包括建立科研专项经费执行情况定期报告制度、审计规范科研专项经费成本核算规定和科研专项经费制度等。

3. 明确经费监管工作相关各方的责权利,将科研经费监管工作真正落到实处

国家科技计划经费的载体是科研项目,科技部对国家科技计划经费进行归口管理。对科技计划经费的监管,实质要通过对科研项目的经费申请、划拨、使用、验收等过程的监督来实行。这些相关环节有助于确定科研经费监督的范围和主体,明确相关各方在科研经费监管中的责任和权利,真正落实科研经费监管工作。

从科研经费的管理和运行流程看,从课题的预算评审环节开始直到财务验收,基本构成了一个经费管理闭环,经费监督的范围贯穿整个过程。换句话说,经费管理和使用的流程就是监督的范围。因此,经费监管的主要内容包括:课题经费申请的规范性;课题经费分配的规范性和公开性;经费到位的及时性和准确性;经费使用制度的健全性和合理性;课题经费使用的合法性和合规性;有关财务资料的真实性和完整性;会计核算的合规性以及课题经费使用的效率和效益等。

从科研经费监管的范围和内容看,主要涉及财政、科技、课题申报单位的主管部门和课题依托单位等几个主体。这些部门或机构在科研经费监管工作中有各自的责任和权利:① 财政部门。财政部门在科研课题经费监督中主要起宏观指导作用,会同科技部门制定、发布相关配套制度,检查制度的执行情况,监督课题经费预算分配等。② 科技部门。科技行政主管是课题经费监管的核心部门,在配置科研

经费方面具有二次分配权。作为国家财政经费的委托管理方,应全面负责经费监管工作,包括宏观政策研究制定、制度建设、经费监管计划和重点监管工作,不仅负责科研经费使用的监督,而且负责经费分配过程和结果的监督。在经费监管工作中,科技部门应承担如下职责:建立健全监督管理实施细则、操作规范及其他规章制度,细化监督管理的范围、内容和手段;制订年度经费监管工作计划,并抄送课题依托单位的主管部门;根据经费监管工作计划,对课题经费分配、经费使用情况组织实施监督管理工作;指定机构或建立专门机构,具体行使监督管理职能,并建立经费监管信息系统,提高监督效率。③ 主管部门。主管部门主要按照科技部的有关部署,结合本部门工作,对其下属单位课题经费进行日常监督管理工作。根据科技部门制定的经费监管工作计划和要求以及部门工作需要,制定本部门的经费监督管理工作方案,并抄送科技部门,且要具体负责实施下属单位课题经费申请和使用的监督管理工作,督促下属单位落实经费监管工作中提出的整改意见。

课题依托单位是课题经费的申请和使用单位,负责课题经费的课题申报材料和日常支出管理,并配合有关部门的经费监管工作。课题依托单位应当建立健全与经费管理有关的制度,并依据相关制度和经费管理办法,在课题预算范围内控制经费支出。课题依托单位应根据有关规定,申报科研课题,编制、提交相关财务报表,接受并配合有关部门的监督管理工作,严格执行有关的整改要求和意见。通过明确在科研经费监管工作中相关各个主体各自的责任、权利和义务,在组织保障、制度保障和条件保障的基础上,科研经费监管工作才能真正落到实处,才能确保相关制度规定得到全面贯彻、实施。

4. 完善科研人员收入分配制度,从根本上疏导科研经费使用中的乱象

以中科院"三元结构工资制"为代表的科研机构人员工资是我国科研人员收入分配制度改革的有益探索,是一种"成本＋贡献"的收入分配模式。其中的绩效工资将科研人员的贡献与其薪酬联系起来,强化了对科研人员的激励作用。本质上,绩效工资是在缺乏衡量科技人才价值的外部市场机制条件下,试图通过绩效考核在单位内部形成"市场竞争",以衡量科技人才价值的方式。以后应在总结科研人员收入分配已有探索经验的基础上,进一步予以完善。具体而言,对于科研人员承担的科研项目和任务,应弱化具体过程管理,强化对科研产出结果的经济、社会影响的评价,将评价结果与科研人员收入挂钩,并设置相应的问责机制。如可将每年的科研经费分为两块:一块用于前期投入资助科研活动的开展,另一块则用于奖

励取得较好科研产出人员的奖励。对于奖励部分,由科研人员自己提出申请报告,并提供相应的事实依据和申请奖励数额,以匿名评审的方式由同行评议给出最终奖励数额。这一奖励数额不可过高,且应倾向于不可从市场获得回报的基础研究,这样更有利于鼓励科研人员面向市场,服务经济社会发展,并从市场中取得相应回报。

## 10.3　中国科技创新成果的评价、奖励与转化制度

### 10.3.1　中国科技创新成果评价与奖励制度的演变历程

科技评价是采用科学的评价方法与评价标准,对科技成果的产出过程及成果影响进行判断的认识活动。科技评价制度作为我国科技管理和决策的重要一环,是科技体制改革和绩效运营的反馈机制,因此也是科技创新政策长期受到关注的热点领域。总的来说,科学地制定评价、奖励与转化制度,能直接影响科技成果的输出以及我国在全球科技创新体制中的地位,并且也会对国内的学术生态、学科发展和人才培养产生一定影响,因此科技评价制度的改革也是科技创新政策改革的重点和难点之一。

党的十八大以来,科技评价制度由原本的单一科技成果评定转化为对科技人才的评定,并且恢复了科学技术人员的职称评定制度,建立了技术岗位责任制度。国家有关部委也出台了各类文件推动科技活动评价的规范化,进一步明确了科技创新成果评价的原则、评价准则和监督机制等内容,针对科技创新活动中的计划、项目、机构、人员和成果如何评价等相关问题进行了系统性规范。科技成果评价的法律地位通过法规文件而更加明晰。我国还将构建并健全促进国家自主创新能力发展的科学评估机制,对自然科学领域的基础科研、应用研究与技术开发等项目的科学评估办法做出更进一步的细化与规范,为科学评价方式更加规范和研究成果更加客观化提供保证。

### 10.3.2　科技创新成果评价、转化制度的问题

科技创新成果评价的问题主要体现在:① 目前采取的科技评价指标实际与改革的顶层设计脱节,缺乏配套激励措施使得政策在落地实施过程中不能取得预期

效果。② 科技评价主体的职能定位不清晰,对于如何约束政府和科技管理机构过多介入科技评价运作没有明确的措施规定。③ 人才激励机制落后,在平衡高校基础教育和加强创新人才的培育方面还有待改进,对于如何更科学合理地评价科技成果和科技人才需要做出明确规范。

科学技术成果转化存在的困难主要体现在:地方科研机构掌握大量的科学技术研究成果,同时掌握社会的需要,是科学技术成果转化的基础,但是科研机构普遍存在基础研究多,实用与开发型的技术研究缺乏,科研新产品利用率不高、转化途径不畅通、研究价值不高等现象。这不仅是对科研机构时间、资金和物力的一次浪费,同时在很大程度上限制了科研机构的深入开发和研究。科研单位不需要经历国际市场的竞争,因此对科研活动缺乏积极性,在项目选择与立项性上,对市场认识欠缺,具有一定的主观因素。很多创新研究成果都出现了与国际市场需求错位与脱节的问题,导致大量科技成果在课题或项目完成后未能得到应用并转化为现实生产力。综上所述,虽然影响科学技术成果转化的原因不少,但最主要的是政府投入费用、技术转移平台的建设和专业性人才方面的困难。同时,科学技术成果转化的专业性服务远远无法达到成果供需双方的需要,高新技术成果转化平台的不足制约着科学技术成果转化效益的提高。

### 10.3.3　科技创新成果评价与奖励制度的战略导向与改革创新

当前,科技创新竞争使各国之间的联系愈加紧密,科技全球化的浪潮不可避免,这给我国既带来机会又带来挑战。随着时代的发展变化逐步推进科技评价、成果转化与人才激励制度的改革,能更有效地适应全球化潮流,并刺激科技创新的发展。

1. 采取改革举措,提高研究积极性

在科技成果转化、人员的工资制度、研究资金申请使用等制约科研创新能力的方面,采取一些市场化、普惠制的改革举措,提高公司和个人的研究积极性。可以采取允许技术人员依照法律自由兼职、推行知识产权质押贷款、减少政府资金与科研项目资金预算调剂权力等措施来提高公司和个人的研究积极性。

2. 积极开辟成果转化新渠道,有效利用成果转化创造财富

通过制定政策规定、发布实施方案、开展成果转化行动,国家对高校、科研机构、国有企事业单位,进一步健全科技成果利用、处置与收益的管理体系,强化国家

对科研人员转化科研成果的奖励力度,积极建立科技支撑体系。因此,在已制定的《中华人民共和国促进科技成果转化法》的基础上,为加强对人的激励、机制的有效性和转化过程的便利性,要较为系统地制定促进研究成果运用、处置与收益制度等的改革政策措施,并推动制定公司持股比例和分红等奖励优惠政策,建立健全职务发明奖励报酬制度和工资管理体系,研究事业单位无形资产的有效计量制度,建立研究技术类企业公众股转持豁免政策,完善高校与科研机构技术转化工作体制等改革政策措施。

3. 健全高新技术成果转化机制系统,增强高新技术对经济社会发展的推动力

高新技术成果转化不但关系到高新技术如何才能切实渗透到国民经济建设主战场,而且关系到各种科技主体能力的提升。为促进高新技术成果转化为社会实际生产力,国家不断开展对高新技术成果转化的体制创新和优化措施。以对高新技术成果的放权政策为基础,以提高成果转化的社会积极性为核心,致力于处理高新技术成果转化的法规政策问题和市场管理及社会服务体系等问题。围绕贯彻《中华人民共和国促进科技成果转化法》,形成了若干切实可行的相关优惠政策,包括改革职务高新技术成果产权制度、加强国家对科技人员成果转化奖励的力度、健全国家高新技术成果社会主义市场化价格激励机制、设立技术成果转化企业领导决策双免责机制、实行股票奖励和科技成果入股递延纳税、职务高新技术成果转化现金奖励享受减零点五计税、国有高新技术公司股份与分红激励机制等,以促进国家高新技术成果转化的量质齐升。

4. 相关科研单位应将更多的时间投入体制创新的研究中,落实"招标课题制"

借助以下方式可以选择最为合适的复合型人才:一是招标制,二是招聘制。与此同时还要营造和谐、健康的竞争氛围,让"走后门"等不良风气淡出社会。此外,要持续优化与调整奖励机制,无论是职称晋升还是级别评定,都要结合个人的具体贡献进行评估,禁止"托关系、走后门"。只有体质优质、资源配置合理,创新才可以有条不紊地实施下去,创新成果才能够达到成功转化的效果。

## 10.4　科研机构的科研项目管理问题与对策

### 10.4.1　科研机构科研项目管理的发展历程与现状

科研机构是我国科技创新体系中的关键主体之一,包括国务院直属科研机构、

部委下属科研机构、省市等地方研究机构、新型科研机构等多种。在近年来的成长过程中,国家科研机构逐渐成为科技体制关系变革中的主体,也是科技创新体系变革的实践者。历经十多年的迅速成长,一些地方科研机构也在不断发展,逐渐成为促进地方经济发展不可或缺的重要技术力量,不过也有一些科研机构慢慢发展为一般企业,更有甚者已经无法满足市场经济的发展,濒临破产。

科研机构改制,逐步破除了政府部门包办科研机构的政策,引导和扶持了科研机构以形式长入市场经济,发展成为新兴的科学技术产品运营企业。各地区科研机构在一些创新科技体制措施的帮助下,从过去的单纯项目发包方式逐渐形成"科研、生产、经营"一体化的新格局。

### 10.4.2　科研机构科研组织管理存在的问题

科技体制改革后,研究管理机构可以根据自身现状主动决定开展方式,进而拓展研究组织自主性,充分调动研究组织积极作用,取得了一定效果和突破。但由于思想认识和相关政策、手段的推动还不够有力和同步,所以部分研究管理机构的改革仍面临问题和困难没有得以克服的困境。由于目前的科学技术管理体系还是以行政单一控制为主要特点,沿用着我国计划经济时期的许多方式,不能很好适应科学研究发展的最新特点。在项目立项、程序控制、资金管理、课题评估、研究推广等工作流程上,一般都是以政府部门控制为基础,或者是自上而下的,带有浓厚的官方气息,使得项目立项很容易流于形式和重复性研究工作,存在着"跑项目、要项目"的现象。另外,单一化的政府控制,很容易导致科研工作完全脱离经济社会发展的实际要求,从而无法充分调动科学家的研究积极性与热情。

1. 职责定位不明确

科研项目与研究领域的公益性使其与非公益性机构的分类是相对的。作为高新技术的研发机构,分类则更加复杂,因为不仅在科学研究项目以及研究成果的公益性与非公益性的区分上具有相对性,而且在内设管理机构的职责分配上也是复杂的。在市场经济背景下,科研机构完全有可能因为追求简单的经济效益目标而忽略公益性目标,从而导致社会需求的共性科技研发不足。同时,也有可能因为过于注重公益性目标,而影响科研机构经济效益目标的完成。利益主体内部的目标矛盾约束着管理人员的决策活动,从而导致了组织的双重目标出现非此即彼的矛盾现象,最终导致发展目标与主体间冲突、政策错误和重复博弈双输。正因为这些特定的多重目标的出现,地方政府科研机构的功能定位不清、主营业务不清晰,才出现了同质性竞争、片式增长等现状,从而造成了基础研发打擦边球、科技研发进度缓慢等问题。

2. 管理体制缺失

区域科研机构步入全新的发展阶段,其管理体系的建设应符合区域科技发展的最新特点。以面向市场服务为宗旨,科研机构管理层必须把注意力聚焦在寻投资、求合作和创利润上,过去以管理计划、传达文件精神为主要工作任务的管理思想早已无法满足时代发展的需要。在人才构成上,中国传统事业单位人员制度变革由于地方科研机构职位设置中的管理职位总量十分有限,每年新招收或引入的各种专业技术人员往往只适应地方科技工作需要,而管理职位中缺少专业技术人员的引入,严重影响了地方科研机构管理水平的提升。在人才改革问题方面,当前研究管理和人力行政部门管理制度中,科技人员的职务评价、职务升迁、业绩收入与取得的研究计划等级、数量和经费相关性很大,与项目执行状况、完成质量相关性较小甚至没有。这在一定程度上导致了大部分的技术人员都将主要精力用到了项目选择和申请的流程中,但实际用在项目执行和科研成果转化过程中的时间和精力却比较不足。此外,科研机构自身的特殊性决定了科研机构管理的专业化较强,科研机构管理者不但必须掌握胜任职务的管理技术,更需要掌握相应的专业技能与交流协作才能,三者缺一不可。

中国各地科研机构面临着分配欠合理,科学管理模式发展滞后及没有相应的鼓励和保护体制机制等问题。在政府经费管理上,从固定资产管理工作的视角来看,目前中国地方政府科研机构国有资产面临着管理机制不顺畅、固定资产"缩水"现象突出、政府补偿机制严重缺位、所有权归属不清、对固定资产的保值增值缺少有效监管和重大课题项目经费利用效益较差的现状。我国科研经费主要源自地方政府的财政拨款,研究项目人员通过竞争申报或立项来获取政府经费保障,在经费使用上必须接受政府各项财务规章制度的严格约束,并且一定要遵守计划。这就致使科研工作成为一个执行计划的过程,使得创造性活动必须为经费而服务,科研工作的巨大潜力并没有完全释放。目前地方科研机构的科研经费内部开支相对独立,但仍以财政资助开支为主。由于计划经济向市场的过渡,各地科研机构现在要面对的是市场。很多地方科研机构已由过去的"求生存"转到"求发展"的发展阶段,各地科研机构的供求关系出现转变。面对这样的情况,各地科研机构需要逐渐向现代企业管理制度转轨。

3. 人才流失问题较严重

长期以来,由于各种因素,一些国家科研机构特别是地方科研机构的研究人员不断流失。在各地科研机构转制后,思想认识落后、人事管理改革的调整和不合时宜的人才激励机制等主客观原因,导致了科技人才的大量流失,也造成了人才梯队的断裂。分析新形势下对各大科研机构人员吸引的状况便可看出,以高工资和高待遇吸引人才会导致社会上出现盲目增加薪酬、互相攀比的风气。这种行为不但损害科研机构自我发展的效益,亦忽视了人才就业环境及自我价值的评估。从人力资源的吸纳与培育两方面考虑,影响科研机构人才队伍建设的影响主要包括:① 人才引进的问题。主要表现在推广面窄、合作渠道较少、区域差别大以及无专业对接平台等方面。加之对基础建设平台投入不够,无法留住大量高素质人才。② 在教育方面,人才引入后普遍没有长期的发展战略规划,且在学科结构上与当地的科研机构优势专业融合并不牢固,也没有特色专业。另外,地方系统的人事管理机制和收益分配机制还没有健全,也会制约地方政府科研机构人力资源建设的可持续发展。科研管理的技术水平高低对科研工作的正常高效进行会产生很大影响。在当前,一些科研机构仍面临着部分管理者没有学科素质和高效率的管理工作方法,以及缺乏广泛的专业知识积淀,严重制约着科研工作的品质与效果。此外,部分科学技术工作人员并没有服务意识,自以为管理就是管制,用权威性对科学技术工作人员加以管制,很易形成"官本位"思维,从而限制了科研活动的自主化发展。

### 10.4.3　科研机构科研组织管理的改革方向

1. 克服建设中由多元化主导和多重目标造成的定位不清问题

在改革目标定位上,早期研究中提出在科学技术机构分类改制后,将具备一定市场发展实力的科研机构改为高新技术公司,并进一步推进知识产权制度改造,而公益类科研机构则在重组目标定位后,按"一所两制"改革。"一所两制"是一个过渡方法,但随着将来我国科学蓬勃发展目标的逐步明确和公益类研究机构定位的逐步清晰,这个方法也将完成其历史使命。面对市场经济仍是科研机构改革的重点发展目标,但改革方向不可再单纯地夸大对市场经济的影响,也不能按企业能力和功能定位实施产业结构的调整与资源配置。随着中国科研机构体制改革的深入,中国各地科研单位正逐步从传统的"科研产品生产单位"战略调整为以科学技术研究为依托,以市场化和产业化建设为引导的准企业化运营单元的一体化发展策略,以克服建设中由多元化主导和多重目标所造成的定位不清问题。

2. 发现科研机构面临的问题,健全科研经费管理制度

从机构运行方式与发展模式上来看,中国新一轮的国企改革,关键就是要发现当地科研机构发展所面临的新问题,而不能单纯地把地方科研机构推向国际市场。目前地方科研机构管理体制已以创新的法人治理架构为主要突破,完成了从自上而下的"管理"模式向开放协同的"治理"模式过渡。此外,在工作方式上,地方科研机构通过引进先进国家科研机构的实力、建设现代科技示范园、开展国际科学技术融合合作,在"一带一路"倡议下,进一步加大了与海外技术的交流。充分融入区域和资源优势、科技人才优势、特色产业资源;充分运用各种平台信息,通过会议与平台开展沟通和协作。这之后还要健全遵循科研发展规律的科研经费管理制度。科研活动发展是个充满不确定性的过程,不可单纯套用政府管理模式和财务管理体制。管理机关对政府科研经费的使用要加强"松绑"力度,缩短审核环节,扩大政府经费使用自主权,完善政府间接式费用控制。对评估结果较好的科研项目,要予以足够的资金保障,减少各种规章制度的束缚,由过去严肃地进行研究预算变成强化事中与事后监督,并充分尊重科研人员的积极性和创新能力。各项目承办机构还应设有研究助理,专门管理科研工作中的财务等琐碎事项,让科学家减负松绑,专注开展科研工作。

3. 改革管理制度,吸引科技人才

在管理人员方面,实行"以聘代评",打破"一评一聘"定终身的传统人事行政制度,变身份管理为职务管理。在方法上,通过创新方法吸引科技人才。继以优化完善人才评估机制、健全科研机构和技术人员的绩效评估制度。科学技术管理者要准确把握科学项目管理的创新观念,深刻认识人才市场需求和经济社会发展需求对科研工作的重要引导意义,同时进一步提高科学技术管理的科学化水平。科学技术管理者专业知识技术水平和职务素质的提升是个不断的过程,且提升的范围也是不受限制的。管理者可采取持续教育、业务交流等多种形式加强知识的积淀与技术水平的提升,从而形成一定的技术职务水平评判准则。进一步健全技术管理人员激励机制,并积极指导技术管理人员改变管理观念,把管理者转化为服务商,为技术人员提供更全面的业务保障,服务好科技创新大局。科学技术监督管理

委员会机关要继续深化改革科研项目管理机制,统筹市场导向与政策导向方面的相互关系,逐步建立完整的国家科学技术项目立项与评审管理机制,并引入独立的第三方评价管理机制,评价的内容着重考察建设项目的经济性、战略性、前瞻性、技术创新能力等方面。同时,政府各主管部门方面也要主动作为,破除管理制度的墙壁,减少"孤岛"现象,形成项目资源开放平台,强化技术信息资源共享,减少项目管理重复研发,从而增加项目管理研发的含金量。

4. 整合优势资源,强化研究能力和成果转化

在创新领域,积极整合全国与区域科研优势资源,建立区域科研机构;在全国层面建立和健全权力与权责平衡的科研机构相关管理体系与政策;破除制度鸿沟,通过调动社会力量自由选择、平等参加国家技术创新体制构建,强化区域科研机构培育模式创新的研究能力。在高新技术成果转化方面,从投融资、收益分配机制、成果转化平台、专业人才等方面提高科学技术研究成果源头供给质量。通过构建科研信息共享制度,建立产学研结合平台,有效推动国家高新技术成果转化。

## 10.5 高校的科研项目管理

### 10.5.1 高校科研项目管理的发展历程与现状

高校是科教结合知识创新体系的主体。研究型高校在进行高层次科研的过程中,科学团队的培育必不可少。先进的科研组织管理模式,可以有效地提高科研工作效率。目前,中国高等教育的科学组织模式还处于持续的发展变革过程中。我国的大学体系跟随着整个创新系统而改革转型,重要性不断增强,中国高校重新成为科学研究体制的主要成员。大学既是教育课程核心,又是科研核心,这也标志着知识生产开始变成中国高等教育的主要职能。随着高校职能的调整和管理体系的改革,我国高校系统在国家创新体系中的定位也发生了变化。教育部在《面对21世纪中国教学复兴计划》中指出,高校不但要培育高质量的人才,同时还要在我国教学创新体制中起到关键作用。现阶段我国高校在国家创新体系中不仅承担了教育职能,而且是知识生产、知识应用的重要主体。

### 10.5.2 高校科研组织管理的改革与挑战

目前,高校现有的科研组织普遍存在缺乏组织资源系统保障、学科交叉浮于表

面、战略执行能力较弱、快速反应能力不强、没有很好解决技术成果的转化和产业化问题等现象。

### 1. 研究型大学的管理体制及运行机制亟待改进

现阶段,我国研究型大学的管理体制及运行机制基本上是沿袭行政管理(科层制)的传统,行政化色彩过浓。一方面,某些教育主管部门缺乏在实质上鼓励学校自主办学的观念;另一方面,部分研究型大学也没有足够的自主办学意识,不愿意主动、独立承担自主办学的责任。这些都使得我国的研究型大学很难在学校管理上有较大的创新,从而也很难真正做到依法自主办学。大学行政化使得部分学校办学没有特色,教学质量提高缓慢,科研水平和能力没有明显提升。学校的管理落后于当前国家创新发展的步伐,难以满足国家对研究型大学在教学和科研工作方面的要求和期望。

### 2. 学科及学院设置单一而且面窄

现有学科结构未能反映国家科技发展的最新前沿和趋势,学院设立过多不利于学科发展和学院内部的学术交流与合作。学科及学院设置单一而且面窄,不能根据需要及时调整设立新学科,学校内部和学校之间各学科间的交流不充分,交叉学科、边缘学科的发展受到限制,难以适应国际竞争和社会发展的需要。例如吉林大学有 30 多个学院,青岛大学所设学院也超过 30 个,而哈佛大学只有 10 个学院,斯坦福大学只有 7 个学院。学院过多同时又相互独立,形成众多的"山头",不利于学科发展,同时还带来了管理上的弊病。

### 3. 部分研究型大学对科学研究及学科建设是研究型大学的重要任务认识不足、推动不力

我国尚有部分研究型大学对正确处理教学与科研的关系和高水平学科建设的重要性缺乏深刻、全面的理解和认识。一方面,学校缺乏长远的规划和布局,结果是学校发展的特点不明显,教学质量不稳定,科研工作和学科建设没有重点发展方向。另一方面,学校对科研工作缺乏引导,学科之间相互隔离,科研力量分散,对任务导向类科研项目(国家项目或部门重大项目)缺乏监督和协调。有的项目研究力量薄弱,研究成果质量不高;对教师兴趣驱动的自由探索研究也没有形成良好的学术研究氛围和环境,难以取得重大的科研成果。国家对研究型大学在基础研究和重点学科发展以及重大科技进展和突破方面寄予了很高的期望,部分研究型大学由于储备不够或认识不足,未能积极主动承担起自己应尽的责任。

### 10.5.3 高校科研组织管理的改革方向

1. 引导高校及教师重视科研育人，使科研育人成为高校及教师的自觉行动

我国高等教育正处在重要的转型期，全面提升高等教育质量必须全面提升高校科学研究对人才培养的贡献率。

2. 坚持科研的育人性和教学的学术性，构建教学和科研工作协同创新的机制

要以探究式教学代替简单的知识传授，着力培养学生的自主学习能力，最大限度地提高学生的素质和创新能力。

3. 改变教师评价体系，设立与科教结合相适应的激励机制和保障制度

高校和科研机构作为重要的人才培养单位，要将人才培养引入高校和科研机构的考评系统，保证科研人员有足够的时间投入培养学生的工作中，保证研究生参与研究不仅是为导师服务，更是提升自身的科研能力，从而推动科研与教育的结合。

4. 改革高校管理体制

我国高校的管理体制是由原来的教学管理体制发展起来的。随着高校科研活动的不断强化，高校应打破教学和科研管理从上到下分属两条线的条块管理模式，建立一套能够促进教学与科研良性互动的管理机制，实现教学与科研管理的有机结合。

# 10.6 企业科技创新机制

### 10.6.1 企业科技创新的发展历程

党的十八大以来，随着国家科技治理能力的提高，关于企业科技创新的政策也在不断改进和完善。目前，我国正在全方位推动中国特色国家基础创新能力体系的构建，进一步提升我国的自主创新能力。国务院办公厅在发布各项文件时指出，要坚持以企业为主体、市场为引导，充分发挥市场配置资源的基础性功能，带动社会各种技术创新要素向企业集中，让企业切实地变成社会科研项目投资、创新活动和技术创新成果运用的主要市场主体。

### 10.6.2 企业科技创新的体制机制现状与问题

企业是高新技术和经济社会发展紧密结合的主体。加强我国技术创新，提高

我国创新主体地位,是推进科技体制改革的内容之一。科技企业目前仍面临着技术市场机制不健全、大公司活力不够,以及中小企业创新能力不足等问题。

1. 银行贷款难

企业存在银行贷款难的情况,尤其是中小企业,得到银行的信用保障很少。研究指出,中国银行创造了全国城镇就业的 75% 以上,而取得的信贷规模却只是整体信贷的 7%～8%。70%～77% 的金融机构则通过"内部积累"而形成了重要的资金。此外,直接融资比例很低,中小企业融资的 98.7% 来自银行的间接融资,仅有 1.3% 来自直接融资。自有资金缺乏,制约了创新活动。

2. 科技基础比较薄弱,创新型人才相对匮乏

从技术装备方面来看,我国的技术水平还不高,在创新方面资金投入不够。根据相关研究,目前珠江三角洲中小型设备的生产水平,已达到国外领先水平的不足 1%,已达到国内领先水平的为 41%,已居于国内中等水平的为 47%,居于国内落后水平的为 11%。另据统计,中小型设备技术研究费只占公司营业总收入的 0.4%,而大型公司的这一比率却已达到 2%～4%。

3. 对创新的关注度和精力分配不足

大多数中小企业从事的是高耗能、高污染和附加值较低的产业。在这些行业过度竞争的压力下,企业几乎没有精力关注创新活动和对创新进行投入。

4. 市场政策研究与技术服务体系不健全

当前,针对一般中小企业技术咨询服务的中介机构数量较少,服务专业化程度较弱,协同水平较低,技术操作未标准化,服务内容较单调。中小企业在创新进程中所面临的各种问题一直得不到根本解决,束缚着我国的创新进程和发展。国家中小企业平均承担了 50% 的税金,而在公共财政支出中,对中小企业所支付的比重却很少。有些国家的法令要求,在政府采购合同中针对中小企业的供应必须有相当的比重,但我国政府采购法律缺乏这方面的规定,所以中国政府很少直接向中小企业购买。

### 10.6.3　企业科技创新的改革思路与对策

1. 中小企业改革的思路

第一,在战略上确认中小企业在国家创新体系中的主体地位,并依此形成相关政策支持体系。对社会贡献较大、产品市场前途较好的中小企业进行技术改造,各

级政府每年都应拿出一定数量的资金为中小企业的技改贷款项目贴息,以支持其科技进步与创新。

第二,通过设立专门面向金融机构的地区性金融机构,进一步发展社会商业银行,以丰富金融服务,并提升中小企业创新的投融资水平。例如,韩国的中小企业银行就是根据韩国政府于1961年7月颁布的《中小企业促进法》,由政府部门建立专门为金融机构服务的地区性金融机构。目前,韩国70%以上的金融机构,均与商业银行有投资银行业务往来。该法令还规定,政府金融机构与中小型银行之间的信贷服务比例不得低于80%。而法国巴黎的中小企业发展投资银行则是由国有控投的投资银行于1996年成立,在法国巴黎各地设立了37个分行,专为发展中国家进行信用服务和担保经营。日本政府目前有5家专门面向发展中国家的金融机构——日本中小企业金融服务公库、国家金融服务公库、日本工商组合中央公库、日本中小企业信贷保险公库以及日本中小企业融资扶持株式会社,支持日本中小企业改进投资环境。此外,日本政府还发展了融资市场,以引导日本中小企业进行直接投资。

第三,健全我国创新的现代社会管理体系,加强行业学会等中介组织在我国创新中的地位。促进社会中介组织的建设,并积极发展财务、审核、法律顾问、信息技术及咨询等各类经济社会中介服务组织,为金融机构开展咨询、商务、法律顾问、财务、审核、技术评估、教育培训、拓展全球市场等业务。做好对中小企业的人才服务。各级政府要重视搭建起中小企业与大专院校、科研机构进行技术对接的平台,重视对中小企业共性技术的研究和推广。

第四,推动对中小企业的治理方法和模式的转变,以促进小产业集群建设,进而增加各开发区的工业层次,进一步增强中小企业在技术创新方面的群体实力。建立产业集群,可以增强我国的科技创新能力并推动我国技术创新活动的发展。而关于国家开发区产业集群,我国政府将贯彻"有所为,有所不为"的发展策略,选取若干重大高新区,由中央政府与各地合作,自上而下,力求在发展战略性的高科技主导产业方面有所突破,形成具备全球竞争力的科技产业群,将重大高新区建设成对国家自主创新发展具有重要影响的创新集。

**2. 大型民营企业技术创新能力的改革思路**

第一,调整技术组织结构,推动各种技术创新要素向民营企业聚集,引导产学研合作更多面向企业和市场需求,灵活采取产学研合作有效模式。打通技术、产业、金融服务联系渠道,促进建立技术、产业、金融服务良性循环,完善企业创新政策体制,加快促进研究成果转化应用。由地方龙头企业牵头成立技术创新联盟,以加强地方大中小企业间的协作创新,完善产业创新生态。

第二,完善中国企业技术创新的市场导向激励机制。进一步增强企业在我国技术创新决定、研究支持、科研组织管理工作和科技成果转化等方面的创新能力,建立多层次、常时化的中小企业创新对话、咨询服务激励机制,以充分发挥中国企业领导和企业家在我国技术创新决定中的关键作用。例如,重新制定高新技术企业认定管理工作方法,把关于科学文化技术支撑、高新技术服务的核心技术等列为国家部门重点扶持的新技术领域,重新调整"研发费用占销售收入比重"的指标体系,将对小企业的研发费用占比从 6% 调至 5%,并注重引导小微公司加强研究力量。同时,对研究发展支出在税前的加计扣除制度做出新的修改,并拓宽范围。在原有允许扣除支出的范围基础上,把外聘专家劳务费、试制技术检验费、研究专业服务费、高新科技开发保险费和与研究发展直接有关的差旅费、会议费等,也都列入研究支出加计扣除的范畴,并通过开发项目负面清单、产品负面清单等手段,拓宽政策领域。

政府面向中小企业,也应完善政府的购买政策,如向银行预留购买份额、评审优惠政策等,以使中小企业更加便捷地获得政府政策优惠,进一步强化政府对民营企业尤其是中小企业科研创新项目的扶持工作。对民营企业予以在人员、资金、政策、装备等方面的重点扶持,促使更多民营企业成为政府科研项目的牵头人、承担者,把科学技术与市场紧密联系起来,从而进一步激活民营企业的科研创造活力。

## 10.7 新型科研组织的范式变革

### 10.7.1 新型科研组织的发展背景与模式特点

党的十八大以来,我国主流科研组织模式主要分为委托制和项目竞争制两种方式。2014 年国务院印发《关于改进加强中央财政科研项目和资金管理的若干意见》,对我国科研项目的组织模式提出了改进要求。在优化整合各类科技计划(专项、基金)的基础上,主要按照以下程序来完成:发布项目指南→项目立项→公开择优或定向择优遴选承担单位和项目负责人→项目管理和实施→项目验收与结题审查。在经费管理上,采用全额预算管理的方式确定支持金额,经费拨付通常采用先期一次性拨付或分期拨付的方式,承担单位严格按照经费预算与管理办法使用经费。在可行性论证、立项审查、招标投标、中期检查、评估评价、项目验收等环节实施专家咨询机制,提高项目管理的客观性、公正性及社会参与度。现有科研组织模式是基于传统封闭式科研体系形成的,科研任务的承担单位主要来自高校、科研机构、企业等单位,科研经费主要来自财政经费。在这个框架下,科技监督的重点是项目完成情况和经费使用情况,重点明确科技计划管理部门、项目管理专业机构、承担单位、专家这几类主体的监督职责。强调全过程监督,以绩效考评、分层分级监督、内外部监督相结合以及开展第三方评估等为主要手段,强化风险防控和重点监督,同时制定了科技监督的相关管理办法和制度规范。总体来讲,现有科技监督是以任务导向、防范风险为主、责任倒查、制度约束、落实法人主体责任等为主要特征的范式。

近年来,随着新科技革命的兴起,科技创新呈现交叉、融合、渗透、扩散的鲜明特征,科研体系向“开放科学”转型,知识分享和跨界交流合作成为常态。我国传统模式下以项目招标、委托制为主要方式组织开展的科研项目受到很大挑战。为适应科技创新的新特点,我国科技体制管理改革步伐不断加快,以委托国家实验室实施、业主单位负责、帅才科学家领衔、“揭榜挂帅”“赛马制”等为代表的新型科研组织模式不断涌现,例如深圳华大基因研究院、中科院深圳先进技术研究院、深圳光启高等理工研究院、华为研究院、深圳清华大学研究院等。这类科研组织在发展模式、管理体制、运作机制、协同创新等方面做出了全新探索,形成了推进科技成果转化及产业化的新模式,已成为区域源头创新和发展战略性新兴产业的重要力量。与现有科研组织模式相比,新型科研组织模式突出体现了以下五个特点。

1. 责任主体更加多元化

由于创新的复杂性、艰巨性和不确定性增加,创新的责任主体由封闭走向开放,承担科研项目的主体既可以是政产学研用多方联盟,也可以是国家实验室、帅才科学家领衔,还可以是外国专家或团队,或者由市场机制建立的新型研发机构。同时,企业作为科研项目的责任主体正在承担越来越重要的角色。联合创新与开放创新成为科技攻关、科研合作的重要途径,一大批科技创新需要建立在跨学科、跨单位的基础之上。

2. 项目形成机制更加立体化

新型科研组织模式更加注重新时期国家的科技战略紧迫需求和长远发展,充分发挥统筹机制和新型举国体制的优势,建立需求导向和问题导向的项目形成机制。一方面,强化政府在国家战略与安全方面重大任务的顶层设计,紧紧围绕"卡脖子"关键技术和战略必争领域、产业发展短板和民生领域的重大需求凝练任务。另一方面,更加注重吸收企业参与项目设计,充分发挥企业创新主体的作用,形成政府、科技界、产业界和用户多方参与的项目论证机制。更加注重自下而上以及从产业和社会发展的现实需求中抽象出科学和技术问题,重视在新兴学科和交叉学科方向上凝练科学问题,鼓励自由探索,加强非共识项目新机制的建立。

3. 项目遴选机制更加注重公平竞争

新型科研组织模式突破了纵向委托式科研资助的资格限制,注重机会均等的市场竞争机制。在项目遴选和征集、报名阶段,放宽限制,不设门槛,不论身份,选贤举能,唯求实效,实现征集信息公平、公开、透明,把项目交到真正想干事、能干事、干成事的人手中。通过需求导向创新、结果导向评审、过程竞争等展开平行研发攻关,获胜者赢得项目资金。建立科研项目攻关动态竞争机制,充分激发"鲇鱼效应",使大院、大所、大企业产生危机意识。通过公平竞争将创新资源导向目标领域,从而提升整体创新活力。

4. 项目资助方式更加灵活

资金支持模式从单一走向多元,对于竞争类项目从事前资助走向多节点和事后成果兑奖。对重大科技计划项目,将一次性事前资助改为分阶段资助,根据项目团队的研究进展,在项目前期实施分散化、小额度资助,在项目中后期逐步加大支持力度。此外,设立"里程碑式资助""贡献奖励""提前完成任务奖励"等多种灵活的资金资助方式。在可预期商业化的技术领域积极引入社会资本。社会资本在前期根据商业化程度与政府财政按一定比例共同出资支持科技项目并明确预期成果,在后期则享有技术的优先使用权或者所有权。

5. 项目评价更加注重结果导向

科研项目在形成阶段,以需求导向和问题导向凝练形成项目;在成果评价环节,更加注重结果导向。以需求为牵引,以解决实际问题成效为衡量标准,多方参与成果评价,邀请来自政府、产业、专家、社会、用户等领域的人员参与评价,全面评估科技成果的科技价值、应用价值与市场价值。对于应用技术型的研究项目,更加注重科研转化后带来的经济效益和社会效益,更加注重标志性成果的质量、贡献和影响。

### 10.7.2 新型科研组织模式对现有科技创新体制的挑战

党的十九届五中全会提出,要深入推进科技体制改革,改进科技项目组织管理方式,实行"揭榜挂帅"等制度。2021年国务院政府工作报告重点工作提出,要改革科技重大专项实施方式,推广"揭榜挂帅"等机制。当前,以"揭榜挂帅""赛马制"等为代表的新型项目组织模式正在成为新时期科研组织体系重构的重要代表,在开展重大科技攻关、关键技术突破等方面充分激发了市场的主体活力和人才的创新动力,盘活了全社会的创新资源,大大提高了创新效能。相较于传统的科研组织模式,新型科研组织模式是近几年来我国在科技创新体制改革层面刚刚开始的探索,模式本身尚不成熟。新型科研项目组织模式,对现有科技创新监督的范围、方式、对象、内容、重点环节等带来了很大挑战。

1. 针对委托国家实验室实施模式,科技监督的任务和对象更加复杂

委托国家实验室实施是将国家级重大科技创新任务委托给国家实验室牵头负责,通过协同创新、跨学科交叉融合、开放合作以及体制机制创新,完成明确的科技攻关任务,解决重大科学问题。现有科技监督的范式,提出了从立项、执行、验收整个过程中利用专家评审、专业管理机构、科技管理部门、项目承担单位、战略咨询委员会等力量开展监督评估工作。这些监督力量的组成适用于一般性的科研项目,但是对于国家实验室承担的国家级重大前沿战略任务,则需要吸纳更高层次、更高级别、具有世界级别的专家、学者。在监督层次上,需要建立相关的法律标准,制定与国际接轨的科学化、规范化监督力量。国家实验室承担的往往是国家级前沿性、战略性的重大科技任务、大科学计划等,实施周期比较长,资金投入比较高,任务执行难度大,在参与主体、任务方案、指标设定、考核指标等方面有特定的要求,因此需要分层、分级、分部门、分任务制定系统化的监督管理机制。结合人才引进和激励机制、开放创新的合作机制、多方共建的运行机制,建立一套针对性强的新的监督指标体系。

2. 针对业主单位负责模式,监督职能转移和成果直接转化将引起科技创新评估和激励模式的变革

业主单位负责是在项目设立之初,就将研发、转化、市场化等一系列环节充分授权给业主单位,将政府投资与市场化运营相结合,加快高技术项目向市场投放的一种措施。业主单位负责改变了原来以研究单位为主承担项目,然后再进行转化

的模式。业主单位从重大项目的组织实施开始就成为资金投入的主体、项目实施的主体和风险承担的主体，承担相应的法律责任并享受相应的社会经济效益。企业责权利的统一调动了业主的积极性，在很大程度上分担和消化了一部分政府的监督职能，导致部分监督权的转移，这就要求科技管理部门作为宏观管理者，在不干涉企业具体管理的情况下，通过规范性法律法规、合同条款、管理条例等建立新的监督职能。

另外，成果直接转化也引起了科技创新评估和激励方法的改变。传统的国家科研项目主要通过风险补偿、后补助、创投引导等方式促进技术创新和科技成果转移转化。业主单位负责通过前期投入的方式支持建设，承担从研发到成果转化的全过程任务，而实现成果转化本身就是检验研发绩效的直接方式，因此在监督评估方法上要打破原来以专家评审、成果评估验收的方式，在建立市场化监督评估方式的同时，重点对关键问题和关键节点开展监督。此外，示范工程层面的应用效果需要综合考虑技术、环境、时间、配套、效益等多个因素，需要建立综合性科技监督评估指标体系。

3. 针对帅才科学家领衔模式，人才激励、评价和考核机制的重点和方式发生变化

帅才科学家是指在某一专业领域取得卓越成就的科学家，他可以敏锐地把握科学前沿问题，找到问题并持续引领后续创新。帅才科学家领衔就是面向全球遴选专业能力强、有战略眼光的科学家，牵头实施国家科技重大项目的组织模式，最大限度地发挥他们在科技创新中的领军优势，发挥他们有效整合科研资源的作用。帅才科学家领衔强调人才的高度自主权，在项目设立、技术路径选择、资源配置、经费使用等方面都有很大的决策权。帅才科学家属于某一专业领域的国际顶尖人才，层次比较高，因此在科学家选择上需要建立严格标准，在监督重点上应以信任为前提，以成果为导向，设定监督的重点关键环节，为科学家提供更好的科研环境。此外，对外籍科学家及境外机构需调整监督方式。由外籍科学家或境外机构承担的科技项目，目前正在积极探索中，应紧密结合科学家国籍和所在国家的法律、机构性质和运作机制，制定相应的人才激励机制、评价机制和考核机制，深化国际科技合作协议，建立重大项目风险调控机制和应急机制。结合所在国籍的项目管理经验，探索专业经理人负责制或新的监督方式，最大限度地利用国际人才促进我国科技发展。

4. 针对"揭榜挂帅"与"赛马制",对科技创新监督的技术要求有所增加

重点项目攻关的"揭榜挂帅",是针对目标明确的科技难题和关键核心技术攻关,设立项目或奖金向社会公开征集创新性科技成果的一种制度安排,注重任务导向和结果导向,能最大限度地发挥各创新主体的潜能,给予各竞争主体公平竞争的机会,以竞争机制、效率优先的原则解决科技难题。"赛马制"项目资助方式是先选择几家单位平行立项,在实施过程中挑选出表现优质的单位聚焦支持的科研项目组织模式。"揭榜挂帅"重点突出在项目的征集和遴选阶段;"赛马制"则重点关注后期攻关的资助阶段,由原来仅挑选和支持一家单位改为同时支持两个以上的单位。在支持经费上,注重分阶段、分散化支持,在项目前期,对平行立项的单位给予小额度分散化资助,同时设立阶段化考核目标,对进展情况良好的单位继续资助,对进展不理想的单位终止资助,从而挑选出真正有实力的单位,提高科研成功率。"揭榜挂帅"与"赛马制"的组织方式通过市场竞争,将成果作为衡量项目支持的标准,研发的自主权全部交给承担单位,如果研发失败将不予支持,因此承担单位分担了很大一部分风险,这样大大减少了过程监督,监督的内容和重点将转移至信用机制、激励机制、风险补偿机制、容错机制等相关机制的建立上。同时,分散化支持提高了对技术监督的要求,在"揭榜挂帅"与"赛马制"的组织方式下,有两家以上的承担单位,从技术路线的选择到研发的整个过程都由承担单位自己决定,这就提高了对技术监督的要求。在对成果的验收以及里程碑式节点资助的关键环节上,需要加强技术就绪度与成熟度的评估监督力度,建立科学、有效的技术就绪度评价指标体系,以便更好地把握研发进展和质量。

针对非共识项目,需要增强当前科技创新体制的包容度,建立容错机制和新的项目遴选机制。非共识项目是指同行评议分歧较大,在评审中无法通过的项目。这些项目因为创新的颠覆性比较强,突破了原有的认知,较难被公认的理论认可,因此较难被专家评审通过。非共识项目由于创新性、颠覆性、非常规性等特点,无法运用传统的评价指标体系对项目立项、结题验收等环节做出评价,需要重新建立评价指标体系,重点对项目的潜在价值和创新性做出评价,同时需要给予承担人充分的授权和信任,增强包容度,建立容错机制和新的项目遴选机制。此外,应强调监督的柔性设计。非共识项目在很大程度上是基于研究者的创新和冒险精神、探索未知领域的勇气,因此需要给予研究者更大的信任、授权和包容。这时候需要重点监督研究者的诚信、自律与创新性成果,根据非共识项目的不同类型,设定不同

的门槛标准,在项目遴选、立项评判和研究成果的衡量上,设立更加开放的标准,更加注重研究成果的创造性、新颖性。在监督方式上,可采取持续跟踪、边研究边考核边资助等柔性化设计。

### 10.7.3　推动新型科研组织范式变革的路径与措施

相较于传统的科研组织模式,新型项目组织模式赋予了市场主体和科研主体更大的自主权以及更灵活的资助方式。政、产、学、研、用多方协同的合作模式使得科研项目在组织遴选、权益分配、成果归属、考核评估等方面打破了原有的单一化结构体系,对创新质量的评价由一套反映更广泛社会构成的标准来决定,如市场竞争力、绩效、社会接受度等。当前,科技创新正进入加速拓展期,亟须新型科研组织的大发展与强支撑。借鉴国内外科技创新体制变革的探索经验,推进新型科研组织建设的当前路径可以有如下选择。

1. 切实把新型科研组织作为创新组织和创新生态建设的关键环节

以往那些松散型产学研联盟、间歇式合作中心等组织形式已经不适应创新形势和需要,要以新型科研组织为模式,构造官产学研资集成的实体型应用创新组织。因此,应进一步完善有关创新平台、创新组织建设的政策文件、规划指引,明确把新型科研组织作为关键环节和建设重点。政策支持和规划布局向新型科研组织倾斜,使各省市创新平台、创新组织建设发展更加聚焦聚力,建构起区域创新生态坚实高效的基本组织单元系统。

2. 以新型科研组织为突破口,深化科研体制、成果转化体制、创新企业培育体制等相关体制机制改革

一要打破传统的单位属性束缚,赋予其"法定机构"相对独立的地位及人财物自主权,使之成为自主决策、自主运营、自我管理的应用创新实体。二要打破从实验品到商品、从研发团队到企业、从孵化器到市场转化的体制性障碍,建立畅通转化的机制。三要坚持以建设新型科研组织为导向,围绕新型科研组织建设发展,深化科研体制、成果转化体制和创新企业培育体制改革,而绝不能反过来让新型科研组织适应顺从传统体制。应充分利用统一大市场和创新一体化的机遇,在相关体制机制改革上大胆探索挺进。可由科技部、发改委、教育部、国资委、财政部各部委和重点高校、重点创新企业联合研制综合性的改革方案和相关政策。

3. 着力改造提升重点创新平台和机构

各省市、各地区应该确立和扶持一批重点新型科研组织,尤其是那些承担国家

级前沿性、战略性重大科技任务、大科学计划的科研机构,应在资金和人才引进上予以大力支持。进一步完善应用创新机制,增强运营功能,壮大增强区域科技产业创新的基本组织体系。同时,各地还应借力统一大市场建设,大力引进或合作共建新型科研组织,以开放汇聚创新要素、云集更大能量。

4. 创新科技监督新范式

第一,新型科研组织模式更强调企业和市场主体作用的发挥,以及人的主动性和积极性的调动。在市场竞争机制下,需要营造良好的科研诚信环境,加强自律、自觉、自发的行为规范,建立以结果为导向的监督机制,成果的创新性和效率成为检验成果和绩效的重要标准。同时更加注重成果能否真正实现转化,以及转化的效果如何,是否能产生良好的社会经济效益,是否能满足国家和社会进步与发展所需要的成果等知识生产的内在质量标准。

第二,要注重监督的柔性与刚性相结合。新型科研组织模式注重需求导向和问题导向,充分激发市场和科研主体的创新活力,赋予他们更多的自主权和话语权,给予他们更多的信任和授权,最大限度地减轻研究人员的负担。因此,在监督的制度设计上要强调柔性与刚性相结合,能通过市场竞争手段来检验的创新就交给市场来解决,对于不确定性创新,要建立容错机制,对于不能通过市场检验的创新,要设立刚性约束指标,明确激励机制、奖励机制、惩罚机制和问责机制。

第三,要实现技术监督的标准化。在新型科研组织模式下,开放体系的提高使得对技术监督的难度加大,对技术的评估衡量成为关键的一环。从项目设立到实施、验收的整个阶段,针对不同技术领域,通过对科技活动不同阶段的分析,采用定量、定性相结合的方法,建立技术就绪度的监督体系和标准,用分级指标来衡量各个环节的技术状态,精确判定技术成熟度,提高技术监督的效率和准确性。

# 10.8 数字经济时代科技创新制度

## 10.8.1 数字经济下我国科技创新发展面临的挑战

党的十八大以来,中国数字经济发展势头日益强劲,逐渐成为经济高质量发展的新动能。中国数字经济在规模、增速、驱动经济增长、带动就业等方面都取得了较大进展。我国数字经济科技创新也取得了一定成绩。随着数字经济向纵深推进，与之相关的新技术、新产品、新业态和新商业模式不断涌现，中国因此在跨境电商、互联网购物、移动支付和共享经济等方面达到了世界领先水平。中国数字经济在快速发展的同时，也暴露出诸如创新不足、协调发展水平不高、与实体经济融合程度不够、制度建设滞后等突出问题，这将导致我国数字经济发展的后劲不足。其中，最为基础性的问题当属数字经济科技创新不足，这主要体现在以下三个方面。

1. 中国在诸如传感器技术、芯片技术和操作系统等底层核心技术上受制于人的困境依然存在

这一论断的主要依据有三：① 数字经济本身就是科技创新与制度创新等要素对传统经济形态"创造性破坏"的产物，创新不足势必会抑制其自身的可持续发展。② 数字创新具有"数字溢出"效应，即数字技术投资能够加速促进企业内部、行业内部和跨行业上下游供应链之间的知识转移、业务创新和绩效改善，但目前数字经济创新对实体经济以及整个国民经济的溢出效应尚不充分。③ 缺乏自主底层核心技术将使得中国数字经济企业在国际知识产权及技术标准竞争中处于不利地位，甚至因此面临国际同行的技术封锁和产品垄断。在这个意义上，推进数字经济创新发展，实现底层核心技术自主可控，抢占知识产权与技术标准制高点，是当前及今后中国发展数字经济的重要任务。

2. 中国在数字经济领域的专利申请质量与其数量不相称

目前，中国在数字经济领域的专利申请量已居世界前列，但是专利申请质量与其数量还不相称，在高质量、高价值专利申请方面仍与美国和日本存在一定的差距，在国际技术标准占有的存量方面更是与美日两国相去甚远。实践证明，在核心关键领域的知识产权与技术标准上受制于人的后果极为严重。例如，美国之所以能够相继对中兴和华为实施制裁和出口管制，其根源就在于其掌握了底层核心技术，率先抢占了知识产权与技术标准的制高点。这也为中国敲响了警钟，如若不能突破国外对华在"新兴和基础性技术"和"关键技术"上的封锁，并在知识产权与技术标准方面破局，中国就难以在数字经济创新发展上取得颠覆性的突破。所幸的是，当今世界各国都尚处在数字经济创新发展的探索阶段，任何一方都还未在此领域的知识产权与技术标准占有方面形成压倒性优势。此外，中国数字经济整体发展态势良好、增长势头强劲、创新需求旺盛，加之已具备一定的经济技术基础，中国数字经济创新发展正好赶上良好的历史机遇。

3. 跨主体的数据信息交换仍存在系统性的机制障碍,科技创新治理的数字化模式尚未真正形成

党的十八大以来,尽管包括企业、政府部门在内的创新主体及治理主体的数字化建设水平都有较大提升,但跨主体的数据信息交换仍存在系统性的机制障碍,科技创新治理的数字化模式尚未真正形成。企业作为开展经济活动和科技创新最重要的主体,为应对市场竞争通常都有着推进数字化转型的强烈意愿。然而,相关资料显示我国企业整体的数字化水平并不高,而且由于信息化基础、生产特点、财力状况等,不同类型企业数字化建设水平存在较为明显的差异。分环节来看,企业在运营管理、售后服务和销售环节的数字化水平又明显高于研发和生产环节。作为国家治理和科技创新治理的实施主体,政府数字化转型也存在诸多问题,例如政府数据分类管理、数据共享开放等与数字化治理相匹配的制度或机制还有待完善。此外,在科技创新治理方面,科技部、工信部、国家知识产权局等部门都主导建设了特定的数据信息系统或平台,如科技部的"国家科技管理信息系统公共服务平台"、工信部的"国家创新创业公共服务平台""重点行业产业链供需对接平台"、国家知识产权局的"专利检索及分析系统""国家重点产业专利信息服务平台"等。然而,各部门数据信息系统与平台的运行都相对独立,尚未形成系统性的跨部门信息共享规则和交换机制。支撑科技规划和创新政策制定所需的综合性数据信息,很多时候还需要在线下跨部门沟通基础上汇总提炼,"数据孤岛"现象仍然存在。科技创新治理中的数据信息交换共享障碍,还存在于政府部门与其他创新主体之间。除了企业之外,高校、科研机构、金融机构、科技中介等科技创新活动相关的其他主体很多都具备较高的数字化建设水平,积累了大量科技研发数据信息,但大多限于内部使用,致使一些关键技术、关键人才等创新要素信息无法通过制度化渠道传递给政府部门、企业以及其他创新主体,降低了相关技术和人才的利用率。

### 10.8.2 数字经济下我国科技创新发展的路径与措施

要形成发展新动能,须以数字经济为布局、科技创新为方式、壮大新增长点为着力点。这就要求坚持推进核心技术创新及应用,提升数字经济创新力和竞争力,突破传统商业模式、产业模式、产业业态,打造新的面貌、新的局面,遵循以推进核心技术创新及应用、数字化平台建设以及数字技术转移转化为核心路径。这就要求要健全多元化投入机制,推动数字平台快速落地;增强基础数字技术研发能力,

打造数字经济的创新生态;改革科技创新体制机制,激发数字经济创新活力;加强法律法规建设,实现数字平台治理与监管。

1. 要健全多元化投入机制,推动数字平台快速落地

运用投资基金、贷款贴息、无形资产抵押、知识产权证券化、股权投资、税收补贴等方式健全多元化投入机制,长期稳定地支持数字基础性、应用性研究和创新发展。通过广泛吸收社会科技创新资金,努力拓宽科技创新经费投入路径,以撬动社会资本的方式支持创新创业,以破解科技型企业融资难、融资贵难题。构建"创业投资＋债权融资＋上市融资"的多层次科技金融服务体系,引导银行、创投、保险等多元化社会资本支持科技企业的发展。引导政府投资基金向技术创新型、高端精密型以及国家战略需求和解决民生等数字经济发展重点基础研究领域跟投,尤其是指导投资基金重点向芯片、光刻机等"卡脖子"重大技术、工程引投与跟投,进而为数字技术原始创新提供资金基础。

鼓励和支持银行等金融机构开展无形资产抵押物的信贷活动,并提供一定的贷款利息补贴,从而提升数字技术创新活动的融资能力。同时,设立债权融资风险补偿专项资金,创新债权融资机制,鼓励企业运用知识产权、股权、信用等申请银行信用贷款。积极推动知识产权证券化发展,尤其是在自由贸易试验区开展知识产权证券化,鼓励数字经济平台企业通过知识产权证券化扩大融资规模。此外,鼓励企业发行技术债券,运用非金融企业债务融资工具等进一步扩大融资力度。积极探索适合数字经济产品和服务的税收管理制度。一方面,设立科技金融资助专项经费,对科技型企业实施天使投资补助、债权融资补助和科技与专利保险补贴,对数字经济平台企业进行事前审核、事后补助,拓宽科技型企业融资渠道,降低企业科技创新融资成本;另一方面,在计算应纳税所得额时,对数字新产品研发费用加计扣除。通过健全多元化投入机制,利用多样性投融资政策,推动企业积极入驻,培育应用场景,从而实现数字平台快速落地。

2. 以企业为导向、以"新基建"为契机,增强基础数字技术研发能力,打造数字经济的科技创新生态

以基础数字技术理论为指导,通过加强对基础数字技术理论的研究,解决基础数字技术理论指导难题。建立以企业为导向的基础数字技术创新体系,企业作为基础数字技术研发的核心主体,对于实现基础数字技术自主创新具有重要作用。同时,引导企业加强与行业创新领导者进行产业链合作,提升企业主导下的基础数

字技术创新链、产业链、价值链。以"新基建"为契机,建立基础软件开发、基础材料供给、基础零部件与基础数字件制造、基础工艺设计等多领域的产学研合作机制,突破物联网、云计算、大数据中心、人工智能、工业互联网所具有的共性关键技术,实现更大范围、更多领域的产业数字化发展。

提高数字技术标准供给能力,快速制定数字技术关键共性标准、关键流通标准、关键技术标准等,如大数据标准包含数据确权、数据共享共用、数据交易、数据传输、数据反馈等重要标准。进一步探索数字技术国际标准,推动数字化、网络化、智能化数字技术的全球化布局。支持企业开发专业性强、有特色的基础数字技术与产品,建立基础数字行业技术研发、检测、应用和标准知识产权公共服务平台。依托数字平台建设,实现传统产业链上下游研发、生产、服务、商务、物流、投融资等资源和能力数字化、网络化在线汇聚,实现行业资源和能力在线发布、网络协同和实时交易,提高全要素生产率,提升全行业整体运行效率。

3. 通过转变政府职能和科技管理模式,释放数字经济科技创新潜力

推动数字经济科技创新发展,要以转变政府职能为核心,充分利用新兴技术优势,推进行政审批优化改革,实现政府提供优质公共服务、简政便民措施、维护市场公平环境、设计良好的激励机制、吸引国外优秀人才等重要目标。要分阶段、重点推进自动审批改革、试点备案、承诺制度改革以及全面去审批事项改革,实现政务服务化、监管智慧化、治理精细化、政务数字化。要建立以创新为导向的科技管理模式,实现当前科技管理方式的转变。一方面,优化科技创新管理流程,提升科技创新效率。向数据智能化管理转变,全面推进科技计划项目管理信息化,建设智能化数据管理项目管理平台,实行全流程、全领域在线申报、审查,为提升科技计划项目管理信息化水平提供保障。向绩效管理转变,通过减表和减材料行动,依不同受资助项目的金额大小开展不同层级的过程检查和材料报送,进而减少烦琐的检查对项目实施的干扰,赋予更大自主权给科研机构和人员。向网格化管理转变,推进信用管理与网格化管理并行,这不仅可赋予科研主体更大的自主权,还能够实现对项目的精准管理。通过建立科技创新项目信用管理制度,对科技创新等全过程进行信用审查、信用记录和信用评价,同时建立惩戒机制。另一方面,加快科研机构改革步伐,以加强数字经济科研项目的目标和应用性为导向,提高决策的科学性,合理分配经费资源和科技人力资源,从释放活力、激发潜能两个角度着力,不断加快科研机构的改革步伐。不仅要通过扩大科研机构自主决策权,赋予科研机构及

其科研人才更大的物质支配权、技术路线决策权,而且要通过以知识价值为导向的新型分配政策,提高科研人员的成果转化收益分享比例,实施科技成果证券化措施,以激励科研人员创业创新。

4. 完善数字时代的新型举国体制,构建数据驱动下政府主导与市场调节有机结合的新型创新资源配置机制

充分利用数据资源和数字技术优势,切实支撑科技治理范式的数字化转型,更好地实现有效市场与有为政府的协同配合,就需要围绕现有的跨主体、跨部门信息交互障碍,做好相关基础性工作。要重构产学研各主体的沟通协调机制,减少跨主体、跨机构数据信息交互活动的壁垒和障碍。要建立并完善跨主体、跨平台的数据信息交互规则,作为促进数据有序流动、确保信息安全的基准。要构建并完善科技创新数据汇集处理及信息交互平台,作为实现数据驱动的基础设施。在"科技创新信息交互平台"中设置科技研发需求和创新资源供需信息发布功能,由科技行政主管部门通过政府购买服务方式,委托专业的数据信息分析机构对各方发布的数据进行汇总整理。以此为基础,就各方供给需求进行关联匹配并实时推送潜在的匹配信息。配合重大核心技术攻关和应用推广,将项目攻关单位的资源需求信息和高校、科研机构、创新企业、技术中介、金融机构等创新资源潜在供给方的资源供给信息进行双向推送,引导供需双方以市场化方式实现创新资源的有效匹配。

培育专业化的数据集成分析中介服务机构,提升关键核心技术攻关的数据支撑能力。在关键核心技术攻关中,政府部门的主要职能是制定规划、分解任务、配置资源、协调行动,但挖掘分析支撑决策所需的有效信息却并非所长。要充分发挥数字技术和数据资源的支撑作用,有必要推动科技创新数据信息分析的专业化。科技行政主管部门可以通过政府购买服务的方式,将数据信息挖掘工作外包给专业的科技中介服务机构,在提高信息提炼效率的同时,促进科技服务中介机构提升其专业化水平。

# 后　记

当前,我国迈向全面建设社会主义现代化国家、向第二个百年奋斗目标进军的新征程。在当代世界政治经济格局深度调整的新形势下,科技创新成为百年未有之大变局中的一个关键变量和大国战略博弈的重要领域。在此背景下,中国科学院中国现代化研究中心团队对中国科技发展与战略布局开展深度探索,目的是应国家所急需,研究面向世界科技强国的基础研究战略布局,分析科技现代化建设的人才支撑路径,重点研究融合科技、产业、社会创新体系,统筹科技发展与国家安全,提炼面向人类命运共同体的国际科技合作战略,提出科技现代化引领全球科技治理,加快建设科技强国、实现高水平科技自立自强的"中国方案"。

全书由梁昊光统一组织编写,制定研究框架、调研指导、专题讨论等工作;张钦、薛海丽、张耀军、兰晓、余金艳、郭艳军、白雪等老师在专题内容和撰写思路等方面给与指导,以非凡的智慧付出了辛勤的劳动;秦清华、陈秀、边文佳、秦培富、张鹤曦、贺子潇、黄伟、王垚、程紫薇、王耀甜、张文清等硕、博士研究生参与了资料搜集整理、数据统计、案例分析等工作。

中国科学院发展规划局翟立新局长、中国科学院文献情报中心李猛力书记、中国科学院文献情报中心刘细文主任对本书的宏观指导意义巨大。北京大学哲学系王骏教授的专题会议发言对本书的基调起到了关键指导作用。该研究得到了中国科学院战略研究与决策支持系统建设专项项目"科技支撑中国式现代化建设研究"(项目号:GHJ-ZLZX-2023-07)的经费支持。科技创新与中国式现代化是中国科学院中国现代化研究中心工作的"两翼",希望能为我国科技现代化建设作出贡献。

梁昊光

2023 年 5 月 25 日